储能电池系统核心状态参量估算策略

王顺利　刘广忱　张　勤　魏中宝等　著

科学出版社

北京

内 容 简 介

本书专注于新型电力储能电池系统工程的学科领域，聚焦储能电池管理系统的智能化技术，以储能电池系统核心状态参量估算方法为基础，对电池管理系统技术进行深入的研究和探索。本书主要研究新型电力储能的应用、电力系统辨识建模、智慧储能电池状态评估和智能化管理监测中的关键技术，为系统设计和应用提供技术参考。

本书既可用于高等院校控制科学与工程、自动化、电气工程等相关专业的教学与科学研究，又可作为新型电力储能电池科学与技术应用的技术参考书。

图书在版编目(CIP)数据

储能电池系统核心状态参量估算策略 / 王顺利等著. -- 北京：科学出版社，2025. 6. -- ISBN 978-7-03-081855-3

Ⅰ. TM912

中国国家版本馆 CIP 数据核字第 2025RV2287 号

责任编辑：武雯雯　贺江艳 / 责任校对：彭　映
责任印制：罗　科 / 封面设计：义和文创

科学出版社 出版

北京东黄城根北街16号
邮政编码：100717
http://www.sciencep.com

成都锦瑞印刷有限责任公司 印刷
科学出版社发行　各地新华书店经销
*

2025 年 6 月第 一 版　　开本：787×1092 1/16
2025 年 6 月第一次印刷　　印张：16 1/2
字数：392 000
定价：179.00 元
(如有印装质量问题，我社负责调换)

前　言

近年来，在"碳达峰、碳中和"目标下，构建以"广泛互联、智能互动、安全可控、开放共享"为特征的新型电力系统至关重要，储能电池已成为系统发展模式转型的主体。在利用电池组进行储能和向外部设备供能的过程中，应把握电池管理技术的特点，实现其工作状态监测和能量管理，进一步协助打造新型智能经济形态。

本书由智慧储能研究院团队师生执笔完成。在总结多年储能电池管理系统开发所形成的电池成组应用理论、经验和设计方法基础上，著者从锂电池核心状态参量监测的角度，结合新型电力储能系统等对储能电池的技术要求，以储能电池等效建模和核心状态参量预估为出发点，撰写本书。希望通过对储能电池核心状态参量预估的理解和经验的总结，本书能够对电池智能化管理系统的设计、匹配和应用提供一些技术方面的参考，对我国的电力系统技术应用事业发展作出贡献。

全书共分为 10 章，王顺利、刘广忱、张勤、魏中宝、谢滟馨等人构建了本书整体框架，并开展补充、修改和定稿工作。研究团队的师生共同参与了书稿资料的整理。

各章内容及具体分工如下：第 1 章主要介绍新型电力储能应用，使读者对电力系统有一个全面的认识，为后续的储能电池的等效建模和状态估计分析打下基础，由于春梅、王顺利、时浩添、杨晓勇、陶俊杰、莫代江、燕欣宇、李泽昊、王芹等人主导完成；第 2 章主要对电力储能电池测试进行分析，并设计实验流程用于工作特性分析，由刘广忱、张丽亚、程亮玮、徐宏、刘秋晴等人主导完成；第 3 章主要对智慧能源建模进行分析，描述不同模型的优缺点及应用场景，由曹文、刘冬雷、梁雅雯、张勤、李浩阳、党泉、吴文杰、林桥等人主导完成；第 4 章主要阐述储能电池状态智能化预估核心算法，从传统方法、模型估计方法、智能算法进行阐述，主要由陈蕾、海南、魏中宝、马超、冯仁钧、朱晨宇、朱滔、刘书恒、任璞等人主导完成；第 5 章主要进行基于 LSTM 神经网络的储能电池 SOC 估计研究，由李小霞、武鹰扬、戚创事、谢滟馨、周磊、阳俊杰、陈璐、邹沅汝、马一薇、Bobobee 等人主导完成；第 6 章主要进行基于数据驱动的储能电池簇 SOH 估算研究，由熊莉英、熊然、肖维佳、吴帆、李盛、霍宇辰、韩鑫芳等人主导完成；第 7 章主要进行基于长短期记忆网络的电池峰值功率估算研究，由金思宇、张文霞、马青云、龙港、李锦、周逸飞、凌长征等人主导完成；第 8 章主要进行储能电池能量状态评估算法设计与优化研究，由靳玉红、杨潇、王超、王阳滔、刘珂、李阳、曾佳卫、张瀚生、Paul 等人主导完成；第 9 章主要进行基于萤火虫优化的 SOC 与 SOH 协同估计研究，由乔家璐、吴淇巧、侣华钊、杨富、詹利欢等人主导完成；第 10 章主要进行基于 H_∞ 滤波的锂电池 SOC 与 SOP 联合估计研究，由刘雨洋、曹杰、周佳妮、鄢开东等人主导完成。为方便读者理解，本书仿真图中的符号与软件保持一致。

新型电力储能系统中电池智能化管理涉及面广，受限于作者水平，在书稿的组织和撰写过程中难免有不足之处，敬请各位读者批评指正。希望以此书作为交流的平台，与各位读者建立联系，促进新型电力储能电池智能化管理关键技术的进步。

目　　录

第1章 绪 论

1.1 新型电力储能应用

1.1.1 电化学储能

当前国内外运行的储能项目仍以抽水蓄能为主，其次是电化学储能[1]。因成本低、寿命长、技术成熟等优势，物理机械储能尤其是抽水蓄能被广泛应用，但受地理环境制约、投资高、建设周期长等因素影响，发展渐缓。电化学储能性价比高，不受自然环境影响，装机便捷，使用灵活，已经进入商业化阶段，随着成本的逐渐降低，电化学储能发展将步入快车道。同时，电化学电池已经具有 150 多年的发展和应用历史，是目前备用电源领域应用规模最大的电池类型[2]。

电化学储能主要是将电能转换为化学能存储起来，目前的主要媒介是各种电池，同时不同的电池类型有各自的特点，这就为大规模储能应用的不同需求提供了多样化的选择。目前，研究得较多的主要有锂电池、钠硫电池、全钒液流电池、钠/氯化镍电池、铅酸电池、镍氢电池、锂硫电池、锂空气电池等[3]。

在 2012 年之前，电化学储能领域主要使用的是铅蓄电池、纳基电池和液流电池，由于电池寿命短及系统效率低等问题，2012～2020 年，锂电池开始被广泛应用；2020 年之后，磷酸铁锂由于具有相对较长的循环寿命、相对较高的安全性、相对较低的成本，将是电化学储能的主流技术[4]。

如今，随着可再生能源发电的快速发展，实际生产和应用对大规模储能技术提出了更高要求，出现了以钠硫电池和全钒液流电池为代表的针对大规模储能应用而开发的电池。钠/氯化镍电池则是在钠硫电池的基础上发展起来的，随着便携电子产品的发展，出现了镍氧电池和锂电池，目前这种电池的产业发展已相对成熟。随着当前电动汽车的发展，锂电池在材料和制造工艺上有了很大的发展。这也促进了锂电池技术的进步，为大规模储能应用奠定了坚实的技术基础和产业基础。此外，为满足电动汽车未来发展需求而开发的锂硫电池和锂空气电池，也有可能成为未来大规模储能应用中潜在的或备选的技术[3]。

最近，美国麻省理工学院一个研究团队提出了一种新的化学储能技术，研究出液态金属电池。该研究团队的研究结果表明，这种电池具有成本低、寿命长、效率高、储能密度大的优点，可满足电网能量存储的要求。这项技术目前在国际上得到了广泛关注。

中关村储能产业技术联盟(China Energy Storage Alliance，CNESA)的数据表明，

2021 年我国电化学储能累计装机容量为 5.51GW，约占我国已投运电力储能项目装机容量的 12%，同比增长 68.5%[5]。

目前电化学储能技术已经发展成为一种成熟的能量储存技术，广泛应用于可再生能源、电动汽车、智能电网等领域。主要的电化学储能技术包括铅酸蓄电池、锂电池、钠离子电池、液流电池等[6]。

锂电池是目前最为成熟和应用最为广泛的电化学储能技术，已经广泛应用于手机、笔记本电脑、电动汽车等领域。钠离子电池作为一种新兴的电化学储能技术，具有能量密度高、成本低等优势，正在逐步得到市场认可。

此外，随着可再生能源的大规模普及，液流电池等新兴电化学储能技术也正得到越来越多的关注和研究。液流电池具有高效、高能量密度、可扩展性强等特点，在大规模储能方面具有广阔的应用前景[7]。

电化学储能现已经应用于许多领域，主要包括以下几个方面。

（1）新能源发电与储能系统：如太阳能、风能、水能等可再生能源的发电系统，需要将电能存储到储能设备中，以便在不连续或时段性发电期间供能。

（2）电动汽车与混合动力汽车：电化学储能在电动汽车与混合动力汽车的动力系统中得到广泛应用，尤其是锂电池，其在能量密度、可靠性和寿命等方面都有很大突破。

（3）家居储能：随着电动汽车等需求的增加，家庭光伏发电和小型风力发电的使用越来越普及，家庭储能系统的应用则可以使得其实现最大限度的自给自足。

（4）能量储存系统：电化学储能还应用于大型能量储存系统，如电网的储能系统、风力发电站储能系统等。

1.1.2　飞轮储能

飞轮储能系统是一种利用飞轮转子加速和减速来实现电能和动能相互转换的储能装置，主要由转动惯量大、转速高的惯性轮、轴承系统、实现电能-动能相互转换的电动/发电两用电机、电力电子变流装置、控制设备、真空室等组成[8]。飞轮储能原理是：储存能量时，电机作为电动机运行，输入的电能经过电力电子变流装置处理后输入电机中，电机驱动飞轮转子加速，将外界输入的电能转换为飞轮转子的动能储存在飞轮储能系统中；释放能量时，电机作为发电机运行，飞轮转子驱动电机发电，飞轮储能系统储存的动能被电力电子变流装置转换成稳定的电能输出给外界[9]。相比于其他储能技术，飞轮储能技术的优势是功率大、效率高、使用寿命长、安全性高、充放电次数基本不受限制、对环境友好等。飞轮储能装置结构示意图如图 1.1 所示。

飞轮储能系统的储能容量计算公式为 $E_{FW} = \dfrac{1}{2} J \omega_m^2$，式中，$E_{FW}$ 为储能容量，J 为飞轮转动惯量，ω_m 为飞轮转动角速度。可以看出，提升飞轮储能系统储能容量有两个途径，即提升转速和转动惯量[10]。

相比于传统储能方式，飞轮储能能够适应更多的应用场景，目前飞速发展的飞轮储能技术已经在电力系统调频、新能源发电、不间断电源等众多领域得到应用。其中，在

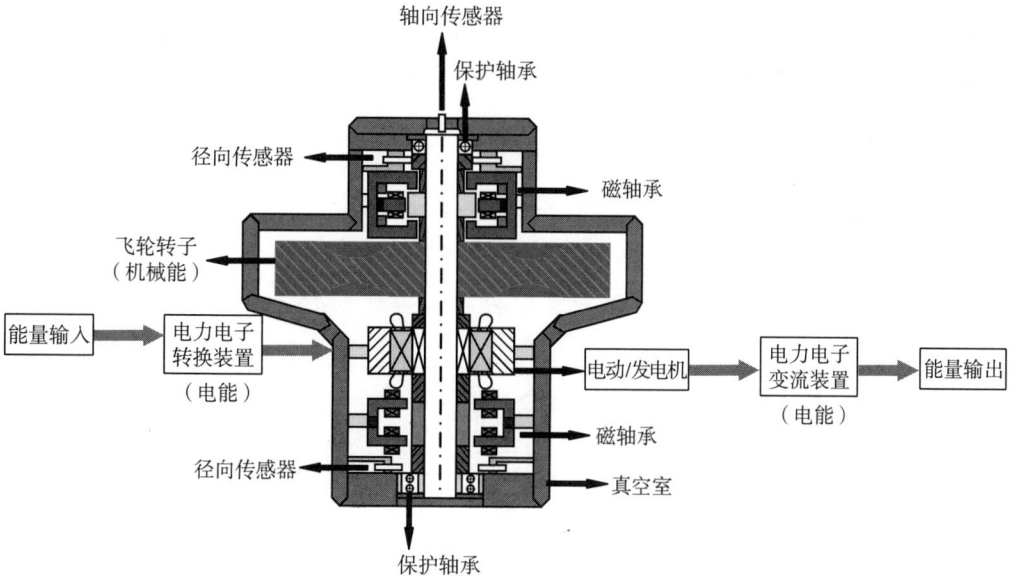

图 1.1　飞轮储能装置结构示意图

电力系统领域通过引入飞轮储能技术来提高电网的电力质量、调节控制能力，通过合理布置飞轮储能系统可以实现兆瓦级能量储存，使飞轮储能系统作为不间断电源和电网峰值调节器使用[11]。

1.1.3　压缩空气储能

压缩空气储能(compressed air energy storage，CAES)是一种大规模储能技术，它通过电力压缩空气，将压缩空气储存在储气罐中，当需要用电时，释放压缩空气，驱动涡轮或发电机产生电力，实现储能、调峰和发电的功能。CAES 技术具有高效、环保、灵活、可靠等特点，是一种适用于大规模清洁能源储存的技术。

在 CAES 系统中，压缩空气通常储存在地下储气库或高压储气罐中，当能量需求增加时，利用压缩空气通过燃烧燃料或膨胀机来产生电力。同时，CAES 系统能够对电力进行储存和释放，具有较高的能量密度，因此能够在电力需求高峰期提供更大的电力输出。

压缩空气储能技术在电网产能过剩时利用多余的电能驱动压缩机，将空气压缩储存于地下盐穴或气罐中；在电网产能不足和负荷高峰期释放储存的高压空气，推动透平机膨胀发电，从而实现电网削峰填谷，提升电网调节能力和新能源消纳能力[12]。该技术具有容量大、寿命长、安全环保等优势，是一种极具发展前景的大规模清洁物理储能技术。目前，国外最早建成并投入商业运行的大型压缩空气储能电站为 1978 年投运的德国的 Huntorf 储能电站(580MW·h)，其启动过上万次，启动可靠率达 97%[13]。我国的金坛盐穴压缩空气储能国家试验示范项目(300MW·h)在 2021 年成功并网，向国家电网发出我国首个大型压缩空气储能电站的"第一度电"[14]。

压缩空气储能系统按照运行原理可分为绝热式和非绝热式，主要区别是有无外部热源，通常可根据有无燃烧室进行判别[15]。非绝热式压缩空气储能系统常规结构如图 1.2 所示。

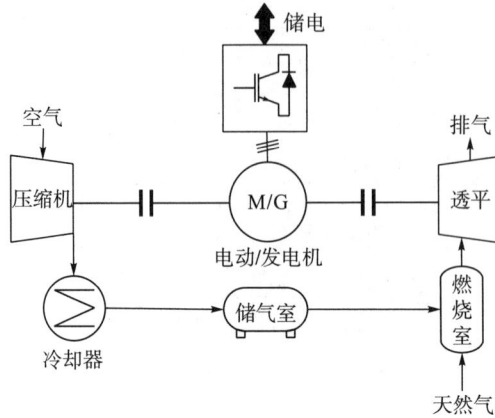

图 1.2　非绝热式压缩空气储能系统结构图

在用电高峰时，高压空气经过预热进入燃气轮机的高压燃烧室内，在燃烧室中与天然气混合燃烧放出热量，膨胀并驱动燃气轮机运转，带动发电机发电。绝热式压缩空气储能系统无燃烧室结构，通过换热器将压缩热量进行储存，膨胀前对气体进行预热或将膨胀后的冷量回收，通常和冷热电联供系统对接，将其压缩和膨胀过程中涉及的大量热量和冷量充分利用，既可以平抑可再生能源的波动，又能实现多种能源的转换，实现能源的梯级利用，提高用能效率。绝热式压缩空气储能系统结构如图 1.3 所示。

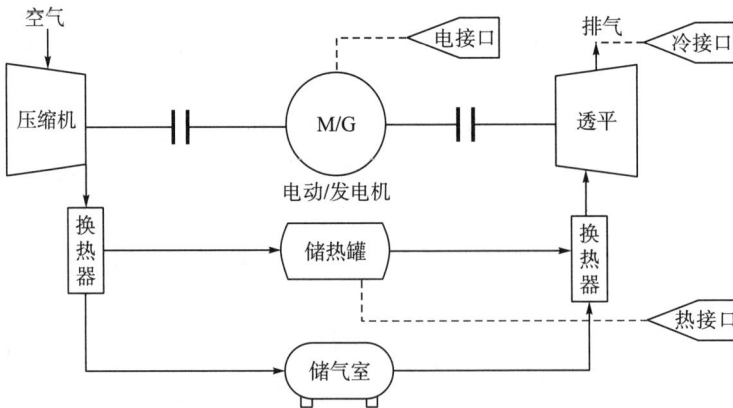

图 1.3　绝热式压缩空气储能系统结构图

1.1.4　超导储能

超导磁储能(superconducting magnetic energy storage，SMES)是一种新兴的储能技

术。SMES 的运行是基于某些材料的超导概念。超导是一种现象，当某些材料被冷却到特定的临界温度以下时，会表现出精确的零电阻和磁场耗散。这种现象是由一位名叫海克·卡末林·昂内斯(Heike Kamerlingh Onnes)的荷兰科学家在 1911 年发现的。

美国超导公司在 1997 年生产了第一个相当规模的 HTS-SMES(高温超导磁储能)系统。之后，它被连接到德国一个更大的电网。在 SMES 系统中，能量通过沿超导体流动的电流以直流形式储存，并以直流磁场的形式保存。载流导体在低温(极低的温度)下工作，从而成为具有可忽略的电阻损失的超导体，同时它产生了磁场。在这种条件下，线圈的电流可以无限期地流动。这可以通过线圈的时间常数进一步证明，$t = L/R$，其中 L 是电感，R 是电阻。当 R 趋于零时，t 接近无穷大[16]。

SMES 的运行是基于这样一个概念：即使其上的电压被消除，电流也会继续在超导体中流动。具有最小(零)电阻的超导线圈是一个已经被冷却到临界超导温度以下的线圈。因此，电流一直流过它。该线圈在任何充电状态下都能导电。在充电阶段，电流只流向一个方向，电力调节系统必须在线圈上产生一个正电压，以储存能量。在放电阶段，电源调节系统被修改为模仿系统作为线圈上的负载，产生一个反向电压，使线圈放电。SMES 系统能够快速响应，它们可以在几秒钟内从充电模式转变为放电模式，反之亦然。

近年来，SMES 在可再生能源整合方面的应用越来越突出。SMES 已被证明是一种可行的、有竞争力的应用，如缓解输出功率波动、频率控制、瞬态稳定性增强和提高并网可再生能源系统的电能质量，如风能转换系统(wind energy conversion system，WECS)和太阳能光伏系统。

此外，超导储能具有能量密度高、充放电效率高、无污染、寿命长、快响应度、高储能功率以及灵活操控等优势，越来越受到青睐。尤其是高温超导材料的发现及应用，使超导储能更容易低成本实现，完全不受地域限制，有望在新能源电力系统建设中发挥重要作用，更有业界专家预判超导技术将对电力领域产生前所未有的巨大影响。

超导储能还具有以下功能。

(1)可用来消除电力系统中的低频振荡，用于稳定系统的频率和电压。

(2)可用于无功功率控制和功率因数的调节，以提高输电系统的稳定性和功率传输能力。

(3)由于可迅速向电网加入或吸收有功功率，具有超导储能装置的系统可看成灵活交流输电系统。

(4)如果既将它看作一个储能装置，又将它看作系统运行和控制时的有功功率源，它将显得更有用和有效，因此可以用作超导能量管理系统。

(5)在自动发电控制(automatic generation control，AGC)系统中具有自动发电控制作用，而且局部控制错误可减到最小。

(6)可用于配电系统或负荷较大的负载侧以减少波动和平衡尖峰负载、控制初次功率和提高瞬态稳定性，并可得到很好的效益。

(7)可用于海岛供电系统，因为海岛与大陆联网的造价高，一般采用燃气轮机独立发电并成网，超导储能装置可用来进行负载调节等。

(8)可用来补偿大型电动机启动、焊机、电弧炉、大锤、轧机等波动负载从而减少电网灯光闪烁现象。

(9)可用作太阳能和风力的储能。风力发电将产生脉动的功率输出，并将为配电网带来很多问题，而超导储能装置可使风力发电系统的输出平滑从而满足配电网的要求，并为系统提供备用功率和控制频率。

(10)可作为其他分布式电源系统的储能装置。

(11)可作为为重要负载提供高质量电力的不间断电源，并在负荷侧发生短路时限制短路电流[17]。

1.1.5　超级电容器储能

德国物理学家亥姆霍兹(Helmholtz)在 1853 年研究胶体悬浮系统时最先描述双电层现象，即金属表面上的净电荷将从溶液中吸引部分不规则分布的离子，使它们在电极与溶液的交界处形成一个电荷数目与电极表面剩余电荷数目相等而符号相反的界面层，界面层垒存的库仑势使得两层极性相反的电荷层无法中和[18]。将这样一层在金属电极表面、一层在溶液中的两层电荷称为双电层。双电层的存在使得储存电能、形成电容巨大的电容器成为可能。超级电容器(supercapacitor)就是依照该理论发展而来的一个储能元件，现在通过高新材料的应用，存储的容量也不断提高。

超级电容器主要通过电极与电解质之间的离子和电荷交换来实现电能和化学能之间的相互转换。它主要靠正极储能，且储能工作温度范围广，安全环保。超级电容器由集流体、电极材料(正极材料和负极材料)、隔膜和电解质组成，如图 1.4 所示。集流体主要承担着超级电容器与外界之间电荷传输的任务；电极材料主要承担电荷存储以及与电解质进行电荷交换的任务；隔膜主要是隔开正负电极，防止短路；电解质在超级电容器储能过程中主要是传输和提供离子[19]。超级电容器既有电容器快速充放电的特性，又有电池的储能特性。其性能介于传统静电电容器和蓄电池之间，可以提高功率密度、延长循环寿命、快速充放电，是清洁安全的电化学储能手段[20]。

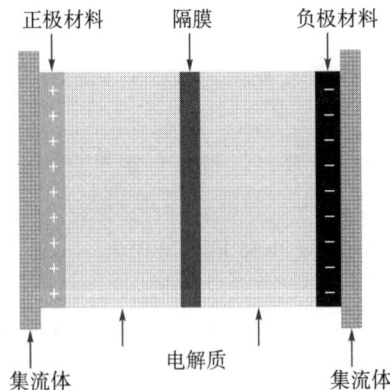

图 1.4　超级电容器结构

超级电容器在工业、军事及民用等许多领域也得到了广泛的应用。主要包括以下几个方面。

(1) 小功率电子设备。在很多功率较小的产品中，如各类儿童玩具、U 盘、中央处理器(central processing unit，CPU)、电脑主板、手表等，超级电容器可以发挥其独特的功耗小的储能优势。

(2) 新能源电动汽车。超级电容器本身大功率密度的特点使其可以在瞬间输出和储存大量电量，因此适合为新能源电动汽车在行驶过程中的必要时刻(如起步、上坡时)提供足量的瞬时功率，以及储存制动过程中产生的回馈能量，保证整车功率充足，缩短制动距离，提升新能源电动汽车的可靠性与安全性。实际应用中，超级电容器常与蓄电池、燃料电池等大能量密度储能元件共同组成储能系统，为新能源电动汽车提供电能。

(3) 新能源发电系统和分布式发电系统。新能源发电系统及其他分布式发电系统的输出往往由于发电部分本身的不可控性、随机性等特点，供能连续性和可靠性较差，因此需要一个可靠的储能系统来蓄能调峰，提升系统供能质量，保证供能可靠高效。功率良好的储能性能使超级电容器被大范围应用于新能源发电系统中，保证系统的安全可靠运行。

(4) 由超级电容器与变换器结合组成的变频驱动系统的能量缓冲器，在各种变频驱动系统中发挥重要作用。例如，在电梯系统中，当电梯处于爬升过程中，需要能量缓冲器给电驱动系统直流母线提供电能，使驱动电机在高功率工作状态下拉升电梯；而在下落过程中，就需要缓冲器吸收电机通过变频器馈还给主线的能量。

(5) 军事装备领域。军事装备不采用电网供电，通常需要储能装置来储存电能。而且，军事装备通常有稳定性好、重量小、使用方便和隐蔽性强等要求。超级电容器相比普通电池具有寿命长、稳定性强的特点，使其在极端的应用环境下也可以正常供电储能，在军事装备领域具有巨大的应用潜力，比如可以代替现代潜艇储能系统中寿命短、失效快的蓄电池，大幅提高储能系统的性能。

(6) 电网、配电网的运行状态可通过电网、配电网的电力调峰和电能质量得到改善，其流通的电流往往包含着大量谐波，以及各种三相电压不平衡和电压闪变的问题。这时就需要动态电压补偿系统实时调节电网的运行，提高运输效率。超级电容器本身具有充电速度快、功率密度大的特点，运用在动态补偿系统中，在电压补偿、提高电网运行效率方面可以发挥巨大作用。例如，当电网电压闪变时，超级电容器因其大功率密度的特点可以迅速释能对电网功率进行补偿，使得电网保持平稳运行；超级电容器通过功率变换器能够起到补偿无功功率、减少谐波的作用[21]。

1.2　智能电网储能系统电池模型构建

锂电池精确建模是电池管理系统实现状态估计的基本前提，对电动汽车整车功率分配与能量管理具有重要意义。当前电池模型主要分为四大类，包括电化学机理模型、数据模型、等效电路模型和热模型[22]。

1.2.1 电化学机理模型

锂电池充放电过程微观表征为电子传导、锂离子固相扩散、液相扩散和电极界面反应等，假设电池厚度远小于电池长度和宽度，则可以只考虑沿 x 轴的传质过程。电池正负极包含固相电极活性材料和液相电解液，其中电极活性材料由多个半径为 r 的球形颗粒组成，锂离子在固相颗粒中沿半径方向扩散。隔膜中只有电解液并且只允许锂离子通过，充电时电解液中锂离子通过扩散和迁移穿过隔膜进入负极，放电时与之相反[23]。锂电池伪二维(pseudo two-dimensional，P2D)模型不仅可以准确仿真电池电压特性，还能够得到电池内部副反应速率，模拟电池衰退机理，因此得到了广泛应用。

此外，建立电化学机理模型需要大量电极材料的热力学和动力学参数，如热传导率、颗粒半径和电极反应速率等，这些参数大部分只能由电池生产商提供，难以在线准确辨识，致使实际应用中电化学机理模型预测误差较大。因此，P2D 模型一般用于电池研发阶段，很少用于实车工况的状态估计。

1.2.2 数据模型

电池数据模型又称为黑箱模型，主要通过支持向量机、样本熵和神经网络等方法以电流、电压和温度等外特性数据作为输入数据，通过训练获得电池状态与输入数据的非线性关系。神经网络方法则可以同时考虑环境温度、电流变化和老化程度等多种因素，无须深入了解锂电池的内部机理特性，只需要通过反向传播算法对电池内部的非线性特性进行自适应学习，因此通常可以达到较高的精度[24]。但神经网络模型训练需要耗费大量时间，而且模型精确度受网络层数、训练方式和数据量等影响较大，难以直接应用于电池管理系统。

1.2.3 等效电路模型

电池等效电路模型是最常见的电池模型，主要通过电阻、电容和电感等元器件构成的电路模拟电池的电气特征。n 阶等效电路模型如图 1.5 所示。其中，恒压源 U_{OC} 用于表征电池开路电压，U_H 表示电压迟滞效应，U_L 表示负荷电压，电阻 R_0 表示电池欧姆内阻，而 RC 电路(resistance-capacitance circuits，电阻-电容电路)网络则用于描述电池的动态极化特性。

根据模型中 RC 电路网络数目，等效电路模型又可以分为内阻模型、戴维南(Thevenin)模型和二阶等效电路模型。内阻模型结构简单，仅由恒压源和内阻组成，无RC 电路网络，没有考虑电池的极化效应，只能描述电池静态特征。戴维南模型能够描述电池内部极化效应，结构相对简单，模型参数辨识计算量较小，计算精度基本可以满足大部分电池仿真需求，因此应用最为广泛。

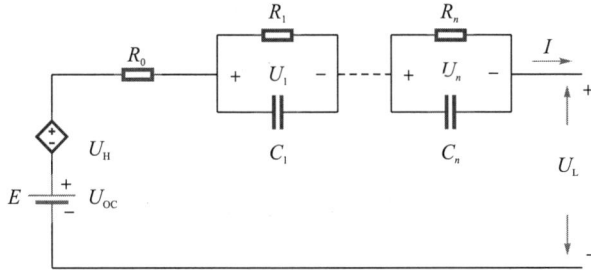

图 1.5　n 阶等效电路模型

从理论上讲，模型阶数越高，仿真精度越高，但模型参数增加会导致计算难度剧增。对于高阶等效电路模型，参数过多可能会导致过拟合，使得模型预测精度下降；而一阶和二阶等效电路模型具有较高的准确性和可靠性。锂离子动力电池内部电极之间的锂离子扩散属于一类典型的分形介质的反常扩散，其扩散系数与分数阶阶数存在直接联系。目前在整数阶模型中，RC 电路网络模块增多，使模型的准确度提升，但也导致模型参数增加和数学计算更加烦琐[25]。用分数阶理论建立的电池模型，可以有效地解决 RC 电路网络模块过多引起的计算复杂问题，更重要的是提高了电池模型的精度。分数阶二阶等效电路模型如图 1.6 所示。图中 CPE 是分数阶电容，也称常相位元件。

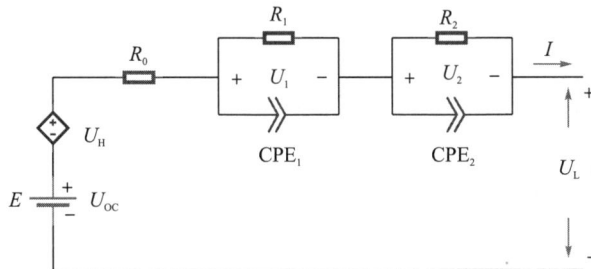

图 1.6　分数阶二阶等效电路模型

1.2.4　热模型

电池的热失控研究是当前国内外学者研究的热点问题之一，也是动力电池用于电动汽车所不容忽视的问题，构建动力电池热力学模型有利于提高热管理系统的性能。根据维度不同，电池热模型大致可以分为零维模型、一维模型、二维模型和三维模型。零维模型又称为集总参数模型，该模型直接忽略电池实际体积，将其视作一个质点，因此模型计算最为简单。一维模型从集总参数模型的质点向一个方向延伸，用于研究电池某个方向的温度分布情况，一维模型能够初步反映电池某个方向上的温度分布，但与实际温度分布仍有较大差距。二维模型用于研究电池某个截面上的温度分布情况，主要用于研究电池温度分布的均匀性问题。二维模型常用于分析某个方向上电池温度场的分布规律，但随着车用电池组尺寸的增加，温度空间分布极不均匀，需要更高维度的电池热模型对温度分布进行精确描述[26]。三维模型首先需要建立与实际电池大小、结构均相同的模型，需要全方位考虑电池内外部的热量传递过程，其精度最高，能够为电池的结构设计与优化提供重要的参考价值。

1.3　智慧储能电池状态评估

1.3.1　荷电状态估计策略

对锂电池的荷电状态(state of charge，SOC)进行估计是电池管理系统的核心问题之一。美国先进电池联盟(United States Advanced Battery Consortium，USABC)在其《电动汽车电池实验手册》中将 SOC 定义为：电池在某个特定的放电条件下，还能放出的电量与此时电池额定容量相比的结果[27]，见式(1.1)。

$$\text{SOC} = \frac{Q_{\text{c}}}{C_t} \tag{1.1}$$

式中，Q_{c} 为此时刻电池还能放出的电量；C_t 为此时刻电池的额定容量。

最常用的 SOC 定义是从消耗电量的角度出发，见式(1.2)。

$$\text{SOC} = 1 - \frac{Q}{C_t} \tag{1.2}$$

式中，Q 为电池目前已消耗电量。

由于电池内部结构复杂，随着使用次数的增加，电池趋于老化。在这个老化的过程中，电池容量逐渐衰减，导致 SOC 估计不准确。由于电池在正常情况下，SOC 容量衰减较慢，因此在循环次数较低时 SOC 的估计偏差不大。此外，由于电池的性能受温度、使用工况不同等影响，因此准确估计 SOC 是一项比较困难的工作。截至目前，国内外学者针对估计 SOC 的种种困难，提出了多种解决方法，主要可以分为两类。一类不需要建立模型，如利用 SOC 的定义推出的基于电流积分的安时积分法和利用开路电压(open circuit voltage，OCV)与 SOC 的拟合函数估计 SOC。另一类需要建立模型，如使用电池等效电路模型或者神经网络模型等估计 SOC。下面针对目前主流的 SOC 估计方法进行简单的介绍。

1. 开路电压法

锂电池在经过长时间静置后，在电池两端测得的电压就是电池的开路电压。OCV 与电池 SOC 之间的关系是一一对应的，可以通过 MATLAB 的函数拟合工具箱得到对应表达式，或者直接通过查表法得到对应 OCV 的 SOC 值[28]。开路电压法就是通过这一关系求得对应的 SOC。但是此方法需要对电池进行长时间静置，耗费大量时间，不适合用于在线估计，且在复杂工况下此方法误差较大。除此之外，由于锂电池的 OCV-SOC 曲线中间部分较为平滑，斜率接近于 0，因此 OCV 的波动会导致 SOC 估计结果出现较大误差，需要较高精度的拟合函数来保证其误差稳定在要求范围内。

2. 安时积分法

安时积分法也是常用 SOC 估计方法之一。假设充放电起始状态记为 SOC_0，那么当前的 SOC 状态就可以表示为

$$SOC = SOC_0 - \frac{1}{C_t} \int_{t_0}^{t} \eta I dt \tag{1.3}$$

式中，I 为锂电池的电流；η 为效率因子，一般取 $0 < \eta < 1$。此方法是利用充放电电流在时间上的积分得到电池 SOC 的值。因为安时积分法不考虑电池的内部结构且原理简单，所以被广泛应用。但是，此方法为开环计算方法，若 SOC 初始值误差较大且电流测量存在系统误差，则会造成后续 SOC 估计产生累积误差，该误差会随时间增加越来越大。因此，在实际应用中，安时积分法常常与其他算法配合使用，如安时积分法和开路电压法相配合，以此来提高 SOC 估计的精度[27]。

3. 神经网络法

以上方法无须建立模型就可以实现对锂电池的 SOC 估计。随着计算机的快速发展，人工智能被研究者逐步应用于电池 SOC 估计中。人工智能的其中一个分支就是神经网络，通过模仿生物大脑神经系统结构以及生理活动机理进行信息的处理，神经网络模型是黑箱模型。该算法具有非线性特性，有并行结构和自主学习能力，不需要描述输入、输出变量之间的具体关系，只需要选择合理的输入和输出数据，在经过大量数据的迭代训练后，黑箱模型就会确定它们之间的关系，建立输入、输出数据之间的映射关系[29,30]。此外，由于神经网络算法有自主学习能力，可以实现自适应，新的数据可以加入网络训练，以校正模型参数。但是神经网络用于非线性系统的关键问题是数据样本的选择，如果不能降低模型对数据的依赖，在进行 SOC 估计时会占用大量的 CPU 运算资源，同时估计精度也会受到较大的影响。另外，神经网络算法对初始权重非常敏感，若权重选择不合适则会发散，导致 SOC 估计失败[31]。

4. 粒子滤波算法

为了克服神经网络估计 SOC 的缺陷，国内外学者提出了粒子滤波算法，该方法是基于概率的具有高准确率的估计方法，利用一系列加权粒子来近似系统的后验分布，不需要任何明确的对于分布形式的假设，对系统维度不敏感，可以用于非高斯分布的非线性系统[32]。但粒子滤波是否可以对 SOC 估计出较好的结果，和滤波所选的参考分布与状态后验概率分布的接近水平有很大关系。在实际工程应用中，很难对样本进行采样，如果随机样本的数量非常大，容易造成算法的计算复杂度过高，而且随着时间的推移，粒子贫化的现象会趋于严重，由于权值退化，在无用的粒子上的计算量就导致了较大的浪费，降低了算法的效率，甚至导致滤波发散。

5. 支持向量机

支持向量机也可以很好地解决锂电池的非线性问题。该方法重点在于利用非线性理

论设计一种映射，从而将变量映射成为一个在高维空间的特征向量。解的稀疏性是支持向量机的重要特征之一，经验风险最小化准则是通过不断学习来修正神经元的各元的权重系数，从而达到减小误差的目的[33]。基于支持向量机的锂电池 SOC 估计中，输入变量为端电压、电流温度以及此时刻的 SOC，为了更好地处理非线性问题，以径向基函数作为核函数。但该算法对于大规模训练样本难以实施，会耗费大量的机器内存和运算时间，因此需要保证输入参数在合适的范围内，可以和其他的优化算法结合来确定参数。

6. 卡尔曼滤波

卡尔曼滤波(Kalman filter，KF)利用最优化自回归的思想，将锂电池看作一个动力系统，对其建立模型得到电池的状态空间，然后以最小均方根误差为目标对电池系统做出最优估计。电池模型的一般方程如式(1.4)所示。

$$\begin{cases} X_{k+1} = f(X_k, u_k) + w_k \\ y_k = g(X_k, u_k) + v_k \end{cases} \quad (1.4)$$

式中，u_k 为系统输入变量，通常包含电流等；y_k 为系统输出变量，通常为电池的端电压；X_k 为系统的状态变量，包含 SOC；$f(X_k, u_k)$ 和 $g(X_k, u_k)$ 为电池模型确立的非线性方程；w_k 和 v_k 分别为系统的过程噪声协方差矩阵和测量噪声协方差矩阵[34]。当系统的噪声协方差矩阵为正态分布时，该算法可以得到一个基于最小方差的状态估计，若系统噪声协方差矩阵的分布并不满足正态条件，该算法得到的是基于线性最小方差的状态估计。在锂电池的状态估计中，利用 KF 是为了在滤波器进行迭代计算的同时结合电池实验提供的电池端电压数据对系统状态的估计进行修正，从而降低估计误差。由于 KF 是针对线性系统设计的算法，为了将其推广到更复杂的非线性系统，在实际应用中还发展出基于 KF 的各种衍生算法。扩展卡尔曼滤波(extended Kalman filter，EKF)通过求取非线性函数的泰勒展开式，只取其线性化部分，而截掉其余高阶部分，这样就可以用线性系统的处理方法处理非线性问题，但这样做的主要缺点在于系统的线性化误差会增大。无迹卡尔曼滤波(unscented Kalman filter，UKF)是将无迹变换(unscented transfomation，UT)技术与卡尔曼滤波结合起来的一种算法，UT 技术将一个状态变量按照一定方法转换成固定数量的状态变量，这些状态变量的平均值和协方差与最初状态变量的值和协方差相等[35]。将生成的状态变量代入非线性函数，并且给每一个状态变量分配权值，从而得到后面的观测变量，再将观测变量与实验测得的真实值进行比较，得到观测误差，利用此观测误差修正状态变量，最后得到理想的估计值。UKF 相对 EKF 性能得到了很大的提高，却有着估算不稳定的缺点，没有办法保证状态变量的协方差是非负的，可能无法使滤波的结果收敛。

综上所述，随着数据处理能力的提高，越来越多的方法被应用到 SOC 的估计中，可以根据不同的环境和要求选择合适的算法。

1.3.2 健康状态预测算法

电池健康状态(state of health，SOH)是电池循环寿命的表征，也是锂电池的另一个关键性能指标。研究电池行为对电池 SOH 的影响，探索 SOH 变化对电池参数的影响，以便根据实际工况数据和 SOC 辨识结果在线估计和评估 SOH。考虑 SOC 和 SOH 的不同尺度，设置两个采样周期分别对实验数据进行采样，从中获得 SOC 和 SOH 的关键参数，从而实现对剩余电量和循环寿命的准确预测。锂电池的充电状态和健康状态的定义如式(1.5)所示。

$$SOH = \frac{Q_{max}}{Q_{new}} \times 100\% \tag{1.5}$$

式中，Q_{new} 为新出厂电压的实际容量；Q_{max} 为电池在使用一段时间后的最大可用容量。根据式(1.5)的定义，可以对电池的当前最大可用容量进行实时估算，以达到对电池健康状态进行在线监测的目的。

锂电池的 SOH 定义为当前最大可用容量与额定容量之比，是一个能直接反映电池当前性能的状态参数，也是一个能定量评价电池老化程度的指标。由于电池使用过程中活性锂离子的消耗和内部化学反应导致的固体电解质界面(solid electrolyte interphase，SEI)膜增厚，电池性能会持续下降，表现为电池容量、内阻等参数不断变化。中国汽车工业标准规定，当电池容量损失 20%时，即当 SOH 降至 80%时，电池寿命结束，需要对电池进行处置。可靠的 SOH 预测可以实时监测电池系统的健康状态，为提高电池的工作性能提供依据，保证锂电池的高效使用，降低使用成本。

锂电池的老化是不可避免的，但精确的 SOH 估算可为实时监测锂电池的健康状态提供依据，并且可以遏制一些加速电池老化的不良使用习惯，从而最大限度地减缓电池的老化进程[36-39]。由于锂电池在长时间循环工作后产生的老化现象会导致锂电池的内阻、开路电压等基本参数发生变化，因此 SOH 估算方法可以作为 SOH 的估算依据[40-43]。具体而言，目前常用的 SOH 估算方法包括两类，分别是实验分析法和基于模型的方法，详见图 1.7。

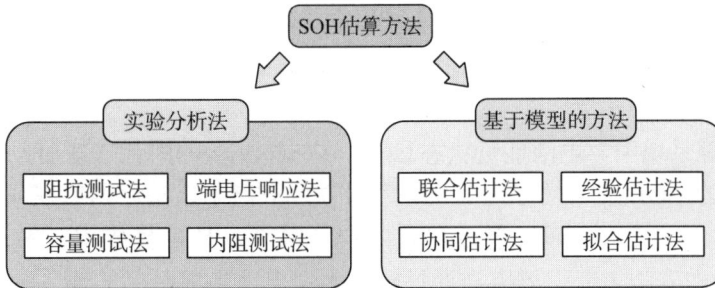

图 1.7 SOH 估算方法及分类

当前相关领域常用的 SOH 估计方法有以下几种。

1)容量测试法

锂电池容量与其 SOH 之间有固定的映射关系。容量测试法是指准确、直接地测量容量或能量以确定电池 SOH。显然，准确测量容量和能量需要保证放电过程的完整性和数据收集的高精度。

2）内阻测试法

随着电池的老化，电池内阻会增大，可以建立内阻与 SOH 的对应关系，根据对内阻的估计和电池内阻与老化因子之间的函数关系来估算电池的 SOH。容量测试法和内阻测试法易于实现，具有良好的实时性能，但对温度、工作条件、SOC 等不确定因素非常敏感，在测量过程中可能因为这些因素产生很大波动。

3）健康指标评估法

间接分析是一种典型的多步推导方法。它不直接计算容量或内阻，而是通过设计或模拟一些能反映老化过程中容量或内阻变化的工艺参数来校准 SOH，这些工艺参数通常被命名为健康指标，包括电压响应轨迹或充电时间、容量增量(incremental capacity，IC)曲线或微分电压(differentiated voltage，DV)曲线、超声波响应特性等。通常使用两个或两个以上的健康指标评估电池 SOH。目前，常用的健康指标评估法包括端电压响应法和容量增量法。

4）自适应算法

自适应算法通常基于电化学机理模型或等效电路模型，识别模型参数以完成 SOH 标定。这些方法具有闭环控制和反馈特性，可以随电压自适应地调整估计结果。自适应算法包括联合估计法、协同估计法、融合估计法等。

5）基于数据驱动的算法

数据驱动的 SOH 估计方法不依赖于精确的数学模型来描述电池的老化过程，而是通过分析电池充放电数据和参数变化数据，从中挖掘与电池老化过程相关的特征信息，并通过一些特定智能算法进行定量表征，以此来估计健康状态量。

1.3.3 能量状态估算

在电池管理系统中，电池能量状态(state of energy，SOE)用于表征动力锂电池的剩余电量。传统的 SOE 估算方法分为功率积分法和开路电压法。功率积分法是最为常见的估算方法之一，其主要通过能量状态的定义得来，是可直接用于对动力锂电池的 SOE 进行估算的方法之一，该方法通过对动力锂电池当前时刻的输入或输出功率进行积分计算，得出电池增加或消耗的电量，从而得出电池的实际剩余电量信息。由于功率积分法是在前一个时刻 SOE 的基础上得到的，因此动力锂电池初始时刻的 SOE 对于使用功率积分法估算尤为重要，电池 SOE 初始值的准确与否决定了 SOE 估算精度。此外，该方法的另外一个缺点在于估算时存在的误差会随着积分累积，且误差难以修正，实际单独使用时存在较大误差[44]。基于功率积分法的动力锂电池 SOE 计算公式如式(1.6)所示，其中 k 表示 k 时刻，即当前时刻，$P(k)$ 表示当前的输入、输出功率，E 表示电池的总能量。

$$\text{SOE}(k) = \text{SOE}(k-1) + \frac{\int_{k-1}^{k} P(k)\mathrm{d}k}{E} \tag{1.6}$$

开路电压法是通过电池的能量状态与开路电压的关系来获取当前时刻的 SOE 值的一种能量状态估算方法，两者之间的关系可以通过特定的实验获取。将动力锂电池静置足够长的时间，等待电池的内部电化学反应达到稳定后，极化反应消失，电池端电压等于静态电动势，即可得到电池的开路电压，从而根据不同时刻的 SOE 与开路电压则可以得到两者的关系。通过该方法估算 SOE 时，需要动力锂电池内部的电化学反应达到稳定，因此在实际使用过程中采用开路电压法实时在线测量 SOE 并不可行，目前该方法大多与其他的估算方法相结合使用[45]。

动力锂电池能量状态估算研究中，基于等效电路模型(equivalent circuit model，ECM)的方法也是重要的状态参数估算方法。卡尔曼滤波(KF)是最早应用在电池状态参数估算中的滤波算法之一[46]。针对 KF 在非线性系统应用中的不足，研究者提出了扩展卡尔曼滤波(EKF)、无迹卡尔曼滤波(UKF)与容积卡尔曼滤波(cubature Kalman filter，CKF)等。动力锂电池是一个非线性系统，EKF、UKF 与 CKF 可广泛应用于动力锂电池的状态参数估算，解决了 KF 主要针对线性系统这一应用场景的局限性，可以实现更高精度的 SOE 估算。EKF 通过泰勒展开实现非线性系统线性化，与其他两种改进的 KF 相比，EFK 具有更小的计算量，能更好地应用于工程中。此外，KF 及其改进算法在应用中同时存在着另外一个问题，即这些算法默认系统的过程噪声和测量噪声为白噪声，与实际应用中的噪声是具有较大差别的，理想的白噪声在现实中并不存在。因此，为了解决噪声条件不满足估算条件的问题，后来的研究者提出了较多的噪声自适应方法用来降低噪声问题带来的估算误差，如自适应扩展卡尔曼滤波(adaptive extended Kalman filter，AEKF)、自适应无迹卡尔曼滤波(adaptive unscented Kalman filter，AUKF)[47]，从而提高采用这类滤波方法在实际应用中的估算精度。

此外，常用的基于模型的 SOE 估算方法还有粒子滤波(particle filtering，PF)算法、H_∞滤波算法以及这些算法对应的改进算法等[48]。在 PF 算法与 H_∞滤波算法的基础上，结合 KF 的改进思想，研究者还提出了自适应粒子滤波算法、无迹粒子滤波算法与自适应 H_∞滤波算法等方法用于动力锂电池的状态参数估算研究。

基于数据驱动的方法包括模糊控制、神经网络与支持向量回归等方法。这一类方法的优点在于可通过电池实验数据对样本进行训练，从而直接进行动力锂电池的状态参数估算，这类方法不需要对电池进行建模。此外，数据驱动的方法能有效地进行非线性逼近，因此能解决动力锂电池模型的非线性问题。但基于数据驱动方法训练得到的模型受训练样本的影响很大，不同数据集的训练模型只有在对应工况使用才有较好的状态参数估算效果，因此其泛化能力较差。

1.3.4　峰值功率估算

峰值功率作为动力锂电池的重要状态参数，关系着电池的安全有效管理。目前针对动力锂电池峰值功率的测试规范主要有三种，分别是美国先进电池联盟(USABC)测试方法[49]、日本电动汽车协会(Japan Electric Vehicle Association，JEVA)的功率测量标准[50,51]，以及我国"863计划"中的动力电池功率测试规范，但这三种动力锂电池峰值功率测试方法均为离线测试方法，不能用于实时的峰值功率状态估算。

基于特征图的估算方法是目前较为简单的一种峰值功率估算方法，它是通过动力锂电池已知的状态参数与峰值功率构建函数关系来实现峰值功率估算[52,53]。如通过混合脉冲功率特性(hybrid pulse power characteristic，HPPC)测试方法对不同状态参数下的充放电峰值功率进行测试，通过得到的峰值功率与状态参数之间的函数关系构建插值表，在实际应用时根据当前时刻的状态参数值查询插值表对应的峰值功率值，从而实现动力锂电池当前时刻的峰值功率估算[54]。此外，估算时大多还需要考虑温度与老化等其他因素的影响，因此该方法需要在不同的条件下进行大量测试实验，使得基于特征图的估算方法很少实际应用。

动力锂电池模型构建是对动力锂电池展开研究的关键，因此基于模型的估算方法在峰值功率估算中也非常重要。电池模型主要分为电化学机理模型与等效电路模型。目前，建立等效电路模型是对动力锂电池的峰值功率估算进行研究的重要方法。常见的等效电路模型包括内阻等效(Rint)模型、Thevenin(戴维南)模型与PNGV(partnership for a new generation of vehicles，新一代车辆伙伴关系)模型等[55]。以Rint模型为例，根据电池充放电过程前后时刻的电压变化可得到等效电路的内阻。根据开路电压与动力锂电池的电压工作范围则可以求出在充放电时的峰值电流，从而计算得到峰值功率。以此类推，可得到其他模型充放电时的峰值电流，实现其他等效电路模型峰值功率的计算。蔡雪等[56]对基于模型的峰值功率估算进行了对比分析，实现了误差在8%以内的峰值功率估算；柴建勇等[57]通过二阶Thevenin等效电路模型实现了峰值功率在线估算。

此外，基于数据驱动的方法也是动力锂电池峰值功率估算的一类方法，如神经网络算法、模糊控制算法、支持向量机及基于主元分析的估算方法等[58]。基于数据驱动的方法采用电压、电流、SOC、温度等作为输入数据进行模型训练，从而构建峰值功率估算模型。张文博[59]通过模拟退火算法对反向传播(back propagation，BP)神经网络算法进行改进，提出了基于模拟退火算法的改进BP神经网络算法，较好地实现了动力锂电池的峰值功率估算；Fleischer等[60]采用自适应神经模糊推理系统进行峰值功率估算研究；郑方丹[61]通过HPPC测试获取训练样本，实现了基于支持向量机的峰值功率估算。由于数据驱动方法对训练数据的要求较高，需要大量已知条件下的峰值功率作为训练样本，在未积累大量测试数据时，不能广泛使用在动力锂电池的峰值功率估算研究中。

1.3.5 全寿命周期剩余使用寿命评估

锂电池的剩余使用寿命(remaining useful life，RUL)预测在电池故障预测与健康管理中起着十分重要的作用。准确预测电池RUL可以提前对存在安全隐患的电池进行维护和更换，以确保储能系统安全可靠[62,63]。剩余使用寿命预测对于系统设备的维护是必不可少的重要信息，根据RUL预测结果对系统设备进行良好的管理，可以提高系统或设备的可用性和可靠性，同时减轻或避免故障造成的重大损失。RUL 代表从当前时间到寿命结束的时间长度。一般认为，当电池的可用容量下降到额定容量的 70%或 80%时，电池寿命达到终点，这个容量值被称为电池寿命失效阈值。锂电池的寿命通常有四个定义[64]，分别是日历寿命、储存货架寿命、标准循环寿命和工作循环寿命。日历寿命是指电池从生产到报废的整个过程，包括上架、测试、使用等所有环节。储存货架寿命是指在货架条件下，电池容量下降到容量失效阈值的时间，整个过程受到环境因素的影响。标准循环寿命指的是在特定的充电和放电条件下，电池容量下降到容量失效阈值所需的时间。这个过程适用于实验室，易于分析。工作循环寿命是指根据实际工作条件对锂电池进行循环测试，也就是锂电池在实际工作条件下的使用寿命。

锂电池 RUL 预测方法一般分为三类：基于模型的方法、基于数据驱动的方法和基于融合的方法[65,66]。

1. 基于模型的方法

基于模型的方法旨在建立数学模型来描述电池老化行为。其中一种方法是建立复杂的、耦合电池副反应的机理模型或经验回归模型，并通过外推模型参数来实现 RUL 预测。然而，电池老化行为是非线性的。对于长期预测(预测步数大于 50)，耦合副反应的机理模型能维持较高精度，而参数固定的经验模型预测误差将增大。常用的提高长期预测精度的方法是将模型与滤波算法结合使用，利用滤波算法和可用数据不断更新模型参数。首先，根据电池数据特点选择适合的模型，接着将模型转换为状态空间方程的形式并对滤波算法和模型参数进行初始化。其次，基于预测起始点之前的历史数据，利用滤波算法不断更新模型参数直至预测起点。最后，在预测起点使用更新参数后的模型外推进行电池的 RUL 预测。基于模型的 RUL 预测方法具体包含三类：电化学机理模型、等效电路模型和经验模型。

1)电化学机理模型

电化学机理模型通过分析锂电池的电化学特性建立降解模型，通过分析锂电池的运行机制和电化学反应实现 RUL 的预测。这种方法可以给出模型的实际物理意义和化学意义，但由于环境和设备精度等因素，很难进行在线预测。同时，由于不同电池的物理和化学特性不同，模型的鲁棒性较差，对于不同的电池，需要进行重塑，工作量较大。

2)等效电路模型

等效电路模型通过分析大量数据，将复杂的锂电池转换为简化的电路模型，近似地反映了锂电池的动态特性。目前，常用的等效电路模型包括 Rint 模型、RC 模型、Thevenin 模型和 PNGV 模型。其中，RC 模型因结构简单、精度高而被广泛使用。电池的极化效应、滞后电压特性以及动态调整传统 RC 模型的阶数，可以提高模型对动态特性的预测能力。基于等效电路模型的 RUL 预测方法比电化学机理模型更简单。

但是，等效电路模型是一个简化的锂电池模型，不能完全反映锂电池内部的电化学反应特性，因此不能完全反映锂电池的动态特性。

3) 经验模型

经验模型是以锂电池老化试验数据为基础，通过拟合得到各种形式的多项式模型，其应用范围比电化学机理模型和等效电路模型广。基于经验模型的 RUL 预测方法是通过用经验模型拟合锂电池的历史降解数据来构建降解模型，用滤波方法更新模型参数，最终实现电池的 RUL 预测。

常用的经验模型包括阻抗线性变参数模型、阻抗指数增长模型、指数容量衰减模型、电池容量再生经验模型等。该模型主要通过与滤波算法相结合实现对电池 RUL 的预测。主要的滤波算法有卡尔曼滤波 (KF)、粒子滤波 (PF)，以及它们的改进算法。由于经验模型忽略了电池内部复杂的工作机制，这种模型比其他模型更容易实现，适用范围更广。

2. 基于数据驱动的方法

基于数据驱动的方法直接利用历史数据预测电池未来老化趋势，不需要对老化机理和扩展规律有所了解[67]。该方法并不建立特定的物理模型，而是基于数据建立统计学模型或机器学习模型。由于数据驱动的方法无需复杂的数学建模过程和专家知识，因此该方法更加灵活易用，并在全球范围内引起了研究人员的广泛关注。数据驱动的方法主要包括自回归 (autoregressive，AR) 模型、支持向量机 (support vector machine，SVM)、高斯过程回归 (Gaussian process regression，GPR)、递归神经网络 (recurrent neural network，RNN)、长短期记忆 (long short-term memory，LSTM) 网络和深度神经网络 (deep neural network，DNN)[68]。

AR 模型及其变体一般是通过建立线性模型来处理时间序列问题，将未来的状态值视为过去的状态值和随机误差的线性函数。它具有模型参数简单、计算量小的优点，但它是一种线性预测模型，在长期 RUL 预测中准确性较差，鲁棒性不高，难以实现长期 RUL 预测。

SVM 是一种机器学习方法，其优势在于只需要少量的训练数据，由 SVM 训练最终得到的支持向量决定了计算量的大小，即在一定程度上缓解了维度灾难的问题，可以解决分类问题和非线性问题。SVM 对奇异值的敏感性很低，这有助于消除无用的数据，减少计算量，并增强算法的鲁棒性。基于这些优点，近年来 SVM 已被广泛用于电池 RUL 预测。然而，SVM 超参数难以确定的问题始终存在，并严重影响了其预测性能。虽然优化算法在一定程度上改善了这一问题，但优化算法本身的问题和改进后的优化算法的高复杂度都影响了基于优化后的 SVM 的 RUL 预测方法的预测效果，不适用于大数据的处理，且对 RUL 的估计是点估计。

GPR 是一种基于统计理论和贝叶斯框架的非线性概率回归方法。它通过计算协方差和均值为预测结果提供置信区间，在处理高维、非线性、小样本等复杂问题时具有良好的效果。与 SVM 相比，GPR 具有易于实现、非参数推理灵活、输出概率分布等优点。但是，GPR 模型的计算过程涉及矩阵反演，导致基于 GPR 的 RUL 预测方法的计算量相对较大。此外，GPR 模型的在线更新能力较弱，这使得 GPR 模型难以在线应用。

RNN 保留并更新以前的信息，使其成为捕获电池容量退化数据中相关性的一个很有前途的工具。电池退化过程通常涵盖数百个周期，这些周期之间的容量退化信息高度相关。因此，提取并考虑这些相关性以做出准确的 RUL 预测是有意义的。因为 RNN 可以学习数据中的长期依赖关系，所以它是一种高效的神经网络(neural network，NN)类型，可以捕获和更新降级数据中的信息。在分析不同循环下充电曲线的端电压的基础上，利用前馈神经网络(feedforward neural network，FNN)模拟恒流条件下电池充电曲线与 RUL 的关系。电池达到寿命终止(end of life，EOL)时的总循环次数来自使用 FNN 估计电池当前循环次数的实验。然后，通过从总循环次数中减去当前循环次数来计算 RUL。虽然 RNN 表现优秀，但是由于其本身网络结构带来的梯度消失和梯度爆炸问题很难解决，相关的研究人员将研究转向了它的变体——LSTM。

LSTM 是一种特殊的循环神经网络。与传统的 RNN 相比，LSTM 在隐含层增加了一个单元状态，改进了 RNN 的隐含层，解决了 RNN 在处理长序列数据时容易陷入梯度消失或梯度爆炸的问题，具有更有效的长期预测能力。LSTM 的核心由输入门、遗忘门和输出门三个"门"组成，且将所有的信息通过门结构进行处理，遗忘门的功能是决定是否保留信息，输入门的功能是更新细胞状态，输出门的作用在于确定下一个隐藏状态的值。LSTM 的门机制避免了梯度消失和梯度爆炸的问题，且有效地遗忘之前的无用信息，保存有效的输入信息，并确定需要输出的信息，从而更有效地处理长期序列。

DNN 是一种作为多层感知器的模型类型，也是深度学习中的一个模型基础，它通过算法训练来学习数据集的表征，而不需要任何手动设计的特征提取器。它由更高或更深数量的处理层组成，这与单元层较少的浅层学习模型形成对比。这一转变使得更复杂和非线性的函数可以被映射，因为浅层架构无法有效地映射这些函数。这种改进使得大数据中大量数据集的训练得到了补充。通用图形处理单元的功能不如中央处理器，但其中的并行处理核心的数量比中央处理器的核心多出几个数量级。近年来，一些学者使用了一些新的改进 DNN 方法来估计 RUL。通过对锂电池施加不同环境温度的驱动循环负载，DNN 可以适应不同的环境温度条件。

3. 基于融合的方法

基于融合的方法是指基于模型和基于数据驱动方法的结合，它不仅兼顾了两者的优势，而且避免了两者的缺陷。基于模型方法的优势是不需要太大的算力且数据容错能力强，缺陷是非线性能力有限；基于数据驱动方法的优势是非线性能力较强，缺陷是对算力和数据质量具有较高的要求。因此，基于融合的方法采用了折中的方案，在应用中具有一定的优势。

为了应对传统化石燃料枯竭和环境恶化，锂电池在新能源汽车和电网储能等领域取得了广泛应用[69]。然而，锂电池在使用过程中的性能衰减是关键技术难点，制约了电池的 RUL。锂电池是一个复杂的电化学系统，在工作过程中会产生 SEI 膜增厚、析锂和电解液氧化等副反应[70]。电池副反应将导致电池的性能衰减，从宏观上表现为容量减小和内阻增加，从而降低了电池的使用寿命。准确预测锂电池在不同使用条件下的剩余使用寿命不仅能保证系统的安全可靠运行，而且能实现电池剩余价值的最大化利用。因此，剩余使用寿命预测对于电池管理和梯次利用至关重要。

传统的建模、优化、控制技术存在诸多局限，已难以适应新型电力系统快速发展所带来的一系列挑战。本书的主要研究内容旨在回顾新一代信息技术的历史，概述其发展现状，梳理近些年来信息技术在电气应用中的最新成果。本书内容围绕新一代信息技术应用于新型电力系统的辨识建模、故障诊断、优化调度与稳定控制展开。

第2章 电力储能电池测试

电池的特性测试是对储能电池展开研究的关键，通过实验分析可以获得不同条件下锂电池的工作状态和能量、内阻与开路电压等内部参数的变化规律，有效地获取上述参数的变化规律是保证储能电池应用时精确构建模型与准确估算状态参数的前提，从而可实现对电池的有效管理。工作特性关系着电池模型构建与状态参数估计，储能电池工作时反映电池工作性能的重要参数包括能量、内阻、温度与开路电压等。本章将针对储能电池开展相关测试实验，并对电池的工作特性展开研究。

2.1 电池测试共享平台搭建

衡量电池性能的参数主要包括电池电压、工作电流、电池容量、工作温度、使用寿命与自放电率等。搭建电池测试共享平台有效获取上述参数，可以为电池性能评价提供数据支撑[71,72]。

完整的电池测试平台主要包括四个部分，分别是被测电池或电池组、充放电设备、恒温恒湿试验箱和上位机监控系统。复杂场景多时间尺度锂电池系统性能测试平台如图 2.1 所示，以三元锂电池为测试对象，使用可程式恒温恒湿试验箱(BT-331C)调节测试环境温湿度，数据采集设备为动力锂电池大功率充放电测试仪(CT-4016-5V100A-TFA)。

如图 2.1 所示，首先确定被测对象，若被测对象是电池组，通常需要将电池串联而成。动力锂电池大功率充放电测试仪的主要任务是变换电源、输出电压和电流的闭环控制、必要的保护与监控，PC 机通过 CAN(controller area network，控制器局域网)通信，可接收监控 PC 机的编程控制指令，实现对电池状态的全面了解和输出电流的动态调节，同时充电机将工作信息发送给监控 PC 机，当 PC 机检测到故障信号时，及时通知充放电设备动作[73]。可程式恒温恒湿试验箱可保证电池处于恒定的温湿度环境，控制实验中的温湿度变量，使实验结果更可靠。上位机监控系统由计算机和 TPC/IP (transmission control protocol/internet protocol，传输控制协议/网际协议)以太网以及系统软件组成，实现电池数据的接收与系统控制[74]。上位机通过 TPC/IP 以太网可以向充放电模块下达指令，也可接收相关信息，在计算机界面上可实现充放电设备的启停、充放电参数设置等功能[75]。监控界面实时显示并记录分析接收到的电池状态数据，判断电池是否过电流、电池的一致性、电池组是否存在故障及其测试系统工作状态。测试完成后，即可导出实验数据并对电池性能进行分析。

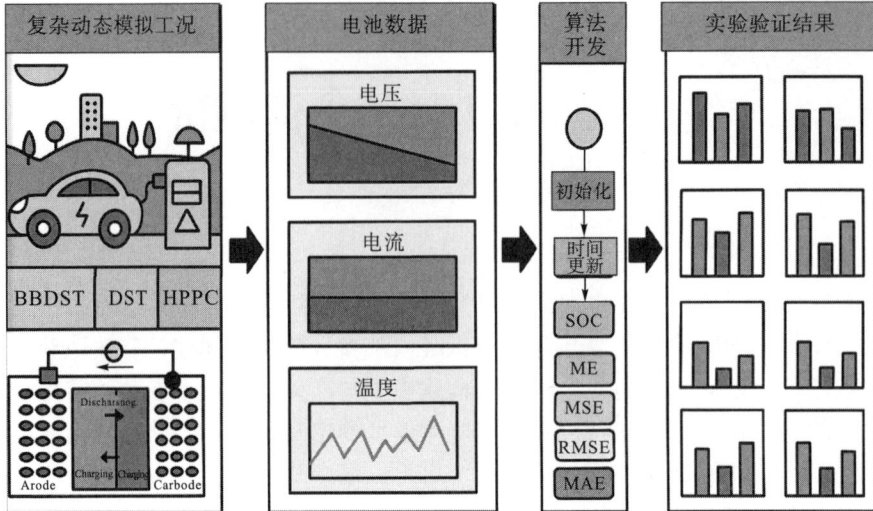

图 2.1　复杂场景多时间尺度锂电池系统性能测试平台

BBDST（Beijing bus dynamic stress test，北京客车动态应力测试）、DST（dynamic stress test，动态应力测试）、HPPC（hybrid pulse power characteristic，混合脉冲功率特性）、ME（mean error，平均误差）、MSE（mean square error，均方误差）、MAE（mean absolute error，平均绝对误差）、RMSE（root mean square error，均方根误差）

2.2　电池工作机理分析

锂电池系统是集化学、电气和机械特性于一体的复杂系统，因此在设计时必须考虑各方面特性的要求。尤其是电池电芯化学特性所包含的安全性和寿命衰减特性，无法直观评测，也不宜短时间内预测。因此，在设计电池系统时，需要采用电池技术、成组技术和电池管理系统（battery management system，BMS）技术，还要兼顾电池的安全性、可靠性和耐用性。锂电池通常有两种外形：圆柱形和长方形。圆柱形电池内部采用螺旋绕制结构，用一种非常精细且渗透性很强的薄膜隔离材料，在正、负极间间隔而成，主要有聚乙烯、聚丙烯、聚乙烯与聚丙烯复合等材料。而长方形锂电池则是通过叠片形式构成，正极上放置隔膜，然后放置负极，以此类推，并逐次叠加而成。正极包括由含锂材料（如钴酸锂、锰酸锂和镍钴锰酸锂的一种或几种混合使用）组成的锂离子收集极、由铝薄膜组成的电流收集极。负极由层状碳材料组成的锂离子收集极、铜薄膜组成的电流收集极构成。电池内充满有机电解质溶液，装有安全阀和正温度系数（positive temperature coefficient，PTC）电阻器元件，具有热阻小、换热效率高、不燃烧和安全可靠等优点，并且能够有效防止电池在不正常状态或输出短路时受到伤害。

锂电池主要由四部分组成：正极材料、负极材料、隔膜和电解液[76]。正极材料为电池提供锂离子，常见的有锰酸锂、钴酸锂和镍钴锰酸锂材料；负极材料主要是石墨，在锂电池中的主要作用是储存锂离子，并在充放电过程中实现锂离子的嵌入和脱嵌；隔膜是一种特殊的复合膜，在锂电池中的作用是阻止电子在正负极之间自由穿梭，但是电解液中的锂离子可以自由通过[77]；电解液一般由锂盐和有机溶剂组成，具有传导离子的作用。电子不能脱离载体单独存在，隔膜本质为绝缘体，无法包容自由电子，所以不导电。在电池中，元素基本以离子形式存在，离子能够轻松地通过隔膜，而电子脱离了本身元素移到了新载体上面(正极材料或负极材料)，在与隔膜接触时，隔膜无法吸取电极上面的自由电子，从而阻止了电子的通过。隔膜常见的材料为单层聚丙烯(polypropylene，PP)膜、聚乙烯(polyethylene，PE)膜以及 PP/PE/PP 三层复合膜，电解质实现锂离子在电池正负极之间的传导，目前使用最广泛的电解质是 LiPF6[78]。

图 2.2 对电池的内部结构进行了客观表现，电池内部有锂离子、金属离子、氧离子和碳层，锂电池的组成基本上都是一些化合物。电池的反应通过电池里的离子移动来完成。而电池的隔膜好像一道屏障，使电池两极分开。

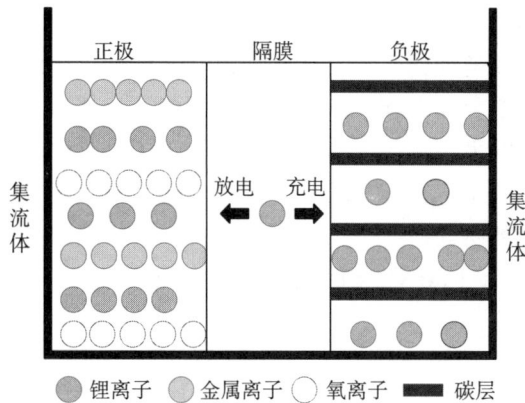

图 2.2 锂电池结构原理图

锂电池是目前不可缺少的可携带的电能储存元件，锂电池的性能表征外部参数有很多，如电压、电流和内阻等。锂电池相对于其他电池更多地被使用，是因为锂电池有着以下四个其他电池不具备的优点：①锂电池的燃烧热很高，也就是在单位体积中，放出的热量很高；②锂电池比较环保，符合绿色社会发展要求；③使用寿命长，正常条件下，锂电池可以进行几百次重复充放电的过程，所以锂电池可以使用的时间很长；④无记忆效应，普通电池在工作的过程中容量有所损耗，导致容量越来越小，这也就是记忆效应，而这个问题锂电池是不存在的。当然锂电池还有很多其他的优点，如安全性能好、自放电低、充电快和工作温度范围宽等，因此得到广泛应用。

锂电池内部化学反应是一个基本的氧化还原反应，这也是锂电池的工作原理，通过化学反应将电能转换成热能。从化学反应方程式可知锂电池的充放电过程，就是锂离子的嵌入和脱嵌的过程。锂电池在充电时，正极的锂原子会发生氧化反应，失去电子，从而变为锂离子；正极氧化反应产生的大量锂离子从正极出发经过电解质溶液到电池负极的碳层，电池容量的大小一方面和正极反应产生的锂离子数目有关，另一方面和通过电解液交换到负极的锂离子数目有关。放电时，负极发生氧化反应，嵌在负极碳层中的锂离子脱出，回到正极，回到正极的锂离子越多，放电容量越高。同样地，充电时，电池正极有锂离子生成，生成的锂离子经过电解液运动到负极，到负极的锂离子嵌入碳层微孔中，嵌入锂离子越多，充电容量越高。锂电池内部化学反应过程如图 2.3 所示。

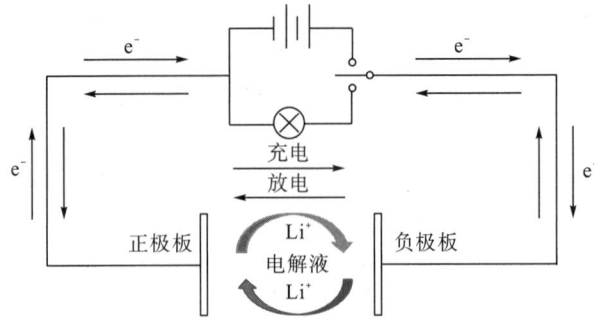

图 2.3　锂电池工作原理

锂电池正极材料大多是锂化合物，如钴酸锂、锰酸锂、磷酸铁锂和三元材料等；锂电池负极材料最开始用合金和金属锂，不过最后发现石墨碳的性能最好；电解质是溶解有锂盐的有机溶液。总的来说，锂电池内部电化学反应过程就是锂离子在正、负两极之间的来回交换。

正极反应如式 (2.1) 所示。

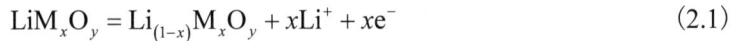

$$LiM_xO_y = Li_{(1-x)}M_xO_y + xLi^+ + xe^- \tag{2.1}$$

负极反应如式 (2.2) 所示。

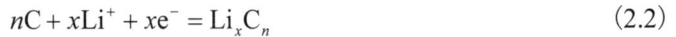

$$nC + xLi^+ + xe^- = Li_xC_n \tag{2.2}$$

电池总反应如式 (2.3) 所示。

$$LiM_xO_y + nC = Li_{(1-x)}M_xO_y + Li_xC_n \tag{2.3}$$

三个表达式中，M 可以为 Co、Mn、Fe、Ni，分别表示钴酸锂、锰酸锂、磷酸铁锂和镍酸锂电池。锂电池的工作原理不同于一般电池的氧化-还原过程，而是锂离子的嵌入-脱嵌过程，即锂离子可逆地从主体材料中嵌入或脱出。在充电和放电的两个阶段，在正负两个不同电极间来回嵌入和脱嵌。充电时，锂离子先从正极实现脱嵌，通过电解质到达负极，在负极嵌入锂离子。此时，锂电池的负极实现富锂(富锂就是用少量锂掺杂正极活性物质如 $LiMn_2O_4$ 等制得的正极材料，富锂可以使晶胞收缩充放电过程中体积变化较小，提高材料的结构稳定性和循环性能[79])的状态，放电与充电互为逆过程。锂电池的正极材料由一种嵌锂式化合物组成，如果有外界电场，正极材料中的 Li^+ 可以在电场的作用下从晶格中实现脱出和嵌入。

以 $LiCoO_2$ 为例，其正极反应如式 (2.4) 所示。

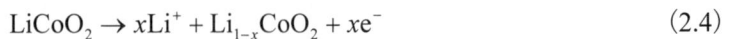

$$LiCoO_2 \rightarrow xLi^+ + Li_{1-x}CoO_2 + xe^- \tag{2.4}$$

负极反应如式 (2.5) 所示。

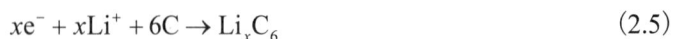

$$xe^- + xLi^+ + 6C \rightarrow Li_xC_6 \tag{2.5}$$

电池反应总方程式如式 (2.6) 所示。

$$LiCoO_2 + 6C \rightleftharpoons Li_{1-x}CoO_2 + Li_xC_6 \tag{2.6}$$

锂电池有三个重要组成部分，隔膜、正电极、负电极，其工作主要依靠正负电极之间的离子做往返运动，即主要依靠两端离子间的锂离子浓度差。在充电时，其中的 Li⁺ 从所在正极脱嵌，通过相应的电解质嵌入负极，经过这一系列的化学反应，正极处于少锂态，而负极处于多锂态[80]。与此同时，补偿电荷从外电路供给到负极。而在放电时，Li⁺ 从负极脱嵌，经过电解质作用被再一次嵌入正极。因此，电力储能电池的工作机理可以描述为以下几个步骤。

（1）充电。当储能锂电池充电时，正极材料（通常为锂铁、磷酸铁锂或锂镍锰钴氧化物）中的锂离子从正极材料中脱嵌，通过电解液中的锂盐（如 LiPF6）传输到负极。当锂离子到达负极（负极材料通常为石墨）时，它们会插入石墨的晶格结构中，形成锂化合物。同时，电解液中的电子通过外部电路从负极流向正极，完成电荷平衡。

（2）储存电能。充电过程中，锂离子在正极和负极之间来回嵌入和脱嵌，导致正、负极材料的锂离子含量发生变化，进而导致电池的正、负极电位差变化，从而将电能储存于电池中。

（3）放电。当需要释放储存的电能时，电池开始放电。负极中的锂离子开始脱嵌，通过电解液传输到正极。在负极，锂离子从石墨的晶格中移出，重新融入电解液，并通过外部电路供应电子，完成电荷平衡。

（4）释放电能。放电过程中，锂离子在正极和负极之间来回嵌入和脱嵌，正、负极材料的锂离子含量发生变化，电能转换为电流，供应给外部设备使用。

2.3　电池特性测试流程

电池特性测试流程包括准备测试设备和工具、选择适当的测试方法和参数、执行测试过程、记录和分析数据，并最终得出对电池性能的客观评估[81]。通过这些测试，我们能够深入了解电池的特性，并对电池的实际性能进行评估，从而发现潜在问题并进行改进，提高电池的性能和可靠性，为电池的研发、生产和应用提供有力支持。

2.3.1　能量测试

电池的能量测试实验是评估和分析电池能量存储能力的关键过程。通过能量测试实验，可以获取电池的容量、能量密度、功率输出以及循环寿命等重要参数，为电池性能的评估和应用提供准确的数据支持[82,83]。本实验旨在深入了解电池的能量特性，为电池设计、优化和应用提供参考依据。能量获取是进行电池能量状态估算的基础，因此能量测试实验是对动力电池能量特性展开研究的重要测试实验[84,85]。能量测试实验就是通过对电池进行充、放电测试，从而得到动力电池的最大可用能量。以三元动力锂电池为例，首先以恒流方式将电池充电至 4.2V，然后以恒压方式对电池进行充电，直至电池充电电流降至恒压充电的截止条件，充电结束后将电池搁置直至电池内部的极化反应消失，即动力锂电池的端电压不再发生变化[86]。最后，将电池放电至 2.75V，通过计算动力锂电池总共放出的电量，则可得到当前条件下动力锂电池的最大可用能量。

2.3.2 混合脉冲功率特性测试

作为对锂电池工作特性进行测试的重要实验，混合脉冲功率特性(HPPC)测试实验主要用于研究电池的充、放电特性。通过不同能量状态下的 HPPC 测试(图 2.4)可以实现动力锂电池的模型参数辨识，如欧姆内阻、极化内阻与极化电容等。

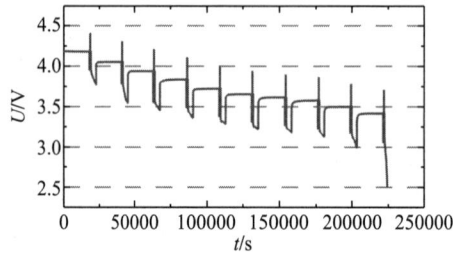

图 2.4　HPPC 测试电压曲线

进行 HPPC 测试实验时，首先需要对电池进行 30 分钟以上的搁置，使动力锂电池内部达到稳定，然后将动力锂电池按照设定时间与电流进行放电。本实验采用 1C 电流进行脉冲测试，放电结束时进行短时间搁置，然后按照设定电流与时间进行充电，如图 2.5 所示。

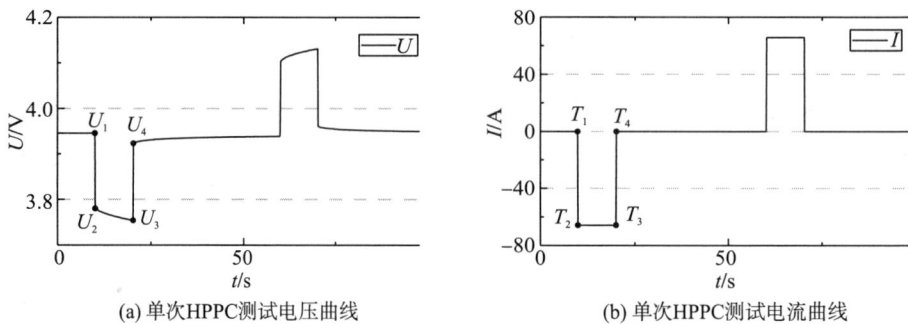

(a) 单次HPPC测试电压曲线　　　　　　　(b) 单次HPPC测试电流曲线

图 2.5　单次 HPPC 测试实验

图 2.5 为 72A·h 动力锂电池的单次 HPPC 测试实验的电压、电流曲线。在图中，电压 U_1-U_2 与 U_3-U_4 阶段的变化由电池的欧姆内阻效应造成，通过放电与充电时的电压变化可以得到动力锂电池的内阻。U_2-U_3 阶段电压的变化是由 T_2-T_3 时间段进行放电时电池内部的极化效应造成，可用于计算电池的极化阻容。此外，动力锂电池在进行长时间搁置时，电池内部的电化学反应达到平衡，此时端电压与开路电压相等，通过 HPPC 测试实验可获得电池 SOE 与开路电压之间的对应关系。因此，根据 HPPC 测试实验得到的电压电流，可进行等效电路模型(ECM)的离线参数辨识研究。

2.3.3 电池容量校正测试

电池容量校正用于准确评估和校准电池的容量表达，随着电池的使用和老化，其容量可能会出现偏差，影响电池的性能和可靠性。通过容量校正，可以提高电池容量的准确度，确保准确的容量指示和可靠的电池使用。锂电池容量被定义为在满电压状态下放电至截止电压所能放出的总电量[87]。容量是衡量电池性能的重要参数，决定了电池系统的持续使用时间和续航水平。电池在出厂时通常由厂家给出其标称电压，即该规格的电池在规定条件下容量输出的能力。在对电池进行测试之前，往往需要对电池进行容量校正，测试其实际容量[88]。

在恒温(25℃)条件下将电池以恒流恒压方式充电至截止电流(放电倍率为 0.05C)，再以 0.2C 的放电倍率恒流放电至截止电压(2.75V)，通过安时积分法计算电池的实际容量。实验电流和电压曲线如图 2.6 所示。

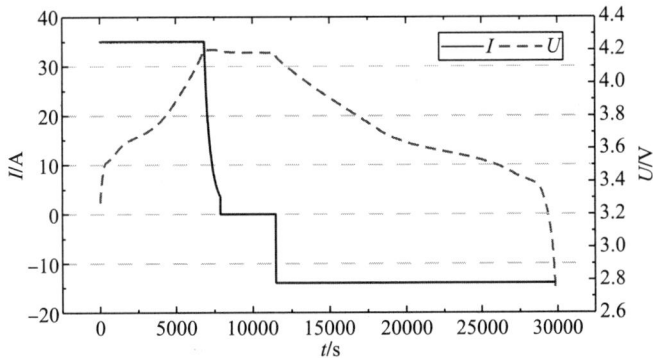

图 2.6 容量测试实验电流、电压曲线

在图 2.6 中，两条曲线分别为实验用锂电池单次充放电过程中的电流和电压变化曲线。设置充电方向为正向，首先以 35A(0.5C)对电池进行恒流充电至电池截止电压4.2V，再以 4.2V 恒压涓流继续对电池充电至电流降至 0.35A(0.05C)，此时充电过程结束，将电池充分搁置至状态稳定后，设置 14A(0.2C)放电倍率对电池恒流放电至截止电压 2.75V。

2.3.4 不同倍率充放电测试

锂电池内部反应受到多种因素的影响，包括电极材料、制作工艺、环境温度以及电池放电倍率等[89,90]。对锂电池进行不同倍率充放电实验具有评估电池性能、预测电池寿命、指导电池使用和维护等意义[91]。在恒温(25℃)条件下对电池进行不同倍率(0.5C、0.8C、1.0C、1.2C、1.5C)的放电实验以定性研究放电倍率对电池性能的影响，以 0.1s 的采样频率对输出电压进行采样，不同倍率放电电压曲线如图 2.7 所示。

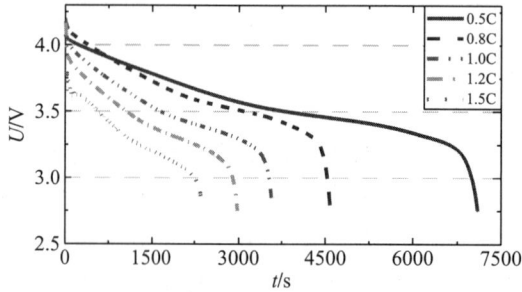

图 2.7　不同倍率放电电压曲线

　　通过观察图 2.7 中每条单独的放电曲线电压的变化，可以发现在整个恒流放电过程中，电池电压并不呈线性变化。根据单条放电曲线的电压变化趋势，对电池的整个放电过程进行分段分析。第一个阶段在放电初期，电压随着放电电流突变而瞬时突变，这是由于电池内部发生瞬时欧姆极化，欧姆内阻上的分压造成的端电压瞬间降低；第二个阶段，放电曲线变化趋于平稳，此时电池内部电化学反应状态平缓，放电过程中的氧化还原反应使负极释放电子，正极得到电子，导致两极板间的电压差缓慢降低，由图可知，本实验所使用的三元锂电池的平台电压在 3.2~4.0V；第三个阶段发生在放电末期，电池放电至 3.2V 附近，放电曲线斜率突变，几乎呈直线下降趋势。在相同条件下，对比不同倍率的电池放电曲线后，可以得出一个结论：与大电流放电相比，小电流放电的放电平台期更长。

2.3.5　电池老化测试

　　锂电池在工作过程中，电极会逐渐分解和破裂，导致可存储的锂离子数量减少，从而引起电池老化、剩余可用寿命下降，表现为电池容量不断降低和电池内阻增加[92]。对锂电池进行老化测试实验，具有评估电池性能和寿命、改进电池设计和生产工艺、提高电池可靠性和安全性等意义[93]。为了探究电池老化规律及影响，在 25℃恒温条件下对电池进行循环老化测试。在每个试验周期将电池以恒流恒压方式(0.5C，4.2V)充电至电流降至 0.05C，再以恒流模式放电至截止电压 2.75V，记录电池实际放出容量，用 Q_{max} 表征，得到电池容量随循环次数变化曲线，如图 2.8 所示。

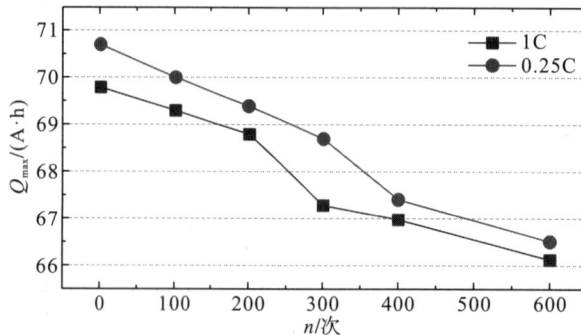

图 2.8　循环充放电次数与 SOH 的关系

图 2.8 展示了以 1C 和 0.25C 倍率放电的老化测试中电池容量随循环次数的变化曲线。在相同的放电倍率下，随着循环次数的增加，电池容量呈单调下降趋势；同时，通过比较不同倍率下的容量曲线，发现在相同条件下，低倍率放电明显比高倍率放电放出更多的电量。

锂电池在老化过程中，电池最大可用容量 Q_{max} 会下降。此时估算得到的 SOC 已经不能准确地衡量其剩余可用电量，这将会影响用户的判断甚至造成安全隐患[94]。因此，在使用锂电池时，估计电池健康状态(SOH)也十分必要。

2.4　电池工作特性分析

电池工作特性关系着电池模型构建与状态参数估计，因此电力储能电池的工作特性分析十分重要。储能电池工作时反映电池工作性能的重要参数包括能量、内阻与电压等。本节将通过不同温度下的能量测试实验与混合脉冲功率特性测试实验对电力储能电池的工作特性展开研究，获取电力储能电池的电压、电流、温度、内阻与能量的工作特性。

2.4.1　电压特性分析

端电压指的是电池正极和负极之间的电位差，按照电路运行情况可以分为开路电压(OCV)和工作电压。开路电压是电池在不带负载、不接其他电源情况下的端电压。一般情况下，由于电池具有内阻，放电状态时的工作电压低于开路电压，充电时的工作电压高于开路电压。在充电结束时，电池允许达到的最高电压称为充电截止电压，在电池放电结束后允许达到的最低电压称为放电截止电压。超过这一限值，电池就会遭受一些不可逆转的损害，截止电压是一项重要的安全指标。工作电压是指电池处于工作状态时，正极与负极之间的电位差。由于电池内部存在内阻，工作电压会低于开路电压。实际工作条件下，电池的工作瞬时电压是动态变化的，其中出现的过充和过放的现象无法避免，且会对电池造成伤害，所以电池在实际使用中会设置上下限截止电压。上下限截止电压需要合理设置，若上限截止电压设置过高，可能出现安全隐患；若设置过低，则有可能出现电池充不满的情况[95]。同样地，若下限截止电压设置过低，则也可能出现电池安全隐患；但若设置过高，则会出现电池电能利用效率过低的情况。经过研究，在放电倍率较高、环境温度较低的情况下，对电池进行放电使用时，可将放电下限截止电压设置得小一点[96,97]。

电池的开路电压是电池在充分静置后电池两端的电压值。电池有电流通过，使电位偏离了平衡电位的现象，称为电极极化。电极极化可分为浓差极化和化学极化，受欧姆效应以及极化效应影响，电池在使用过程中电压波动不定，因此 OCV 的获得通常需要将电池静置足够长的时间。因为 OCV 与 SOC 有一一对应关系，所以若知道电池当前的 OCV 值，便可知其对应 SOC 值。这便是所谓的开路电压法。

目前，OCV-SOC 的获取实验大体有两种方法。

(1)快速法，优点是方便快捷、耗时较短，缺点是精度相对较差。

(2)静置法，是指在停止充放电后，让电池静置足够长时间后测出稳定状态下的 OCV 的方法，是一种精度较高的实验方法。静置时间的长短是决定实验精度的重要参数，因为电池内部的各种化学延迟反应需要较长时间才能达到稳定。若静置时间太短，测得的电压参数就没有任何意义，一般推荐静置时间为 0.75~1h，在某些电池工况复杂的情况下，可适当延长静置时间。

为研究电池开路电压特性，即获得 OCV 与 SOC 关系曲线，在室温 23℃下对电池进行循环放电搁置实验，具体实验步骤如下。

(1)对电池进行恒流恒压充电。以 1C 倍率恒流充电至上限截止电压 4.2V，然后进行恒压充电，充电截止电流为电池额定电流的 5%。充电完成后对电池进行搁置，稳定电池电压。由于所选取电池容量较小，所以选定静置时间为 30min。

(2)选取 SOC 采样点，SOC 值分别为 1.0、0.9、0.8、0.7、0.6、0.5、0.4、0.3、0.2、0.1。由于电池放电初期和末期的电压变化明显，所以 SOC 采样点间隔宜更小，以期获得更为准确的 OCV-SOC 特性曲线。

(3)以 1C 倍率对电池进行恒流放电。每次放电达到 SOC 采样点时停止放电，将电池静置 30min，认为此时的电池端电压即为开路电压，而后继续放电直至电池 SOC 为 0，结束实验。

得到的锂电池 OCV-SOC 关系曲线如图 2.9 所示。由图可知随着电池 SOC 的增加，电池的 OCV 也增加。在电池放电中期，电压变化趋于平缓，称为电池的放电平台效应。电池放电初期以及末期，电池 OCV 变化明显。此时，微小的电池 OCV 变化都会引起电池 SOC 的剧烈变化。因此，使用 OCV 来获取 SOC 的方法，不适用于在线估计电池的 SOC 值[98]。采用 MATLAB/cftool 工具，对实验数据进行处理。可拟合得到 OCV-SOC 的高阶多项式，如式(2.7)所示。

$$OCV(SOC) = c_0 + \sum_{n=1}^{n} c_n \times SOC^n \tag{2.7}$$

式中，SOC 为每个时刻电池 SOC 值；OCV 为其对应的开路电压值。

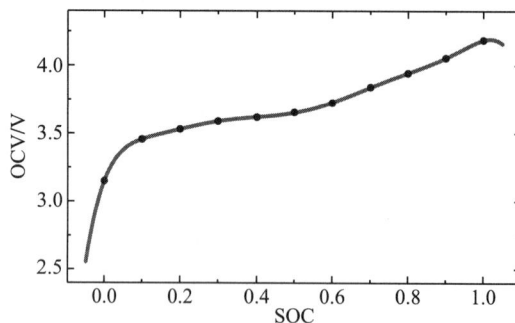

图 2.9　电池 OCV-SOC 曲线

2.4.2　电流特性分析

理想电源是不存在的，不管是电流源还是电压源都存在一定的内阻，电池作为汽车动力电源也不例外[99]。当电池长时间流过较大的电流时会产生大量热能，计算式如式 (2.8) 所示。

$$W = PT = I^2RT \qquad (2.8)$$

式中，W 为热量；P 为功率(单位时间内的热量)；T 为时间；I 为电流；R 为电阻。

持续的热量将导致电池温度持续升高，同时温度升高还会导致电阻值升高，形成恶性循环，电池管理系统监测温度异常后就会采取措施进行散热处理。此外，电池长时间大电流充放电还会产生安全隐患，因此需要时刻监测电池充放电过程中电流的大小[100,101]。

2.4.3　温度特性分析

电池的温度特性影响着电池内阻的大小，在锂离子与自由电子不断进行氧化还原反应的过程中，锂离子会不断地经过负极材料表面的一层膜，并嵌入和脱出负极材料，这层膜称作固体电解质界面(SEI)膜[102]。在锂电池充放电过程中，SEI 膜是由负极材料与电解液在固液界面发生反应，从而在负极材料表面形成的一层隔膜，其具有固体电解液的特征，对锂离子是优良导体而对自由电子是绝缘体，如图 2.10 所示。

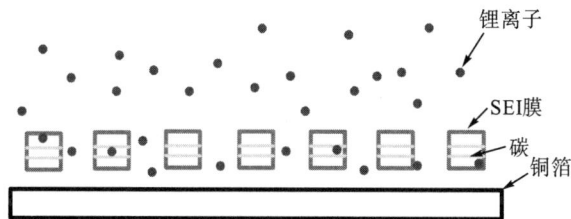

图 2.10　电池温度特性原理图

由于 SEI 膜对电池低温性能有较大影响，随着温度的降低，电池容量和放电电压均有所下降，电解液是形成 SEI 膜的关键物质，在低温情况下，电解液有结晶析出，使电解液的黏度增加、电导率下降，形成的 SEI 膜阻抗增大，因此锂离子在 SEI 膜中的扩散速率降低，使电极表面累积电荷增加，锂离子嵌入和脱出负极材料的能力下降，导致电池的阻抗增大[103,104]。

电池实时温度是实际使用过程中不可忽视的影响因素。电池活性与温度是正比关系，温度升高，锂离子在电解液间交换速度提升，电池整体活性增加，体现为电池能量输出更彻底、电池可用容量增大和电池使用效率提高[105]。经过研究发现，在长时间高温下，电池正极材料晶格结构的稳定性逐渐减弱，电池使用安全性和循环充放电寿命会严重下降，导致产品质量达不到标准；相反，长时间低温条件下电池正负极材料活性降低，实际容量明显小于额定容量、电池充放电效率下降和使用效率降低。因为材料活性降低，电池内部 Li^+ 的交换能力下降，电解质运输 Li^+ 的能力也下降，Li^+ 会沉积在正负极两端和电解液里面，从而造成安全隐患，所以低温环境通过减小电池的充放电电流可以减少 Li^+ 的沉积进而降低安全事故的发生概率。综上所述，长时间高温或低温工作都会对电池产生不好的影响，降低电池使用寿命。

2.4.4　内阻特性分析

对电池内阻的估计是动力锂电池等效电路模型的一个重点。内阻往往受到环境温度和电池老化衰减等的影响[106]。因此，分析电池中的内阻特性是至关重要的。本节专门讨论不同温度条件下的动力锂电池的内阻。

动力锂电池的内阻是由于电极之间的电子传输受到阻碍而产生的。它可以分为两种主要类型：欧姆内阻和极化内阻[107]。欧姆内阻的特点是具有纯粹的电阻效应，是造成动力锂电池内阻的主要因素之一。极化内阻是由电池使用期间的内部极化效应产生的。由于电池内部的电化学反应是可逆的，在充电和放电过程中都会出现极化引起的内阻[108]。

动力锂电池在使用过程中通过电化学反应，导致电池温度波动。因此，研究温度对动力锂电池内阻的影响是至关重要的。

为了研究温度对电池内阻的影响，本实验采用一个动力电芯测试仪来测量动力锂电池的内阻。测量在充电/放电电流为电池额定电流，温度分别为-5℃、5℃、15℃和35℃条件下进行。每个温度条件下欧姆内阻和动力锂电池的能量状态之间的关系如图 2.11 所示。

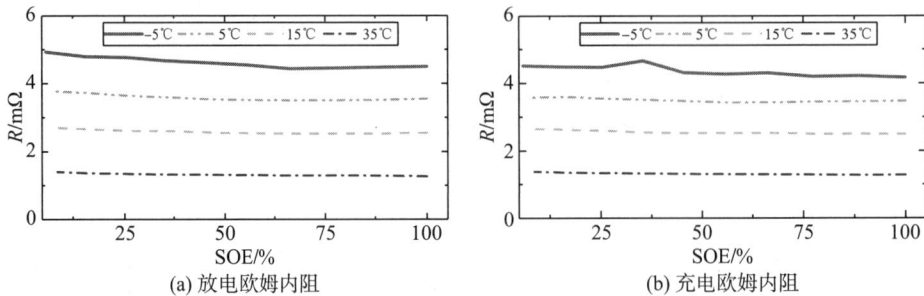

图 2.11　不同温度下电池欧姆内阻与能量状态的关系

如图 2.11 所示，电池的欧姆内阻随着环境温度的升高而降低。这归因于在较高温度下，电池电极上的锂原子加速脱嵌和嵌入。因此，电池内部的电化学反应更容易发生，导致内部电阻减小。此外，随着动力锂电池内能量水平的降低，在一定温度下，内阻也会增加。这种电阻的增加主要是由能量的减少引起的，它导致了电极之间的电阻增加。因此，电池的内阻在充电和放电过程中都会增加。

2.4.5　能量特性分析

动力锂电池的能量是指在充满电后电池内部的可用能量，但电池的可用能量受到多种因素影响[109]。除了电化学反应之外，电池的可用能量还受到外部条件如温度、负载电流、电池的寿命和使用方式等因素的影响[110]。其中，温度是导致动力锂电池实际最大可用能量变化的最重要因素之一。而不同温度下动力锂电池的可用能量是有差异的，需要根据不同温度下的实测数据进行修正，以确保电池的性能和寿命[111]。因此，在使用动力锂电池时，需要注意温度，确保电池在合适的温度范围内使用，以降低对电池性能和使用寿命的影响。

为了研究温度对动力锂电池能量的影响，本实验选取一组 72A·h 的动力锂电池进行能量测试。实验过程中，分别将电池放置于恒温箱中，在−5℃、5℃、15℃、25℃、35℃五种不同的温度下进行测试。在每种温度下，将电池充电至能量状态为 100%，再放电至能量状态为 0%，记录所放出的总能量。通过实验数据的分析和处理，得到了不同温度下动力锂电池的可用能量情况。表 2.1 中，T 表示电池进行容量测试时的温度，E_T 用于表征不同温度下电池所放出的能量。

表 2.1　不同温度下的电池可用能量

项目	$T/℃$				
	−5	5	15	25	35
$E_T/(\text{W·h})$	200.23	218.64	237.06	244.83	255.33

从实验结果可以看出，动力锂电池的放电能量受温度的影响很大，因此在使用时需要考虑温度对于电池能量的影响。根据实验结果得出不同温度下动力锂电池的可用能量变化规律，动力锂电池的可用能量随着温度的升高而增加。通过温度与能量之间的关系来估算电池的最大可用能量，进一步修正能量状态与峰值功率的估算精度。根据实验获得的温度与可用能量之间的关系，可通过曲线拟合得到不同温度下动力锂电池的能量计算公式，如式 (2.9) 所示。

$$E_T = 0.0001T^4 - 0.00578T^3 + 0.06176T^2 + 1.986T + 207.8 \tag{2.9}$$

根据式 (2.9) 即可计算出不同温度下动力锂电池的可用能量。

2.5　本 章 小 结

本章系统地介绍了电力储能电池测试的关键内容。搭建了高效可靠的电池测试共享平台，确保测试设备和环境的稳定性，并对电池性能进行了深入分析；研究了电池的工作机理，理解电池内部化学反应和能量转换过程，为后续的测试和分析奠定基础；对电池特性测试流程进行了详细介绍，通过一系列实验步骤获得电池的关键性能指标；对电池的工作特性进行了深入分析，揭示了电池的性能特点。

第3章 智慧能源建模分析

动力锂电池状态参数的估计主要依赖于电池模型。电池模型能够准确描述动力锂电池的工作特性，是动力锂电池状态估计的重要依据。常用的电池模型主要分为电化学特性模型、热模型、电热耦合模型和老化模型。本章将研究动力锂电池的模型构建。

3.1 电化学特性模型

大功率锂电池的电化学特性模型主要基于其内部化学反应构建数学表达式，以准确描述电池的工作特性。最初的电化学特性模型，本质上是一系列非线性相关的偏微分方程，在锂电池的建模和模拟方面要归功于约翰·纽曼、马克·多伊尔和托马斯·富勒。基于电池的工作原理，这些模型很好地解释了电池内部的电化学动力学。尽管如此，该技术的主要挑战是解推导的复杂性、高计算负荷以及在实时电池状态估计中的使用。为了克服这些障碍，许多研究人员致力于设计更实用的电化学特性模型，包括黑箱模型、等效电路模型和电化学机理模型[112]。下面详细介绍这三类电化学特性模型。

3.1.1 黑箱模型

随着电池技术的发展和成熟，大量的数据正在以部分或完全自动化的方式被收集和分析，用于改进电池的设计和使用。这使得在有充足的数据的前提下，对电池管理系统(BMS)通过大数据、物联网(internet of things，IOT)、云计算(cloud computing，CC)和机器学习(machine learning，ML)方法进行改进成为可能。

目前，使用较多的 ML 状态估计方法如下所示。

1. 前馈神经网络

前馈神经网络(FNN)可以实现具有任意数量输入和输出数据的非线性映射。它是应用最简单的神经网络(NN)之一。

FNN 的基本组成包括输入层、隐含层和输出层。每一层由若干个神经元组成，这些神经元之间通过权重连接。在每个神经元中，输入信号会与对应的权重相乘并累加，然后通过激活函数得到该神经元的输出。除了 FNN 的结构外，还必须先验地选择一个非线性激活函数 F。常见的选择是双曲正切函数，如式(3.1)所示，它将输出值限制在$-1\sim$

1。或者，可以选择式 (3.2) 所示的线性整流函数 (rectified linear unit，ReLU)，它由一个将所有负输入值设置为零的函数组成。

$$F(x) = \frac{2}{1 + e^{-2x}} - 1 \tag{3.1}$$

$$F(x) = \max(0, x) \tag{3.2}$$

训练过程旨在找到可学习参数的值，即单层感知器的权重，以最小化平方误差损失函数的和。训练经常使用的是反向传播算法，用该算法计算相对于权重和偏置值的估计成本 (误差) 的偏导数，然后更新偏置值以迭代地减少计算的成本。在整个数据集上执行的训练迭代次数 (epoch)，通常用于推导训练过程的停止条件。根据训练算法的不同，还可以使用其他条件来结束该过程，如根据误差的改善速度来确定何时停止[113]。

2. 径向基函数神经网络

径向基函数 (radial basis function，RBF) 神经网络是一类只包含一个输入层、一个隐含层和一个实现线性求和的输出层的 FNN。该神经网络不使用非线性单调的单值激活函数，而是通过 RBF 神经网络中的隐含层神经元计算欧几里得距离，将其乘以比例因子 (与标准差相关的)，并通过高斯函数将乘以比例因子的欧几里得距离进行映射。RBF 也被称为辐射高斯核函数，如式 (3.3) 所示。

$$\varPhi_i(x) = G(\|x - w_i\|) = \exp\left(-\frac{\|x - w_i\|^2}{\sigma_i^2}\right) \tag{3.3}$$

可以看出，该神经网络不是在训练过程中确定权值的增加，而是在 RBF 神经网络训练阶段拟合质心向量。RBF 神经网络的典型特征还包括训练/学习速度非常快，并且擅长插值[114]。

3. 极限学习机

极限学习机 (extreme learning machine，ELM) 是一种前馈神经网络，其结构与 FNN 非常相似，主要区别在于训练算法：ELM 不使用反向传播，而是使用随机的输入层权值和偏差。其中，输出层权值通过广义逆矩阵理论计算得到。取得所有网络节点上的权值和偏差后，极限学习机的训练就完成了。

极限学习机是单隐含层前馈神经网络的一种学习算法，在设定隐含层节点数确定网络结构后，该算法只需要随机生成隐含层的输入权值和偏差，并利用广义逆计算得到输出权值即可完成训练。理论上，极限学习机能以极快的速度训练出具有较好泛化性能的神经网络[115]。

ELM 是一种新型的快速学习算法，对于单隐含层神经网络，ELM 可以随机初始化输入权重和偏置并得到相应的输出权重。对于一个单隐含层神经网络，假设有 N 个任意的样本 (X_i, t_i)，其中 $X_i = [x_{i1}, x_{i2}, \cdots, x_{in}]^{\mathrm{T}} \in R^n$，$t_i = [t_{i1}, t_{i2}, \cdots, t_{im}]^{\mathrm{T}} \in R^m$。对于一个有 L 个隐含层节点的单隐含层神经网络，表示如下：

$$\sum_{i=1}^{L} \beta_i g(W_i \cdot X_j + b_i) = o_j, \quad j = 1, 2, \cdots, N \tag{3.4}$$

式中，$g(x)$ 为激活函数；$W_i = [w_{i,1}, w_{i,2}, \cdots, w_{i,n}]^T$ 为输入权重；β_i 为输出权重；b_i 为第 i 个隐含层单元的偏置。$W_i \cdot X_j$ 表示 W_i 和 X_j 的内单隐含层神经网络学习的目标是使得输出数据的误差最小，如式(3.5)所示：

$$\sum_{j=1}^{N} \|o_j - t_j\| = 0 \tag{3.5}$$

即存在 β_i、W_i 和 b_i，使得公式(3.6)成立：

$$\sum_{i=1}^{L} \beta_i g(W_i \cdot X_j + b_i) = t_j, \quad j = 1, 2, \cdots, N \tag{3.6}$$

该公式还可以用矩阵表示为 $H\beta = T$。其中，H 为隐含层节点的输出量；β 为输出权重；T 为期望输出量。

4. 支持向量机

最初创建支持向量机(SVM)是为了解决逻辑/分类问题。在大多数情况下，电池 SOC 估计需要一种回归学习方法，该方法依次最小化误差函数。可以采用 SVM 的广义回归变分，即支持向量回归(support vector regression，SVR)，该技术旨在解决非线性可分数据的回归问题。SVR 与前面描述的 RBF 方法有一些相似之处，然而，二者关键的区别是，SVR 旨在采用简化的优化例程，如带线性约束的二次规划来拟合 SVR 参数[116]。此外，SVR 使用了误差容限的概念，如果拟合误差在某个定义的误差范围内，则不会对拟合误差施加成本函数惩罚。原则上，SVM 应该会稳定估计。

5. 递归神经网络

递归神经网络(RNN)是一种以闭环方式使用过去信息的神经网络。通过简单地传递网络输出数据或中间状态作为输入数据，就可以使神经网络循环。例如，$k-1$ 的 SOC 可以是时间步长 k 的网络输入数据。当需要短期序列依赖时，这种类型的 ML 是合适的，但对于电池中的长期依赖可能不太有效。对于这种类型的 RNN，在训练过程中存在挑战，使得在反向传播期间，误差可以"消失"或"爆炸"。RNN 的一些变体被用来解决这一限制，如长短期记忆(LSTM)网络、双向长短期记忆(bidirectional long short-term memory，BiLSTM)网络和门控循环单元(gated recurrent unit，GRU)。这些都是由门构成的神经网络，它们将过去的数据依赖关系与当前可用的数据桥接起来[117]。"回忆"过去信息的能力，使得 RNN 在解决长序列数据或时间序列的问题(如电池安全管理和锂电池状态估计)时特别有用。

LSTM 可以使用存储单元存储和传输以前或当前状态的信息，以便将来使用。遗忘门负责选择 $k-1$ 时刻的状态信息中应该传递到下一次的信息。输入门负责调节 k 时刻应该传递给记忆细胞的信息。输出门负责控制 k 时刻在存储单元中计算的信息应该被输出的部分[118]。

BiLSTM 由一个向前的 LSTM 层和一个向后的 LSTM 层组合而成，在向前部分的时间输入数是从早的时间到当前时间，在向后部分则相反。向前与向后的 LSTM 是被同时馈送的，并且每个 LSTM 的可学习参数都是独立更新的。该方法从数据的两个时态端捕获时间或上下文依赖关系，通常用于文本翻译，其中文本中的结尾单词或短语对整体上下文有重大影响，因此对翻译也有重大影响[119]。在输出估计之前，BiLSTM 向模型提供的序列数据样本越多，获得的性能就越好，这是一个需要考虑的因素。

GRU 同样能够处理长期依赖关系，它使用门来学习、记忆，并决定将使用过去和现在的哪些信息来生成输出结果。与 LSTM 相比，GRU 使用单个门来同时控制遗忘量和更新状态单元。与 LSTM 相比，GRU 具有相当直接的门机制，并且可以实现类似的性能。

3.1.2　等效电路模型

等效电路模型(ECM)采用电容、电阻、恒电压等电路元件组成电路网络，模拟电池的动态电压响应特性。ECM 包含多个模型，主要为 Rint 模型、Thevenin 模型、PNGV 模型和 GNL(general non-linear，通用非线性)模型，下面对这几个模型及改进的电池等效电路模型进行分析比较。

1. Rint 模型

Rint 模型是由美国爱达荷国家实验室设计的一种较为简单的模型，包括电池理想电压源 U_{OC} 和电池内阻 R_0。由于该模型没有考虑电池的极化特性，因此模型精度较低。锂电池的内阻等效模型可以认为是最简单的电池等效模型。这种模型内部只包含一个欧姆内阻 R_0 以及一个理想电压源 U_{OC}，但是由于电池内部电化学反应的复杂性，电池内部的欧姆内阻与电池的开路电压也在不断变化。因此，锂电池的内阻等效模型往往都是出现在一些简单的电池仿真分析当中，而在实际的应用中很少见到，其内部等效结构如图 3.1 所示。

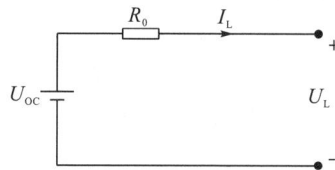

图 3.1　Rint 模型

图 3.1 中，电池端电压 $U_L = U_{OC} - (R_0 \times I_L)$。

2. Thevenin 模型

与 Rint 模型相比，Thevenin 模型的改进之处在于添加了一个 RC 电路，用于表征锂电池工作情况下的极化效应。Thevenin 模型更能表征电池的动态响应，R_0 能表示电池充放电瞬间电压响应的瞬时变化，RC 电路可以反映出电池充放电期间和结束后电压逐渐变化的现象。因为 Thevenin 模型不仅结构简单，而且能够满足仿真要求，所以在实际运用中经常采用电池 Thevenin 模型。使用 MATLAB/Simulink 软件来搭建仿真模型，再通过实验辨识的参数对仿真模型进行参数设置，最后进行实验与仿真对比。Thevenin 模型如图 3.2 所示[120]。

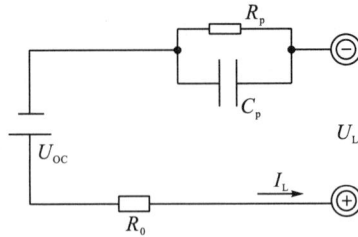

图 3.2 Thevenin 模型

图 3.2 中，电池端电压 $U_L = U_{OC} - (R_0 \times I_L) - U_p$。其中，$U_p$ 为极化内阻 R_p 的电压，即极化电压降。

3. PNGV 模型

PNGV 模型是 2001 年《PNGV 电池测试手册》中的标准电池模型，也沿用为 2003 年《FreedomCAR 功率辅助型混合电动车电池测试手册》中的标准电池模型。锂电池的 PNGV 模型内部包含两个电容以及两个电阻，这种电阻模型与 RC 阻容等效电路模型相比少了一个电容。这种模型的特性是，考虑到了在锂电池的 OCV 充放电过程中，电流随着时间积累产生的误差。PNGV 模型内部包含开路电压源 U_{OC}、极化内阻 R_p、极化电容 C_p 以及欧姆内阻 R_0 和电容 C_b。PNGV 模型由于涵盖了电池极化和欧姆内阻的特性，所以较为精准[121]。

PNGV 模型在 Thevenin 模型的基础上增加了负载电流对电池 OCV 影响的考虑。PNGV 模型内部等效结构如图 3.3 所示。图中，U_{OC} 表示电池的理想开路电压，C_b 为电池电容(表示负载电流 I_L 累积引起的 OCV 变化)，R_0 为电池的欧姆内阻(经过的负载电流为 I_L)，R_p 为电池的极化内阻(经过的极化电流为 I_p)，C_p 为极化电容(表示负载电流 I_L 引起的极化电压 U_p 变化)。

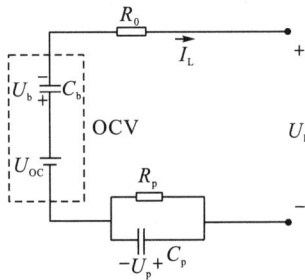

图 3.3 PNGV 模型

图 3.3 中，电池端电压 $U_L = U_{OC} - (R_0 \times I_L) - U_p - U_b$。

4. GNL 模型

GNL 模型是对 PNGV 模型的改进与推广，其等效电路结构图如图 3.4 所示。图中，恒压源 U_{OC} 为电池开路电压；C_b 为储能大电容，用来描述电池容量；两个并联 RC 电路网络用来描述极化效应引起的电池端电压变化；R_0 为电池欧姆内阻；R_{SD} 为电池的自发放电电阻。

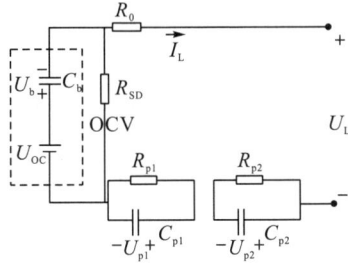

图 3.4 GNL 模型

GNL 模型中引入了一个 RC 串联网络和一个二阶 RC 并联网络，相比 Thevenin 模型和 PNGV 模型，GNL 模型的精确度进一步提高，该模型已经可以模拟电池的欧姆极化、电化学极化、浓差极化和电池自放电现象。GNL 模型考虑了电池各项参数随温度和 SOC 的变化关系，在特定 SOC 点对模型参数进行拟合实验，将模型参数离散为与 SOC 对应的函数，并且也融合了不同温度时的电池实验数据，建立起温度与模型参数的函数[122]。与此同时，GNL 模型的复杂度也变得较高，PC 机可以实现 GNL 模型的模拟仿真实验，但嵌入式处理器由于硬件的限制，并不能完成仿真任务。

5. 改进的电池等效电路模型

改进的电池等效电路模型如图 3.5 所示。该模型由恒压源 $V_{bat,o}$ 模拟电池的开路电压，R_{bat} 模拟电池的欧姆内阻，C_{dl} 和 R_{dl} 组成的 RC 并联电路模拟电池的电化学极化效应，C_{diff} 和 R_{diff} 组成的 RC 并联电路模拟电池的浓差极化效应，一个恒流源 I_{loss} 模拟电池的自放电现象。电池的极化效应可分为欧姆极化、电化学极化和浓差极化。欧姆极化对应电池欧姆内阻随 SOC 及温度的变化趋势[123]；电化学极化对应电池的电化学电容和化学电阻随 SOC 及温度的变化趋势；浓差极化对应电池的浓差电容和浓差电阻随 SOC 及温度的变化趋势。

改进的电池模型去掉了表征电池容量的大电容，改为通过测试电池实验数据来进行在线标定。显然，电池的容量直接决定了电池极化效应的各个参数，这种方法在简化模型结构、减少计算量的同时，并不会降低模型的计算精度。模型中的各个参数除了自放电电流之外，均是 SOC 和温度的函数，模型中认为自放电电流只是温度的函数。模型主要通过标定特定 SOC 和温度点的各项参数，然后使用 MATLAB 软件的插值算法来实现整个 SOC 和温度范围内的电池参数计算。这样做的好处是既可以保证较好的模型精度，又可以减少模型的计算量，但是此种做法针对每一批新电池必须重新进行一次完全的电池实验。

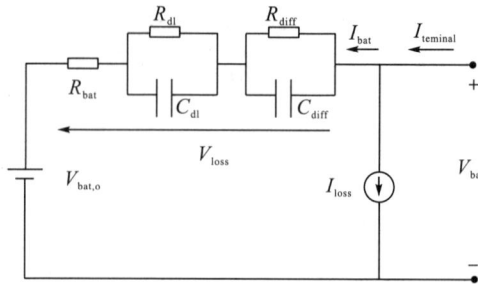

图 3.5 改进的电池等效电路模型

I_{bat} 为电池内部电流；$I_{teminal}$ 为电池端口电流

3.1.3 电化学机理模型

在电化学机理模型中，内部离子输运过程和电化学反应主要用偏微分方程表示，以反映电池的工作状态。单粒子(single particle，SP)模型和伪二维(P2D)模型是常用的电化学机理模型，它们能以更少的计算量提供更高的精度。

1. SP 模型

由于 P2D 模型方程比较复杂，为了简化模型仿真，提高模型仿真速度，1998 年哈伦(Haran)等提出锂电池的另一种简化模型，即 SP 模型。SP 模型将正负极多孔电极简化为单个球形颗粒，不再考虑锂离子浓度和电解质液的变化，从而降低了电化学机理模型的阶。SP 模型最早用于研究金属氢化物电极中的氢扩散系数，后面才被应用到电池充放电行为的仿真上。SP 模型指的是利用一个球状粒子来代替整个电极而建立的一种电池简化数学模型。建立电池的 SP 模型的一个前提条件是假设整个电池内(正极、隔膜和负极)各处的液相浓度值均是一个常量；另一个前提条件是假设一个电极内各处的固相电势相等。基于这些假设条件可知一个电极内各处的反应离子流密度也相等，这样电极内一个活性粒子的电化学特性就可以代表整个电极的特征，进而得到电池的 SP 模型[124]。由于电池内各处的液相浓度均相等，因此可以忽略液相电势对电池端电压的影响。

每个电极的活性粒子总表面积 S_i 可以根据活性材料的质量 w_i、活性材料的密度 ρ_i 和该电极活性粒子的半径 R_i 得到，其关系如式(3.7)所示：

$$S_i = \frac{3}{R_i}\frac{w_i}{\rho_i}, \quad i = \text{p,n} \tag{3.7}$$

式中，p 为正极；n 为负极。

接着，根据电池的充放电电流值和电极的活性表面积求解得到每个电极内的反应离子流密度：

$$S_i = \frac{3}{R_i} \frac{w_i}{\rho_i}, \quad i = \text{p,n} \tag{3.8}$$

正、负电极活性粒子内的固相扩散过程满足菲克(Fick)第二定律，利用三参数抛物线近似方程来简化固相扩散过程，进而求解得到固相粒子表面的浓度。首先计算正、负极的体积平均浓度流量 $\bar{q}_i(t)$，其关系表达式如式(3.9)所示：

$$\frac{\mathrm{d}}{\mathrm{d}t}\bar{q}_i(t) + 30\frac{D_{\mathrm{s},i}}{R_i^2}\bar{q}_i(t) + \frac{45}{2}\frac{j_i}{R_i^2} = 0, \quad i = \text{p,n} \tag{3.9}$$

式中，$D_{\mathrm{s},i}$ 为固相扩散系数。

接着计算固相粒子内的锂离子平均浓度 θ_i，其关系满足：

$$\theta_i = \frac{c_{\mathrm{s},i}^{\mathrm{surf}}(t)}{c_{\mathrm{s},i,\max}} \tag{3.10}$$

式中，θ_i 为固相粒子内的锂离子平均浓度；$c_{\mathrm{s},i}^{\mathrm{surf}}$ 为电池固体-电解质表面浓度；$c_{\mathrm{s},i,\max}$ 为电池最大壳体热容，J/K。

得到不同时刻正、负极的荷电状态变量值，利用荷电状态与开路电势之间的关系表达式，就能计算得到不同荷电状态下的开路电势 Φ_{p} 和 Φ_{n}。

j_i 是活性粒子单位表面积上的电化学反应离子流密度，由巴特勒-福尔默(Butler-Volmer)方程可计算得到活性粒子表面上的过电势值，如式(3.11)所示：

$$j_i = 2k_i c_{\mathrm{s},i,\max}\left(1-\theta_i\right)^{0.5}\theta_i^{0.5}c^{0.5}\sinh\left(\frac{0.5F}{RT}\eta_i\right), \quad i = \text{p,n} \tag{3.11}$$

式中，k_i 为电极 i 的电化学反应率常数；c 为电池固体-电解质界面处最大锂离子浓度；F 为法拉第常数，96485c/mol；η_i 为电极 i 的过电势。由式(3.11)求解得到过电势 η_i：

$$\eta_i = \frac{2RT}{F}\ln\left(\frac{m_i + \sqrt{m_i^2 + 4}}{2}\right) \tag{3.12}$$

其中

$$m_i = \frac{I}{Fk_i S_i c^{0.5} i^{0.5} i_{\mathrm{s},i,\max}^{0.5}} \tag{3.13}$$

SP 模型忽略了与液相扩散相关的反应过程，因此在电极中各个位置处的液相电势均为零，得到过电势与固相电势、开路电势满足的关系表达式：

$$\eta_i = \Phi_{1,i} - U_i, \quad i = \text{p,n} \tag{3.14}$$

式中，$\Phi_{1,i}$ 为电极 i 的固相电势；U_i 为电极 i 的开路电势。

根据电池的内部物理特性可知：正极固相电势 $(\Phi_{1,\mathrm{p}})$ 与负极固相电势 $(\Phi_{1,\mathrm{n}})$ 之间的差值即为电池两端端电压 (V_{cell})：

$$V_{\mathrm{cell}} = \Phi_{1,\mathrm{p}} - \Phi_{1,\mathrm{n}} = (U_{\mathrm{p}} - U_{\mathrm{n}}) + (\eta_{\mathrm{p}} - \eta_{\mathrm{n}}) \tag{3.15}$$

2. P2D 模型

SP 模型虽然可以快速模拟电池的充放电过程，但是没有充分考虑电池内部电化学反应。当充放电速率高于 1C 时，SP 模型的精度不能满足要求。因此，SP 模型不适合锂电池等效建模[125]。

基于多孔电极理论和浓溶液理论，考虑电池中的各个物理化学反应原理，如质量平衡、反应动力学和热动力学，杜瓦勒(Doyle)等，在做出下列假设性条件的情况下建立了锂电池的 P2D 模型。P2D 模型是最常用的电化学机理模型，主要通过描述电池内部固相、液相、正极、负极、分离器之间的电化学反应过程来表征锂电池的性能。

假设性条件包括以下六个。

(1)在电池反应过程中不产生任何气体，电池内仅存在固相和液相过程。

(2)电池反应过程中无副反应发生。

(3)充放电过程中电池体积没有发生变化，孔隙率为恒值。

(4)活性物质为均匀的球形颗粒。

(5)电池充放电过程中产生的热量忽略不计。

(6)粒子内的固相扩散系数与电池的荷电状态(SOC)无关。

依据上述假设性条件，则描述锂电池中的物理化学反应方程有以下五个。

(1)Butler-Volmer 方程：描述正、负极区域内活性粒子表面与电解液溶液临界面处的电化学反应过程。

(2)固相扩散过程：描述正、负极区域活性物质粒子内部的锂离子扩散过程。

(3)液相扩散过程：描述正、负极及隔膜区域内电解液中的锂离子扩散过程。

(4)固相欧姆定律：描述正、负极区域内活性物质粒子的电势分布。

(5)液相欧姆定律：描述正、负极及隔膜区域内液相电势的分布。

这样，就可以得到预测电池充放电行为的控制方程、初始条件以及边界条件。

根据锂电池的充放电过程，建立电池的准二维数学模型方程。电池开始工作时，在电极球形粒子的表面上发生电化学反应，根据电池的工作电流，即可计算得到各处粒子表面上的反应离子流密度。由 Butler-Volmer 方程可知，粒子表面的反应离子流密度 j_p 与其表面上的过电势满足：

$$j_\mathrm{p} = 2k_\mathrm{p}\left(c_{\mathrm{s,p,max}} - c_\mathrm{s}\big|_{r=R_\mathrm{p}}\right)^{0.5} c_\mathrm{s}\big|_{r=R_\mathrm{p}}^{0.5} c^{0.5}\sinh\left[\frac{0.5F}{RT}\left(\varPhi_1 - \varPhi_2 - U_\mathrm{p}\right)\right] \tag{3.16}$$

其中，$\varPhi_1 - \varPhi_2 - U_\mathrm{p} = \eta_\mathrm{p}$，$\eta_\mathrm{p}$ 为过电势。在粒子表面上发生电化学反应导致粒子表面的锂离子浓度升高或降低，进而促进了球形粒子内的锂离子扩散，粒子内各处的锂离子浓度得到重新分布。

把正极的活性材料均看成半径为 R_p 的球状粒子，则活性粒子内的锂离子浓度分布可根据菲克(Fick)第二定律求解得到，其表达式为

$$\frac{\partial c_\mathrm{s}}{\partial t} = \frac{D_\mathrm{s,p}}{r^2}\frac{\partial}{\partial r}\left(r^2\frac{\partial c_\mathrm{s}}{\partial r}\right) \tag{3.17}$$

式中，$D_\mathrm{s,p}$ 为扩散系数，$\mathrm{m^2/s}$；c_s 为扩散物质(组元)的体积浓度，$\mathrm{mol/m^3}$ 或 $\mathrm{kg/m^3}$；$\partial c_\mathrm{s}/\partial r$ 为浓度梯度。

球形粒子内各处锂离子的初始浓度均相等，如式(3.18)所示：

$$c_\mathrm{s}\big|_{t=0} = c_{\mathrm{s,p,0}} \tag{3.18}$$

在粒子球心处的锂离子浓度流量始终为零，则有

$$\left.\frac{\partial c_s}{\partial r}\right|_{r=0} = 0 \tag{3.19}$$

正极活性粒子表面处锂离子浓度的梯度和固相扩散系数决定了粒子表面处的反应离子流密度，得出粒子球面处的边界条件为

$$\left.D_{s,p}\frac{\partial c_s}{\partial r}\right|_{r=R_p} = -j_p \tag{3.20}$$

球形粒子内发生固相扩散会导致该处电解液中的锂离子浓度发生变化，而锂离子浓度分布不均匀导致在电解液中发生锂离子扩散和迁移，液相锂离子扩散方程满足：

$$\varepsilon_p\frac{\partial c}{\partial t} = D_{eff,p}\frac{\partial^2 c}{\partial x^2} + a_p(1-t_+)j_p \tag{3.21}$$

式中，ε_p 为正极极片涂层孔隙；$D_{eff,p}$ 为有效扩散系数；a_p 为粒子的表面积与体积之比；t_+ 为下一时刻。

在电池工作的初始时刻，正极区域内各处液相浓度均是一个常量，则在电极的任意位置处有

$$\left.c\right|_{t=0} = c_0 \tag{3.22}$$

在正极集流体处由于没有液相锂离子沿着外电路的扩散或迁移，可知在该处的液相浓度流为 0，满足：

$$\left.-D_{eff,p}\frac{\partial c}{\partial x}\right|_{x=0} = c_0 \tag{3.23}$$

在正极与隔膜临界面处满足液相浓度流量连续，如式(3.24)所示：

$$\left.-D_{eff,p}\frac{\partial c}{\partial x}\right|_{x=t_p^-} = \left.-D_{eff,s}\frac{\partial c}{\partial x}\right|_{x=t_p^+} \tag{3.24}$$

接下来根据固相欧姆定律得到正极区域的固相电势控制方程，该方程描述了正极区域内活性物质粒子电势的分布情况，如式(3.25)所示：

$$i_1 = -\sigma_{eff,p}\frac{\partial \Phi_1}{\partial x} \tag{3.25}$$

式中，i_1 为电池的固相电流(即电子电流)；$-\sigma_{eff,p}$ 为固相电导。结合电池的工作原理可知，在正极集流体处仅有固相电流，即该处的固相电流等于电池的充放电电流，则在正极集流体处应满足的边界条件如式(3.26)所示：

$$\left.\frac{\partial \Phi_1}{\partial x}\right|_{x=0} = -\frac{I}{\sigma_{eff,p}} \tag{3.26}$$

式中，I 为电池的充放电电流(由总的放电电流除以电极面积得到)。充电时 I 为正数，放电时 I 为负数。

在隔膜区域不含有活性粒子，因此在该区域中没有电子的扩散或迁移过程，在隔膜区域不含电子电流，仅有离子电流，且离子电流等于电池的充放电电流，因此在正极与隔膜临界面处满足的边界条件是电子电流为零，如式(3.27)所示：

$$\left.\frac{\partial \varPhi_1}{\partial x}\right|_{x=t_p^-} = 0 \tag{3.27}$$

电极中除了电子电流，另一个重要电流就是离子电流，在正极区域中的离子电流满足液相欧姆定律，该控制方程描述了正极区域内的液相电势分布，如式(3.28)所示：

$$i_2 = -\kappa_{\text{eff,p}} \frac{\partial \varPhi_2}{\partial x} + 2\frac{\kappa_{\text{eff,p}} RT}{F}(1-t_+)\frac{\partial \ln c}{\partial x} \tag{3.28}$$

式中，i_2 为离子电流；$\kappa_{\text{eff,p}}$ 为液相电导。该方程加强了液相锂离子浓度梯度对离子电流产生的影响，式(3.28)等号右边前半部分是液相电势梯度对离子电流作用的结果，后半部分是液相锂离子浓度梯度对离子电流作用的结果。

由式(3.28)可知，正极集流体处的离子电流为零，即液相电势流为零，得到：

$$\left.\frac{\partial \varPhi_2}{\partial x}\right|_{x=0} = 0 \tag{3.29}$$

由式(3.29)可知，在正极和隔膜临界面上的液相电势流连续，得到：

$$-\kappa_{\text{eff,p}}\left.\frac{\partial \varPhi_2}{\partial x}\right|_{x=t_p^-} = -\kappa_{\text{eff,s}}\left.\frac{\partial \varPhi_2}{\partial x}\right|_{x=t_p^+} \tag{3.30}$$

根据电池内的物理化学反应过程，得出在电极中的任意位置处都有固相电子电流和液相离子电流之和等于电池总的充放电电流的结论，即

$$i_1 + i_2 = I \tag{3.31}$$

同时还得到电子电流和离子电流梯度与该位置处的反应离子流密度 j_p，满足式(3.32)和式(3.33)：

$$\left.\frac{\partial i_1}{\partial x}\right| = -a_p F j_p \tag{3.32}$$

$$\left.\frac{\partial i_2}{\partial x}\right| = -a_p F j_p \tag{3.33}$$

综上所述，在正极区域有七个输出变量，它们是固相电势 $\varPhi_1$、液相电势 $\varPhi_2$、固相浓度 c_s、液相浓度 c、固相电子电流 i_1、液相离子电流 i_2 以及正极反应离子流密度 j_p。

然而，P2D 模型存在以下两方面问题，使得该模型难以在实际工程中应用。一方面，P2D 模型的电化学过程建模参数较多，且大多与电池材料有关，导致大多数参数难以测量，甚至不可测。另一方面，严格的 P2D 模型不易实现在线参数计算，且计算资源的巨大消耗使得 P2D 模型难以应用于电池管理系统。

电化学机理模型虽然能够准确地描述动力锂电池的工作状态，但由于模型内部存在许多描述方程，需要识别大量的模型参数，因此电化学机理模型的计算非常复杂。在实际工程应用中，对大功率锂电池的 BMS 计算能力和存储容量有很高的要求。因为这些缺点，电化学机理模型很少用于动力锂电池内部状态参数的估计。目前的电化学机理模型大多不适合工程应用，多用于动力锂电池内部工作特性的理论研究[126]。

3.2　热　模　型

3.2.1　单状态集中参数热模型

锂电池的热效应模型是分析锂电池温度分布和变化情况的数学模型。电池表面温度分布不能充分表现电池内部的热状态，所以需要建立热效应模型来计算电池内部的温度场。为了模拟锂电池在低温下的热特性，在建立热模型时需要考虑电池的产热、热传导以及散热。对于锂电池单体，电池的热特性主要由电池内部的产热以及发生在电池表面的对流换热决定，这两个因素都会影响锂电池的温度特性。因此，要准确预测锂电池在运行过程中的温度，需要建立精确的产热模型与散热模型。本小节中电池的热模型采用集中质量模型，该模型将电池单体看作一个温度均匀的质点，并且电池所有的产热都集中在该质点上[127]。因此，电池的温度状态通过一个温度量(表面温度)来表征。本节建立的锂电池热模型如图 3.6 所示。

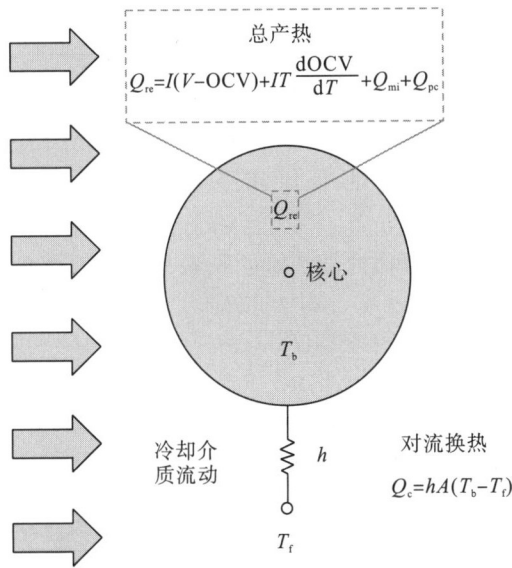

图 3.6　锂电池的热模型

如式 (3.34) 所示，根据贝尔纳迪 (Bernardi) 生热模型，锂离子动力电池的总产热 Q_{re} 包括不可逆热、可逆热、浓度梯度热和相变反应热四部分。

$$Q_{re} = I(V - OCV) + IT\frac{dOCV}{dT} + Q_{mi} + Q_{pc} \tag{3.34}$$

式中，I 为充放电电流；V 为电池单体电压；OCV 为电池开路电压；T 为温度；$\dfrac{dOCV}{dT}$ 为温熵系数。

式 (3.34) 等号右侧第一部分为电池的不可逆热，表示电池的电势偏离开路电压导致能量损耗所产生的热量，其符号总是正值。第二部分为电池产生的可逆热，表示熵热引起的热量，其方向可以为正，可以为负。第三部分表示电池产生的浓度梯度热 Q_{mi}，表示电池内部发生反应，活性物质各部分反应速率不同形成浓度梯度和松弛所产生的热量，其符号既可以为正，也可以为负。浓度梯度热既可以在多孔电极的固体活性材料和电解质上形成，也可以在活性材料颗粒内和充满电解质的电极孔内形成。第四部分是电池相变反应热 Q_{pc}，表示动力锂电池内发生的任何化学反应产生或消耗的热量，其符号既可以为正，也可以为负[128]。

在锂离子动力电池正常工作过程中，因可逆热与不可逆热具有同一数量级，且这两部分产生的热量之和占据总产热量的绝大部分，所以式 (3.34) 中的浓度梯度热和相变反应热产生的热量忽略不计。因此，生热速率模型可以简化为

$$Q_{re} = I(V - OCV) + IT\frac{dOCV}{dT} \tag{3.35}$$

式中，I 为电池充放电电流，充电时符号为正，放电时符号为负；V 与 OCV 分别为电池的端电压与开路电压；T 为动力电池核心温度；$\dfrac{dOCV}{dT}$ 为电池的温熵系数。

在传热方面，由于电池主要通过径向进行散热，因此可通过计算电池表面与温箱中空气的对流换热得到电池的散热，表达式为

$$Q_c = hA(T_b - T_f) \tag{3.36}$$

式中，Q_c 为热量；h 为对流换热系数；A 为电池的表面积；T_f 为温箱中的空气温度；T_b 为电池单体的温度，本节忽略了电池在径向的温度分布，并采用电池表面的温度作为电池单体的温度。

根据能量守恒定律，电池单体内部热量的积累量为内部产热和对流散热的总和，而热量的积累引起电池单体温度的上升，可表示为

$$mc_p\frac{dT_b}{dt} = Q_{re} - Q_c \tag{3.37}$$

式中，m 为电池单体的质量；c_p 为电池单体的比热容。将电池的产热公式和散热公式代入能量守恒表达式可得到电池热模型的完整表达式，即

$$mc_p\frac{dT_b}{dt} = I(V - OCV) + IT\frac{dOCV}{dT} - hA(T_b - T_f) \tag{3.38}$$

3.2.2 一维分布式多项式热模型

由锂电池的结构可知，电池内部的电极材料是按照正极-隔膜-负极的方式通过堆叠或卷绕形成的。因此，在锂电池工作过程中，每个正极-隔膜-负极的电极材料层都会发生电化学反应放出热量，从而导致电池内部整个活性物质区域都会产生热量。从这一点来考虑，电池的产热应该是分布式的，而非像一维集中产热模型中假设的电池产热全部集中在电池的核心[129]。

对于圆柱形锂电池，其轴向的热传导比径向的热传导高 1～2 个数量级。因此，轴向上的温度分布相对于径向的温度分布更加均匀，可认为电池的温度主要沿径向分布，径向的温度分布示意图如图 3.7 所示。

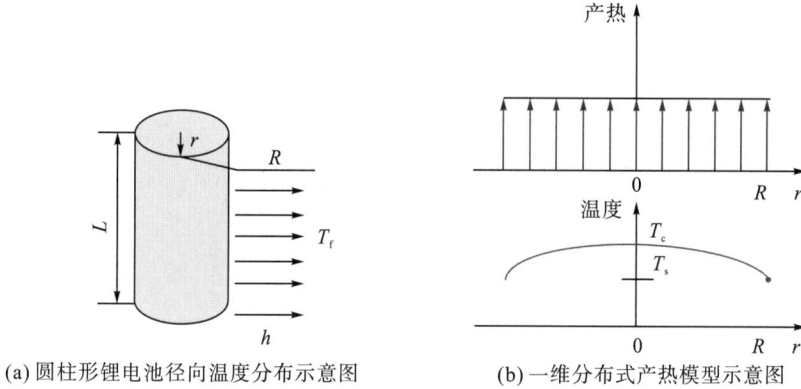

(a) 圆柱形锂电池径向温度分布示意图　　　　　　　　(b) 一维分布式产热模型示意图

图 3.7　一维分布式产热模型

由于电池的温度在半径方向上对称分布，该模型采用高阶多项式来逼近温度分布，因此该一维分布式产热模型也被称为多项式模型。圆柱形锂电池在径向的传热可以简化为一维圆柱体中的非稳态热传导，其控制方程可以表示为

$$\rho c_p \frac{\partial T(r,t)}{\partial t} = k_t \frac{\partial^2 T(r,t)}{\partial r^2} + \frac{k_t}{r} \frac{\partial T(r,t)}{\partial t} + \frac{Q(t)}{V_b} \tag{3.39}$$

式中，ρ、c_p 和 k_t 分别为电池的密度、比热容和热传导系数；V_b 为电池的体积；$Q(t)$ 为电池的产热率。该热传导过程的边界条件为

$$\left. \frac{\partial T(r,t)}{\partial t} \right|_{r=R} = 0 \tag{3.40}$$

$$\left. \frac{\partial T(r,t)}{\partial t} \right|_{r=R} = -\frac{h}{k_t}[T(R,t) - T_f] \tag{3.41}$$

式中，h 为对流换热系数；R 为电池的半径；T_f 为流体的温度。式(3.40)表示的边界条件代表温度在电池径向方向的对称性，式(3.41)表示的边界条件代表电池表面发生的对流换热。

如图 3.7 所示，一维分布式产热模型假设电池在径向的产热都是均匀的，因此电池内部的温度在径向上对称分布。根据径向温度分布的对称性，假设电池内部的温度分布满足四阶多项式，即

$$T(r,t) = a(t) + b(t)\left(\frac{r}{R}\right)^2 + d(t)\left(\frac{r}{R}\right)^4 \tag{3.42}$$

式中，$a(t)$、$b(t)$、$d(t)$ 代表随时间变化的常数。为了满足在电池核心处对称的边界条件，式(3.42)中只包含 r 的偶数阶次。因此，根据式(3.42)可以计算得到电池核心(T_c)和表面(T_s)的温度，如式(3.43)所示：

$$\begin{cases} T_{\text{c}} = a(t) \\ T_{\text{s}} = a(t) + b(t) + d(t) \end{cases} \tag{3.43}$$

由于该模型假设电池轴向的温度分布是均匀的，电池的体积平均温度 $\overline{T}$ 和内部的温度梯度 $\overline{\gamma}$ 可以通过径向的温度分布定义，如式 (3.44) 所示：

$$\begin{cases} \overline{T} = \dfrac{L\int_0^R 2\pi r T \mathrm{d}r}{\pi R^2 L} = \dfrac{2}{R^2}\int_0^R rT\mathrm{d}r \\[3mm] \overline{\gamma} = \dfrac{L\int_0^R 2\pi r\left(\dfrac{\partial T}{\partial r}\right)\mathrm{d}r}{\pi R^2 L} = \dfrac{2}{R^2}\int_0^R r\left(\dfrac{\partial T}{\partial r}\right)\mathrm{d}r \end{cases} \tag{3.44}$$

将式 (3.42) 代入式 (3.44) 中，得到 $\overline{T}$ 和 $\overline{\gamma}$ 的表达式为

$$\begin{cases} \overline{T} = a(t) + \dfrac{b(t)}{2} + \dfrac{d(t)}{3} \\[3mm] \overline{\gamma} = \dfrac{4b(t)}{3R} + \dfrac{8d(t)}{5R} \end{cases} \tag{3.45}$$

联立式 (3.43) 和式 (3.45)，可以求解得到随时间变化的常数 $a(t)$、$b(t)$ 和 $d(t)$ 为

$$\begin{cases} a(t) = 4T_{\text{s}} - 3\overline{T} - \dfrac{15R}{8}\overline{\gamma} \\[3mm] b(t) = -18T_{\text{s}} + 18\overline{T} + \dfrac{15R}{2}\overline{\gamma} \\[3mm] d(t) = 15T_{\text{s}} - 15\overline{T} - \dfrac{45R}{8}\overline{\gamma} \end{cases} \tag{3.46}$$

将式 (3.46) 代入式 (3.42) 中，电池内部的温度分布可以通过 T_{s}、$\overline{T}$ 和 $\overline{\gamma}$ 表达，如式 (3.47) 所示：

$$T(r,t) = 4T_{\text{s}} - 3\overline{T} - \frac{15R}{8}\overline{\gamma} + \left(-18T_{\text{s}} + 18\overline{T} + \frac{15R}{2}\overline{\gamma}\right)\left(\frac{r}{R}\right)^2 + \left(15T_{\text{s}} - 15\overline{T} - \frac{45R}{8}\overline{\gamma}\right)\left(\frac{r}{R}\right)^4 \tag{3.47}$$

将式 (3.47) 代入式 (3.39) 中求其偏微分，偏微分方程可以转换为常微分方程，即

$$\begin{cases} \dfrac{\mathrm{d}\overline{T}}{\mathrm{d}t} + \dfrac{48\alpha}{R^2}\overline{T} - \dfrac{48\alpha}{R^2}T_{\text{s}} + \dfrac{15\alpha}{R}\overline{\gamma} - \dfrac{\alpha}{k_{\text{t}}V_{\text{b}}}Q = 0 \\[3mm] \dfrac{\mathrm{d}\overline{\gamma}}{\mathrm{d}t} + \dfrac{320}{R^3}\overline{T} - \dfrac{320\alpha}{R^3}T_{\text{s}} + \dfrac{120\alpha}{R^2}\overline{\gamma} = 0 \end{cases} \tag{3.48}$$

式中，α 为热扩散率，$\alpha = k_{\text{t}}/(\rho c_{\text{p}})$。

根据式 (3.41)，电池的表面温度可以表示为

$$T_{\text{s}} = \frac{24k_{\text{t}}}{24k_{\text{t}} + Rh}\overline{T} + \frac{15k_{\text{t}}R}{84k_{\text{t}} + 2Rh}\overline{\gamma} + \frac{Rh}{24k_{\text{t}} + Rh}T_{\text{f}} \tag{3.49}$$

根据以上推导过程，锂电池的多项式热模型可以被整理成状态空间的表达，如式 (3.50) 所示：

$$\begin{cases} \dot{x} = A_{\text{th}}x + B_{\text{th}}u \\ y = C_{\text{th}}x + D_{\text{th}}u \end{cases} \tag{3.50}$$

式中，x 为状态量，$x = \begin{bmatrix} \bar{T} & \bar{\gamma} \end{bmatrix}^{\mathrm{T}}$；$u$ 为输入量，$u = \begin{bmatrix} Q & T_f \end{bmatrix}^{\mathrm{T}}$；$y$ 为输出量，$y = \begin{bmatrix} T_c & T_s \end{bmatrix}^{\mathrm{T}}$。系统矩阵 A_{th}、B_{th}、C_{th} 和 D_{th} 定义如式(3.51)所示。

$$\begin{cases} A_{\mathrm{th}} = \begin{bmatrix} \dfrac{-48\alpha h}{R(24k_t + Rh)} & \dfrac{-15\alpha h}{24k_t + Rh} \\[3mm] \dfrac{-320\alpha h}{R^2(24k_t + Rh)} & \dfrac{-120\alpha(4k_t + Rh)}{R^2(24k_t + Rh)} \end{bmatrix} \\[10mm] B_{\mathrm{th}} = \begin{bmatrix} \dfrac{\alpha}{k_t V_b} & \dfrac{48\alpha h}{R(24k_t + Rh)} \\[3mm] 0 & \dfrac{320\alpha h}{R^2(24k_t + Rh)} \end{bmatrix} \\[10mm] C_{\mathrm{th}} = \begin{bmatrix} \dfrac{24k_t - 3Rh}{24k_t + Rh} & \dfrac{120Rk_t + 15R^2h}{8(24k_t + Rh)} \\[3mm] \dfrac{24k_t}{24k_t + Rh} & \dfrac{15Rk_t}{48k_t + 2Rh} \end{bmatrix} \\[10mm] D_{\mathrm{th}} = \begin{bmatrix} 0 & \dfrac{4Rh}{24k_t + Rh} \\[3mm] 0 & \dfrac{Rh}{24k_t + Rh} \end{bmatrix} \end{cases} \tag{3.51}$$

3.2.3　双状态集中参数热模型

为建立锂离子动力电池的集中参数热模型，作出以下假设：①假设电池的热量从电池核心区域均匀产生；②电池轴向的温度均匀分布；③电池热量仅通过径向方向传递。

基于以上假设，建立锂离子动力电池的双状态集中参数热模型，如图 3.8 所示。

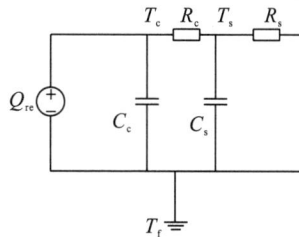

图 3.8　集中参数热模型

图 3.8 中，Q_{re} 表示电池内部的总产热率，即单位时间内电池内部产生的总热量，W/S；T_c、T_s 和 T_f 分别表示电池的核心温度、表面温度和电池所处环境温度，K；C_c、C_s 分别表示电池核心、壳体的热容，J/K；R_c、R_s 分别表示电池内部热阻和电池壳体热阻(传热系数的倒数)，K/W。综上所述，电池热模型的数学表达式为

$$\begin{cases} C_{\mathrm{c}} \dfrac{\mathrm{d}(T_{\mathrm{c}} - T_{\mathrm{f}})}{\mathrm{d}t} = Q_{\mathrm{re}} + \dfrac{T_{\mathrm{s}} - T_{\mathrm{c}}}{R_{\mathrm{c}}} \\[3mm] C_{\mathrm{s}} \dfrac{\mathrm{d}(T_{\mathrm{s}} - T_{\mathrm{f}})}{\mathrm{d}t} = \dfrac{T_{\mathrm{f}} - T_{\mathrm{s}}}{R_{\mathrm{s}}} - \dfrac{T_{\mathrm{s}} - T_{\mathrm{c}}}{R_{\mathrm{c}}} \end{cases} \tag{3.52}$$

令

$$\begin{cases} T_{\mathrm{c}} - T_{\mathrm{f}} = T_{\mathrm{cf}} \\ T_{\mathrm{s}} - T_{\mathrm{f}} = T_{\mathrm{sf}} \end{cases} \tag{3.53}$$

因此

$$\begin{cases} C_{\mathrm{c}} \dfrac{\mathrm{d}T_{\mathrm{cf}}}{\mathrm{d}t} = Q_{\mathrm{re}} + \dfrac{T_{\mathrm{sf}} - T_{\mathrm{cf}}}{R_{\mathrm{c}}} \\[3mm] C_{\mathrm{s}} \dfrac{\mathrm{d}T_{\mathrm{sf}}}{\mathrm{d}t} = \dfrac{-T_{\mathrm{sf}}}{R_{\mathrm{s}}} - \dfrac{T_{\mathrm{sf}} - T_{\mathrm{cf}}}{R_{\mathrm{c}}} \end{cases} \tag{3.54}$$

对其进行拉普拉斯变换，可得

$$\frac{T_{\mathrm{cf}}}{Q_{\mathrm{re}}} = \frac{\dfrac{1}{C_{\mathrm{c}}} s + \dfrac{R_{\mathrm{c}} + R_{\mathrm{s}}}{C_{\mathrm{c}} C_{\mathrm{s}} R_{\mathrm{c}} R_{\mathrm{s}}}}{s^2 + \dfrac{C_{\mathrm{s}} R_{\mathrm{s}} + C_{\mathrm{c}} R_{\mathrm{c}} + C_{\mathrm{c}} R_{\mathrm{s}}}{C_{\mathrm{c}} C_{\mathrm{s}} R_{\mathrm{c}} R_{\mathrm{s}}} s + \dfrac{1}{C_{\mathrm{c}} C_{\mathrm{s}} R_{\mathrm{c}} R_{\mathrm{s}}}} \tag{3.55}$$

$$\frac{T_{\mathrm{sf}}}{Q_{\mathrm{re}}} = \frac{\dfrac{1}{C_{\mathrm{c}} C_{\mathrm{s}} R_{\mathrm{c}}}}{s^2 + \dfrac{C_{\mathrm{s}} R_{\mathrm{s}} + C_{\mathrm{c}} R_{\mathrm{c}} + C_{\mathrm{c}} R_{\mathrm{s}}}{C_{\mathrm{c}} C_{\mathrm{s}} R_{\mathrm{c}} R_{\mathrm{s}}} s + \dfrac{1}{C_{\mathrm{c}} C_{\mathrm{s}} R_{\mathrm{c}} R_{\mathrm{s}}}} \tag{3.56}$$

根据式 (3.55) 与式 (3.56)，当热物性参数 C_{c}、R_{c}、C_{s}、R_{s} 已知时，将电池内部的总产热率 Q_{re} 作为模型的输入变量，则可以得到电池核心温度与环境温度的差值 T_{cf} 和电池表面温度与环境温度的差值 T_{sf}，因此双状态集中参数热模型需要识别的参数为

$$\theta = \begin{bmatrix} Q_{\mathrm{re}} & C_{\mathrm{c}} & R_{\mathrm{c}} & C_{\mathrm{s}} & R_{\mathrm{s}} \end{bmatrix} \tag{3.57}$$

对双状态集中参数热模型的数学表达式 [式 (3.52) 和式 (3.54)] 进行离散化，式 (3.58) 和式 (3.59) 是对式 (3.52) 的离散化中间步骤，式 (3.60) 是对式 (3.54) 的最终离散化结果。

$$\begin{cases} C_{\mathrm{c}} \dfrac{T_{\mathrm{cf}(k+1)} - T_{\mathrm{cf}(k)}}{T} = Q_{\mathrm{re}} + \dfrac{T_{\mathrm{sf}(k)} - T_{\mathrm{cf}(k)}}{R_{\mathrm{c}}} \\[3mm] C_{\mathrm{s}} \dfrac{T_{\mathrm{sf}(k+1)} - T_{\mathrm{sf}(k)}}{T} = \dfrac{-T_{\mathrm{sf}(k)}}{R_{\mathrm{s}}} - \dfrac{T_{\mathrm{sf}(k)} - T_{\mathrm{cf}(k)}}{R_{\mathrm{c}}} \end{cases} \tag{3.58}$$

$$\begin{cases} T_{\mathrm{cf}(k+1)} = \dfrac{T}{C_{\mathrm{c}}} Q_{\mathrm{re}} + \dfrac{T}{R_{\mathrm{c}} C_{\mathrm{c}}} T_{\mathrm{sf}(k)} + \left(1 - \dfrac{T}{R_{\mathrm{c}} C_{\mathrm{c}}}\right) T_{\mathrm{cf}(k)} \\[3mm] T_{\mathrm{sf}(k+1)} = \left(1 - \dfrac{T}{R_{\mathrm{c}} C_{\mathrm{s}}} - \dfrac{T}{R_{\mathrm{s}} C_{\mathrm{s}}}\right) T_{\mathrm{sf}(k)} + \dfrac{T}{R_{\mathrm{c}} C_{\mathrm{s}}} T_{\mathrm{cf}(k)} \end{cases} \tag{3.59}$$

$$\begin{cases} T_{\mathrm{cf}(k+1)} = \left(1 - \dfrac{T}{R_{\mathrm{c}}C_{\mathrm{c}}}\right)T_{\mathrm{cf}(k)} + \dfrac{T}{R_{\mathrm{c}}C_{\mathrm{c}}}T_{\mathrm{sf}(k)} + \dfrac{T}{C_{\mathrm{c}}}Q_{\mathrm{re}} \\[3mm] T_{\mathrm{sf}(k+1)} = \dfrac{T}{R_{\mathrm{c}}C_{\mathrm{s}}}T_{\mathrm{cf}(k)} + \left(1 - \dfrac{T}{R_{\mathrm{c}}C_{\mathrm{s}}} - \dfrac{T}{R_{\mathrm{s}}C_{\mathrm{s}}}\right)T_{\mathrm{sf}(k)} \end{cases} \tag{3.60}$$

因此，根据式(3.59)，电池双状态集中参数热模型的状态空间方程可表达为

$$\begin{bmatrix} T_{\mathrm{cf}(k+1)} \\ T_{\mathrm{sf}(k+1)} \end{bmatrix} = \begin{bmatrix} 1 - \dfrac{T}{R_{\mathrm{c}}C_{\mathrm{c}}} & \dfrac{T}{R_{\mathrm{c}}C_{\mathrm{c}}} \\[3mm] \dfrac{T}{R_{\mathrm{c}}C_{\mathrm{s}}} & 1 - \dfrac{T}{R_{\mathrm{c}}C_{\mathrm{s}}} - \dfrac{T}{R_{\mathrm{s}}C_{\mathrm{s}}} \end{bmatrix} \begin{bmatrix} T_{\mathrm{cf}(k)} \\ T_{\mathrm{sf}(k)} \end{bmatrix} + \begin{bmatrix} \dfrac{T}{C_{\mathrm{c}}} \\[3mm] 0 \end{bmatrix} \tag{3.61}$$

式中，T 为采样时间，取 $T = 1\mathrm{s}$。

式(3.60)是基于电池热物性参数恒定建立的状态空间方程，但是随着周围环境的改变，以及电池表面壳体与周围环境的改变，电池表面壳体与周围环境之间的热阻 R_{s} 新增为一个状态变量，利用滤波算法实现 R_{s} 的实时估计，新构建的状态空间方程如式(3.62)与式(3.63)所示：

$$\begin{bmatrix} T_{\mathrm{cf}(k+1)} \\ T_{\mathrm{sf}(k+1)} \\ R_{\mathrm{s}(k+1)} \end{bmatrix} = \begin{bmatrix} 1 - \dfrac{T}{R_{\mathrm{c}}C_{\mathrm{c}}} & \dfrac{T}{R_{\mathrm{c}}C_{\mathrm{c}}} & 0 \\[3mm] \dfrac{T}{R_{\mathrm{c}}C_{\mathrm{s}}} & 1 - \dfrac{T}{R_{\mathrm{c}}C_{\mathrm{s}}} - \dfrac{T}{R_{\mathrm{s}}C_{\mathrm{s}}} & 0 \\[3mm] 0 & 0 & 1 \end{bmatrix} \begin{bmatrix} T_{\mathrm{cf}(k)} \\ T_{\mathrm{sf}(k)} \\ R_{\mathrm{s}(k)} \end{bmatrix} + \begin{bmatrix} \dfrac{T}{C_{\mathrm{c}}} \\[3mm] 0 \\ 0 \end{bmatrix} Q_{\mathrm{re}(k)} \tag{3.62}$$

$$T_{\mathrm{sf}(k+1)} = \begin{bmatrix} 0 & 1 & \dfrac{T}{C_{\mathrm{s}}R_{\mathrm{s}}^{2}} \end{bmatrix} \begin{bmatrix} T_{\mathrm{cf}(k)} \\ T_{\mathrm{sf}(k)} \\ R_{\mathrm{s}(k)} \end{bmatrix} \tag{3.63}$$

3.3　电热耦合模型

3.3.1　基于偏微分方程的模型

最简单的电化学电池模型为单粒子(SP)模型，如图 3.9 所示。这个模型是由完整的 P2D 模型推导出来的，假设电解质锂离子浓度在空间和时间上是恒定的，这个近似值对于低充放电倍率(即低电流量级)是合理有效的。

如图 3.9 所示，该模型由两个球面坐标的扩散偏微分方程组成，描述固相中的锂离子浓度动态。

$$\frac{\partial c_{\mathrm{s}}^{-}}{\partial t}(r,t) = D_{\mathrm{s}}^{-}\left[\frac{2}{r}\frac{\partial c_{\mathrm{s}}^{-}}{\partial r}(r,t) + \frac{\partial^{2}c_{\mathrm{s}}^{-}}{\partial r^{2}}(r,t)\right] \tag{3.64}$$

$$\frac{\partial c_{\mathrm{s}}^{+}}{\partial t}(r,t) = D_{\mathrm{s}}^{+}\left[\frac{2}{r}\frac{\partial c_{\mathrm{s}}^{+}}{\partial r}(r,t) + \frac{\partial^{2}c_{\mathrm{s}}^{+}}{\partial r^{2}}(r,t)\right] \tag{3.65}$$

$$\frac{\partial c_s^-}{\partial r}(0,t)=0, \quad \frac{\partial c_s^-}{\partial r}(R_s^-,t)=\frac{I(t)}{D_s^- F a^- A L^-} \tag{3.66}$$

$$\frac{\partial c_s^+}{\partial r}(0,t)=0, \quad \frac{\partial c_s^+}{\partial r}(R_s^+,t)=-\frac{I(t)}{D_s^+ F a^+ A L^+} \tag{3.67}$$

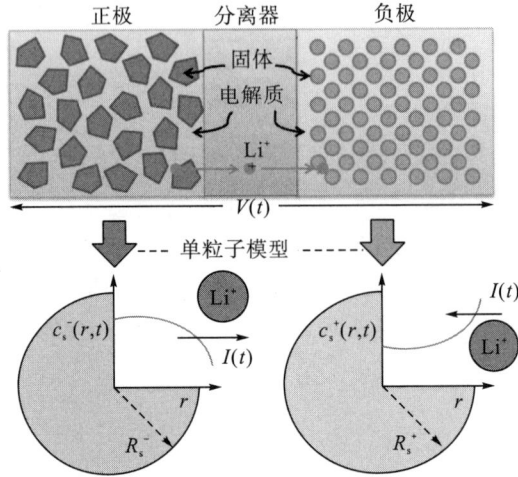

图 3.9 单粒子模型

在 $r=R_s^+$ 和 $r=R_s^-$ 处的诺伊曼边界条件表示进入电极的通量与输入电流 $I(t)$ 成正比。$r=0$ 处的诺伊曼边界条件是球面对称条件,是良好处理的要求。测量的终端电压是由欧姆定律、电极热力学和 Butler-Volmer 方程的组合所支配的。最终的结果如式 (3.68) 所示:

$$V(t)=\frac{RT}{\alpha F}\sinh^{-1}\left(\frac{I(t)}{2a^+ A L^+ i_0^+(c_{ss}^+(t))}\right)-\frac{RT}{\alpha F}\sinh^{-1}\left(\frac{I(t)}{2a^- A L^- i_0^-(c_{ss}^-(t))}\right) \tag{3.68}$$
$$+U^+(c_{ss}^+(t))-U^-(c_{ss}^-(t))+R_f I(t)$$

式中,i_0^j 为交换电流密度;c_{ss}^j 为固体-电解质表面浓度。

$$i_0^j(c_{ss})=k^j\sqrt{c_e^0 c_{ss}^j(t)\left(c_{s,max}^j - c_{ss}^j(t)\right)} \tag{3.69}$$

$$c_{ss}^j(t)=c_s^j(R_s^j,t), \quad j\in\{+,-\} \tag{3.70}$$

式 (3.68) 中的函数 $U^+(\cdot)$ 和 $U^-(\cdot)$ 是每个电极材料处于开路电位时电极表面锂离子浓度。在数学上,这些是严格的单调递减函数。这一事实意味着它们的导数的逆值是有限的,这一特性在电池充放电倍率中是需要的。

总 SOC 被定义为归一化体积总和,如式 (3.71) 所示:

$$\mathrm{SOC}(t)=\frac{3}{c_{s,max}^-\left(R_s^-\right)^3}\int_0^{R_s^-} r^2 c_s^-(r,t)\mathrm{d}r \tag{3.71}$$

这个模型说明了锂离子总数是守恒的。在数学上,$\dfrac{\mathrm{d}}{\mathrm{d}t}(n_{Li})=0$,其中 n_{Li} 的表达式为

$$n_{\text{Li}} = \frac{\varepsilon_s^+ L^+ A}{\frac{4}{3}\pi(R_s^+)^3} \int_0^{R_s^+} 4\pi r^2 c_s^+(r,t)\mathrm{d}r + \frac{\varepsilon_s^- L^- A}{\frac{4}{3}\pi(R_s^-)^3} \int_0^{R_s^-} 4\pi r^2 c_s^-(r,t)\mathrm{d}r \qquad (3.72)$$

这一特性很重要，因为它关系到锂离子在阴极和阳极的总浓度[130]。

3.3.2　混合型模型

混合型模型之间的耦合关系如图 3.10 所示。

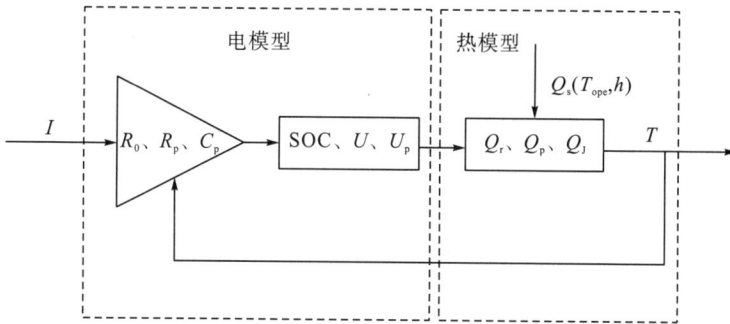

图 3.10　混合型模型之间的耦合关系

根据图 3.10 可知，左侧输入电流 I 到电模型中，计算模型中电压等参数；电流传输到热模型中，计算电池充电过程中的可逆热、焦耳热等参数[131]，再将热模型中所得到的温度反馈到电模型中，并计算电模型中的参数，实现电热模型的相互耦合作用[132]。电热耦合模型的计算公式为

$$U_p = U - IR_0 - U_{\text{OC}} \qquad (3.73)$$

$$T(t+1) = T(t) + \frac{I^2 R_0 + \dfrac{U_p^2}{R_p} + IT\dfrac{\mathrm{d}\text{OCV}}{\mathrm{d}T} - hA\left[T(t) - T_{\text{ope}}\right]}{mC_h} \qquad (3.74)$$

3.4　本 章 小 结

智慧能源是优化能源结构、实现清洁低碳发展、提升能源安全保障能力的必然选择，是提高能源生产利用效率的关键举措，是实现能源行业高质量发展的有效途径，对推进能源生产和消费革命，构建清洁低碳、安全高效的能源体系起着重要作用。然而智慧能源的动力是创新。能源系统的物理世界与数字世界高度融合，将迎来能源生产和消费方式的革命性变化。本章主要研究了电池的三种模型——电化学特性模型、热模型、电热耦合模型。电池的电化学特性机理模型是描述电池内部化学反应和电流产生的数学模型，主要用于电池的设计、优化和控制。电池的热模型可以较为准确地预测电池的温

度，为电池的散热或者预热控制提供向导作用。电池的电热耦合模型是一种用于电池热管理的数学模型，可以预测电池在不同使用条件下的温度和热行为；该模型基于电池的物理和化学特性，包括内部电阻、电化学反应和热传递等因素。对电池模型的精确构建及参数的解析，能够更好地预测电池在不同条件下的放电功率、放电电压、开路电势、使用寿命、充放电效率等，同时根据这些信息我们可以更具目的性地对现有的电池进行设计和优化，使之具有更好的性能。

第4章 储能电池状态智能化预估核心算法

在能源转型与智能电网的浪潮中，储能电池作为平衡供需波动、提升能源利用效率的关键技术，其性能的精准预估与智能化管理显得尤为重要。本章将介绍一系列创新的智能算法，包括基于数据驱动的机器学习模型、深度神经网络(DNN)在电池特征提取与模式识别中的应用，以及融合物理模型与数据驱动方法的混合预估策略。这些算法旨在通过深度挖掘电池运行数据中的隐藏信息，实现对储能电池状态的精准、快速预估，为电池管理系统(BMS)提供强有力的决策支持。

4.1 基于传统方法的计算

传统的锂电池 SOC 预测方法有开路电压法、安时积分法和电化学阻抗谱法，这三种方法的计算难度较低，但实现过程比较单一，往往精度不高或适应性不强。

4.1.1 开路电压法

开路电压法是根据 SOC 与开路电压之间的近似线性关系来估计 SOC 的[132]。其实际操作过程是：首先将电池静置足够长时间，以保证其开路电压等参数稳定，再测量电池的开路电压；然后根据已知的近似线性函数关系得到 SOC。开路电压法的优点是方法简单、可操作性强。这种方式只有在电池停止工作一段时间后，才可以获得开路电压，根本无法对 SOC 进行实时跟踪[133]。开路电压是指在外电路电流为零的情况下，电池经过长时间的静置后达到平衡时的正负极电位差。锂电池的开路电压与 SOC 存在着相对固定的映射关系，如式(4.1)所示：

$$U_{\text{OC}} = F(\text{SOC}) \tag{4.1}$$

式(4.1)中，这种映射关系可以通过不同形式表现出来，主要有离散和连续两种形式。离散的形式如查表法等，用一连串离散孤立的点表达开路电压(OCV)与 SOC 之间的一一对应关系，而对于点与点之间的部分使用简单的分段线性法表示，这也暴露了这种方法的粗略性。连续形式如函数法，即经过多次测量得到 OCV-SOC 曲线，实际是对离散点的连续化，使用求解函数或拟合曲线的方法得到两者之间的连续关系表达式[134]。

开路电压法在估计电池 SOC 时存在一些局限性。首先，开路电压受温度影响较大，在低 SOC 情况下，温度越低，开路电压也越低。因此，大多数研究集中在室温环境下的 OCV-SOC 曲线，这在其他环境温度下可能导致 SOC 估计产生较大误差[133]。此外，开路电压法需要电池长时间静置以达到电压稳定，通常需要几个小时甚至十几个小时，这使得该方法不适用于连续、动态、在线的 SOC 估计。因此，开路电压法通常在充电初期和末期的 SOC 估计效果较好，一般与其他方法结合使用，而不单独使用。

锂电池的 OCV-SOC 曲线相对比较平坦，这意味着一点点差异就会使 SOC 估计产生较大的误差。前面的研究曾提到开路电压与锂电池 SOC 之间存在着非线性的函数关系。若获得电池当前状态的开路电压值，则可以通过此函数关系求得电池对应的 SOC 值，此方法称为开路电压法[134]。该方法由于电池电压存在的平台效应，平台期之外的很小的电压误差变化都会引起 SOC 的剧烈变动，且电池开路电压的获得需将电池静置很长时间，故不太适合于工程应用。

4.1.2 安时积分法

安时积分法，又称库仑计数法，在事先了解某一时刻的 SOC 基础上，对一段时间内充放电电荷总量进行计算，二者叠加可以得到电池当下的荷电状态。将估计值与实际值相比较，得到误差值；随着时间的延长，误差明显增加，无法保证测试结果的稳定性。并且，这种方法对初始值有一定的依赖性，对自放电问题无法采取正确应对策略[135-138]。

安时积分法是 SOC 估计中使用最为广泛的方法。它的落脚点在于只关注电池系统的外部特征，而不去考虑电池内部的电化学反应以及各参数之间的复杂关系[139]。安时积分法的原理如式(4.2)所示。

$$\mathrm{SOC}_t = \mathrm{SOC}_0 - \frac{1}{C} \int_0^t \eta I \mathrm{d}t \qquad (4.2)$$

式中，SOC_0 为电池的初始电量；SOC_t 为电池在 t 时刻的电量；C 为电池的额定容量；I 为充放电电流，以放电方向为正方向；η 为库仑效率系数，反映充放电过程中电池内部的电量耗散。安时积分法通过实时记录累积流入和流出的电量，得到当前电池的剩余电量，易于实现实时监测的效果[140]。安时积分法是一种基础方法，很多更高级的算法就是以安时积分的过程为基础实现的。

改进的安时积分工作原理如式(4.3)所示：

$$\mathrm{SOC}_t = \alpha \times \mathrm{SOC}_0 - \frac{1}{\delta C} \int_0^t \eta' I \mathrm{d}t \qquad (4.3)$$

式中，η' 为老化因子及自放电修正因子；δ 为电池容量 C 的修正因子。加入修正因子的原因是：电池被使用较长时间后就会老化，通过实验确定电池总容量 C 的修正因子 δ 与锂电池循环次数的函数关系，以提高 SOC 估计精度。从安时积分法的计算过程中不难看出，SOC 的准确性对实时估计的结果至关重要，通常的方法是采用开路电压法来计算出电池的初始电量。此外，如果电流采集不够精确，势必会引起 SOC 计算误差的长期积累，导致估计结果与真实电量的偏差越来越大。要提高电流测量的精度，通常是从采集设备入手，即使用高精度的传感器测量电流，如霍尔传感器、光纤传感器等，但是这也在无形中增加了测量成本。

安时积分法从锂电池 SOC 定义出发，以电流在时间上的积分为基础计算 SOC，是一种较为传统的方法。该方法简单、易于实现，且为最早用于 SOC 估计的方法之一。安时积分法的关键点在于采用电流对时间的累积效应来计算 SOC，倘若初始值估计不准确，那么误差也会随着电流对时间积分而不断变大，从而导致后期估计偏差越来越大。因此，若要使用该方法，则要保证估计初始值的准确性。它忽略了系统内部的各种复杂关系，只关注系统的外部特征。通过时刻监测流入、流出的电量进而可以得出电池在任意时刻的剩余电量[141-143]。

开路电压法由于要预计开路电压，因此需要将电池组进行长时间静置。内阻法存在着估计内阻的困难，在硬件上也难以实现。神经网络和卡尔曼滤波方法则由于系统设置的难度较大，而且在电池管理系统中应用时成本很高，不具备优势。相比于这几种方法，安时积分法的实现更加简单且易于实时监测，所以安时积分法是 SOC 估计中用得最多的方法。由其原理可知，因为误差会不断累积变大，所以初始电量和电流采集值的精准程度至关重要。许多研究者为了提高精度，采用高性能传感器，但也增加了应用成本。

4.1.3　电化学阻抗谱法

循环伏安测试法和电化学阻抗谱法是当前研究锂电池特性的主要方法。

循环伏安测试法是通过设定无电极反应的任意一个电位为起始电位，使将要研究的电极电位按照计划好的方向和速度随时间的变化进行线性变化，当研究的电极电位扫描到任意不同起始电位的电位后再同速反向扫描到起始电位，同时测量极化电流随电极电位的变化关系，其电流-电压曲线称为循环伏安图。其中，扫描速度对于所获得的信号有非常大的影响，而磷酸铁锂电池锂离子扩散速度慢，故一般用较慢的扫频信号[143,144]。

电化学阻抗谱(electrochemical impedance spectroscopy，EIS)法是将锂电池假设为一个独立的系统，在系统输入端施加一个频率为 f 的小振幅的正弦波电压信号，系统输出端就会生成一个同频率的正弦波电流响应，从而可以得到不同输入频率下激励电压与响应电流的比值，是一种无损的、有效的电池动力学行为现代化参数测定方法。该方法要求被测体系具有稳定性和系统响应的线性关系，使其测量过程在数学处理上简单，同时，对锂电池测试的时间较短[145]。电化学阻抗谱法可以在频域和时域两类情况下进行，如表 4.1 所示。频域测量方法是通过测量锂电池系统在不同频率下的频率输出响应函数而得到电化学阻抗谱，而时域测量方法是通过对锂电池系统施加暂态信号测量其对应的时域响应，并利用数学手段将其从时域范围变换到频域范围，从而获得锂电池系统的频率响应函数。

表 4.1　电化学阻抗谱法分类

频域	时域
交流电桥法 李萨如图形法 扫频法	基于傅里叶变换方法 基于拉普拉斯变换方法

表 4.1 的频域方法中,交流电桥(AC bridge)法操作简单、精度高,但需要手动逐点测量,耗时较长;李萨如图形法在低频条件下精度较低,在高频条件下易受影响,仅用于粗略测量;扫频法具有高精度、高准度的优点,但实验仪器成本高,未得到普及。时域测量方法可以大幅减少测量时间且测量条件要求不高。

4.2　基于模型方法的估计

锂电池通常在复杂动力工况下工作,其状态检测容易受到环境噪声的影响。锂电池在使用过程中其内部电化学反应复杂,常伴随有极化效应、欧姆效应等,加之复杂工况下放电电流多变、电池内部温度高、电池自放电以及材料多次循环使用老化等因素的干扰,从而很难通过传统的估计算法得出实时、准确的锂电池荷电状态[146-149]。荷电状态的获取很大程度上依赖针对电池特性而建立的等效模型。但锂电池内部结构复杂,在复杂工况下使用时常表现出强烈的非线性特性,使得传统的等效模型很难完整正确地表征锂电池的特性。等效建模与状态估计仍存在许多问题与不足之处。因此,根据锂电池的工作特性建立等效模型,并采用正确合适的算法对电池 SOC 进行估计,以及对锂电池进行实时监测和安全控制,对提高电池使用效率具有重要的意义[150]。

卡尔曼滤波的基本原理为:采用信号与噪声的状态空间模型,利用前一时刻的估计值和当前时刻的观测值来更新对状态变量的估计。卡尔曼滤波估算锂电池 SOC 的实质是用安时积分法来计算 SOC,同时用测量的电压值来修正安时积分法得到的 SOC。在利用卡尔曼滤波估算电池 SOC 时,需要建立合适的等效电池模型,且卡尔曼滤波法的精度依赖于电池模型的准确性[151-153]。卡尔曼滤波的核心思想是对动力系统的状态做出方差最小的最优估计,是一种自回归数据的处理算法,电池被看成动力系统,而SOC 是该系统的一个状态。用卡尔曼滤波来对电池 SOC 进行估算,将电池充放电的电流作为系统的输入数据,端电压作为输出数据,通过端电压的观测值和 SOC 预估值的误差来不断更新系统的状态,以此得到最小方差估算 SOC[154]。卡尔曼滤波分为经典卡尔曼滤波(KF)、扩展卡尔曼滤波(EKF)和无迹卡尔曼滤波(UKF)。除此之外,还衍生出了双卡尔曼滤波和自适应卡尔曼滤波。本节将介绍卡尔曼滤波法及其衍生算法在锂电池的 SOC 估计中的应用。

4.2.1　卡尔曼滤波

卡尔曼滤波(KF)是一种利用线性系统状态方程,通过系统输入、输出观测数据,对系统状态进行最优估计的算法[155]。卡尔曼滤波法主要用于估计线性时不变系统,采用递推线性最小方差估计方法,根据系统可观测的输出估计误差去修复不可观测的状态估计误差,从而极大地减小数据流中的噪声干扰,提高新系统的估计精度[156]。其准确估算的一个重要前提是需要配置可以精准表征待测量工作状态的模型,基于模型构建用来表示工作状态或运行状态的方程表达。输入所知的已知变量,通过方程运算得出计算结果。

通过对比得出预测值与实际测量值的差异值；依据滤波原理计算更新增益，进一步优化估算结果，进而得到最接近实际值的估算结果。卡尔曼滤波法的每一次迭代运算可分为预测和估计两个阶段。预测阶段基于系统状态方程对状态变量进行一次时间意义上的预测更新，为下一时刻提供先验估计值[157-159]。测量阶段通过系统观测值对预测值进行修正，修正偏差更新估计值。KF 所需的状态方程与观测方程如式(4.4)所示：

$$\begin{cases} x_k = A_{k-1}x_{k-1} + B_{k-1}u_{k-1} + w_{k-1} \\ y_k = C_k x_k + D_k u_k + v_k \end{cases} \tag{4.4}$$

式中，x_k 为状态变量；y_k 为方程中的观测变量；u_k 为实际工作过程中可以直接测得并运用于系统状态计算的输入值，为输入变量；A_{k-1}、B_{k-1}、C_k 和 D_k 为方程中各个变量的系数所组成的矩阵，分别为传递矩阵、输入矩阵、测量矩阵和前馈矩阵；w_{k-1} 和 v_k 为过程噪声变量和观测噪声变量，通常情况下设定 Q_k 为过程噪声变量方差，R_k 为观测噪声变量方差。

卡尔曼滤波法是在时间域内的滤波方法，采用状态空间模型描述系统，系统的过程噪声和观测噪声并不是需要滤波的对象，它们的统计特性正是估计过程中需要采用的信息[160]。其计算过程是一个不断"预测—修正"的过程，在求解时不要求存储大量数据，一旦观测到了新的数据便可算得新的滤波值，十分适合于实时处理和计算机实现。

4.2.2　扩展卡尔曼滤波

扩展卡尔曼滤波(EKF)本质是将非线性系统线性化的过程，通过前一个时刻估计下一个时刻的值，应用系统输入、输出的观测值来不断更新预测值，从而实现最优估计[161]。用卡尔曼滤波估计锂电池 SOC 时，采用安时积分法计算 SOC 值，同时用测量的电压值来不断修正该 SOC 值。由于锂电池在工作过程中为一个强烈的非线性系统，而 KF 的应用对象为线性系统，这就需要将电池强行线性化以适应 KF。EKF 在经典卡尔曼滤波的基础上，将非线性关系强制转换成线性关系。但强制转换会引起泰勒截断误差，可能导致滤波发散。在每一次通过 EKF 进行估计时需要重新计算雅可比矩阵，故该算法的计算复杂度较高[162]。运用 EKF 估计锂电池 SOC 时，SOC 是状态向量中的一个分量，电流作为控制量包含在输入参数中，输出为等效模型算得的端电压，系统噪声和观测噪声均为高斯白噪声，其变量方差表示为 Q 和 R[163]。

EKF 主要用于离散非线性系统的实时状态预估，其核心预估理论仍为卡尔曼滤波理论。在以卡尔曼滤波理论为基础的前提下，通过泰勒展开将非线性系统的状态方程以线性方程的形式展示，随后为了计算的简便性，在保持方程精度的前提下，适当忽略对精度影响不大的高阶项[164]。如此，形成完整的 EKF 状态预估算法。要进行状态预估的非线性系统包括状态方程和观测方程，如式(4.5)所示：

$$\begin{cases} X_{k+1} = f(X_k, k) + w_k \\ Z_k = h(X_k, k) + v_k \end{cases} \tag{4.5}$$

式中，k 为表示离散时间的参数；X_{k+1} 为计算得到的下一时刻的状态矩阵；Z_k 为当前时刻的观测矩阵，矩阵的维度由其各自的方程数量决定；w_k 和 v_k 为互不关联且满足高斯分布的噪声变量。方程组的第一子式用来描述系统状态之间的函数关系，第二子式确定了观测值与状态值之间的关系。按照 EKF 思想，对非线性函数 $f(\cdot)$ 和 $h(\cdot)$ 在 $\hat{X}_k$ 点处泰勒展开，为简化计算过程，只保留第一项展开式，得到：

$$\begin{cases} f(X_k,k) \approx f(\hat{X}_k,k) + \dfrac{\partial f(X_k,k)}{\partial X_k}\bigg|_{X_k=\hat{X}_k} (X_k - \hat{X}_k) \\[3mm] h(X_k,k) \approx h(\hat{X}_k,k) + \dfrac{\partial h(X_k,k)}{\partial X_k}\bigg|_{X_k=\hat{X}_k} (X_k - \hat{X}_k) \end{cases} \tag{4.6}$$

将方程中各不同项使用 A_k、B_k、C_k、D_k 代替，对应关系如式 (4.7) 所示：

$$\begin{cases} A_k = \dfrac{\partial f(X_k,k)}{\partial X_k}\bigg|_{X_k=\hat{X}_k} , B_k = f(\hat{X}_k,k) - A_k\hat{X}_k \\[3mm] C_k = \dfrac{\partial h(X_k,k)}{\partial X_k}\bigg|_{X_k=\hat{X}_k} , D_k = h(\hat{X}_k,k) - C_k\hat{X}_k \end{cases} \tag{4.7}$$

应用简化后的参数可以将方程线性化为新的方程，如式 (4.8) 所示：

$$\begin{cases} X_{k+1} = A_k X_k + B_k + w_k \\ Z_k = C_k X_k + D_k + v_k \end{cases} \tag{4.8}$$

得到 EKF 的基本状态方程，运用 KF 基本方程对线性化后的模型状态方程进行递推，便可以得出 EKF 的递推过程，如式 (4.9) 所示：

$$\begin{cases} \hat{X}_{k+1}^- = f(\hat{X}_k) \\[1mm] \hat{P}_{k+1}^- = A_k\hat{P}_k A_k^{\mathrm{T}} + Q_{k+1} \\[1mm] K_{k+1} = \hat{P}_{k+1}^- C_{k+1}^{\mathrm{T}} \left(C_{k+1}\hat{P}_{k+1}^- C_{k+1}^{\mathrm{T}} + R_{k+1} \right)^{-1} v \\[1mm] \hat{X}_{k+1} = X_{k+1}^- + K_{k+1} \left[Z_{k+1} - h(X_{k+1}^-) \right] \\[1mm] \hat{P}_{k+1} = (I - K_{k+1} C_{k+1}) P_{k+1}^- \end{cases} \tag{4.9}$$

式中，$\hat{P}_{k+1}^-$ 为当前状态参量与预测的下一状态参量间的均方误差；K_{k+1} 为用于改进状态估算值的调节系数，也被称为卡尔曼增益；I 为同时满足状态方程和观测方程计算要求的单位矩阵；Q_{k+1} 对应表征 w 的方差；R_{k+1} 对应表征 v 的方差。

EKF 的估算流程如下：首先，将起始阶段的系统状态参量和方差以 $X(0)=E[X(0)]$、$P(0)=\mathrm{var}[X(0)]$ 的形式进行初始化处理；其次，通过已经确定的状态参量和方差计算得到下一时刻的先验状态参量以及先验均方误差，分别以 $\hat{X}_{k+1}^-$ 和 $\hat{P}_{k+1}^-$ 的方程形式进行表示，由此可以进一步计算得到用于修正状态参量值和均方误差的卡尔曼增益系数 K_{k+1}；再次，将得到的各先验值分别和卡尔曼增益进行修正计算，就可以得到准确的下一时刻的状态估算值；最后，通过迭代的方法使算法循环运行，就可以实时准确地得到该系统的状态估算结果。

EKF 的优点是不必预先计算标称轨迹(当过程噪声和观测噪声变量均为 0 时非线性方程的解)，因为它在短时间内对非线性过程进行了线性近似处理，所以只能在滤波误差(估计值和真实值的偏差)及一步预测误差(该时刻与上一时刻的状态估计值之差)较小时才能使用。在系统状态的变化频率较高且幅度较大时，可以通过提高采样频率和运算速度来达到较好的跟踪效果。EKF 计算量较小、滤波效果理想，得到了学术界的认可并被广泛应用。

4.2.3　无迹卡尔曼滤波

无迹卡尔曼滤波(UKF)是对 KF 优化后，使其能够应用于非线性系统的衍生算法，此算法的关键在于其采用了无迹变换(UT)模块对算法迭代过程中的数据非线性传递过程进行处理[165,166]。该算法不忽略高阶项引起的误差，不重复计算雅可比矩阵，能够在 KF 的基础上有效提高估算精度[167]。该算法的关键是 UT 处理，其中采样方式对估计效果有重要影响[168]。常用的采样方法有对称采样、最小偏度单纯形采样和超球面单纯形采样。一般选用对称采样方法，计算方便，效果好。

UKF 的实现可分为预测与更新两个阶段，依据对称采样策略来选择西格玛(sigma)点(即采样点)，sigma 点需满足的条件是与原状态具有相同的均值和协方差[169]。sigma 点经过系统状态方程进行传递，便可得出预测值点群，再通过卡尔曼增益以及观测变量真实值与预测值之间的误差，对预测值不断进行修正，最终获得系统状态变量的最优估计值[170]。设已知 k 时刻的 SOC_k 及其误差协方差矩阵 P_k，其具体迭代计算流程如下所述。

1. 预测阶段

$k+1$ 时刻的系统状态变量的预计值如式(4.10)所示：

$$\begin{cases} x_{k+1|k}^i = f\left(x_k^i, u_k\right) \\ \hat{x}_{k+1|k} = \sum_{i=0}^{2n} \omega_m^i x_{k+1|k}^i \end{cases}, \quad i = 1,2,3,\cdots,2n+1 \tag{4.10}$$

式中，x_k^i 为运用无迹变换获取的采样点；u_k 为输入变量；ω_m^i 为预测权重。结合式(4.10)对采样点进行预测，加权求和之后得到系统状态量预测均值如式(4.10)中第二式所示，同样对 $k+1$ 时刻的误差协方差矩阵进行预测，如式(4.11)所示：

$$P_{x_{k+1|k}} = \sum_{i=0}^{2n} \omega_c^i \left(x_{k+1|k}^i - \hat{x}_{k+1|k}\right)\left(x_{k+1|k}^i - \hat{x}_{k+1|k}\right)^{\mathrm{T}} + Q_{k+1} \tag{4.11}$$

式中，ω_c^i 为更新权重；Q_{k+1} 为 $k+1$ 时刻噪声协方差。

更新 sigma 点，由式(4.11)得出 $\hat{x}_{k+1|k}$ 和 $P_{x_{k+1|k}}$，对采样点进行一次更新，将各个采样点 $k+1$ 时刻的一步预测值代入系统的观测方程中，得到各个采样点 $k+1$ 时刻观测预计值，从而加权得到 $k+1$ 时刻测量值的均值，如式(4.12)所示。

$$\begin{cases} y_{k+1|k}^i = h\left(x_{k+1|k}^i, u_{k+1}\right) \\ \hat{y}_{k+1|k} = \sum_{i=0}^{2n} \omega_m^i y_{k+1|k}^i \end{cases} \tag{4.12}$$

计算 $k+1$ 时刻测量值的误差协方差矩阵，如式(4.13)所示。

$$P_{yy_{k+1}} = \sum_{i=0}^{2n} \omega_c^i \left(y_{k+1|k}^i - \hat{y}_{k+1|k} \right) \left(y_{k+1|k}^i - \hat{y}_{k+1|k} \right)^T + R_{k+1} \tag{4.13}$$

式中，R_{k+1} 为 $k+1$ 时刻观测噪声协方差。

计算 $k+1$ 时刻的状态量与测量的协方差，如式 (4.14) 所示：

$$P_{xy_{k+1}} = \sum_{i=0}^{2n} \omega_c^i \left(x_{k+1|k}^i - \hat{x}_{k+1|k} \right) \left(y_{k+1|k}^i - \hat{y}_{k+1|k} \right)^T \tag{4.14}$$

2. 更新阶段

计算卡尔曼滤波增益，如式 (4.15) 所示：

$$K_{k+1} = \frac{P_{xy_{k+1}}}{P_{yy_{k+1}}} \tag{4.15}$$

更新系统状态变量值，如式 (4.16) 所示：

$$\hat{x}_{k+1|k+1} = \hat{x}_{k+1|k} + K_{k+1} \left(y_{k+1} - \hat{y}_{k+1|k} \right) \tag{4.16}$$

误差协方差矩阵更新，如式 (4.17) 所示：

$$P_{x_{k+1|k+1}} = P_{x_{k+1|k}} - K_{k+1} P_{xy_{k+1}} K_{k+1}^T \tag{4.17}$$

4.2.4　双卡尔曼滤波

双卡尔曼滤波的总体思想是使用两条卡尔曼滤波的线路——模型估计和系统状态估计交替进行[171-173]。在电池的所有参数中，欧姆内阻（即 R_0）对电池的外特性影响最大，而其他四个参数的影响较小，也不方便建模，所以欧姆内阻就被认为是常数[174]。整个系统由相关的两个卡尔曼滤波构成，其中，已有 SOC 数据和 RC 电路网络上的电压作为卡尔曼滤波对 SOC 进行估计的状态变量，其数学表达式为

$$X(k) = \begin{bmatrix} S(k) \\ U_{RC1}(k) \\ U_{RC2}(k) \end{bmatrix} \tag{4.18}$$

式中，$S(k)$ 是第 k 步的 SOC；$U_{RCi}(k)$ 是 RC 电路网络中第 k 步的电压，$i = 1,2$。

双卡尔曼滤波的具体步骤如下。

1）初始值给定

为使迭代能够快速收敛，应当将 SOC 的初始值设定得比较接近真实值。R_0 的初始值则可通过当前 SOC 查表获得。另外两个状态可以设为 0。由此就得到了 $X(0)$ 和 $R(0)$。

2）SOC 估计

使用第 $k-1$ 步的系统参数来估计第 k 步的系统状态；然后用第 k 步的系统状态估计第 k 步的系统参数。

首先，使用电流积分对第 k 步的系统状态进行估计，如式 (4.19) 所示：

$$X(k|k-1) = A_s(k)X(k-1) + B_S(k)I(k) + w_s \tag{4.19}$$

式中，w_s 为系统的过程噪声变量，基本由电流的噪声决定；系数 $A_S(k)$、$B_S(k)$ 的求取过程为

$$A_S(k) = \begin{pmatrix} 1 & 0 & 0 \\ 0 & \exp\left(\dfrac{-t}{T_1(k-1)}\right) & 0 \\ 0 & 0 & \exp\left(\dfrac{-t}{T_2(k-1)}\right) \end{pmatrix} \tag{4.20}$$

$$B_S(k) = \begin{pmatrix} \dfrac{-t}{Q_0} \\ R_1(k-1)\left(1-\exp\left(\dfrac{-t}{T_1(k-1)}\right)\right) \\ R_2(k-1)\left(1-\exp\left(\dfrac{-t}{T_2(k-1)}\right)\right) \end{pmatrix} \tag{4.21}$$

其次，是系统状态的最优估计，如式 (4.22) 所示：

$$X(k|k-1) = X(k-1) + K_S(k)[U(k) - U'(k)] \tag{4.22}$$

式中，$U(k)$ 为测得的电池两端电压；$U'(k)$ 为使用电池模型估计的端电压，其计算如式 (4.23) 所示：

$$U'(k) = f[S(k)] - R_0(k)I(k) - U_{RC1}(k) - U_{RC2}(k) + v \tag{4.23}$$

为求 $K_S(k)$（卡尔曼增益），需要计算方差矩阵，如式 (4.24) 所示：

$$P_S(k|k-1) = A_S(k)P_S(k-1)A_S^T(k) + Q_S \tag{4.24}$$

进而，$K_S(k)$ 的计算如式 (4.25) 所示：

$$K_S(k) = P_S(k|k-1)C_S^T(k)\left[C_S(k)P_S(k|k-1)C_S^T(k) + r_S\right]^{-1} \tag{4.25}$$

式 (4.25) 中，$C_S(k)$ 的表达式为

$$C_S(k) = \left[\left.\frac{\partial F_U(S)}{\partial S}\right|_{S_{(k)}}, -1, -1\right] \tag{4.26}$$

以上各式中，Q_S 为系统过程噪声变量的协方差矩阵；r_S 为电压的测量噪声变量的方差；$F_U(S)$ 为开路电压关于 SOC 的函数。

最后，更新方差矩阵 P_S，即可实现这一步 SOC 的卡尔曼滤波。

3）内阻估计

首先根据内阻和 SOC 的关系对第 k 步的内阻进行估计：

$$R(k|k-1) = R(k-1|k-2) + \frac{\partial F_R[S(k)]}{\partial S(k)}\frac{\Delta t}{Q_0}I(k) \tag{4.27}$$

其次，利用电压的误差得到 R 的最优估计，即

$$R(k|k-1) = R(k-1|k-2) + K_R(k)[U(k) - U'(k)] \tag{4.28}$$

式(4.28)中，$K_R(k)$ 的计算过程如下。

$$\begin{cases} P_R(k|k-1) = P_R(k) + Q_R \\ K_R(k) = P_R(k|k-1)C_R(k)\left[C_R(k)P_R(k|k-1)C_R(k) + r_R\right]^{-1} \\ C_R(k) = -I(k) \end{cases} \tag{4.29}$$

式(4.29)中，Q_R 为电阻的噪声变量方差；r_R 为电压的测量噪声变量方差。

最后，更新 P_R，即

$$P_R(k) = \left[I - K_R(k)C_R(k)\right]P_R(k|k-1) \tag{4.30}$$

双卡尔曼滤波的计算流程图如图 4.1 所示。

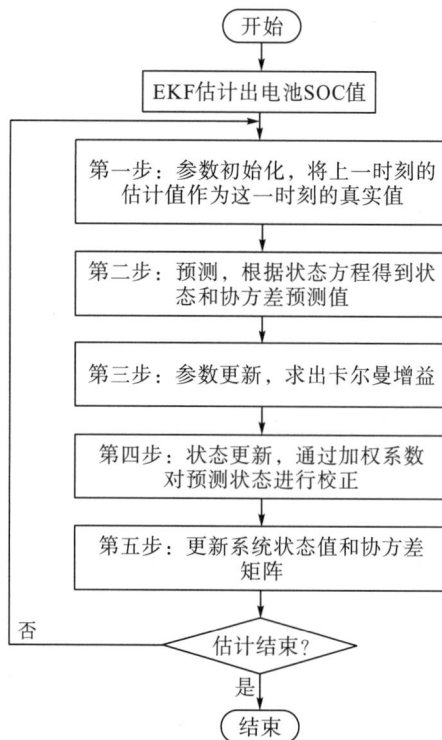

图 4.1　双卡尔曼滤波的计算流程

4.2.5　自适应卡尔曼滤波

自适应卡尔曼滤波(adaptive Kalman filter，AKF)是指利用观测数据校验预测值完成更新的同时，判断系统本身特性是否发生动态变化，从而对模型参数和噪声特性进行估计和修正，以改进滤波设计、缩小滤波的实际误差[175,176]。AKF 在赛奇-胡萨(Sage-Husa)自适应理论的基础上，引用赛奇-胡萨自适应理论对 SOC 估计系统中的噪

声变量进行自适应迭代估计[177]，从而弱化噪声对精度的影响，相对应的实时 SOC 估计精度就会提升。

自适应卡尔曼滤波的具体计算步骤如下。

(1) 确定估计系统的状态空间以及观测方程，如式 (4.31) 所示：

$$\begin{cases} x_{k+1} = f(x_k, u_k) + w_k \\ y_k = h(x_k, u_k) + v_k \end{cases} \tag{4.31}$$

(2) 将估计系统的状态参量以及协方差矩阵初始化，如式 (4.32) 所示：

$$\begin{cases} \hat{x}_0 = E[x_0] \\ P_0 = E\left[(x_0 - \hat{x}_0)(x_0 - \hat{x}_0)^{\mathrm{T}} \right] \\ \hat{Q}_0 = Q_0 \\ \hat{R}_0 = R_0 \end{cases} \tag{4.32}$$

(3) 对下一阶段的各个状态参量及协方差矩阵进行预测，如式 (4.33) 所示：

$$\begin{cases} \hat{x}_{k+1|k} = A\hat{x}_k + Bu_k + q_k \\ P_{k+1|k} = AP_kA^{\mathrm{T}} + Q_k \end{cases} \tag{4.33}$$

(4) 确定并计算参量误差信息，如式 (4.34) 所示：

$$m_k = y_k - h_x - r_k \tag{4.34}$$

由于在非线性系统中，新进数据会对对应的估计系统造成较大的影响，因此在估算过程中，需要引入指数加权系数 d_k，增加新数据计算结果的影响比重，如式 (4.35) 所示：

$$d_k = \frac{1-b}{1-b^{k+1}}, \quad i = 0, 1, \cdots, k \tag{4.35}$$

式中，b 为遗忘因子。

(5) 通过已获取的参数对该阶段的卡尔曼增益进行计算，如式 (4.36) 所示：

$$K_k = P_kC_k^{\mathrm{T}}\left[C_kP_kC_k^{\mathrm{T}} + R_k \right]^{-1} \tag{4.36}$$

(6) 对下一阶段的状态参数值及协方差矩阵进行测量并更新，如式 (4.37) 所示：

$$\begin{cases} x_{k+1} = x_{k|k-1} + K_k m_k \\ P_{k+1} = (I - K_kC_k)P_{k+1|k} \end{cases} \tag{4.37}$$

(7) 对测量导致的噪声以及系统本身的噪声的变量协方差进行迭代更新，如式 (4.38) 所示：

$$\begin{cases} r_k = (1 - d_{k-1})r_{k-1} + d_{k-1}(y_k - Cx_{k-1} - Du_{k-1}) \\ R_k = (1 - d_{k-1})R_{k-1} + d_{k-1}(m_k m_k^{\mathrm{T}} - C_kP_kC_k^{\mathrm{T}}) \\ q_k = (1 - d_{k-1})q_{k-1} + d_{k-1}(x_k - Ax_{k-1} - Bu_{k-1}) \\ Q_k = (1 - d_{k-1})Q_k + d_{k-1}(K_k m_k m_k^{\mathrm{T}} K_k^{\mathrm{T}} + P_k - AP_{k-1}A^{\mathrm{T}}) \end{cases} \tag{4.38}$$

4.3　基于智能算法的预测

估计动力电池 SOC 常采用三层典型神经网络。输入、输出层神经元个数由实际需要来确定[178]。中间神经元个数取决于问题的复杂程度及分析精度。估计动力电池 SOC 常用的输入变量有动力电池的电压、电流、温度、内阻、累积放出电量、环境温度等[179]。神经网络输入变量的选择是否合适、变量数量是否恰当，直接影响模型的准确性和计算量。神经网络法适用于各种动力电池，实用性极高。

4.3.1　神经网络

准确的 SOC 估计是电池测控系统的核心功能，它是供能系统剩余使用能量的唯一参考，对可靠的电池管理极为重要。因此，在 SOC 估计中神经网络具有巨大潜力，神经网络是一种强大的机器学习模型，可以通过学习大量的数据来建立准确的模型。对于 SOC 估计来说，神经网络可以通过分析电池的特征和实时监测数据来预测电池的剩余能量。而在 SOC 估计模型的研究中常用的算法有反向传播(BP)神经网络和带有外部输入的非线性自回归(nonlinear auto-regressive exogenous，NARX)神经网络。

1. BP 神经网络

BP 神经网络是一种典型的人工神经网络算法，与传统的线性神经网络估计方法相比，它具有非线性映射能力，可解决非线性问题。除了线性神经网络，同其他相对应的线性估计方法相比，BP 神经网络的网络拓扑结构简单，精度相对较高，且易于实现。对于 BP 神经网络而言，误差反向传播是最重要的学习方式，具有很强的非线性映射能力，可以解决诸多非线性问题。锂电池是一个十分复杂的非线性系统，BP 神经网络具有自学习和自适应性，对预测电池 SOC 具有重要意义。

BP 神经网络利用网络训练过程中的误差反向传播，根据前一次迭代的误差数据，对网络结构各层之间的连接权重和阈值进行调整，直至误差收敛到设定值以下[180]。其网络拓扑结构如图 4.2 所示。

如图 4.2 所示，x_i 为网络输入数据，通过输入层乘以对应的隐含层权重，并加上相应的阈值，在激活函数的作用后，即得到隐含层的节点值 y_k。其计算公式为

$$y_k = f^1 \left(\sum_{l=1}^{i} x_1 \cdot w_{k,1}^1 + b_k^1 \right) \tag{4.39}$$

式中，f^1 为作用于隐含层的激活函数；$w_{k,1}^1$ 为输入层节点与隐含层节点的连接权值；b_k^1 为输入层节点与隐含层节点之间的阈值。类似地，可以得到输出层每个网络节点的值 z_j。其计算公式为

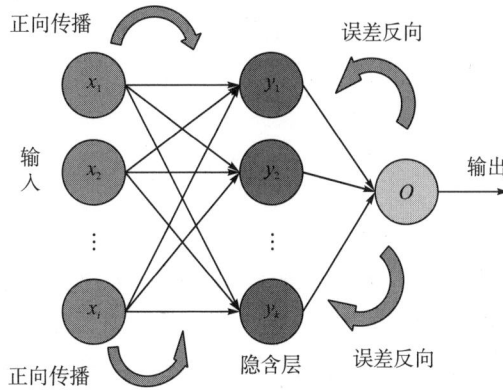

图 4.2　BP 神经网络拓扑结构

$$z_j = f^2 \left(\sum_{l=1}^{k} y_1 \cdot w_{j,k}^2 + b_z^2 \right) \tag{4.40}$$

式中，f^2 为作用于输出层的激活函数；$w_{j,k}^2$ 为输出层节点与隐含层节点的连接权值；b_z^2 为隐含层节点和输出层节点之间的阈值。BP 神经网络的训练精度由均方误差 (MSE) 来衡量，其计算公式为

$$\mathrm{MSE} = E(W,B) = \frac{1}{2N} \sum_{l=1}^{N} \sum_{n=1}^{j} \left(t_j^l - z_j^l \right) \tag{4.41}$$

式中，t_j^l 和 z_j^l 分别为样本数据中第 z 个样本在输出层的第 j 个节点的预期输出和实际输出；N 为样本的数量。在训练迭代过程中，当误差精度不满足设定值时，信息由输出层经隐含层向输入层反向传递。通过偏差值的反向传递，各网络层之间的连接权重和阈值得以调整，经过反复的正反向传递过程交换，偏差逐渐减小，直到收敛至设定值以下。权重和偏差的计算公式为

$$\Delta w_{j,k}^2 = -\eta \frac{\partial E}{\partial w_{j,k}^2} = -\frac{\partial E}{\partial z_j} \frac{\partial z_j}{\partial w_{j,k}^2} \tag{4.42}$$

$$\Delta w_{j,k}^1 = -\eta \frac{\partial E}{\partial w_{k,i}^1} = -\frac{\partial E}{\partial z} \frac{\partial z}{\partial y_k} \frac{\partial y_k}{\partial w_{k,i}^1} \tag{4.43}$$

$$\Delta b_z^2 = \eta \left(t_j - z_j \right) f^2 \tag{4.44}$$

式 (4.42)～式 (4.44) 中，η 为训练的梯度值。通过上述梯度算法，网络模型的训练误差得以收敛，误差值越小，神经网络在该样本集上拟合越充分，同时神经网络模型的精度越高。

影响锂电池 SOC 的因素有很多，如电压、电流、电阻、温度、充放电容量、老化程度等[181]。尽管丰富的数据对于神经网络模型的训练精度有相当大的影响，然而类似内阻及老化等参数是不易测量的，并且大量的数据会消耗过多的训练时间和硬件算力。对于锂电池来说，电流和电压是最容易测量且更加直观地影响 SOC 估计的参数，所以被选择为神经网络模型的输入数据；电池的 SOC 值则作为输出数据。

预处理之前的数据包含各种数量的混合尺度属性，如本节研究所需的电压、电流和温度，这些不同特征的数据之间有很大的数值差异。为了消除不同数据量纲差异对神经网络权重分配的影响，这些数据应该被缩放到一个合适的数据空间，如 0～1。本节研究采用归一化来处理数据，其表达式为

$$\overline{x}_i = \frac{x_i - x_{\min}}{x_{\max} - x_{\min}} \tag{4.45}$$

式中，$x_{\min}$ 为输入数据的最小值；$x_{\max}$ 为输入数据的最大值。该方法又称为离差标准化法，通过此方法可以将原始数据进行线性变换，以消除不同量纲的影响。

为验证 BP 神经网络的估算效果，采用动态工况分析中的数据集，训练集数据为动态应力测试(DST)工况数据，测试集为北京客车动态应力测试(BBDST)工况数据集。本研究的仿真测试工具为 MATLAB 2021，实验系统为 Windows10，CPU 为 AMD-R5-2600，GPU 为 GTX1660。仿真测试结果如图 4.3 所示。

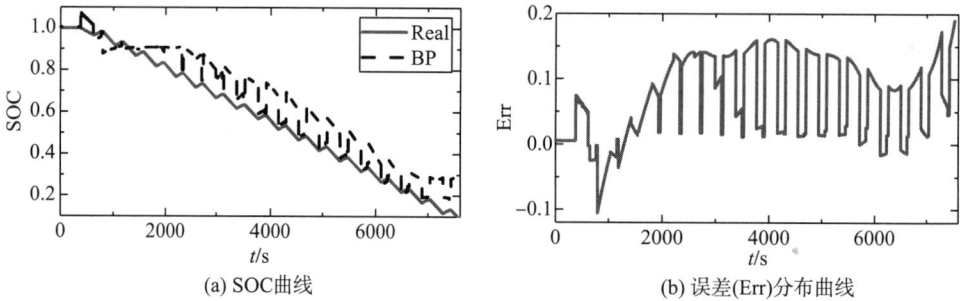

图 4.3   仿真测试结果

Real 指真实 SOC 值；BP 指 BP 神经网络估算的 SOC 值，后同

从图 4.3 中可以明显地看出，BP 神经网络预测的 SOC 无法准确地跟随真实值的变化，最大误差甚至达到了 20%。该仿真测试采用的是单隐含层结构，隐含层数为 20，为了进一步探索 BP 神经网络的估计效果，将网络结构改为双隐含层结构[182]，各隐含层层数为 10，仿真测试结果如图 4.4 所示。

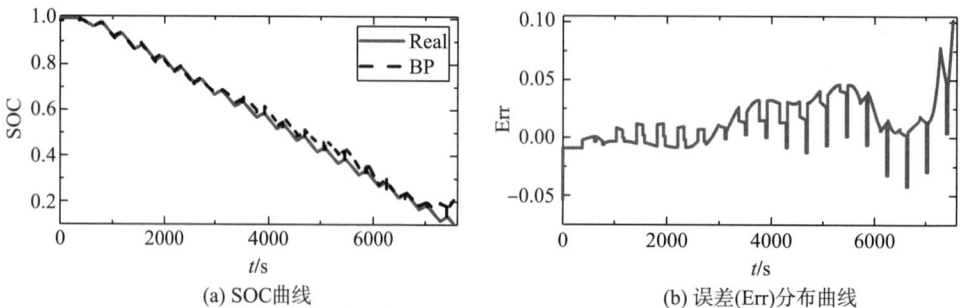

图 4.4   双隐含层结构仿真测试结果

　　如图 4.4 所示，在双隐含层结构下，BP 神经网络对 SOC 的估计误差明显地减小。然而，该结构的最大误差仍为 10%，并且误差主要分布在 5%～10%，无法满足高精度的 SOC 估计要求。

　　总的来说，BP 神经网络应用于 SOC 估计时，能够实现 SOC 估计，但是误差较大，无法满足高精度估算的需求。因为锂电池是一个复杂的非线性系统，当数据量大、工况复杂时，单纯的误差反馈神经网络难以应对，此时就可以考虑使用 NARX 神经网络来估算 SOC。

2. NARX 神经网络

　　NARX 神经网络是非线性动态神经网络，该网络可以根据同一时间序列的先前值(反馈)和另一时间序列(外部时间序列)来预测下一个时间序列。NARX 神经网络结构如图 4.5 所示。

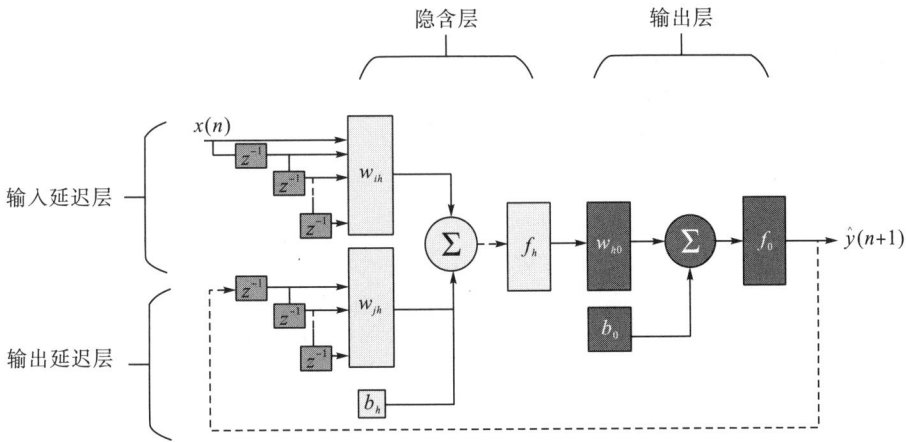

图 4.5　NARX 神经网络结构

$x(n)$ 为输入信号；w_{ih}、w_{jh} 为输入层到隐含层的权重；w_{h0} 为隐含层到输出层的权重；f_0 为输出层的激活函数；b_0 为输出层的偏置；$\hat{y}(n+1)$ 为输出信号；b_h 为隐含层的偏置

　　如图 4.5 所示，NARX 神经网络相对于 BP 神经网络多了输入、输出延迟单元，由此可见，该神经网络最核心的是延迟单元[183]。NARX 神经网络包含两种不同的结构，如图 4.6 所示。

　　在开环结构中，输入序列和输出序列是已知的。真实的目标值直接输入延迟反馈单元，以计算和预测下一时刻的输出值。由于输出反馈延迟单元的输入数据是一个真实值，因此避免了误差的递归积累。这种模式没有反馈单元，这将使网络模型向前发展，在训练过程中，网络收敛速度更快。在闭环结构中，延迟反馈单元的输入信号是 NARX 神经网络在最后时间的输出。这种模式用于目标变量未知时，反馈层的输入数据是神经网络在最后时间的预测值。两种模式的输入-输出关系式都是一样的，其输入-输出关系可以通过式(4.46)来描述。

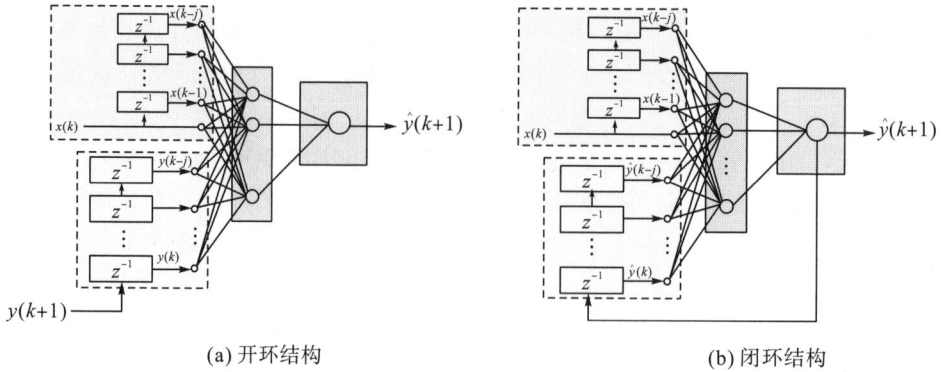

(a) 开环结构   (b) 闭环结构

图 4.6 NARX 开环和闭环结构图

$$y(t) = F[x(t), x(t-\Delta t), \cdots, x(t-n\Delta t), y(t), y(t-\Delta t), \cdots, y(t-m\Delta t)] \tag{4.46}$$

式中，n 为输入的时间延迟步骤数；m 为反馈（输出）的时间延迟数。NARX 神经网络的构建从前馈感知器的构建开始，以便通过使用输入 x_t 学习在 t 时刻的输出 y 的行为，并将 y 建模为一个回归模型的非线性函数形式[184]，即

$$y_t = \Phi\left(\beta_0 + \sum_{i=1}^{q} \beta_i h_{it}\right) \tag{4.47}$$

其中，

$$h_{it} = \Psi\left(\overline{\gamma}_{i0} + \sum_{j=1}^{n} \overline{\gamma}_{ij} x_{jt}\right) \tag{4.48}$$

式中，y_t 为输出的非线性函数形式；h_{it} 为隐含层输出的函数描述；Φ 为输出的激活函数；β_0 为输出偏置；β_i 为输出层的权重；$\overline{\gamma}_{i0}$ 为输入偏置；$\overline{\gamma}_{ij}$ 为输入层的权重；q 和 n 分别为神经元和输入数据的个数；Ψ 为隐藏神经元的激活函数，在本算法中为逻辑函数，该函数用来限制权重，其表达式为

$$\Psi(t) = \frac{1}{1 + e^{-t}} \tag{4.49}$$

联立式(4.47)和式(4.49)，即可得输出 y_t 更加具体的描述函数，如式(4.50)所示：

$$y_t = \Phi\left[\beta_0 + \sum_{i=1}^{q} \beta_i \Psi\left(\gamma_{i0} + \sum_{j=1}^{n} \overline{\gamma}_{ij} x_{jt}\right)\right] \tag{4.50}$$

通过在输出上添加动态项（即自回归）来描述一个递归网络。所以，隐含层可以通过式(4.51)来描述：

$$h_{it} = \Psi\left(\gamma_{i0} + \sum_{j=1}^{n} \overline{\gamma}_{ij} x_{jt} + \sum_{r=1}^{q} \delta_{ir} h_{r,t-1}\right) \tag{4.51}$$

式中，δ_{ir} 是延迟 $h_{r,t-1}$ 反馈项的权重，从而可得到

$$y_t = \Phi\left[\beta_0 + \sum_{i=1}^{q} \beta_i \Psi\left(\gamma_{i0} + \sum_{j=1}^{n} \overline{\gamma}_{ij} x_{jt} + \sum_{r=1}^{q} \delta_{ir} h_{r,t-1}\right)\right] \tag{4.52}$$

由式(4.52)可以看出网络的动态性，通过过去时刻的反馈值以及多个输入数据便可

得到输出值。然而，到目前为止，该模型只说明了一个隐藏的神经元层。在式(4.52)的基础上增加对象的索引值，即可将该模型扩展到 n 层，并且增加输出 y 的多维性质，如式(4.53)所示：

$$y_t^k = \Phi\left[\beta_0^k + \sum_{l=1}^N \sum_{i=1}^q \beta_i^l \Psi\left(\gamma_{i0}^l + \sum_{j=1}^n \gamma_{ij}^l x_{jt} + \sum_{r=1}^q \delta_{ir} h_{r,t-1}\right)\right] \tag{4.53}$$

式(4.53)描述了具体可实现的 NARX 神经网络，其开环结构和闭环结构除了延迟单元中输出值获取的方式不同，其余操作基本相同。对于开环结构，延迟单元中的输出值是网络的常规输入，而闭环结构是通过反馈回路将获取的预测值送入延迟单元中。

在预测电池 SOC 的过程中，电压和电流可以由不同的传感器直接测量，作为神经网络的输入数据，而神经网络预测电池 SOC 的目标是得到每个时刻的 SOC 值。为了评估 NARX 神经网络在估计 SOC 方面的性能，本节研究在两种模式下进行 SOC 估计，并进行比较和分析，总结了两种模式的工作情况。NARX 神经网络的 SOC 估计模型如图 4.7 所示。

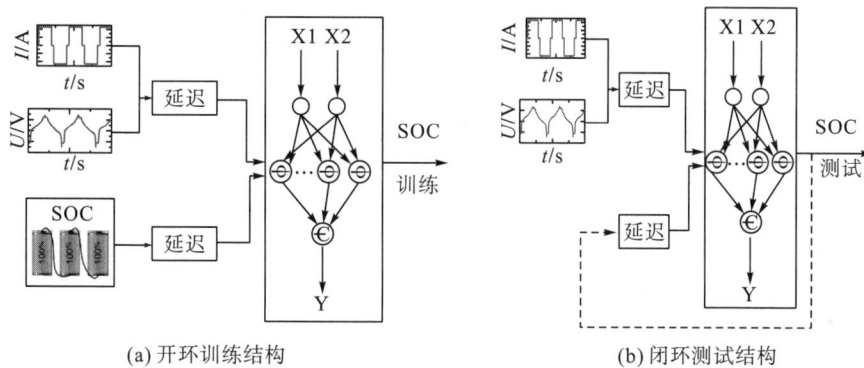

(a) 开环训练结构   (b) 闭环测试结构

图 4.7　NARX 神经网络 SOC 估计模型

图 4.7(a)表示 NARX 神经网络 SOC 估计模型的开环训练结构，在训练过程中，电流、电压和 SOC 被用作输入变量，训练输出数据为 SOC。该网络中没有反馈结构，这大幅节省了训练时间。图 4.7(b)展示了模型的闭环测试结构，在测试过程中，反馈结构被添加，而训练目标被移除。在网络映射的作用下，通过输入电流和电压即可获得 SOC。

为了评价所建立的 SOC 估计模型，对预测数据和实际数据进行比较，本节研究选择了三种统计指标：平均绝对误差(MAE)、平均绝对百分比误差(mean absolute percentage error，MAPE)和均方根误差(RMSE)，各误差指标的具体计算表达式如式(4.54)~式(4.56)所示。

$$\text{RMSE} = \sqrt{\frac{1}{N}\sum_{i=1}^N \left|Y_i - \hat{Y}_i\right|^2} \tag{4.54}$$

$$\text{MAE} = \frac{1}{N}\sum_{i=1}^N \left|Y_i - \hat{Y}_i\right| \tag{4.55}$$

$$\text{MAPE} = \frac{1}{N} \sum_{i=1}^{N} \left| \frac{Y_i - \hat{Y}_i}{Y_i} \right| \tag{4.56}$$

式中，Y_i 为 i 时刻的真实值，在本节研究中对应 SOC 真实值；$\hat{Y}_i$ 为 i 时刻的预测值，在本节研究中对应算法输出的 SOC 预测值；N 为数据样本的数量。

为了验证 NARX 神经网络在锂电池 SOC 估计中的可行性，上一节构建了一个精确的锂电池 SOC 估计模型，该模型的估计精度和收敛性在各种实验条件下得到了验证。所以，为了探索循环工况下 NARX 神经网络的 SOC 估计的准确性，在环境温度为 25℃时开展 100 次恒压恒流的循环充电和放电实验。实验数据集曲线如图 4.8 所示。

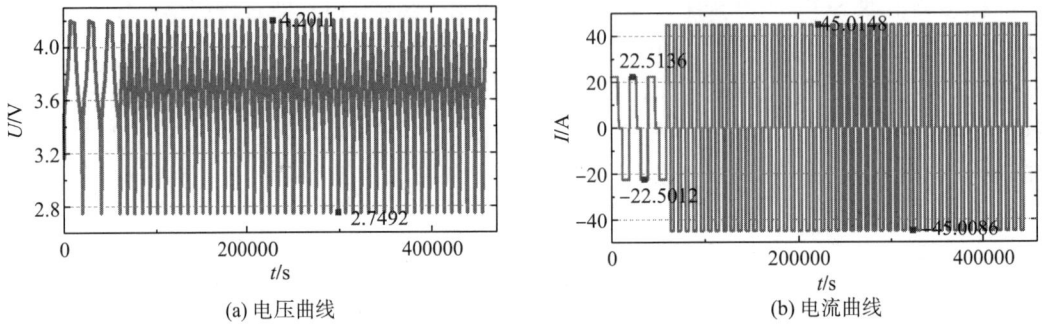

(a) 电压曲线 (b) 电流曲线

图 4.8　循环充放电实验数据集曲线

图 4.8(a) 为电压曲线，为避免电池过充或过放，整个循环充放电在安全阈值内进行，图 4.8(b) 为电流曲线。本次实验将数据集的 70%用于 NARX 神经网络开环训练，剩余 30%的数据通过 NARX 神经网络闭环验证。仿真结果图 4.9 所示。

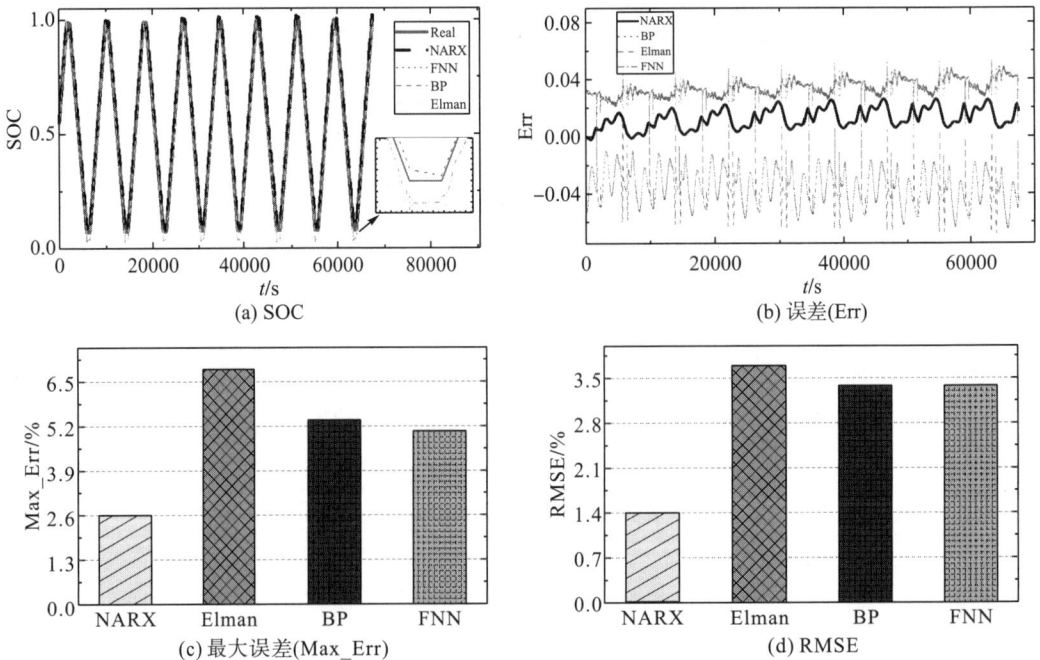

(a) SOC (b) 误差(Err)

(c) 最大误差(Max_Err) (d) RMSE

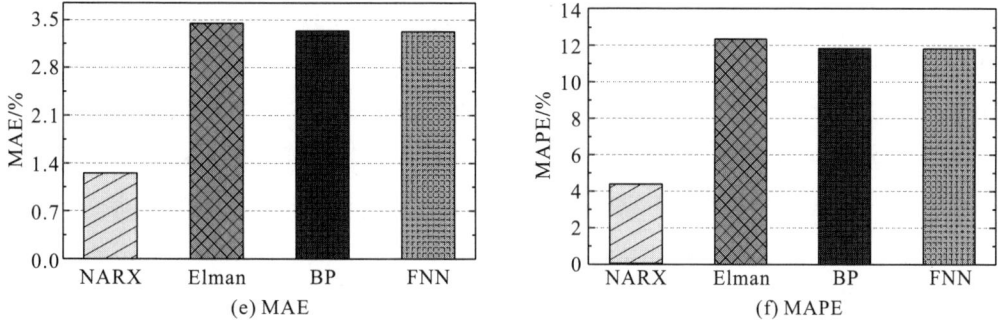

图 4.9 循环充放电工况仿真结果

Real 是真实值；NARX、Elman(埃尔曼)、FNN、BP 均为神经网络

从图 4.9(a)可以看出，在循环充放电工况的测试中，NARX 神经网络具有良好的跟随性能，能够对不断变化的 SOC 进行高精度估计[185]。通过图 4.9(b)、图 4.9(c)可以得出，NARX 神经网络的最大误差约为 2.5%，远小于其他神经网络。在评价指标上，图 4.9(d)～(f)显示的 RMSE、MAE、MAPE 仅为 1.4%、1.3%和 4.5%，远远低于其他神经网络。

通过开环训练和闭环测试可知，在数据变化不复杂的工况下，NARX 神经网络具有精度高、时延低等特点。为进一步验证 NARX 神经网络的泛用性，训练和测试均采用闭环 NARX 神经网络，在此基础上，增加工况复杂性，动态工况数据集曲线如图 4.10 所示。

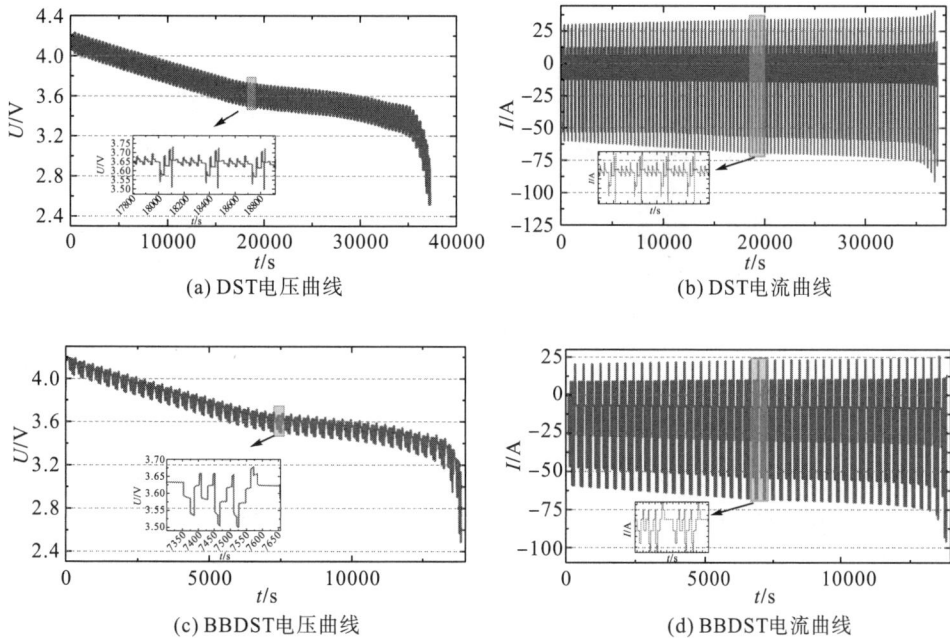

图 4.10 动态工况数据集曲线

图 4.10(a) 的 DST 工况电压和图 4.10(b) 的 DST 工况电流为训练集输入变量，图 4.10(c) 和 (d) 的 BBDST 工况数据作为测试集的输入变量。考虑到电池在实际应用环境中是在动态工况下运行，为验证 NARX 神经网络算法在复杂工况下跟随的效果和精度，使用 DST 工况数据作为训练集，BBDST 工况数据作为测试集。算法仿真如图 4.11 所示。

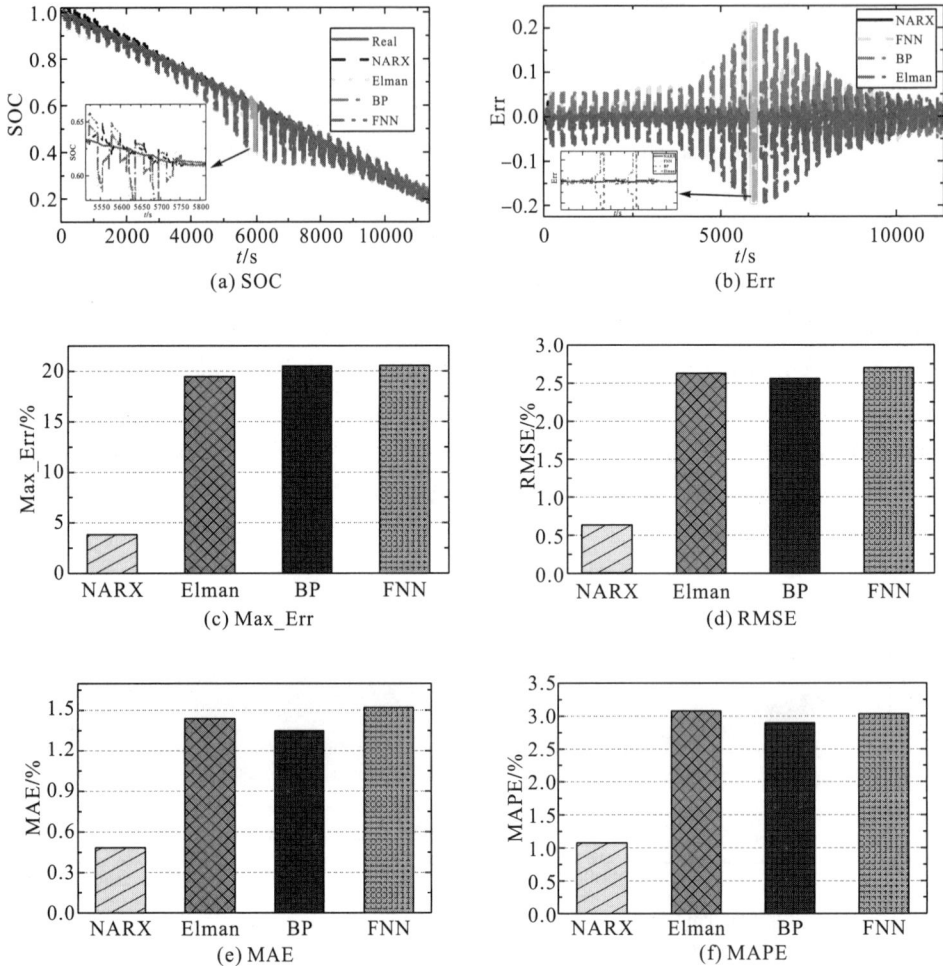

图 4.11　动态工况仿真

从图 4.11(a) 和 (b) 可以看出，除 NARX 神经网络以外的其他神经网络在估算过程中均出现了较大的发散，而 NARX 神经网络能够稳定地跟随参考值，误差始终维持在 4% 以内，远低于其他神经网络。从图 4.11(c) 可以更直观地看出实验过程中的最大误差，在 Elman、BP、FNN 神经网络都出现发散导致误差极大的情况下，NARX 神经网络依然能够保持高精度，最大误差仅为 3.8%。最大误差有可能是随机的，图 4.11(d)～(f) 展示的评价指标则更具有公信力，从这三个图可以看出 NARX 神经网络在不同评价指标下均能保持较小的值，仅为与之对比的神经网络的 1/3，这体现了 NARX 神经网络在处理时序问题的高精度和鲁棒性，也说明了该神经网络十分适用于锂电池的 SOC 估计。从数据上看，NARX 神经网络相对于其他神经网络具有更大的优势且精度较高，但从误差分布图的细节可以看出，网络模型会规律地出现尖端误差，该误差是由动态工况下数据变化频繁、不规律导致的噪声引起的。

通过 NARX 神经网络估算 SOC 时，网络延迟层、训练迭代以及隐含层的数量是影响网络性能的关键参数。本小节将进行各种实验来探索这些参数对 NARX 神经网络的影响，以获取最佳的 SOC 估计模型。

在第一个实验中，使用训练数据集（DST 数据）以及不同训练迭代周期（即迭代次数）对网络进行训练，然后在测试数据集（BBDST 数据）上测试其性能，以此来测试训练迭代周期对 NARX 网络的影响，各迭代次数下训练和测试的误差如表 4.2 所示。

表 4.2　各迭代次数下训练和测试的均方误差

epoch/次	迭代时间/s	训练		测试	
		RMSE/%	MAE/%	RMSE/%	MAE/%
25	60	0.95	0.49	1.44	0.93
50	121	0.81	0.41	1.41	0.94
100	242	0.36	0.23	1.08	0.68
150	363	0.26	0.16	0.98	0.54
200	486	0.36	0.25	1.10	0.71
300	717	0.09	0.06	1.00	0.34
400	960	0.18	0.12	2.40	1.86
500	1200	0.23	0.16	2.64	1.41
800	1929	0.13	0.09	2.86	2.08
1000	2398	0.13	0.09	8.28	5.07

注：epoch 在神经网络中指的是一个完整的数据集通过神经网络一次并且返回一次的过程。

为保证实验的准确性和可靠性，避免初始值误差导致网络陷入局部最优，每个实验均进行三次重复测试，取其最优数据。表 4.2 总结了训练和测试集的训练时间、RMSE 和 MAE。为获得更加直观的比较，将表格数据绘制成曲线，如图 4.12 所示。

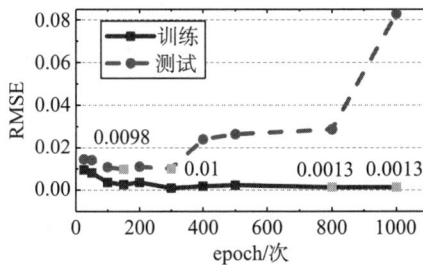

图 4.12　各迭代次数下训练和测试的 RMSE

如图 4.12 所示，训练过程的 RMSE 在前 150 次迭代平缓下降，随后下降趋势减缓并慢慢达到平稳，在 800 次迭代后，训练结果达到了局部最优，RMSE 为 0.13%。对于验证过程，经过 150 次迭代时，到达效果最优，RMSE 为 0.98%，而后 RMSE 开始上升，这表明较多的迭代次数可能会导致过度拟合。通过对测试性能和训练时间进行权衡，训练时间与模型的泛化能力呈线性关系，150 次迭代为最佳选择。通过第一个实验可以得出，训练迭代次数会影响网络性能，除此之外，不同隐含层数也能在一定程度上影响网络性能。不同隐含层训练和测试误差如表 4.3 所示。

表 4.3　各隐含层训练和测试误差

隐含层数量	训练		测试	
	RMSE/%	MAE/%	RMSE/%	MAE/%
5	0.33	0.24	1.17	0.70
7	0.37	0.26	1.11	0.70
9	0.37	0.26	1.33	0.64
10	0.28	0.17	1.18	0.73
11	0.34	0.23	1.26	0.82
13	0.32	0.21	1.32	0.82
15	0.15	0.10	1.50	1.04
20	0.33	0.21	7.78	2.16
25	132.48	104.75	136.49	105.70

表 4.3 详细地展示了不同隐含层下训练和测试的 RMSE 和 MAE。为了更加直观比较变化趋势，将表格数据绘制成曲线图，如图 4.13 所示。

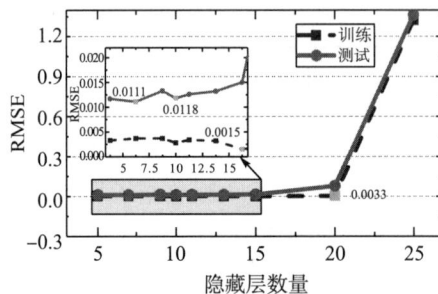

图 4.13　不同隐含层训练和测试的 RMSE

在本次实验中，使用不同隐含层(5、7、9、10、11、13、15、20、25)之间变化的隐藏 NARX 神经元来测试网络的性能，RMSE 变化如图 4.13 所示。虽然使用更多的隐藏神经元会产生较小的训练误差，但数量过多也会导致过拟合，即较大的测试误差。另外，较少的神经元将无法捕获潜在的动态，由此看来，建议将 7～15 个隐藏的神经元用于网络。在最后一个测试中，使用控制变量法，通过改变输入或者输出的延迟层数对网络进行测试，得到最佳延迟层参数。在不同延迟层数下训练和测试的参数如表 4.4 所示。

表 4.4　各延迟层数下训练和测试的参数

延迟层(I-O)	时间/s	训练		测试	
		RMSE/%	MAE/%	RMSE/%	MAE/%
2-2	55	0.53	0.33	1.30	0.83
3-2	195	0.41	0.26	1.18	0.74
4-2	211	0.32	0.23	1.18	0.74
5-2	224	0.30	0.21	1.22	0.61
6-2	234	0.51	0.31	1.34	0.86
7-2	256	0.67	0.37	1.49	0.94
8-2	271	0.75	0.40	1.67	1.08
2-2	55	0.53	0.33	1.30	0.83
2-3	70	0.69	0.42	1.24	0.79
2-4	136	0.54	0.38	1.49	0.95
2-5	160	0.54	0.33	1.22	0.80
2-6	174	0.67	0.41	1.86	1.09
2-7	256	15.15	11.25	11.43	10.03
2-8	205	26.90	19.75	18.82	13.34

如表 4.4 所示，该表详细列出了不同输入、输出延迟层对网络性能影响的具体参数，表的上部分展示了输出延迟层为 2，输入延迟层数由 2～8 变化的具体参数，表的下部分描述了输入延迟层数不变，输出延迟层数变化对网络性能的具体影响。图 4.14 直观地展示了性能变化趋势。

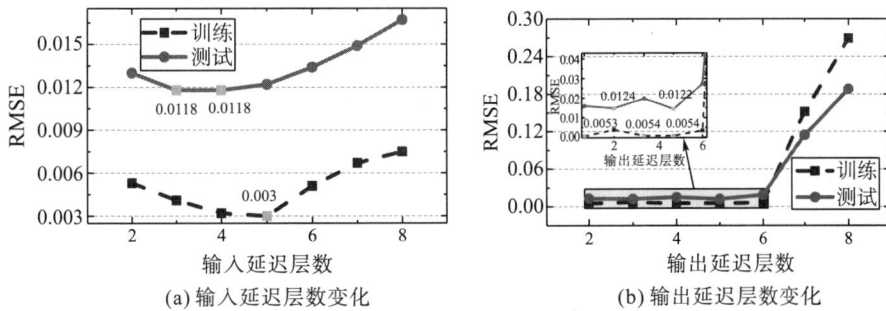

图 4.14　输入、输出延迟层数变化下训练和测试的 RMSE

图 4.14(a) 展示了随着输入延迟层数的增加，训练和测试的 RMSE 趋势均是先下降后上升；图 4.14(b) 描述了一种随着输出延迟层数的增加，训练和测试的 RMSE 均呈现出先震荡和急剧上升的现象。由此可见，随着延迟层数的增加，NARX 神经网络描述

锂电池内部非线性的精确度在增加，但拥有过多延迟层数的复杂网络结构会导致过度拟合[186]。由此建议将 2～4 个输入、输出延迟层数应用于网络。

4.3.2　模糊逻辑控制

在经典的集合定义中，如果存在集合 A，论域中一个元素 a，则 a 要么属于 A，要么不属于 A，没有第三种情况[187]。但是在我们日常生活中，许多概念并非如此清晰，无法用具体的数值来衡量，这种模糊性的概念在生活中往往会遇到一定的问题。1965 年，扎德(Zadeh)教授提出了模糊集合的概念，用来描述我们生活中遇到的一些模糊的集合[188]。这种方法把待考察的对象及反映它的模糊概念作为一定的模糊集合，建立适当的隶属函数，通过模糊集合的有关运算和变换，对模糊对象进行分析[189]。模糊集合论以模糊数学为基础，研究有关非精确的现象。

模糊逻辑(fuzzy logic)就是用来解决这些模糊性的，模糊逻辑并不把一个命题直接分为真与假，在模糊逻辑中一个命题可以被称为"部分的真"。而对于真与假的归属，可以用隶属度来进行衡量。隶属度是[0, 1]之间的一个取值，用来标识程度[190]。

模糊逻辑是一种使用隶属度代替布尔真值的逻辑，它对于关系复杂、数学模型无法精确描述的控制对象，利用模糊的组合和规则来完成推理。模糊逻辑控制一般包括输入变量、模糊逻辑控制器和输出变量三个部分，如图 4.15 所示。其中模糊逻辑控制器的设计内容又可以细分为模糊化、模糊控制规则、模糊推理和解模糊化四大部分[191]。

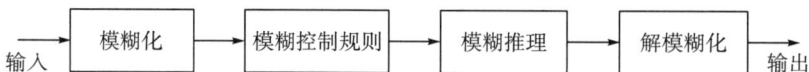

图 4.15　模糊逻辑控制

由于不同电池组中各单体电池的数目及连接方式均存在差异，难以建立统一的数学模型，且模糊控制是一种以模糊逻辑推理、模糊集合理论以及模糊语言变量为基础构建的智能控制方法，其控制算法不依赖于准确的数学模型，因此更适用于电池组的均衡控制。

4.3.3　支持向量机

支持向量机(SVM)是一种二分类模型，它的基本模型是定义在特征空间上的间隔最大的线性分类器，间隔最大使它有别于感知机；SVM 还包括核技巧，这使它成为实质上的非线性分类器[192]。SVM 的学习策略就是间隔最大化，可形式化为一个求解凸二次规划的问题，也等价于正则化的合页损失函数的最小化问题[193]。SVM 的学习算法就是求解凸二次规划的最优化算法。SVM 学习的基本思想是求解能够正确划分训练数据集并且几何间隔最大的分离超平面。如图 4.16 所示，$\omega x + b = 0$ 即为分离超平面(ω 为权重向量，b 为偏置项），对于线性可分的数据集来说，这样的超平面有无穷多个（即感知机），但是几何间隔最大的分离超平面却是唯一的[194]。

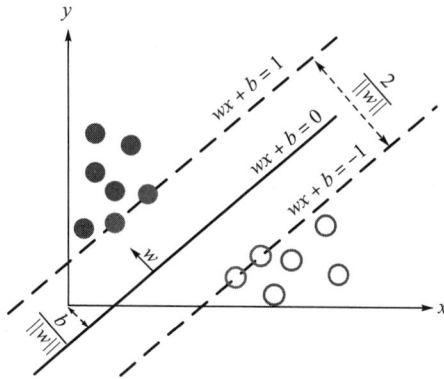

图 4.16　线性向量机原理

通过某一种非线性化的映射，将输入向量映射到一个高维数的特征向量是 SVM 的核心思维。在这个高维的特征区域中，通过最大化分离样本间隔构成最优分离的超平面。解的稀疏性是支持向量机的重要特征之一，即多数最优解不为 0，只有少量的为 0，即只需少量样本就可以构成最优分类器，因此有用的样本数据大幅压缩[195]。根据结构风险最小原理：结构风险最小化=经验风险+置信风险[196]，统计学习引入泛化误差界的概念，就是指真实风险应该由两部分内容刻画：一是经验风险，代表分类器在给定样本上的误差；二是置信风险，代表分类器在非指定样本上的误差，是一个估计空间。根据泛化误差界，有

$$R(w) \leqslant \text{Remp}(w) + \phi\left(\frac{n}{h}\right) \tag{4.57}$$

式中，$R(w)$ 为真实风险；$\text{Remp}(w)$ 为经验风险；$\phi\left(\dfrac{n}{h}\right)$ 为置信风险。

实际误差表达式为

$$1 - \eta \leqslant R(w) \leqslant \frac{1}{l}\sum_{i=1}^{l} Lf\left[y_i, f(x_i, w)\right] + \sqrt{\frac{n\left[\ln\left(\frac{1}{2}\right)+1\right] - \ln\left(\frac{\eta}{4}\right)}{l}} \tag{4.58}$$

式中，$0 \leqslant \eta \leqslant 1$；$\dfrac{1}{l}\displaystyle\sum_{i=1}^{l} Lf\left[y_i, f(x_i, w)\right]$ 为经验风险公式；n 为学习机器的 VC 维 (Vapnik-Chervonenkis dimension)；l 为样本数。置信风险与两个量有关：一是样本数量，显然给定的样本数量越大，学习结果越逼近正确值，此时置信风险最小；二是分类函数的 VC 维，显然，VC 维越大，推广能力越差，置信风险会越大[197]。VC 维指的是对于一个指标函数集，如果存在 h 个样本能够被函数集中的函数按所有可能的形式分开，则称函数集能够把 h 个样本打散；函数集的 VC 维就是它能打散的最大样本数目

h。若对任意数目的样本都有函数能将它们打散，则函数集的 VC 维是无穷大，有界实函数的 VC 维可以通过用一定的阈值将它转化成指示函数来定义。为估计指示函数，将其转化为回归问题，采用 ε 不敏感损失函数支持向量机分类算法预测经验风险。损失函数表达式为

$$L[y,f(x)]=[1-yf(x)] \tag{4.59}$$

有

$$\varepsilon[y-f(x),x]=\left|y-f(x)\right|_{\varepsilon}=\begin{cases}0,\left|y-f(x,w)\right|\leqslant\varepsilon\\\left|y-f(x,w)\right|-\varepsilon,其他\end{cases} \tag{4.60}$$

引入非线性映射函数，将原始模型空间映射到更高维的特征空间 Z，在特征空间中构造最优分类超平面，在特征空间中用线性函数集合构造最优分类超平面。

$$f(x)=w\varphi(x)+b \tag{4.61}$$

将高维空间中的线性问题与低维空间的非线性问题相对应，转化为回归问题，得到在原空间的非线性回归效果，从而实现原始模式空间的分类。对于给定训练的数据集，其约束优化问题表达式为

$$\min\frac{1}{2}\|w\|^2+c\sum_{i=1}^{l}(\xi_{i1}+\xi_{i2}) \tag{4.62}$$

且满足

$$\begin{cases}y_i-w\varphi(x_i)-b\leqslant\xi_{i1}+\varepsilon\\w\varphi(x_i)-b-y_i\leqslant\xi_{i2}+\varepsilon\\\xi_{i1}\geqslant0,\xi_{i2}\geqslant0\\i=1,2,\cdots,l\end{cases} \tag{4.63}$$

由拉格朗日(Lagrange)乘数法可知 $z=f(x,y)$ 在条件 $\varphi(x,y)=0$ 下的可能极值点，构造函数为

$$F(x,y)=f(x,y)+\lambda\varphi(x,y) \tag{4.64}$$

$$\begin{cases}f_x(x,y)+\rho\varphi_x(x,y)=0\\f_y(x,y)+\rho\varphi_y(x,y)=0\\\varphi(x,y)=0\end{cases} \tag{4.65}$$

式(4.64)和式(4.65)恒成立，(x,y) 则为可能的极值点，得相关表达式为

$$\begin{aligned}\max_{\alpha_{i1},\alpha_{i2},\beta_{i1},\beta_{i2}}&\min_{w,b,\xi}L_p\\=\min_{w,b,\xi}&\left\{\frac{1}{2}\|w\|^2+c\sum_{i=1}^{l}(\xi_{i1}+\xi_{i2})\right\}-\sum_{i=1}^{l}\alpha_{i1}\left[\xi_{i1}+\varepsilon-y_i+w\varphi(x_i)+b\right]\\&-\sum_{i=1}^{l}\alpha_{i2}\left[\xi_{i2}+\varepsilon+y_i-w\varphi(x_i)-b\right]-\sum_{i=1}^{l}(\xi_{i1}\beta_{i1},\xi_{i2}\beta_{i2})\end{aligned} \tag{4.66}$$

当 $\dfrac{\partial L}{\partial w}=0$ 时，可得极值如式(4.67)所示：

$$w=\sum_{i=1}^{l}(\alpha_{i1}-\alpha_{i2})\varphi(x_i) \tag{4.67}$$

将 w 代入估计函数，得到回归估计表达式为

$$f\left(x,\alpha_{i1},\alpha_{i2}\right)=\sum_{i=1}^{l}\left(\alpha_{i1}-\alpha_{i2}\right)\varphi\left(x_i\right)\varphi\left(x_j\right)+b \tag{4.68}$$

令 $k(x_i,x_j)=\varphi(x_i)(x_j)$ 为核函数，可得

$$k\left(x_i,x_j\right)=e^{\left(-y\left|x_i-x_j\right|^2\right)} \tag{4.69}$$

考虑到是在整个样本空间内进行局部有限的回归，当使用支持向量机来解决非线性样本数据回归问题时，必须选择一个核函数，同时这个核函数的相关参数必须能够将非线性空间内的样本映射到线性空间中。选用径向基函数作为核函数，因为径向基核函数在高度非线性问题上表现得更出色。经过实验过程，已知影响锂电池 SOC 值的有电流、电压等因素，故将这几个非线性变化的变量作为输入参数。但是，经过大量实验数据计算，发现误差在逐渐增加，慢慢地在实践过程中发现锂电池 SOC 的历史参数对估计影响很大，故将其纳入输入变量的选择范围。

本实验采用 EBC-A40L 电池容量测试仪对磷酸铁锂电池进行充放电操作。实验步骤如下：用支持向量机对数据进行训练学习，通过数学建模得到一个通用的数学公式模型，然后将数据代入进行计算，得到相应的 SOC 预测值，最后将实验值与预测值进行比较匹配。设定初始 SOC 值为 0，令 $C=1$。在锂电池充电过程中，首先需要将残留的锂电池电量全部放完，满足最初设定的 SOC $=0$，一般当锂电池电压降到 2.5V 时视为锂电池放电完毕。再经过一定时间段不同电流的恒流充电过程，逐步实现对锂电池进行充电，直至 SOC 约为 1 时停止充电。如图 4.17 所示。

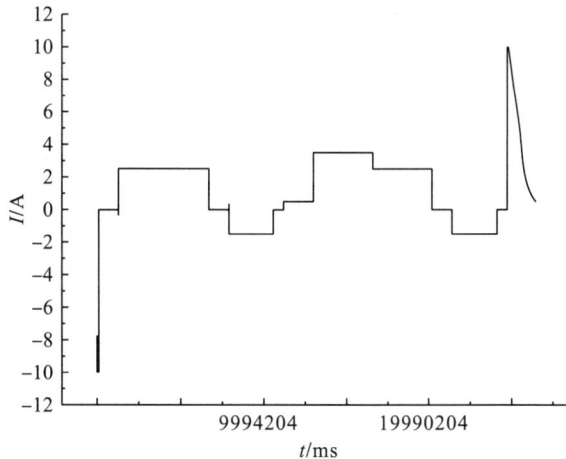

图 4.17　电流波形

4.3.4　机器学习

机器学习是人工智能(artificial intelligence，AI)中的一个重要分支，它就是根据以

往的经验，模拟或者实现人类的行为，从而获取新的有价值的数据。机器学习是当今发展最快的技术领域之一，位于计算机科学与统计的交汇处，也是人工智能和数据科学的核心。机器学习的最新进展既受到新学习算法和理论发展的推动，也受到在线数据和低成本计算不断发展的推动。对于那些能够在数据中学习进行预测的算法，本书统称为机器学习，所以机器学习不是特指一种算法，是一种相对宽泛的概念。深度学习（deep learning，DL）就是其中的一种算法，其他的机器学习算法还有决策树、贝叶斯网络、聚类学习等。如今，机器学习已经广泛应用于数据挖掘、自然语言处理、机器人等领域。

机器学习分类方式很多种，比如按照模型种类进行分类有概率模型与非概率模型、线性模型与非线性模型、参数化模型与非参数化模型；按照统计学中的技巧分类有基于贝叶斯学习的模型、使用核方法的模型。但一般认为机器学习算法主要有监督学习（supervised learning）、无监督学习、强化学习。

监督学习是从已标注的数据中预测分析未知数据的一种机器学习任务。可根据输入的数据是否有标签判断该算法是否为监督学习，如果有标签就是监督学习，如果没有标签就是无监督学习。监督学习通过带有标签的训练数据集，最终达到回归或者分类的任务，图 4.18 展示了监督学习的过程。

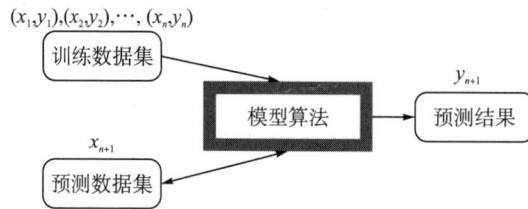

图 4.18　监督学习过程示意图

强化学习通过试错与环境交互获得策略的改进，其自主学习和在线学习的特点使其成为机器学习研究的一个重要分支。图 4.19 展示了一般强化学习的过程，强化学习一般包含四个主要的元素：智能体、环境、动作、奖励。强化学习的目的是获得最多的累计奖励。对于智能体来说，其通过改变动作引起环境的反馈，从而改变状态，当它达到预期奖励的任务时，就给一个正的反馈，否则就给一个负反馈。

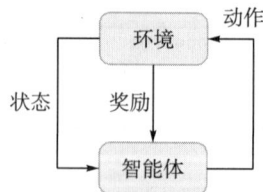

图 4.19　强化学习基本过程

4.4　本 章 小 结

　　本章主要介绍了基于传统方法的算法、基于模型方法的估计以及基于智能算法的预测，其中传统的算法包括开路电压法、安时积分法、电化学阻抗谱法。开路电压法是根据 SOC 与开路电压之间的近似线性关系来估计 SOC，优点是方法简单，可操作性强。安时积分法的落脚点在于只关注电池系统的外部特征，而不去考虑电池内部的电化学反应以及各参数之间的复杂关系，通过实时记录累计流入和流出的电量，得到当前电池的剩余电量，易于实现实时监测的效果。电化学阻抗谱法是将锂电池假设为一个独立的系统，而在系统输入端施加一个频率为 f 的小振幅的正弦波电压信号，系统输出端就会生成一个同频率的正弦波电流响应，从而可以得到不同输入频率下激励电压与响应电流的比值，是一种无损的、有效的电池动力学行为现代化参数测定方法。该方法要求被测体系的稳定性和系统响应的线性关系，使其测量结果在数学处理上更为简单，同时，对锂电池测试时间较短。卡尔曼滤波采用信号与噪声的状态空间模型，利用前一时刻的估计值和当前时刻的观测值来更新对状态变量的估计。卡尔曼滤波包括经典卡尔曼滤波、扩展卡尔曼滤波、无迹卡尔曼滤波、双卡尔曼滤波、自适应卡尔曼滤波。SOC 估计中使用神经网络具有巨大潜力，神经网络是一种强大的机器学习模型，可以通过学习大量的数据来建立准确的模型，本章主要介绍了神经网络、模糊逻辑控制、支持向量机以及机器学习在电池预测中的逻辑和实验实现。

第 5 章 基于 LSTM 神经网络的
储能电池 SOC 估计

通过储能电池工作机制研究和关键参数特性分析可知，电池 SOC 在工作过程中受多因素耦合影响，与其他各参数之间呈现强烈的非线性特性。本节采用神经网络模型进行 SOC 估计，该模型以测得的充放电数据为基础，通过神经网络的自学习性能自动剖析和提取数据特征，探索输入和输出变量的固有映射规律，进而构建电池 SOC 动态预测模型。神经网络模型在处理非线性数据方面有强拟合度，估计精度高。因此，选用具有自学习能力的 BiLSTM 神经网络作为建模基础，并提出贝叶斯优化 BiLSTM 神经网络的动力锂电池 SOC 预测模型。

5.1 基于 BiLSTM 模型的电池 SOC 预测

5.1.1 特征选取与训练样本优化

1. 特征选取

电动汽车在实际驾驶过程中会遇到各种不同且复杂的工况，同时存在各种未知因素，因此在搭建 SOC 预测模型之前输入特征的提取至关重要，必须能有效凸显动力锂电池实际运行状态并容易获取相关数据。经过对锂电池参数特性的探究，可知动力锂电池 SOC 只能通过可测量参数进行实时估计，常见重要可测量参数有电压、内阻、电流和温度等。在实际工作过程中电池内阻无法实时测量，且冗余数据会加剧训练时长和硬件计算能力。动力锂电池电压、电流和温度可通过实时测量获取，并在不同边界条件下对电池容量产生影响，与电池 SOC 关联性高，且变量之间关联性低。所以本节选取几种复杂工况，利用常温环境下的北京客车动态应力测试(BBDST)工况作为神经网络模型的训练集数据，同时使用混合动力脉冲特性(HPPC)测试、动态应力测试(DST)工况电压电流数据，不同的实验环境温度(−10℃、0℃、15℃、25℃、35℃)作为模型输入特征，以增进网络模型的相关性和可行性。

在电池 SOC 预测过程中，预处理后的数据被切割为训练集、验证集与测试集三部分。训练集用于训练网络模型，并在测试集上进行测试，验证集评判模型训练成效，并依据评判结果实现网络超参数的优化配置。网络样本数据的有效提取对训练网络大有裨益。抽取复杂工况下的充放电数据后，利用安时积分法求取此刻的电池电量状况，等效为实际 SOC 值，以供网络模型预测 SOC 值对比。

2. 训练样本优化

由于电压、电流和温度是数值型的且存在量纲的差异，直接导入会增加模型训练时长，难以收获全局最优解。在训练 BiLSTM 网络模型之前，为避免量纲作用，解决数据指标间的本质区别，引入最大-最小法对初始数据的线性现象进行归一化处理。对数据等比压缩，使结果映射在[0, 1]，以降低模型预测误差。其计算公式为

$$x_{\mathrm{norm}} = \frac{x - x_{\min}}{x_{\max} - x_{\min}} \tag{5.1}$$

式中，x_{norm} 为数据归一化后的数值；x 为初始数据；$x_{\max}$、$x_{\min}$ 分别为初始数据最大值和最小值。

5.1.2　网络结构设计与超参数选择

BiLSTM 网络模型的结构设计对 SOC 预测精确性起着决定性作用。优良的网络结构、恰当的节点数目和隐含层层数可捕获最优的网络预测结果。BiLSTM 网络结构设计框图如图 5.1 所示。

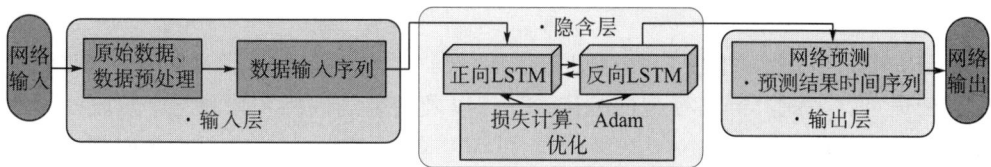

图 5.1　BiLSTM 网络结构设计框图
Adam 即适应性矩估计

从图 5.1 中可知，BiLSTM 网络结构总共分为三部分。①输入层：将提取的样本数据作为网络输入数据，神经网络接收输入数据并通过层之间的数据变换以获得预测值。②隐含层：在隐含层添加双向传递结构，对真实值和预测值之间的偏离程度采用损失函数进行计算，获得网络损失值；为降低输入损失值，通过优化器微调各层权重和阈值，并执行误差反向传播，从而更新权重和偏置。③输出层：输出网络预测结果。

神经网络模型需要选择许多参数，参数的选择对于神经网络的收敛至关重要。网络超参数包括隐含层层数、隐含层节点数、迭代次数、batch size（批量）、激活函数等。这些网络超参数无法在训练过程中自动更新，因此需要多次调整参数以获得最佳的实验效果。

(1)隐含层层数。为了更好地适应复杂的数据分布和模式，提高网络的非线性拟合能力，通常会采用多个隐含层。隐含层的多层叠加可以实现更加复杂的特征表达和数据映射，但也会增加训练时间和过拟合的风险。因此，需根据具体任务和数据情况来选择合适的层数，从而提高网络的稳定性和收敛速度。

(2)隐含层节点数。隐含层节点数在一定范围内能增加网络性能，但超出限定范围则导致训练时间增加以及训练速率减慢。因此，节点数必须小于训练样本数，以避免网络过拟合。实验结果表明，节点数设置为 128 时，网络模型的表现性能最佳。

(3)模型采用 Adam 优化器。

(4)神经网络中权重更新的 epoch 设置成 5。

(5)batch size 为数据分割块的数量，表示单次传递给程序用以训练的数据(样本)个数。实验设置 batch size 为 128，以减少内存的使用以及提高训练速度。

(6)激活函数。BiLSTM 模型采用 Tanh 激活函数，表达式如式(5.2)所示。模型的匹配层中包含两个全连接层，一个全连接层采用 ReLU 激活函数，可加快收敛，避免梯度消失，如式(5.3)所示。另一个全连接层使用 Sigmoid 激活函数做分类，将值映射到[0, 1]区间内，如式(5.4)所示。

$$\tanh(x) = \frac{e^x - e^{-x}}{e^x + e^{-x}} \tag{5.2}$$

$$f(x) = \max(0, x) \tag{5.3}$$

$$\sigma(x) = \frac{1}{1 + e^{-x}} \tag{5.4}$$

5.1.3 基于 BiLSTM 的动态模型构建

基于 BiLSTM 的动力锂电池 SOC 估计方法弥补了 LSTM 算法的不足，同时延续了其估计的优点。考虑其网络模型的结构设计，以及网络的训练和预测两个阶段，设计适于锂电池状态预估的 BiLSTM 模型结构，以实现输入层对原始动力锂电池时间序列数据的优化。隐含层则采用向前和向后的独立 LSTM 结合方式，可以更好地捕捉长时间序列的依赖关系，从而输出电池的实时 SOC 值。

网络训练部分采用了 Adam 优化，该算法基于锂电池训练数据实时迭代更新网络权重。BiLSTM 模型的预测过程如图 5.2 所示。

具体步骤如下。

(1)数据预处理。以合适的网络样本数据作为模型的输入特征，对数据的所有维度归一化处理，使得数值范围近似相等，获得网络测试集与训练集。

(2)设定 BiLSTM 网络模型的基本结构。设定输入层、隐含层以及输出层的神经元数量和各神经元之间的连接方式，分别选择激活函数、损失函数以及自适应优化器等，强化网络学习能力。

(3)选择 BiLSTM 网络模型超参数。选择恰当的迭代次数、训练批量等，同时初始化权重矩阵与偏置向量。

(4)训练、测试 BiLSTM 网络模型。训练 BiLSTM 网络，以测试集数据对网络进行测试，根据向前结果反馈优化模型参数，以加权方式融合向前和向后的 LSTM 网络输出，对比预测值和真实值获得偏离程度。

(5)迭代更新预测结果。对预测误差进行条件判断，如果误差值小于设定值，继续执行下一步，反之，则继续更新网络参数值，训练时间步长加 1，返回步骤(2)。

(6)完成 BiLSTM 网络模型的动态 SOC 预测。

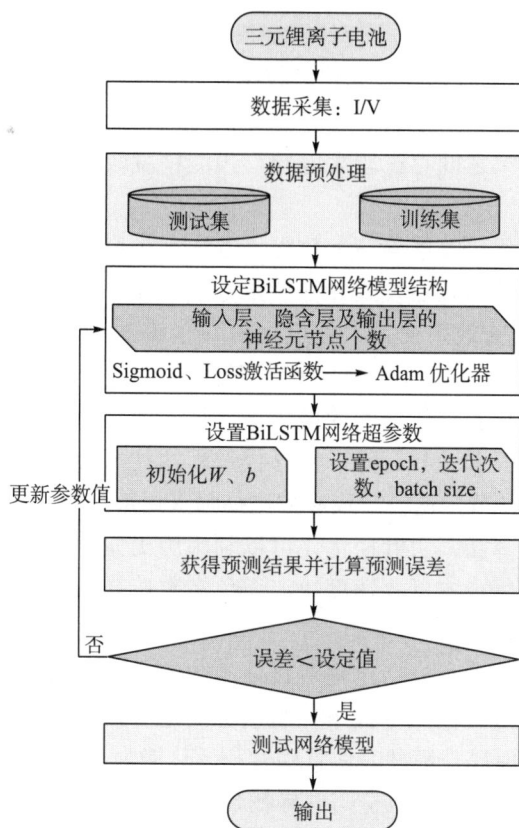

图 5.2　BiLSTM 网络的 SOC 预测流程图

5.2　贝叶斯优化 BiLSTM 网络模型

BiLSTM 结构复杂，超参数多，在学习过程中，模型中较多参数无法通过训练对数据进行学习，这种参数即为超参数。最初的神经网络超参数寻优主要依靠人工试错的方法，但易使模型预测结果不太准确，且耗时耗力，因此，在训练模型中超参数的自适应优化选择非常重要。本节内容针对如何实现超参数的优化选择，提出了基于贝叶斯优化的 BiLSTM 网络模型。

5.2.1　基于贝叶斯的后验分布估计

对于超参数的配置，常用的优化方法为网格搜索法、随机搜索法、遗传算法和粒子群优化算法等。

网格搜索法[198]通过穷举法对模型每种可能超参数组合进行超参数优化，可确保在指定超参数范围内得到模型最优解。但该方法对网络结构复杂、超参数多且输入数据量庞大的神经网络模型的超参数寻优过程十分耗时。网格搜索法通常适用于超参数较少的情况，一旦超参数繁多，超过阈值数量，会使计算复杂度和计算量呈指数增长。

随机搜索法[199]是利用随机数选取超参数组合的近似评估方法，与网格搜索法相比，可随机选择较少的参数组合，节省了超参数优化时间，提高了搜索效率。但每次搜索参数获得的组合最优解结果之间存在较大差异，预测精度较差，一般用于粗选，易造成训练结果不稳定。

遗传算法和粒子群优化算法等超参数优化方法称为启发式搜索法。遗传算法与种群思想，是一种非盲目性的高效启发式并行搜索方法，能避免搜索陷入局部最优无法跳出的情形。但是遗传算法的效率在很大程度上取决于编码和解码过程中参数的设计和调整，对初始种群的选择存在过度依赖。粒子群优化算法是一种基于种群的元启发式方法，以单体粒子迭代进化获得解空间的最优值，再以此最优值作为替代最新一轮的全局最优解。此过程没有交叉和变异运算，但寻优过程往往需要额外的计算时间，粒子速度也无法实现动态自适应调节，这会导致参数选择陷入局部最优，收敛难。

相对于超参数优化算法，贝叶斯优化可以利用历史先验信息高效地调节网络模型的超参数。该优化算法训练成本低、速度快，避免参数选择陷入局部最优，故采用贝叶斯优化方法对模型中的超参数进行处理。

贝叶斯优化是一种基于贝叶斯定理对目标函数的后验分布进行估计的方法，只需要几个参数耦合，以高斯过程回归寻找下一组最优的超参数组合，充分利用已知信息，提高超参数采样概率，从而提升模型的估算精度和泛化能力。

超参数优化的目的是在超参数空间内寻找合适的超参数组合，使 BiLSTM 网络模型获得最佳验证效果。设其中一组超参数组合为 $X = x_1, x_2, \cdots, x_n$（$n$ 表示超参数的维度数），本节以寻找最大值为例，定义贝叶斯目标为

$$x^* = \arg\max_{x \in X} f(x) \tag{5.5}$$

式中，$f(x)$ 为超参数向量 x 的目标函数，表示从 x 到模型泛化精度的映射；x^* 为最优超参数的评估结果。

贝叶斯优化是一种近似逼近法，是在有限样本点的情况下，通过后验概率寻求函数最优值，再利用未知目标函数历史评估结果建立置换函数，寻求下一个最优目标函数值的超参数组合。贝叶斯定理估计目标函数的后验分布方程为

$$p(f|D) = \frac{p(D|f)p(f)}{p(D)} \tag{5.6}$$

式中，f 为未知的目标函数；D 为现有观测集合，$D = [(x_1, y_1), (x_2, y_2), \cdots, (x_t, y_t)]$；$p(f)$、$p(f|D)$ 分别为目标函数 f 的先验和后验概率分布；$p(D)$、$p(D|f)$ 分别为 f 的边际似然分布和似然分布。

每组超参数和损失函数在贝叶斯优化中存在某种映射关系，但是该映射难以确定。因此使用概率替代模型等效替换未知目标函数，设定先验信息，通过对信息迭代补充校

正先验信息,逐渐增强替代模型的准确性。由于高斯过程是多维高斯概率分布的泛化,是随机变量的集合,且多用于神经网络的超参数调节,能尽可能模拟任何目标函数,故利用高斯过程回归作为替代模型。

采集函数是依据后验信息概率分布特征构建的函数,为贝叶斯优化核心部分之一。采集函数主要作用是寻求下一个模型最佳性能评估点。通过观测数据集 $D_{1:t}$ 构建后验分布获得下一个评估点 x_{t+1},如式(5.7)所示:

$$x_{t+1} = \max_{x \in X} \alpha_t(x, D_{1:t}) \tag{5.7}$$

常用的采集函数包括概率改进(probability of improvement,PI)函数,期望改进(expected improvement,EI)函数,高斯过程上置信界(Gausslan process upper confidence bound,GP-UCB)函数。PI 函数是极大化新样本大于现有目标函数最大值的概率,然后选择最大概率值作为采样点,但该函数对先验信息依赖性太强,过于考虑未知值高于现有最大值的概率,无法权衡该概率提升的具体数量,容易导致局部最优解。GP-UCB 函数最为简单,考虑替代模型上置信边界值的提升,通过均值和方差的简单线性组合来调整已知信息和未知信息之间的平衡,从而控制对已知信息的利用和对未知信息的探索,其基本思想就是利用调节参数取值以比较均值和不确定性的重要性,在许多应用上取得了较好的效果。EI 函数呈现了部分高于最大值期望值的数值点,选择原理为选取比目前采样最大的点作为下一个采样样本。通过对比,对 EI 函数进行模型超参数优化,其采集函数为

$$\alpha_{\mathrm{EI}}(x, D_{1:t}) = \begin{cases} 0, & \sigma(x) = 0 \\ \left[\mu(x) - f(x^*) - \xi\right]\Phi(z) + \sigma(x)\Phi(z), & \sigma(x) > 0 \end{cases} \tag{5.8}$$

$$z = \frac{\mu(x) - f(x^*) - \xi}{\sigma(x)} \tag{5.9}$$

式中,$f(x^*)$ 为当前最大值;$\sigma(x)$ 为标准差;$\mu(x)$ 为采样点均值;Φ 为标准正态分布概率密度函数;ξ 为均衡方差最大采样点(探索)减去均值最大采样点(开发)的权衡标量比例,满足 $\xi > 0$。其中,式(5.9)是对当前最优点取值的归一化处理。

5.2.2　贝叶斯优化 BiLSTM 模型框架

贝叶斯优化基于 BiLSTM 的锂电池 SOC 动态估计模型超参数中,X、f 分别表示待优化超参数组合和未知的目标函数;α 为采集函数;M 是在输入数据基础上假设的模型,如本书使用的高斯模型;T 为评估次数设置上限。首先从 BiLSTM 模型超参数的选择出发,产生随机初始化样本点 $D = [(x_1, y_1), (x_2, y_2), \cdots, (x_t, y_t)]$;以当前存在的各个样本点 D,通过网络的目标函数获得的损失值对 M 进行进一步校验修正,从而满足更加真实的函数拟合分布;通过最大化采集函数 α 来获取下一个评估点 x_i,下一步将新的样本评估点在 BiLSTM 模型中进行评估,得到泛化函数 y_i;将 (x_i, y_i) 添加至观测集 D_{i-1} 中,不断迭代更新高斯过程替代模型,直至获得最优化超参数。贝叶斯优化算法框架如表 5.1 所示。

表 5.1 贝叶斯优化算法框架

贝叶斯优化算法			
	运算步骤及内容	输入	输出
1	$D \leftarrow$ INIITSAMPLES(f, x)		
2	for $i \leftarrow |D|$ to T do		
3	$p(y|x, D) \leftarrow$ FIMODEL(M, D)	目标函数 f、X，采集函数 α，高斯模型 M	超参数向量 x^*
4	最大化采集函数，得到下一个评估点：$x_i \leftarrow \text{argmax}_{x \in X} S[x, p(y|x, D)]$		
5	评估目标函数值 $y_i \leftarrow f(x_i)$		
6	整合数据：$D_i \leftarrow D_{i-1} \cup (x_i, y_i)$，且更新替代模型 M		
7	End for		

贝叶斯优化 BiLSTM 网络流程如图 5.3 所示。

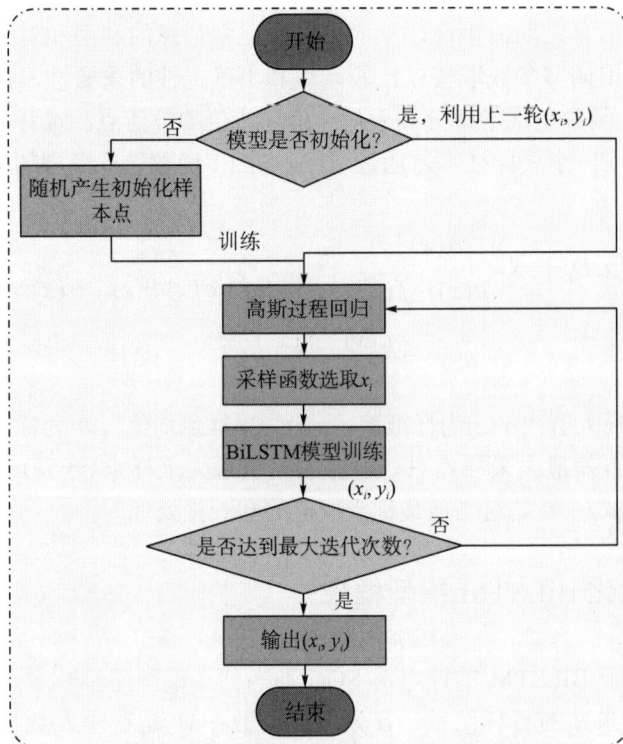

图 5.3 贝叶斯优化 BiLSTM 网络的流程图

5.2.3 贝叶斯优化 BiLSTM 超参数优化选取

基于贝叶斯优化 BiLSTM 网络的电池 SOC 动态模型涉及的超参数较多，主要包括学习率 α、激活函数(activation function)的种类、隐含层节点数目(hidden layer unit)、批量(batch size)、迭代次数(epoch)、正则化系数(dropout)等。输入和输出序列长度为 I/O，输入数据的元素为 3，包括 I(电流)、V(电压)和 SOC，输出数据设置为待估算的 SOC 值，因此长度为 1。基于改进的网络模型对动力电池 SOC 进行估计，过程中超参数的选择及其范围如表 5.2 所示。

表 5.2　动力锂电池 SOC 估计模型的超参数及其选取范围

参数	参数范围	参数含义
α	0.01	学习率
hidden layer unit	(10,50)	隐含层节点数目
batch size	(20,150)	批量
epoch	(50,200)	迭代次数
activation function	ReLU	激活函数
dropout	(0.1,0.8)	正则化系数

上述不同的超参数组合都对贝叶斯优化 BiLSTM 网络模型的 SOC 学习训练效果产生影响。其中，贝叶斯优化 BiLSTM 网络模型中的大部分超参数选定可由数据和模型的特点决定，而学习率、正则化系数以及隐含层节点数目这些超参数对模型的影响很大，因此主要利用贝叶斯优化算法确定这三个超参数。

1)学习率

学习率作为深度学习网络中最重要的超参数，决定着目标函数能否收敛到局部最小值，同时操控模型的有效容量。初始学习率(initial learning rate)是模型学习速率校正的基础，存在一个最优值。初始学习率的取值影响模型的收敛速度，过大会造成发散，过小收敛缓慢甚至导致模型的有效特征提取困难，从而失去模型性能。因此，初始学习率的选取在一定程度上能够缩减迭代的频次，提高收敛速度，摒除局部最优解现象，有效提升网络模型精度。任何神经网络模型，通过学习率的调整，可避免出现过拟合和欠拟合情况，全局学习率被分配给参数，而权重则根据梯度更新，在控制下的每一批次结束时，根据梯度进行更新。

2)正则化系数

在每个训练步骤中，为防止模型过拟合，采用正则化方法，使得输入层、隐含层中的神经元以一定概率被丢弃，从而减小测试误差以提高模型的泛化能力。通过惩罚大数量级的权值以避免过拟合问题，从而达到正则化效果。正则化系数过大，模型易欠拟合；正则化系数过小，处理部分数值减小，正则化将失去意义，导致模型过拟合。正则化系数超参数优化，严重影响模型的损失函数。对于正则化系数值的设定，目前没有较好的准则，故采用贝叶斯优化的方法，针对网络模型这部分超参数进行优化选取。

3)隐含层节点数目

目前，隐含层节点数目的确定尚无依据，主要由经验公式确定。当节点数目过于稀少时，模型不能获得足够的经验。相反，当节点数目过多时，虽然能完美拟合所有的点，但也会出现过拟合问题，因增加模型结构的复杂性，极易使学习陷入局部最小值，减慢网络的收敛速度。因此，为避免出现过拟合带来的问题，依据经验，将隐含层中节点的数目选择在小范围内进行搜索。

5.3   基于 AUKF 的神经网络模型优化策略

本章构建了二阶 Thevenin 等效电路模型，为解决传统递归最小二乘(recursive least squares，RLS)法的数据饱和问题，采用基于矩形窗口递归最小二乘(rectangular window recursive least squares，RW-RLS)法的在线辨识模型相关参数方法。同时利用自适应优化的 UKF 对贝叶斯优化 BiLSTM 网络模型系统噪声进行降噪处理，进一步提升了改进模型的估计性能和稳定性。

5.3.1   无迹变换预处理分析

在基于模型的 SOC 估计方法中，UKF 巧妙避开了锂电池等强非线性系统在线性化过程中产生的累积误差，克服了 EKF 舍弃高阶项带来的致命缺陷，避免了雅可比矩阵实际计算的复杂性，采用独特的处理思想，对系统状态变量的概率密度进行拟合，实现系统噪声的有效滤除以及模型误差的修正。本节选用 UKF，通过精确的电池等效模型构建，设置滤波流程对 5.2 节中的贝叶斯优化 BiLSTM 网络模型加以改进，从而优化网络模型的估计性能，实现电池 SOC 的精确估计。

无迹变换(UT)是 UKF 的核心部分。无迹变换对当前状态变量进行统计学意义上的采样点构建，构建出有限多个采样点及其对应权重，保证变换后的采样点均值和方差与最初分布的状态变量均值和方差相等或仅存可容纳的有限容差，这些采样点的集合被称为 sigma 点集。采用对称抽样策略，无迹变换前后 sigma 点的特征分布具备相同的期望值和协方差，对变换后的点集进行非线性传播和加权计算，可精确地捕捉强非线性系统的状态估计值。

通过分布采样的方法计算出当前时刻状态变量的 $2n+1$ 个采样点 x_i，利用这组采样点 x_i 可近似表征变量 x 的高斯分布，其中 n 是 x 的维度数，使 sigma 点均值和方差对应地与当前时刻状态变量相等，设 x 的均值为 $\hat{x}$，则采样点由式(5.10)确定：

$$\begin{cases} x_{0,k-1} = \hat{x}_{k-1}, & i = 0 \\ x_{i,k-1} = \hat{x}_{k-1} + (\sqrt{(n+\lambda)P_{k-1}})_i, & i = 1,\cdots,n \\ x_{i,k-1} = \hat{x}_{k-1} - (\sqrt{(n+\lambda)P_{k-1}})_{i-n}, & i = n+1,\cdots,2n \end{cases} \tag{5.10}$$

式中，$\hat{x}_{k-1}$、P_{k-1} 分别为状态变量均值和方差；λ 为缩放比例$[\lambda = \alpha^2(n+\gamma)-n]$，一般设置为 1～3，$\alpha$ 因子用来控制采样点和均值的距离程度，一般取 $\alpha \in (10^{-6},1)$ 的一个常数，规定 γ 满足 $\gamma+n \neq 0$，故 γ 一般为零，保证了协方差矩阵的半正定性；$(\sqrt{(n+\lambda)P_{k-1}})_i$ 为状态协

方差矩阵 $\sqrt{(n+\lambda)P_{k-1}}$ 的第 i 列。计算所选 x_i 权值如式(5.11)所示:

$$
\begin{cases}
\omega_0^{\mathrm{m}} = \dfrac{\lambda}{n+\lambda} \\[2mm]
\omega_0^{\mathrm{c}} = \dfrac{\lambda}{n+\lambda} + 1 - \alpha^2 + \beta, \quad i = 1, \cdots, 2n \\[2mm]
\omega_i^{\mathrm{m}} = \omega_i^{\mathrm{c}} = \dfrac{1}{2(n+\lambda)}
\end{cases}
\tag{5.11}
$$

其中, ω_i^{m} 和 ω_i^{c} 分别为第 i 个采样点的均值和协方差权重; β 为先验前分布因子, 对于高斯分布取 $\beta = 2$ 为最优; 合理调控 α、λ 和 β 大小可以提高均值和方差估计精度, 降低预测误差。

对变换后的 sigma 点集利用非线性变换 f 进行传递, 如式(5.12)所示:

$$
y_i = f(x_i), \quad i = 0 \sim 2n
\tag{5.12}
$$

式中, y_i 为系统观测变量, 对 y_i 进行加权处理, 可得输出变量的均值 $\hat{y}$ 和方差矩阵如式(5.13)所示:

$$
\begin{cases}
\hat{y} = \displaystyle\sum_{i=0}^{2n} \omega_i^{\mathrm{m}} y_i \\[3mm]
P_y = \displaystyle\sum_{i=0}^{2n} \omega_i^{\mathrm{m}} (y_i - \hat{y})(y_i - \hat{y})^{\mathrm{T}}
\end{cases}
\tag{5.13}
$$

式中, $\hat{y}$、P_y 分别为 y 的加权输出和状态协方差。

5.3.2　UKF 迭代运算分析

UKF 的处理过程是完成从无迹变换、先验估计到后验估算修正等核心内容的具体实现步骤。在 UKF 实现锂电池 SOC 估计的实际过程中, 大致分为状态预测及更新两个部分。对上一时刻状态变量采取无迹变换, 结合系统方程迭代求取对状态和观测变量的一步预测, 利用预测结果以及卡尔曼增益的运算对估计误差不断反馈修正, 基于 UKF 的电池 SOC 具体估算过程如下所示。

假设非线性系统的状态方程和测量方程为

$$
\begin{cases}
x_k = f(x_{k-1}, u_{k-1}) + w_{k-1} \\
y_k = h(x_k, u_k) + v_k
\end{cases}
\tag{5.14}
$$

式中, $f(\cdot)$ 为状态转移规律的非线性函数; $h(\cdot)$ 为系统状态与观测之间的非线性函数; k 为离散时间; w_k 和 v_k 为两个相互独立且服从高斯分布的零均值高斯白噪声变量, 两者的协方差矩阵分别为 Q_k 和 R_k。

(1)初始化滤波参数。初始期望和方差的计算公式为

$$
\begin{cases}
\hat{x}_0 = E(x_0) \\
P_0 = E(x_0 - \hat{x}_0)(x_0 - \hat{x}_0)^{\mathrm{T}}
\end{cases}
\tag{5.15}
$$

(2)状态变量一步预测与协方差矩阵更新。根据无迹变换获得上一时刻状态空间的

$2n$+1 维 sigma 点集，代入状态方程预测下一时刻状态空间的采样点，称为 sigma 点的一步预测。对 sigma 点加权操作，获得基于 sigma 样本点的先验值 $\hat{x}_{k+1|k}$ 和状态误差协方差矩阵 $P_{k+1|k}$，如式(5.16)所示：

$$
\begin{cases}
x_{i,k+1|k} = f(x_{i,k|k}, u_k) \\
\hat{x}_{k+1|k} = \sum_{i=0}^{2n} \omega_i^{\mathrm{m}} x_{i,k+1|k} \\
P_{k+1|k} = Q_k + \sum_{i=0}^{2n} \omega_i^{\mathrm{c}} [\hat{x}_{k+1|k} - x_{i,k+1|k}] \times [\hat{x}_{k+1|k} - x_{i,k+1|k}]^{\mathrm{T}}
\end{cases}
\tag{5.16}
$$

(3)观测变量一步预测与协方差矩阵更新。利用观测方程对新 sigma 样本点进行传播，并对观测值进行一步预测，获得下一时刻测量估计值 $\hat{y}_{k+1|k}$ 及测量协方差 P_{y_k, y_k}，如式(5.17)所示：

$$
\begin{cases}
y_{i,k+1|k} = h(x_{i,k+1|k}, u_k) \\
\hat{y}_{k+1|k} = \sum_{i=0}^{2n} \omega_i^{\mathrm{m}} y_{i,k+1|k} \\
P_{y_k, y_k} = R_k + \sum_{i=0}^{2n} \omega_i^{\mathrm{c}} [y_{i,k+1|k} - \hat{y}_{k+1|k}][y_{i,k+1|k} - \hat{y}_{k+1|k}]^{\mathrm{T}}
\end{cases}
\tag{5.17}
$$

(4)状态变量与观测变量的互协方差更新。

$$
P_{x_k y_k} = \sum_{i=0}^{2n} \omega_i^{\mathrm{c}} [x_{i,k+1|k} - \hat{y}_{k+1|k}][y_{i,k+1|k} - \hat{y}_{k+1|k}]^{\mathrm{T}}
\tag{5.18}
$$

(5)计算卡尔曼滤波增益更新。

$$
K_{k+1} = P_{x_k y_k} P_{y_k y_k}^{-1}
\tag{5.19}
$$

(6)计算最优状态估计值和协方差矩阵更新。

$$
\begin{cases}
\hat{x}_{k+1|k+1} = \hat{x}_{k+1|k} + K_{k+1}[y_{k+1} - \hat{y}_{k+1|k}] \\
P_{k+1|k+1} = P_{k+1|k} - K_{k+1} P_{y_k y_k} K_{k+1}^{\mathrm{T}}
\end{cases}
\tag{5.20}
$$

式中，$\hat{x}_{k+1|k+1}$ 为 $k+1$ 时刻的后验状态估计，认定 $\hat{x}_{k+1|k}$ 是当前时刻状态的最优估计。

上述推导为用 UKF 实现 SOC 估计循环迭代的过程：根据特征分布选取 sigma 点及其对应的均值和协方差；选定一个接近真实值的初始 SOC 值，获得与实际值的互协方差；利用卡尔曼增益校正降低观测向量预测值和实际值间的差距，实现对状态估计值迭代更新；最终可得依据最小方差判据的最优估计。该方法的估算精度比利用线性化手段处理的 EKF 优良。

5.3.3　时变噪声对 SOC 估计影响与修正

在系统统计特性未知的情况下，为了降低时变噪声干扰带来的模型误差，增加了系统噪声协方差自适应统计估值器对系统状态进行在线校正。将 Sage-Husa 自适应滤波算法引入 UKF 中，不断反馈校正修正 UKF 中的过程和测量噪声变量，实现时变噪声对系统状态的自适应估计，从而提高算法的精准性和稳健性。基于 Sage-Husa 算法的噪声变量更新过程如下。

(1)更新过程噪声值以及协方差。

$$
\begin{cases}
\hat{q}_k = (1-d_k)\hat{q}_{k-1} + d_k\left[\hat{x}_{k|k} - \sum_{i=0}^{2n}\omega_i^{\mathrm{m}}f\left(x_{i,k-1|k-1}\right)\right] \\
\hat{Q}_k = (1-d_k)\hat{Q}_{k-1} + d_k\left[(\hat{x}_{k|k}-\hat{x}_{k|k-1})(\hat{x}_{k|k}-\hat{x}_{k|k-1})^{\mathrm{T}} + P_{k|k} - P_{k|k-1}\right]
\end{cases}
\tag{5.21}
$$

式中，$\hat{q}_k$、$\hat{Q}_k$ 分别为 k 时刻过程噪声更新值和协方差；d_k 为遗忘因子 b 的权重，$d_k = \dfrac{1-b}{1-b^k}$，通常取 0.9～1。

(2)更新测量噪声值及其协方差。

$$
\begin{cases}
\hat{r}_k = (1-d_k)\hat{r}_{k-1} + d_k\left[\hat{y}_{k|k} - \sum_{i=0}^{2n}\omega_i^{\mathrm{m}}h\left(x_{i,k-1|k-1}\right)\right] \\
\hat{R}_k = (1-d_k)\hat{R}_{k-1} + d_k[(y_k-\hat{y}_{k|k-1})(y_k-\hat{y}_{k|k-1})^{\mathrm{T}} - P_{y_k y_k}]
\end{cases}
\tag{5.22}
$$

式中，$\hat{r}_k$、$\hat{R}_k$ 分别为 k 时刻测量噪声更新值和协方差。该方法通过对最大后验估计进行递归滤波，实现系统时变噪声统计特性的估计和实时修正，从而有效控制模型误差，增强模型的强自适应性和高可靠性。

5.3.4　BO-BiLSTM-UKF 噪声修正模型设计

BiLSTM 以记忆神经元为基本构建单元，是一个典型的时间序列反馈网络，共享相同的权重，并具有学习长期依赖性和处理时间序列的优势；BiLSTM 模型超参数复杂冗余，训练困难，选用贝叶斯优化(Bayesian Optimization，BO)算法实现了网络结构与超参数值的优化，同时利用数据特征对神经网络进行训练以实现 SOC 估计；为加强网络模型的稳定性，构建高精度等效电路模型，融合 UKF 算法与 BO-BiLSTM 网络模型策略，有效滤除模型噪声。将 BO-BiLSTM-UKF 方法引入 SOC 估计模型中，不仅可以调用网络在不同时间的记忆，而且能增强系统的鲁棒性，同时避免了噪声干扰以及由估计偏差引起的分歧。BO-BiLSTM-UKF 估计动力锂电池 SOC 的总框架图如图 5.4 所示。

图 5.4 中，首先搭建了 BiLSTM 网络模型，在变温度环境下对电动汽车动力锂电池进行复杂工况动态模拟实验，采集该条件下的真实电流和电压数据，并将测量数据作为全局输入。在此基础上，将 BBDST 工况数据固定为训练集，用于训练不同情况下的工况数据，实时训练 BiLSTM 模型以验证其 SOC 预测的有效性和精确性。然而整个 BiLSTM 网络超参数的设置没有遍历所有可能的值，只是粗略地设置某些参数值，使训练结果在可接受的精度范围内。利用贝叶斯优化算法对模型超参数值进行寻优处理，可获得修正后更精确的网络模型输出。将 BO-BiLSTM 网络训练的 SOC 估计值转移到 UKF 算法中，网络模型融入卡尔曼滤波，实现了噪声自适应更新，通过融合算法在变温度环境中的不同驾驶条件下进行训练测试，以进一步提高 SOC 估计的准确性，并增强电池系统的稳健性和通用性。

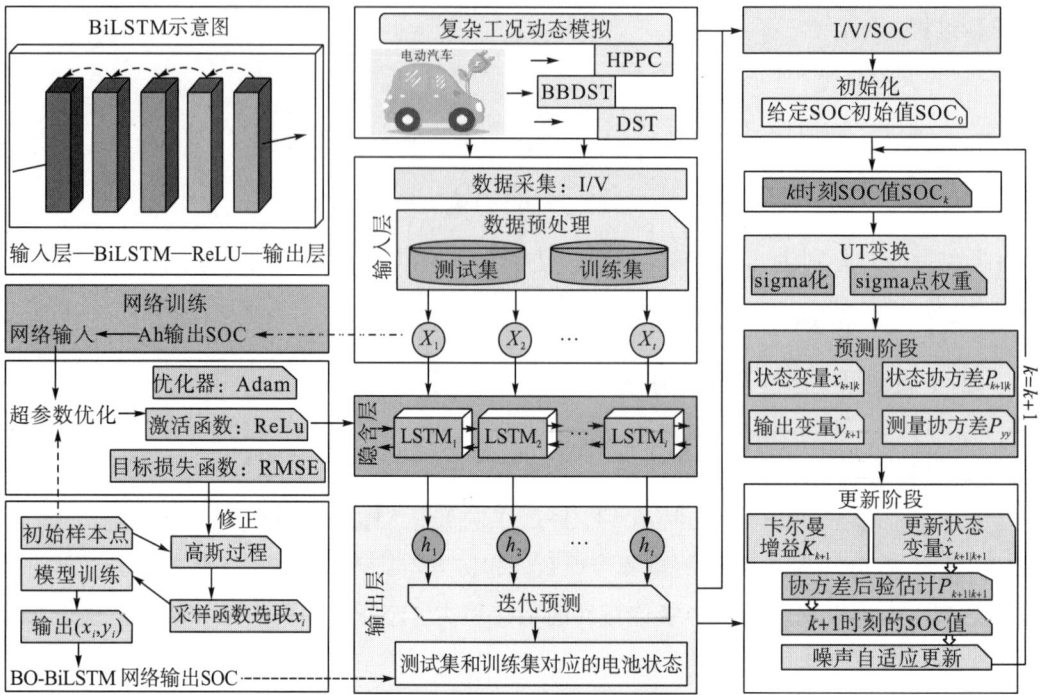

图 5.4   BO-BiLSTM-UKF 估计动力锂电池 SOC 框图

将 BO-BiLSTM 网络模型输出的待优化 SOC 估计值作为 UKF 模块输入，以修正其在数据提取时产生的系统噪声变量，进一步校正 SOC 预测值。BO-BiLSTM-UKF 模型状态方程和测量方程为

$$\begin{cases} \text{SOC}_{k+1} = \text{SOC}_k - \left(\dfrac{\eta \Delta t}{Q_N} \right) I_k + w_k \\ E_k = \text{SOC}_k + v_k \end{cases} \tag{5.23}$$

式中，I_k、SOC_k 分别为电池在 k 时刻的电流值和 BO-BiLSTM 网络模型输出的 SOC 状态估计值，同时伴有观测噪声；η 为电池充放电速率；E_k 为 BO-BiLSTM 网络在 k 时刻的附带测量噪声的估计值。

5.4   BiLSTM 预测模型与滤波自适应策略融合估计结果分析

本节针对不同模型的锂电池 SOC 估计结果分析目标，搭建了变温度环境模拟工况下的 SOC 估计实验测试平台，并选取了合适的性能评价指标对前文所提模型进行精准评估。通过 HPPC、BBDST、DST 模拟工况获得的输入数据，以常温(25℃)BBDST 工况下的数据样本作为训练模型输入数据，变温环境下的 HPPC、DST 作为测试集对电池 SOC

的估计结果进行分析，验证了优化模型在复杂模拟工况下的 SOC 估计稳定性和泛化性；同时，在分阶段模拟工况下对 SOC 估计效果进行验证，实现了优化方法在 SOC 估计的有效性和适应性。

5.4.1　电池针对性 BBDST 工况实验

　　BBDST 工况是参考北京纯电动公交车的实际行驶数据所构建的动力锂电池标准动态模拟测试工况，该工况收集了不同的驾驶模式，包括起步、加速、快速加速、滑行和制动，具有很强的真实性和动态性。BBDST 工况电池测试的工况如表 5.3 所示。

表 5.3　BBDST 工况描述

步骤	P_h/kW	P_c/W	驾驶时间/s	CWT/s	工况状态
1	37.5	69	21	21	起步
2	72.5	135	12	33	加速
3	4.5	9	16	49	滑行
4	−15	−27	6	55	制动
5	37.5	69	21	76	加速
6	4.5	9	16	92	滑行
7	−15	−27	6	98	制动
8	72.5	135	9	107	加速
9	92.5	174	6	113	急加速
10	37.5	69	21	134	加速
11	4.5	9	16	150	滑行
12	−15	−27	6	156	制动
13	72.5	135	9	165	加速
14	92.5	174	6	171	急加速
15	37.5	69	21	192	加速
16	4.5	9	16	208	滑行
17	−35	−66	9	217	制动
18	−15	−27	12	229	制动
19	4.5	9	71	300	停车

注：P_h 是公交车开始加速和滑行时的实际输出功率；P_c（公交车的动力系统所提供的功率）中的数据通过降低 P_h 的功率值获取；CWT 为累积工作时间，一次完整的 BBDST 持续时间为 300s。

　　通过实验测试平台对三元锂电池在 25℃的环境温度下进行 BBDST 工况测试，获得该模拟工况真实数据情况，25℃温度下 BBDST 测试电压电流及其对应的局部放大曲线如图 5.5 所示。

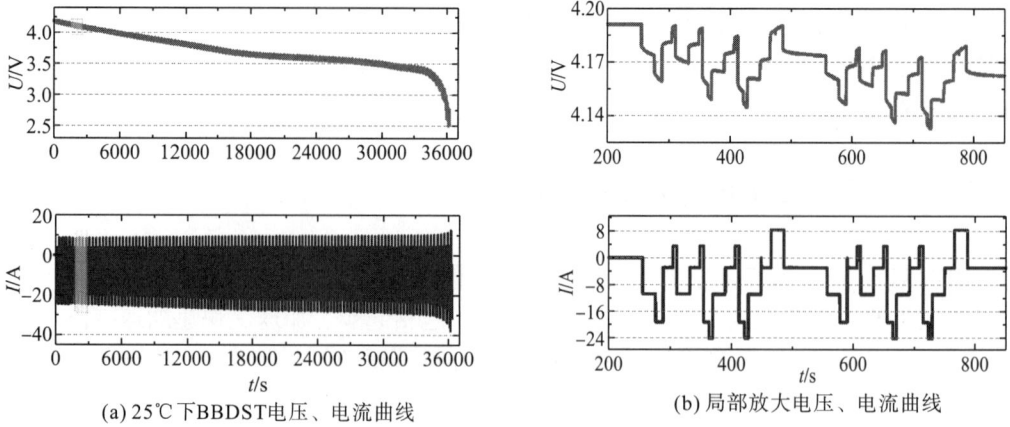

(a) 25℃下BBDST电压、电流曲线 （b) 局部放大电压、电流曲线

图 5.5 25℃温度下 BBDST 曲线

通过恒功率放电方式进行模拟实验，采样间隔为 0.1s，将获得的实验数据作为训练集对网络模型进行训练学习，以精确探究动力锂电池在变温度环境下的工作性能。

5.4.2 变温度复杂工况下电池 SOC 估计结果分析

电动汽车驾驶工况的不同会导致动力锂电池运行工况产生差异。为高效模拟电动汽车在行驶过程的电池电量情况，以 25℃的 BBDST 工况为训练集，分别在-10℃、0℃、15℃、25℃和 35℃温度条件下对动力锂电池进行了 HPPC 和 DST 实验工况测试，以适应电动汽车出行时的各种环境温度条件。通过测得的实验数据，验证 BO-BiLSTM-UKF 算法模型的可行性和稳健性。

1. HPPC 工况下 SOC 估计结果分析

HPPC 工况可以有效模拟电动汽车中锂电池的实际工作状态，包括脉冲充电、放电和搁置等步骤。其目的是测试电池的放电脉冲和反馈脉冲能力。以 25℃的 BBDST 工况为训练集对模型进行学习，分别对-10℃、0℃、15℃、25℃和 35℃五个温度条件下的 HPPC 工况进行测试，其电压、电流数据集如图 5.6 所示。

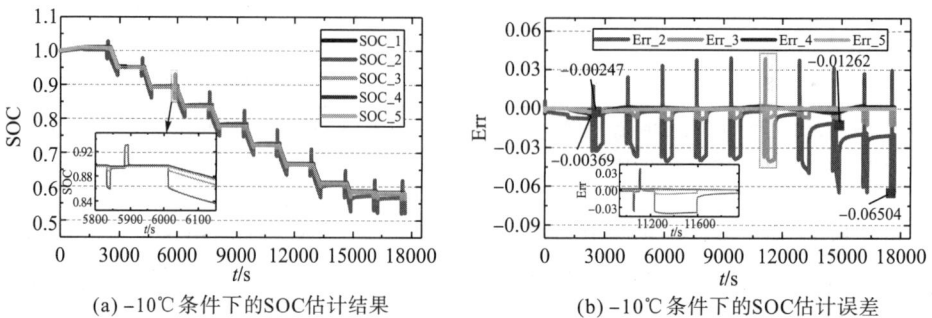

(a) -10℃条件下的SOC估计结果 （b) -10℃条件下的SOC估计误差

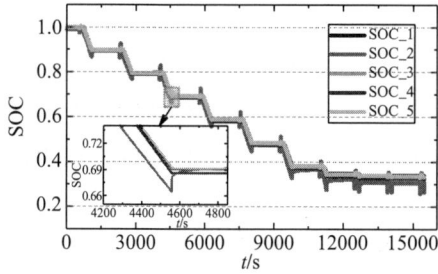

（c）0℃条件下的SOC估计结果　　　　　（d）0℃条件下的SOC估计误差

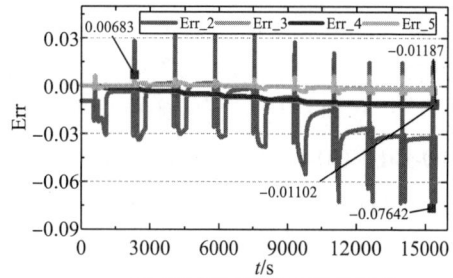

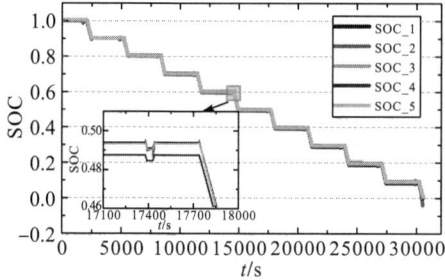

(e) 15℃条件下的SOC估计结果　　　　　(f) 15℃条件下的SOC估计误差

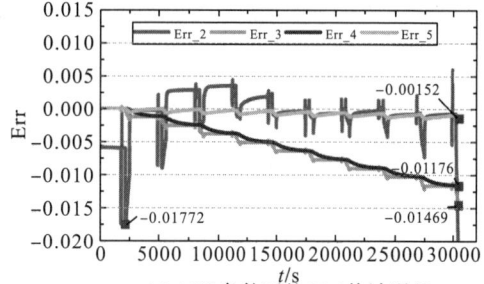

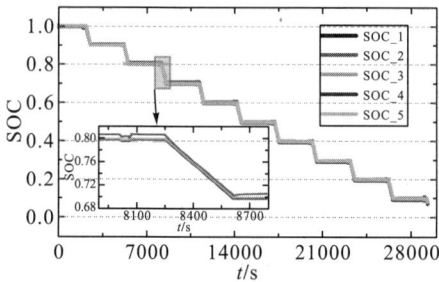

(g) 25℃条件下的SOC估计结果　　　　　(h) 25℃条件下的SOC估计误差

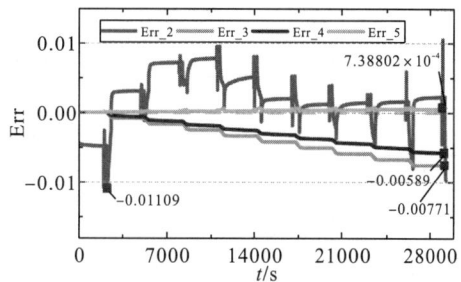

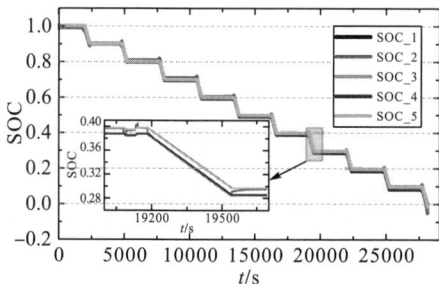

(i) 35℃条件下的SOC估计结果　　　　　(j) 35℃条件下的SOC估计误差

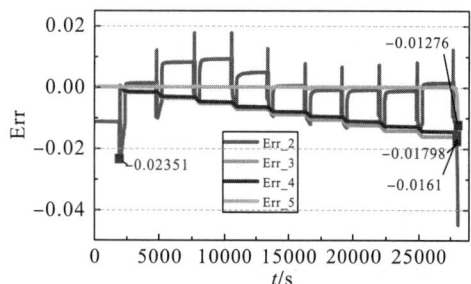

图 5.6　变温条件下 HPPC 工况下（25℃BBDST 训练）SOC 估计结果

SOC_1 为 SOC 参考值，SOC_2、SOC_3、SOC_4 和 SOC_5 依次为使用 LSTM 网络、BiLSTM 网络模型、BO-BiLSTM 模型以及 BO-BiLSTM-UKF 融合算法的 SOC 估计结果曲线；Err_2、Err_3、Err_4 和 Err_5 为对应的模型与实际 SOC 值之间的误差

从图 5.6(b)(d)(f)(h)(j)的误差曲线可以看出，所涉模型与实际 SOC 值均有较好的

跟踪效果，在电流变化较大处，产生了较大误差，主要是电流值的突变导致了模型的输入参数的变化。在不同的环境温度下进行验证，可知温度过高或过低均对电池性能产生影响，故在常温环境下电池能更好地进行训练学习，且改进后的模型明显优于其他模型，BO-BiLSTM-UKF 算法最大估计误差为 0.152%。以上结果表明，BO-BiLSTM-UKF 算法可有效提高 SOC 预测时的收敛效果以及鲁棒性。

为更加细致地分析不同温度条件下的不同网络模型的 SOC 估计效果，下面通过性能指标 MAE 以及 RMSE 进行具体评估，对应的性能指标评估结果如表 5.4 所示。

表 5.4　不同温度下所涉网络模型的 SOC 估计结果

训练集工况	测试集工况	测试温度/℃	性能指标	LSTM /%	BiLSTM /%	BO-BiLSTM /%	BO-BiLSTM-UKF /%
BBDST(25℃)	HPPC	−10	MAE	1.7431	0.7503	0.6809	0.1006
			RMSE	2.2766	0.7084	0.6694	0.0802
		0	MAE	1.2548	0.8348	0.7486	0.0702
			RMSE	1.8656	0.8476	0.7709	0.1402
		15	MAE	0.6054	0.5632	0.2118	0.0279
			RMSE	0.3652	0.1351	0.1167	0.0436
		25	MAE	0.3866	0.2626	0.1489	0.0265
			RMSE	0.4404	0.4546	0.3409	0.0336
		35	MAE	0.4681	0.3517	0.2889	0.0744
			RMSE	0.6606	0.9787	0.8788	0.0411

表 5.4 详细记录了四种网络模型在训练集为 25℃恒温的 BBDST 工况，测试集为 −10℃、0℃、15℃、25℃和 35℃五种温度条件下对应 MAE 与 RMSE 性能指标的计算结果。为更直观地展示不同网络模型在不同温度条件下的 SOC 估计差异，以柱状图的形式对 SOC 估计结果的性能指标进行对比分析，五种不同温度条件下不同网络模型的 MAE、RMSE 指标变化趋势如图 5.7 所示。

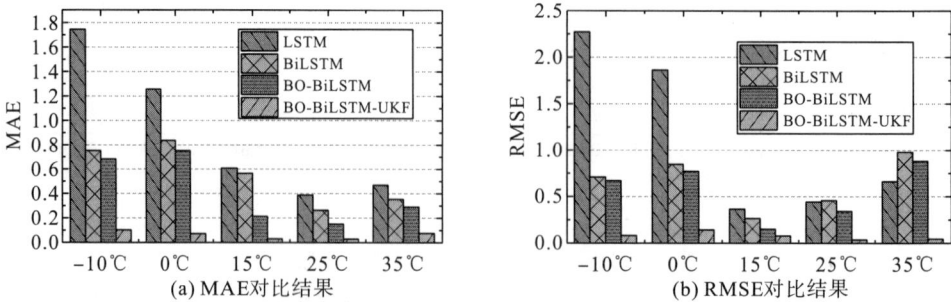

(a) MAE对比结果　　(b) RMSE对比结果

图 5.7　HPPC 工况下锂电池 SOC 估计结果指标对比

由图 5.7 的性能指标对比结果可知，在不同的温度环境下，优化后的 BO-BiLSTM-UKF 算法相较于其他模型均能有更好的 SOC 估计效果和稳定性。随着温度逐渐趋于常温，不同网络模型性能也逐渐提升到最佳水平，基于 BO-BiLSTM-UKF 算法的 SOC 估计指标 MAE 和 RMSE 分别较最初 LSTM 模型降低了 66.86%和 88.06%，有效提高了锂电池的 SOC 估计精度，且具有更强的泛化性。

2. DST 工况下 SOC 估计结果分析

DST 是一种实时模拟电动汽车驾驶循环的电池测试方案。DST 单循环条件主要包括三种电池状态，即充电、放电和搁置，可以通过三种状态之间的来回切换和电池工作条件的不同动态持续时间来模拟。将 25℃条件下 BBDST 工况作为训练集，对−10℃、0℃、15℃、25℃和 35℃五种不同环境温度下的 DST 进行测试，以评估 BO-BiLSTM-UKF 网络模型的 SOC 估计能力和泛化性能。不同温度条件下所涉网络模型的 SOC 估计结果如图 5.8 所示。

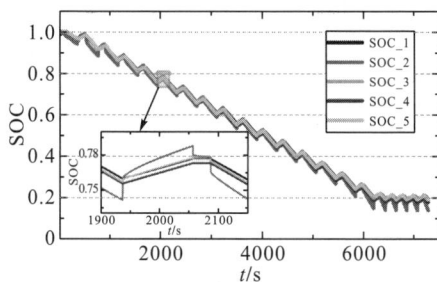

(a) −10℃条件下的SOC估计结果

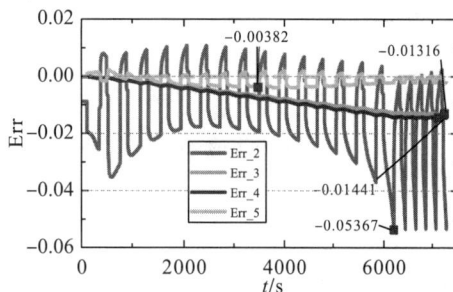

(b) −10℃条件下的SOC估计误差

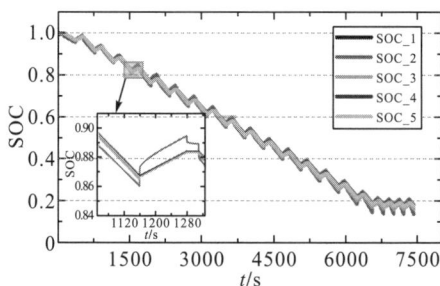

(c) 0℃条件下的SOC估计结果

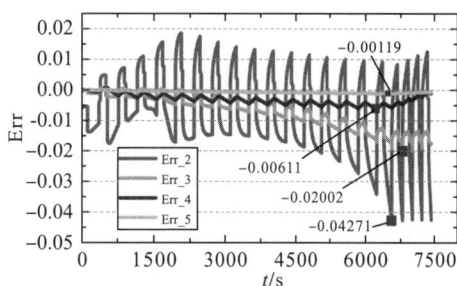

(d) 0℃条件下的SOC估计误差

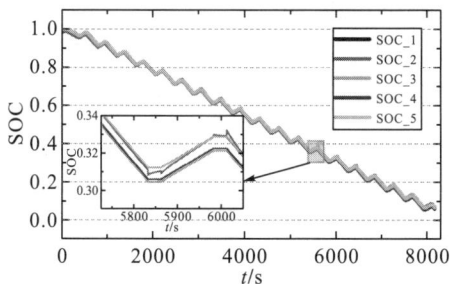

(e) 15℃条件下的SOC估计结果

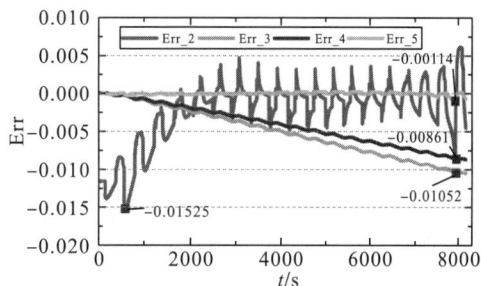

(f) 15℃条件下的SOC估计误差

(g) 25℃条件下的SOC估计结果

(h) 25℃条件下的SOC估计误差

(i) 35℃条件下的SOC估计结果

(j) 35℃条件下的SOC估计误差

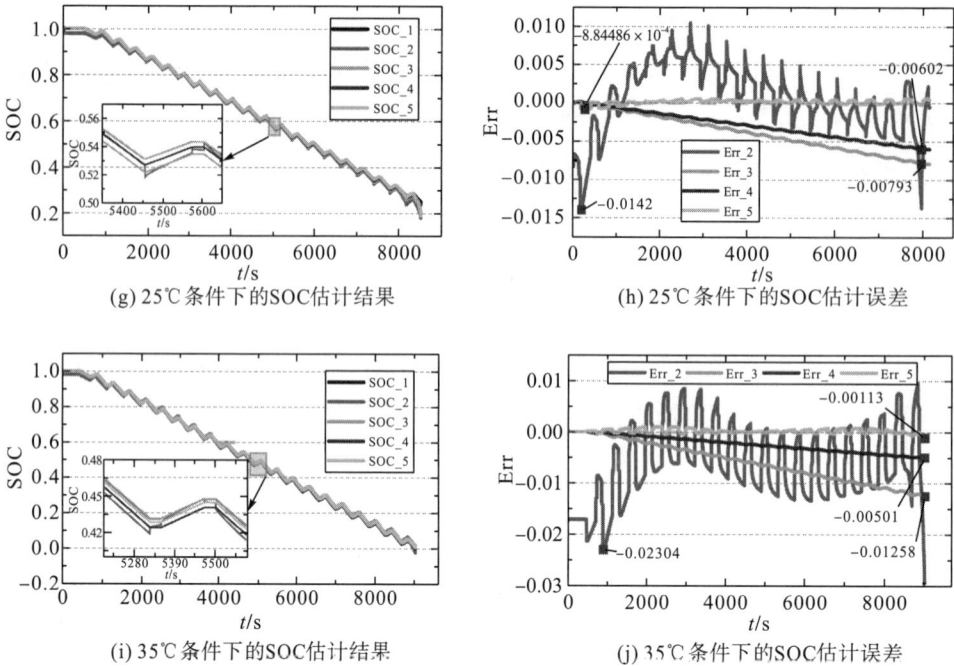

图 5.8　变温条件下 DST 工况 (25℃BBDST 训练) 的 SOC 估计结果

　　图 5.8 中，SOC_1 为电池 SOC 参考值，SOC_2、SOC_3、SOC_4、SOC_5 与 HPPC 工况估计曲线相同，分别为利用 LSTM 网络、BiLSTM 网络模型、BO-BiLSTM 模型以及 BO-BiLSTM-UKF 算法的 SOC 估计结果曲线；Err_2、Err_3、Err_4、Err_5 为与之对应的模型估计误差。通过在-10℃、0℃、15℃、25℃和 35℃五种具有代表性温度条件下的误差曲线观察可知，在不同的环境温度下，所涉模型的最大误差都控制在一个较小的范围内，且最大误差主要集中在放电末期，这是由于电池性能快速下降，电池各参数也随之发生较大波动，从而误差过大。随着模型的逐步优化改进，SOC 估计效果也得以增强，BO-BiLSTM-UKF 算法在环境变化影响下，仍然具备高鲁棒性和稳定性。但环境温度对电池的性能也有明显的影响，常温环境下所涉及模型性能较好。25℃温度条件下，LSTM 模型的最大误差控制在 2.304% 以内，而经过多重优化后的 BO-BiLSTM-UKF 算法所得最大误差仅为 0.113%，验证了该优化模型的精度和强鲁棒性。

　　为进一步探索-10℃、0℃、15℃、25℃和 35℃温度条件下所涉及网络模型的 SOC 估计性能及相互间的性能提升程度，下面通过 MAE、RMSE 进行精确剖析，其计算结果如表 5.5 所示。

表 5.5　不同温度下所涉及网络模型的 SOC 估计结果

训练集工况	测试集工况	测试温度/℃	性能指标	LSTM /%	BiLSTM /%	BO-BiLSTM /%	BO-BiLSTM-UKF /%
BBDST (25℃)	DST	-10	MAE	1.6315	0.7046	0.7844	0.1717
			RMSE	1.9878	0.9145	0.8226	0.2128

续表

训练集工况	测试集工况	测试温度/℃	性能指标	LSTM /%	BiLSTM /%	BO-BiLSTM /%	BO-BiLSTM-UKF /%
BBDST(25℃)	DST	0	MAE	1.2861	0.7157	0.3077	0.0639
			RMSE	1.5141	0.8854	0.3444	0.0718
		15	MAE	0.5142	0.4213	0.3042	0.0318
			RMSE	0.6038	0.4946	0.4688	0.0370
		25	MAE	0.3478	0.3898	0.2962	0.0255
			RMSE	0.4396	0.4553	0.3459	0.0324
		35	MAE	0.8346	0.5854	0.2334	0.0323
			RMSE	0.9997	0.6987	0.2786	0.0427

表 5.5 详细呈现了不同网络模型在设定温度条件下的性能指标 MAE、RMSE 的计算结果。进一步将表 5.5 转换为柱状图的形式，如图 5.9 所示。

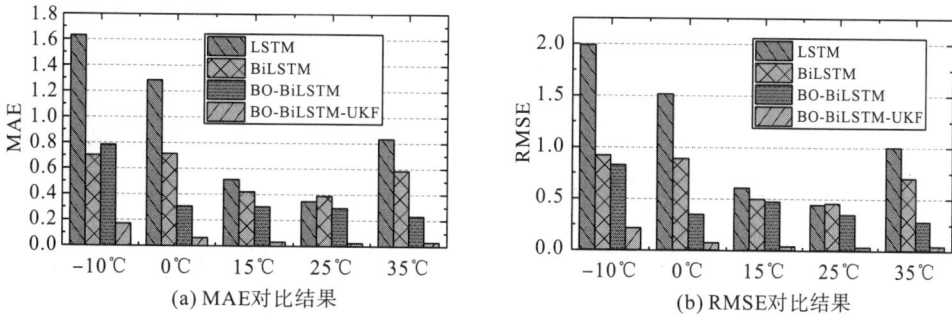

图 5.9　DST 工况下锂电池 SOC 估计结果指标对比

由表 5.5 和图 5.9 的指标对比结果可知，随着模型的逐步优化，其 MAE 和 RMSE 整体呈现降低趋势。在常温环境下，BO-BiLSTM-UKF 算法的 MAE 和 RMSE 分别为 0.0255%和 0.0324%，分别较 LSTM 网络模型有所降低。由此可见，随着模型的持续改进，电池模型的性能逐渐增加，BO-BiLSTM-UKF 算法具有更好的适应性和估算能力，且随着温度趋于常温，电池模型的估计精度变得更高，有效验证了优化模型的估计效果和稳定性。

5.4.3　分阶段模拟工况下电池 SOC 估计效果验证

1. 分阶段工况实验设计思路

在电动汽车实际行驶过程中，会出现仪表检查、点火和应急输出等不同阶段的工作状态。为验证本书所提方法在电动汽车动力锂电池中的精确应用，以电动汽车各阶段行驶状态为目标，对三元锂电池分阶段工况进行实际工作模拟，具体测试流程如图 5.10 所示。

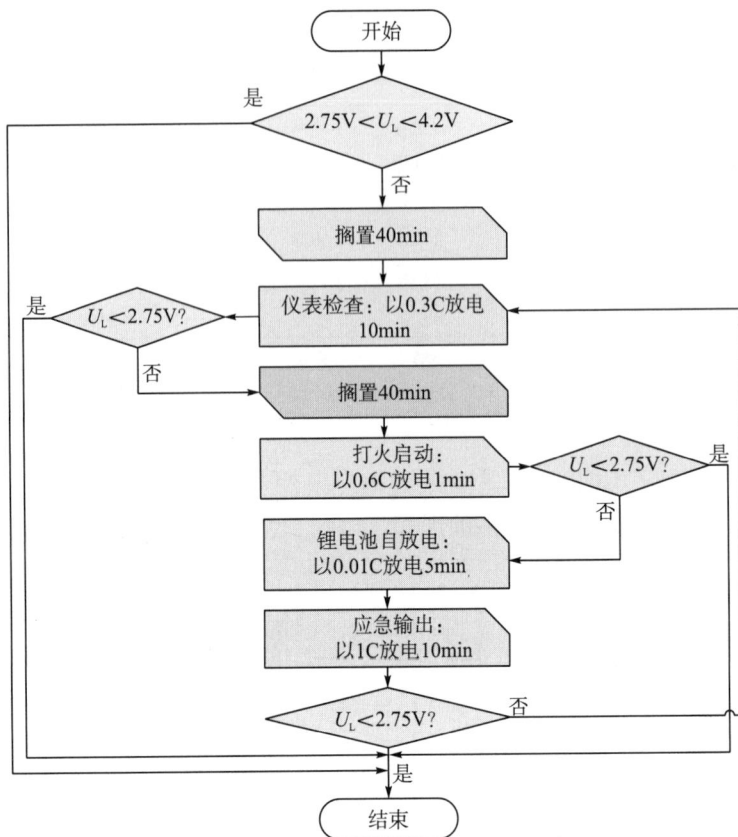

图 5.10 动力锂电池分阶段工况实验设计流程

实验具体步骤如下所述。

(1) 系统判断锂电池端电压是否大于下限电压 2.75V 和小于上限电压 4.2V，满足条件进入步骤(2)，反之结束。

(2) 搁置 40min 进入下一步。

(3) 以 0.3C 放电 10min 模拟电动汽车仪表检查，同时判断锂电池端电压是否小于下限电压，若条件为假则进入步骤(4)，反之结束。

(4) 以 0.6C 放电 1min 模拟汽车打火启动，同时判断锂电池端电压是否小于下限电压，当条件为真时结束运行，反之进入下一步。

(5) 对锂电池以 0.01C 放电 5min 来模拟电动汽车动力锂电池的自放电过程，随即进入步骤(6)。

(6) 为模拟锂电池的应急输出状态，以 1C 放电 10min，同时判断锂电池端电压是否小于下限电压。若条件为真，则电动汽车制动停车；若条件为假，则继续行驶。

2. 长时放电工况估计结果分析

根据分阶段模拟工况的实验设计思路及长时放电应用情况，设计模拟长时放电工况下电动汽车的实际行驶情形，以验证 BO-BiLSTM-UKF 模型的 SOC 估计效果。得到长时放电工况下电压、电流曲线以及该模拟工况下的 SOC 估计结果，如图 5.11 所示。

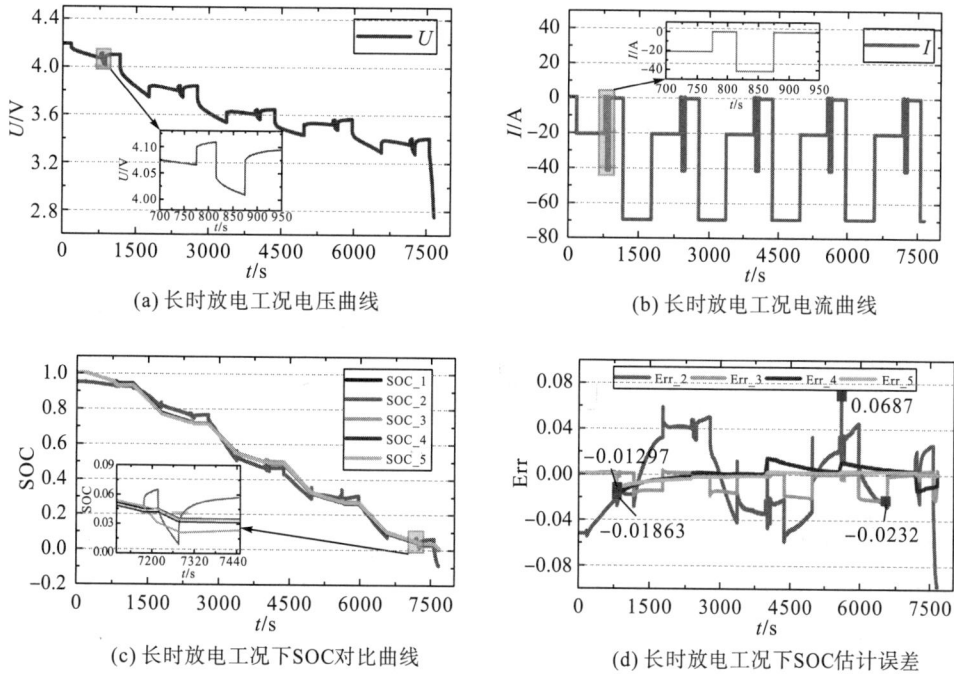

(a) 长时放电工况电压曲线

(b) 长时放电工况电流曲线

(c) 长时放电工况下 SOC 对比曲线

(d) 长时放电工况下 SOC 估计误差

图 5.11　长时放电模拟工况实验结果

SOC_1 为 SOC 参考值；SOC_2 为基于 LSTM 模型估计的 SOC 值；SOC_3 为利用 BiLSTM 模型估计的 SOC 值；SOC_4 为通过贝叶斯优化算法修正模型超参数的 BO-BiLSTM 模型 SOC 估计曲线；SOC_5 为 BO-BiLSTM-UKF 算法对电池 SOC 的估算曲线；Err_2、Err_3、Err_4 和 Err_5 为对应的网络模型和实际 SOC 值之间的偏差

从图 5.11(d) 中的 SOC 估计误差曲线可以看出，在长时放电模拟工况下，利用 LSTM 模型的训练效果较差，通过添加逆向序列和对模型超参数寻优，训练精度得以提升，当融合了卡尔曼滤波后，对系统噪声也有一定程度的过滤，优化后的 BO-BiLSTM-UKF 模型最大误差仅为 1.297%，有效提升了模型估计性能。

为了更加直观地展示不同算法的性能差异以及估计效果，使用 MAE 和 MSE 对模型结果进行评估，不同性能指标下的计算结果如表 5.6 所示。

表 5.6　长时放电工况下不同网络模型的 SOC 估计结果 (%)

网络结构	MAE	MSE	MAX
LSTM	2.687	0.0986	6.870
BiLSTM	0.658	0.0117	2.320
BO-BiLSTM	0.489	0.0043	1.863
BO-BiLSTM-UKF	0.276	0.0015	1.297

如表 5.6 所示，不同网络结构的 MAE、MSE 和 MAX 均随着优化的强度逐渐降低。在长时放电工况下，相较于传统 LSTM 模型，BO-BiLSTM-UKF 算法的 MAE、MSE 和

MAX 分别提升了 89.73%、98.5% 和 81.12%，相较于其他网络结构，其同样有着一定程度的提升。以上统计特性能有效反映网络模型间的性能效果，且改进后的 BO-BiLSTM-UKF 模型具有更大的优势。

5.5　本章小结

　　动力锂电池在优化能源结构、保障动力供应、节能减排和防治污染等方面发挥着重要作用。本章针对动力锂电池 SOC 实时精确估计目标，深入剖析锂电池工作特性，建立了考虑环境温度影响的神经网络模型。针对系统时变噪声对模型 SOC 估计精度的影响，融合无迹卡尔曼滤波修正网络模型噪声，并在不同温度下对所涉及模型进行验证。同时，在复杂模拟工况下对优化模型进行 SOC 效果跟踪验证。本章主要从以下几个部分开展工作。

　　(1)基于锂电池内部工作机理，探究了锂电池的开路电压，不同倍率充放电、容量和环境温度等关键参数变化规律及各参数耦合关系。依据特性研究结果，可选定神经网络输入特征，同时构建精确等效电路模型，获取模型状态空间方程描述，通过电压、电流和温度等关键实测参数信息融合，实现锂电池特性的高准确性数学表征。

　　(2)结合 LSTM 神经网络数据时序性优势，选取 BiLSTM 网络对锂电池进行 SOC 估计，锂电池电压、电流和温度作为网络模型的输入数据。针对 BiLSTM 模型训练过程中超参数调优和时间效率问题，引入贝叶斯优化算法进行超参数寻优以获取优秀的超参数组合。结果表明，BiLSTM 模型和 LSTM 网络相比，前者避免了单向学习导致较早学习部分特征提取和记忆效果差的问题；基于 BO-BiLSTM 的锂电池预测模型，训练时间更短，精度更高，泛化能力更强，但是同时该网络的预测也存在着稳定性不够的问题。

　　(3)对 BO-BiLSTM 网络存在的问题进行改进优化。构建二阶 Thevenin 等效电路模型并对状态空间方程进行数学化表征，引入 RW-RLS 法对模型参数进行精确辨识。针对模型在数据处理过程中产生的时变噪声，选用 UKF 滤波进行迭代运算分析，并引入 Sage-Husa 算法对噪声更新修正，确定了系统噪声值及其协方差，并设计了融合策略。结果表明，BO-BiLSTM-UKF 模型能有效避免滤波发散，消除时变噪声影响，保证网络模型的稳定性和可行性。

　　(4)为验证所构造优化模型 SOC 估计的有效性，选取 25℃的环境温度下 BBDST 工况为训练集，通过-10℃、0℃、15℃、25℃和 35℃条件下 HPPC、DST 工况验证所涉网络模型的 SOC 估计效果，同时利用 MAE、MSE 等评价指标对网络模型进行对比分析。结果表明，常温条件下，各网络模型的 SOC 估计性能更优越，且在同一温度条件下，BO-BiLSTM-UKF 模型的估计效果更好。同时在复杂变功率测试工况和分阶段模拟工况下分别对锂离子 SOC 进行了估算，结果反映在两种工况下 BO-BiLSTM-UKF 模型均可实现对锂电池的精准预估，优化模型呈现出了优良的泛化性能及鲁棒性。

第6章 基于数据驱动的储能电池簇 SOH 估算

6.1 考虑液相电势的储能电池 ESP 电压建模

6.1.1 ESP 电压模型优化改进策略

储能锂电池的工作电流在停止放电的瞬间会产生一个突变量，而由于前文中构建的单粒子(SP)模型中对电池欧姆内阻的考虑并不完善，因此 SP 模型中对应模拟得到的端电压突变量与实际端电压突变量的误差较大。为了减少该问题带来的模型误差，本章建立的增强型单粒子(enhanced single particle，ESP)模型在 SP 模型的基础上考虑了储能锂电池中由液相浓差极化和液相欧姆极化引起的液相电势。因此，电池内部液相电势和 ESP 模型端电压的表达式为

$$
\begin{cases}
\eta_{\mathrm{liq}} = \eta_{\mathrm{liq,n}} - \eta_{\mathrm{liq,p}} \\
\quad = \eta_{\mathrm{con-pol,n}} + \eta_{\mathrm{liq-ohm,n}} - (\eta_{\mathrm{con-pol,p}} + \eta_{\mathrm{liq-ohm,p}}) \\
\quad = \eta_{\mathrm{con-pol,n}} - \eta_{\mathrm{con-pol,p}} + \eta_{\mathrm{liq-ohm,n}} - \eta_{\mathrm{liq-ohm,p}} \\
\quad = \eta_{\mathrm{con-pol}} + \eta_{\mathrm{liq-ohm}} \\
U_{\mathrm{t}} = E - \eta_{\mathrm{act}} - \eta_{\mathrm{SEI}} - \eta_{\mathrm{liq}}
\end{cases}
\tag{6.1}
$$

式中，η_{liq} 为液相电势；$\eta_{\mathrm{con-pol}}$ 为液相浓差极化过电势；$\eta_{\mathrm{liq-ohm}}$ 为液相欧姆极化过电势；$\eta_{\mathrm{liq,p}}$ 为正极液相电势；$\eta_{\mathrm{liq,n}}$ 为负极液相电势；$\eta_{\mathrm{con-pol,p}}$ 为正极液相浓差极化过电势；$\eta_{\mathrm{con-pol,n}}$ 为负极液相浓差极化过电势；$\eta_{\mathrm{liq-ohm,p}}$ 为正极液相欧姆极化过电势；$\eta_{\mathrm{liq-ohm,n}}$ 为负极液相欧姆极化过电势；U_{t} 为 ESP 模型的端电压；E 为电池的开路电压；η_{act} 为活性物质的极化过电势，表示电化学反应动力学限制导致的电势损失；η_{SEI} 为固体电解质界面(SEI)膜的过电势，表示 SEI 膜的形成和存在导致的电势损失。从式(6.1)中可知，液相电势包括液相浓差极化过电势 $\eta_{\mathrm{con-pol}}$ 及液相欧姆极化过电势 $\eta_{\mathrm{liq-ohm}}$。储能锂电池内电极和隔膜的液相电势分布变化情况如式(6.2)所示：

$$
\begin{cases}
\dfrac{\partial \varphi_{\mathrm{e},i}}{\partial x} = -\dfrac{i_{\mathrm{e},i}}{\kappa_{\mathrm{eff},i}} + \dfrac{2RT}{F}(1 - t_{+})\dfrac{\partial \ln c_{\mathrm{e},i}}{\partial x} \\
\kappa_{\mathrm{eff},i} = \kappa_{i}\varepsilon_{\mathrm{e},i}^{1.5}
\end{cases}
\tag{6.2}
$$

式中，$\varphi_{\mathrm{e},i}$ 为液相电势；x 为从电池负极到正极的电极厚度坐标；$i_{\mathrm{e},i}$ 为液相电流密度；κ_{i} 为液相锂离子电导率；$\kappa_{\mathrm{eff},i}$ 表示液相锂离子有效电导率；$\varepsilon_{\mathrm{e},i}$ 为液相体积分数；R 为摩尔气体常数；T 为内部瞬时温度；F 为法拉第常数；$c_{\mathrm{e},i}$ 为液相锂离子浓度；t_{+}为液相锂离子迁移系数；下标 i 为不同电极，即正极与负极。在式(6.2)中，第一个公式基于液相欧

姆定律，描述了由液相欧姆内阻导致的液相电势变化；第二个公式描述了由液相锂离子浓差导致的液相电势变化。式 (6.2) 的边界条件为

$$
\begin{cases}
\dfrac{\partial \varphi_e}{\partial x}\Big|x=0 = \dfrac{\partial \varphi_e}{\partial x}\Big|x=L = 0 \\
\varphi_e\big|x=L_n^- = \varphi_e\big|x=L_n^+, \varphi_e\big|x=L_n+L_{sep}^- = \varphi_e\big|x=L_n+L_{sep}^+
\end{cases}
\tag{6.3}
$$

在式 (6.3) 中，L 表示储能锂电池中电极的长度，第一个等式表示在储能锂电池正常工作过程中，正负极分别与正负极集流体交界面的液相电势恒定，第二个等式表示在储能锂电池正常工作过程中，电极液相电势与隔膜液相电势在交界面处连续。

6.1.2　液相浓差极化及欧姆极化过电势求解

在利用如式 (6.2) 所示的液相电势分布表达式求解液相电势中的浓差极化过电势 $\eta_{con-pol}$ 时，忽略液相欧姆极化过电势 $\eta_{liq-ohm}$。因此，浓差极化过电势可以由式 (6.2) 及正负极锂离子分布差异获得，如式 (6.4) 所示：

$$
\eta_{con\ pol} = \eta_{con-pol,n} - \eta_{con-pol,p} = \frac{2RT}{F}(1-t_+)\ln\frac{c_e(0)}{c_e(L)}
\tag{6.4}
$$

从式 (6.4) 中可知，要获得液相电势中的浓差极化过电势 $\eta_{con-pol}$，需要提前计算电极边界处的液相锂离子浓度。导致液相锂离子浓度不均的原因主要为活性粒子在进行固相扩散时会出现锂离子脱嵌到电解液中的现象，进而导致此处的液相锂离子浓度局部增大。液相锂离子浓度不均会造成由浓差引起的液相锂离子扩散和迁移，其中，迁移过程对电池反应的影响可以忽略不计。因此，只考虑液相扩散过程，其具体表达式为

$$
\begin{cases}
\varepsilon_{e,i}\dfrac{\partial c_{e,i}(t,x)}{\partial t} = D_{e,eff}\dfrac{\partial^2 c_{e,i}(t,x)}{\partial x^2} + a_s(1-t_+)j_i \\
D_{e,eff} = D_e\varepsilon_{e,i}^{1.5}
\end{cases}
\tag{6.5}
$$

式中，$c_{e,i}(t,x)$ 为液相锂离子浓度；D_e 为液相锂离子扩散系数；$D_{e,eff}$ 为液相锂离子有效扩散系数；$\varepsilon_{e,i}$ 为液相体积分数；x 为从电池负极到正极的电极厚度坐标；t 为时间坐标；a_s 为反应界面相关的面积参数；j_i 为电流密度。此外，式 (6.5) 中，第一个公式描述了由液相浓差扩散导致的锂离子浓度变化，第二个公式描述了由固相粒子和液相电解液交界处的电化学反应导致的锂离子浓度变化。式 (6.5) 的初始条件和边界条件如式 (6.6) 所示：

$$
\begin{cases}
c_e(t_0) = c_{e,0} \\
\dfrac{\partial c_e(t,x)}{\partial x}\Big|x=0 = \dfrac{\partial c_e(t,x)}{\partial x}\Big|x=L = 0 \\
\dfrac{\partial c_e(t,x)}{\partial x}\Big|x=L_n^- = \dfrac{\partial c_e(t,x)}{\partial x}\Big|x=L_n^+ \\
c_e\big|x=L_n^- = c_e\big|x=L_n^+ \\
\dfrac{\partial c_e(t,x)}{\partial x}\Big|x=(L_n+L_{sep})^- = \dfrac{\partial c_e(t,x)}{\partial x}\Big|x=(L_n+L_{sep})^+ \\
c_e\big|x=(L_n+L_{sep})^- = c_e\big|x=(L_n+L_{sep})^+
\end{cases}
\tag{6.6}
$$

在式 (6.6) 中，L_{sep} 表示隔膜厚度，第一个等式描述了储能锂电池正常工作的初始状态，电池内部区域的液相浓度不变。第二个等式描述了在储能锂电池的正负极集流体处，液相锂离子没有扩散现象，即液相浓度梯度消失。第三个及第四个等式则分别描述了电池正负极与隔膜交界处的液相浓度连续。

当储能锂电池达到稳定状态时，由于电化学竞争效应和浓度梯度扩散效应使得锂离子从固相粒子进出电解质的过程保持了平衡，即式 (6.5) 中第一个等式的左侧项被置为 0。此外，在稳态时，电池内电流分布均匀，式 (6.5) 中第一个等式的右侧第二项被置为常量。因此，将正负极集流体边界处的摩尔反应通量密度表达式代入稳态时的液相扩散方程中，即可得到稳态时正负极及隔膜的液相锂离子浓度表达式。该表达式假设多孔电极中的电解质浓度分布在任何时候都是关于电池厚度坐标 x 的抛物线多项式[200]。因此，正负极液相锂离子浓度 $c_{e,steady}$ 分布方程为

$$c_{e,steady}\left(x\right)=\begin{cases}\left(\dfrac{P_1x^2}{2}+P_2\right)\dfrac{I}{A_n}+c_{e,0},\text{负极}\\[4mm]\left[\dfrac{P_3x\left(x-L\right)^2}{2}+P_4\right]\dfrac{I}{A_p}+c_{e,0},\text{正极}\end{cases} \tag{6.7}$$

式中，放电电流为正，充电电流为负；A_n、A_p 分别为负极、正极与电解质界面处的锂离子浓度与本体浓度的比；P_1、P_2、P_3、P_4 为常数系数，其具体表达式为

$$\begin{cases}P_1=\dfrac{\left(1-t_+\right)}{D_eF}\dfrac{-1}{\varepsilon_{e,n}^{1.5}L_n}\\[4mm]P_2=\dfrac{\left(1-t_+\right)}{D_eF}\dfrac{\dfrac{L_n^2}{6\varepsilon_{e,n}^{0.5}}+\dfrac{L_{sep}^2}{2\varepsilon_{e,sep}^{0.5}}+\dfrac{L_p^2}{3\varepsilon_{e,p}^{0.5}}+\dfrac{\varepsilon_{e,sep}L_nL_{sep}}{2\varepsilon_{e,n}^{1.5}}+\dfrac{\varepsilon_{e,p}L_{sep}L_p}{\varepsilon_{e,sep}^{1.5}}+\dfrac{\varepsilon_{e,p}L_nL_p}{2\varepsilon_{e,n}^{1.5}}}{\varepsilon_{e,n}L_n+\varepsilon_{e,sep}L_{sep}+\varepsilon_{e,p}L_p}\\[4mm]P_3=\dfrac{\left(1-t_+\right)}{D_eF}\dfrac{-1}{\varepsilon_{e,p}^{1.5}L_p}\\[4mm]P_4=\dfrac{\left(1-t_+\right)}{D_eF}\left(\dfrac{L_n}{2\varepsilon_{e,n}^{1.5}}+\dfrac{L_{sep}}{\varepsilon_{e,sep}^{1.5}}+\dfrac{L_p}{2\varepsilon_{e,p}^{1.5}}\right)\end{cases} \tag{6.8}$$

从稳态时的液相锂离子浓度表达式中可知，正负极液相锂离子浓度的抛物线分布情况与其时变系数有关[201]。因此，结合式 (6.7)，正负极液相锂离子浓度分布表达式可近似为解析形式，如式 (6.9) 所示：

$$c_e\left(x,t\right)=\begin{cases}\left(\dfrac{P_1x^2}{2}+P_2\right)f_n(t)\dfrac{I}{A_n}+c_{e,0},\text{负极}\\[4mm]\left[\dfrac{P_3x\left(x-L\right)^2}{2}+P_4\right]f_p(t)\dfrac{I}{A_p}+c_{e,0},\text{正极}\end{cases} \tag{6.9}$$

式中，$f_p(t)$ 和 $f_n(t)$ 分别为正负极液相锂离子浓度抛物线分布近似下的时变系数。对于恒流放电工况，时变系数 $f_p(t)$ 和 $f_n(t)$ 的表达式及离散递归式为

$$\begin{cases} f_n(t) = 1 - \exp(-t/\tau_n) \\ \tau_n = \dfrac{-1}{D_e \varepsilon_{e,n}^{0.5}} \dfrac{P_2}{P_1} \\ f_p(t) = 1 - \exp(-t/\tau_p) \\ \tau_p = \dfrac{-1}{D_e \varepsilon_{e,p}^{0.5}} \dfrac{P_4}{P_3} \\ f_n(t_{k+1}) = f_n(t_k) + \dfrac{1 - f_n(t_k)}{\tau_n}(t_{k+1} - t_k) \\ f_p(t_{k+1}) = f_p(t_k) + \dfrac{1 - f_p(t_k)}{\tau_p}(t_{k+1} - t_k) \end{cases} \tag{6.10}$$

结合式(6.9)及式(6.10)，并分别令 $x = 0$ 及 $x = L$，可得到正负极边界处的液相锂离子浓度，如式(6.11)所示：

$$\begin{cases} c_{e,n} = c_e(0) = P_2 \left[1 - \exp\left(\dfrac{-t}{\tau_n} \right) \right] \dfrac{I}{A_n} + c_{e,0}, \quad \tau_n = \dfrac{-1}{D_e \varepsilon_{e,n}^{0.5}} \dfrac{P_2}{P_1} \\ c_{e,p} = c_e(L) = P_4 \left[1 - \exp\left(\dfrac{-t}{\tau_p} \right) \right] \dfrac{I}{A_p} + c_{e,0}, \quad \tau_p = \dfrac{-1}{D_e \varepsilon_{e,p}^{0.5}} \dfrac{P_4}{P_3} \end{cases} \tag{6.11}$$

获得正负极边界处的液相锂离子浓度后，可通过式(6.4)求解液相电势中的浓差极化过电势 $\eta_{con-pol}$。

在运用式(6.2)所示的液相电势分布表达式求解液相电势中的液相欧姆极化过电势时，忽略浓差极化过电势。因此液相欧姆极化过电势是一个关于液相锂离子有效电导率 κ_{eff} 与液相电流密度 i_e 的液相欧姆定律表达式，如式(6.12)所示：

$$\begin{cases} \dfrac{\partial \varphi_{e,i}}{\partial x} = -\dfrac{i_{e,i}}{\kappa_{eff,i}} \\ \kappa_{eff,i} = \kappa_i \varepsilon_{e,i}^{1.5} \end{cases} \tag{6.12}$$

此外，电解质中的电流密度变化率由锂离子的脱嵌速率决定，因此液相电流密度变化率的计算公式可由电荷守恒原理获得，如式(6.13)所示：

$$\frac{\partial i_e(x)}{\partial x} = a_s F j_i = \frac{I}{L_i A_i} \tag{6.13}$$

具体地，根据储能锂电池在正负电极处的电荷守恒和平均局部体积电流密度可获得对应电极的液相电流密度表达式，如式(6.14)所示：

$$
\begin{cases}
i_{e,n}(x) = i_e(0) + \displaystyle\int_0^x \frac{\partial i_e(x)}{\partial x}\,\mathrm{d}x = \frac{Ix}{L_n A_n} \\[4mm]
i_{e,p}(x) = i_e\left(L_n + L_{sep}\right) + \displaystyle\int_{L_n + L_{sep}}^x \frac{\partial i_e(x)}{\partial x}\,\mathrm{d}x \\[4mm]
\qquad\quad = \dfrac{I}{A_p} - \dfrac{I\left(x - L_n - L_{sep}\right)}{L_p A_p}
\end{cases}
\tag{6.14}
$$

式中，$i_{e,n}$ 为负极液相电流密度；$i_{e,p}$ 为正极液相电流密度。由于此时浓差极化过电势 $\eta_{con-pol}$ 被忽略，因此结合式(6.12)可获得正负极液相欧姆极化过电势的表达式为

$$
\begin{cases}
\eta_{liq-ohm,n}(x) = -\dfrac{Ix^2}{L_n A_n \kappa_{eff,n}} \\[4mm]
\eta_{liq-ohm,p}(x) = -\dfrac{I}{2A_n}\left[\dfrac{L_n}{\kappa_{eff,n}} + \dfrac{2L_{sep}}{\kappa_{eff,sep}} + \dfrac{(x - L_n - L_{sep})^2}{L_p \kappa_{eff,p}}\right]
\end{cases}
\tag{6.15}
$$

电池内部液相欧姆极化过电势为正电极边界液相欧姆极化过电势 $\eta_{liq-ohm,p}$ 和负电极边界液相欧姆极化过电势 $\eta_{liq-ohm,n}$ 之差，在正负极边界处，x 分别被置为 L 和 0，因此液相欧姆极化过电势的表达式为

$$
\eta_{liq-ohm} = \eta_{liq-ohm,n}(0) - \eta_{liq-ohm,p}(L) = \frac{I}{2A_n}\left(\frac{L_n}{\kappa_{eff,n}} + \frac{2L_{sep}}{\kappa_{eff,sep}} + \frac{L_p}{\kappa_{eff,p}}\right)
\tag{6.16}
$$

因此，结合考虑 SEI 膜影响的 SP 模型电压表达式、液相浓差极化过电势表达式(6.4)和液相欧姆极化过电势表达式(6.16)，可得到考虑液相电势的 ESP 模型的端电压表达式为

$$
\begin{aligned}
U_t = {} & E_p\left(\theta_p\right) - E_n\left(\theta_n\right) - \frac{2RT}{F}\frac{\ln\left(m_n + \sqrt{m_n^2 + 1}\right)}{\ln\left(m_p + \sqrt{m_p^2 + 1}\right)} - \left(R_{SEI,n}Fj_n - R_{SEI,p}Fj_p\right) \\[2mm]
& - \left[\frac{2RT}{F}(1 - t_+)\ln\frac{c_e(0)}{c_e(L)} + \frac{I}{2A_n}\left(\frac{L_n}{\kappa_{eff,n}} + \frac{2L_{sep}}{\kappa_{eff,sep}} + \frac{L_p}{\kappa_{eff,p}}\right)\right]
\end{aligned}
\tag{6.17}
$$

式中，θ_p 为正极的固相浓度；m_n 为负极活性物质的锂离子浓度与平衡浓度的比值。

式(6.17)即为以电流为输入、端电压为输出、电化学参数为内部状态量的储能锂电池 ESP 模型的仿真端电压表达式。类似 SP 模型结构框图，在 SP 模型的基础上考虑液相浓度分布和液相欧姆定律后，可构建考虑液相电势的 ESP 模型在储能锂电池工作时的结构框图，如图 6.1 所示。

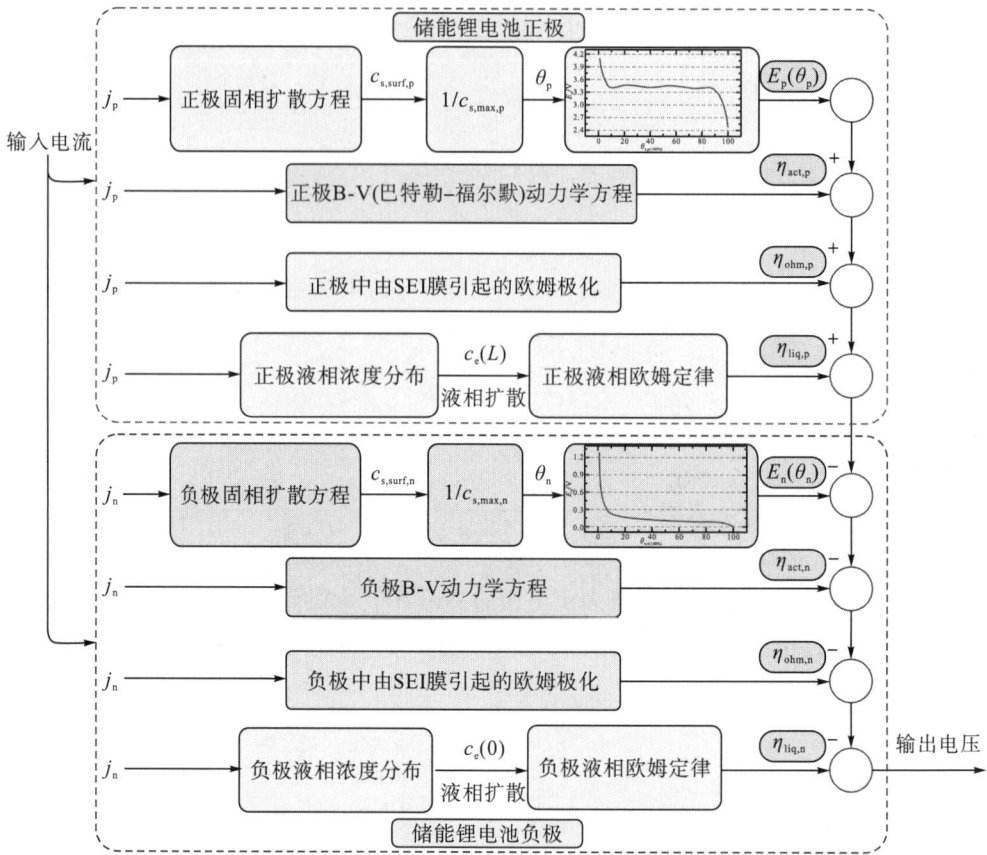

图 6.1   储能锂电池 ESP 模型结构框图

从图 6.1 可以看出，相比 SP 模型的结构框图，ESP 模型的结构框图增加了正负极的液相电势对电池模型的影响，ESP 模型结构框图正负极模块中的其他内容与 SP 模型一致。

6.1.3   基于 ESP 模电压型的储能电池簇多单体建模

对于 SOH 估算模型而言，准确的神经网络输入是保障 SOH 估算结果准确且有效的关键。神经网络的输入数据包括 ESP 模型中的正、负极固相最大锂离子浓度，由于电池簇中的单体间的不一致性无法避免，因此，上述两个电化学参数在每个单体中的值都存在差异。基于以上需求，建立一个可以精准描述电池簇中每个单体动态行为的电池簇模型对 SOH 估算至关重要。本章提出了一种将 ESP 模型作为单体模型的储能电池簇，即多单体模型（multi-cell model，MCM），它能满足包括正、负极固相最大锂离子浓度在内的电化学参数在每个单体中的单独识别。MCM 是一种适用于串联结构的电池簇模型，该电池簇模型将相同的单体模型进行串联处理，并采用每个单体各自的参数对各单体分别进行建模。基于扩展单粒子模型的多单体模型(extended single particle-multi cell model，ESP-MCM)结构示意图如图 6.2 所示。

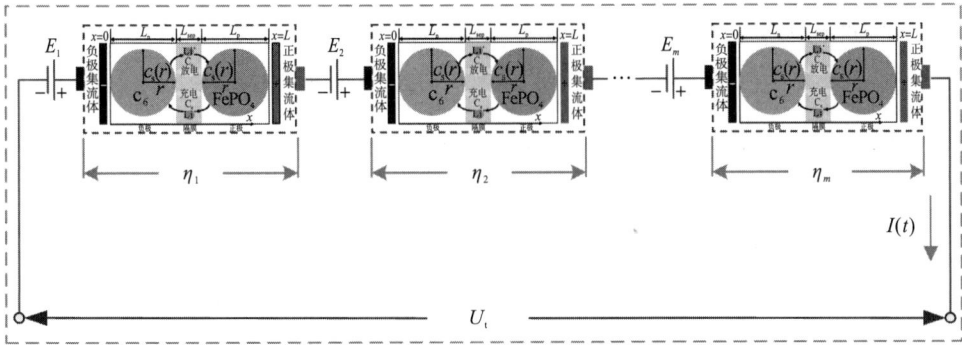

图 6.2　基于扩展单粒子模型的多单体模型结构示意图

在图 6.2 中，E_m 代表 ESP-MCM 中第 m 个单体的开路电压，η_m 代表 ESP-MCM 中第 m 个单体的内部所有过电势之和，I 代表经过串联电池簇的电流，U_t 代表整个串联电池簇的端电压。由式(6.1)中的 ESP 模型端电压表达式可知，ESP-MCM 中第 m 个单体的端电压计算公式为

$$\begin{cases} U_{t,m} = E_m - \eta_m \\ \eta_m = \eta_{\text{act},m} + \eta_{\text{SEI},m} + \eta_{\text{liq},m} \end{cases} \tag{6.18}$$

式中，$\eta_{\text{act},m}$、$\eta_{\text{SEI},m}$ 及 $\eta_{\text{liq},m}$ 分别为 ESP-MCM 中第 m 个单体的反应极化过电压、SEI 膜欧姆极化过电压及液相欧姆极化过电压，其具体计算表达式已在前文进行详细阐述。储能锂电池簇 ESP-MCM 整体的端电压计算公式为

$$U_t = \sum_{m=1}^{n} U_{t,m} \tag{6.19}$$

式中，n 为串联电池簇的总个数。由于本节提出的 ESP-MCM 是基于串联结构的，因此电池簇的总端电压即为每个单体端电压之和。

6.2　多维储能电池健康指标的提取

健康指标作为 SOH 神经网络估算模型的输入变量，其选择和提取方法是十分重要的。目前常见的 SOH 估算模型一般将电压、电流、电压下降率以及循环次数等参数作为健康指标进行模型的训练和使用。但此类方法通常只能适用于一种工况，当储能电站工况变化时，该模型训练的网络就无法准确描述健康指标和 SOH 的数学关系。因此，此类方法存在通用性不足的弊端。而储能锂电池电化学机理模型中的正负极固相最大锂离子浓度直接关系到电池的健康程度，它通过电池内部反应进行变化，不受工况的影响。此外，储能锂电池在老化过程中会出现活性锂离子损失和活性材料损失这两种老化模式，它们无法被避免且与 SOH 息息相关，同时也不受工况的影响。因此，本节选取正负极固相最大锂离子浓度以及上述两种老化模式作为储能锂电池的健康指标。其中，特别值得注意的是，上述两种老化模式只能在储能锂电池低倍率恒流工况下才能进行分析，因此，在非低倍率恒流工况下，只提取正负极固相最大锂离子浓度作为储能锂电池的健康指标。值得注意的是，老化模式的量化值是作为一种特征量而存在的。

6.2.1　基于 CCPSO 算法的 ESP 模型双参数辨识

1. CCPSO 算法的基础构成

粒子群优化(particle swarm optimization，PSO)基于个体的搜索经验及个体间的信息共享来完成目标优化。基于此思想，PSO 算法会搜索空间内随机初始化粒子，而粒子的优劣则通过对应位置的目标函数适应度来计算获得。这些粒子根据自身之前时刻的搜索经验及群体搜索经验不断调整在搜索空间中移动的速度和方向，以迭代计算每个离散时刻下每个随机解对应的目标函数适应度，从而评价随机解的质量并获取最优粒子的位置，即获得了搜索空间的最优解。

在获得目标函数后，PSO 算法中的每个粒子在搜索空间中独立搜寻最优解，在算法迭代一次之后，根据适应度值找到所有粒子中最优的个体最优值作为种群的全局最优解。种群中的所有粒子根据目前个体最优值和群体最优值进行更新。每个粒子在每次搜索过程中速度和位置的迭代更新过程如式(6.20)所示：

$$
\begin{cases}
v_{i,d}(k+1) = v_{i,d}(k) + c_1 r_1 [p_{\text{best},i,d}(k) - x_{i,d}(k)] + c_2 r_2 [g_{\text{best},d}(k) - x_{i,d}(k)] \\
x_{i,d}(k+1) = x_{i,d}(k) + v_{i,d}(k+1) \\
X_i = (x_{i,d}, x_{i,2}, \cdots, x_{i,D})^{\text{T}} \\
V_i = (v_{i,1}, v_{i,2}, \cdots, v_{i,D})^{\text{T}} \\
p_{\text{best},i} = (p_{\text{best},i,1}, p_{\text{best},i,2}, \cdots, p_{\text{best},i,D}) \\
g_{\text{best}} = (g_{\text{best},1}, g_{\text{best},2}, \cdots, g_{\text{best},D})
\end{cases}
\tag{6.20}
$$

式中，$v_{i,d}$ 为第 i 个粒子在 d 维的速度分量；$x_{i,d}$ 为第 i 个粒子在 d 维的位置分量；$p_{\text{best},i,d}$ 为第 i 个粒子在 d 维的当前个体最优解分量；$g_{\text{best},d}$ 为种群在 d 维的当前群体最优解分量；V_i 为第 i 个粒子的运动速度矢量；X_i 为第 i 个粒子的位置矢量；$p_{\text{best},i}$ 为第 i 个粒子当前的个体最优解；g_{best} 为当前的群体最优解；k 为当前迭代次数；r_1 和 r_2 为 0~1 的随机数；c_1 和 c_2 为学习因子；D 为整个搜索空间维度。

此外，式(6.20)中 d 维速度分量公式右侧的第一项称为记忆项，反映了上一时刻运动速度对当前时刻运动速度的影响；公式右侧的第二项称为自我认知项，反映了该粒子本身之前的搜索经验对当前时刻运动速度的影响；公式右侧的第三项称为群体认知项，反映了粒子间的合作关系。在以上三部分的共同作用下即可在迭代结束时获得较准确的全局最优解。PSO 算法的通用流程如图 6.3 所示。

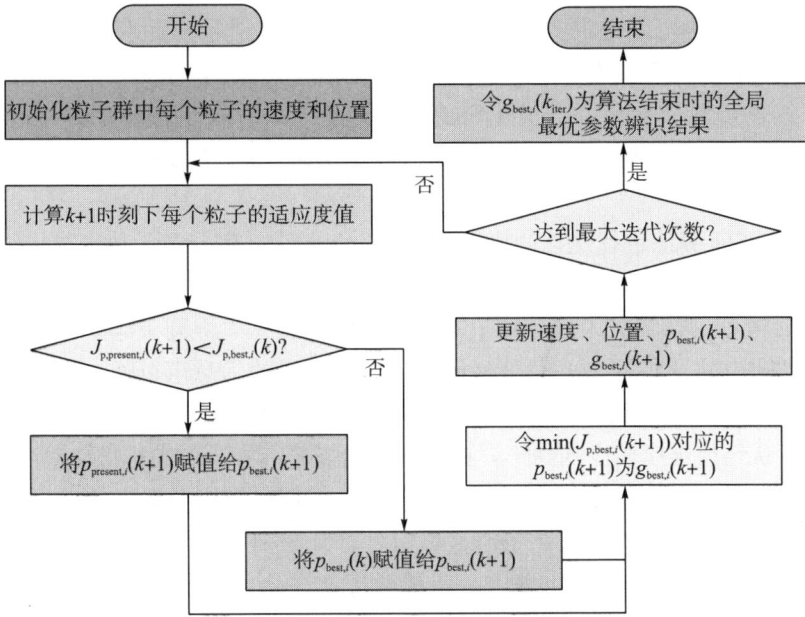

图 6.3　PSO 算法的通用流程图

图 6.3 中，$J_{p,present,i}$ 代表第 i 个粒子计算得到的适应度值，$J_{p,best,i}$ 代表第 i 个粒子最优解对应的适应度值，$p_{present,i}$ 代表第 i 个粒子的位置，$p_{best,i}$ 代表第 i 个粒子的最优解，$g_{best,i}$ 代表种群最优解，k 代表迭代次数，k_{iter} 代表最大迭代次数。

然而，上述基本 PSO 算法的寻优结果不一定为全局最优解。若某粒子 d 维速度分量更新公式中的记忆项影响力过大，由式 (6.20) 可知，该粒子在 d 维上会呈现出以固定的速度进行近似直线运动，这可能会导致在寻优过程中错过最优解。针对该缺点，有学者提出了标准 PSO 算法[202]。在标准 PSO 算法中，一个动态变化的权重因子 w 被引入。因此，标准 PSO 算法的位置更新公式与 PSO 算法相同，速度更新公式为

$$v_i(k+1) = wv_i(k) + c_1r_1[p_{best,i} - x_i(k)] + c_2r_2[g_{best,i} - x_i(k)] \qquad (6.21)$$

在式 (6.21) 中，w 为权重因子，其值能影响粒子下一时刻的速度。较大的权重因子有利于全局搜索，较小的权重因子有利于局部搜索。在搜索初期，较大的权重因子能增大遍历解空间的概率；在搜索后期，较小的权重因子能增大找到全局最优解的概率。因此，设置合适的权重因子能使算法在寻优过程中的效率和精确性得到提升。本节用一个关于迭代次数的线性递减函数表示权重因子的动态变化。权重因子的表达式为

$$w = w_{max} - \frac{w_{max} - w_{min}}{k_{iter}}k \qquad (6.22)$$

式中，w_{max} 为权重因子的最大值；w_{min} 为权重因子的最小值；k 为目前的迭代次数；k_{iter} 为可迭代的最大次数。从式 (6.21) 和式 (6.22) 中可知，改进后的 d 维速度分量更新公式中记忆项随 w 变化，不再由一个固定值影响。因此，标准 PSO 算法能增强寻优效率和精确度。然而，标准 PSO 算法存在粒子群进化多样性匮乏的问题。顾名思义，粒子群进化多

样性不足会使整个种群的进化方向一致。此问题造成的结果是，标准 PSO 算法在寻优过程中难以跳出某一小范围内的搜索空间，可能出现因算法早熟而获得局部最优解的情况。针对该不足，本节在标准 PSO 算法的基础上进行了改进，引入了协同策略和竞争策略，提出了一种混沌认知粒子群优化(cultural cooperative particle swarm optimization，CCPSO)算法。这两个策略分别通过扩大种群类别和扩展粒子搜索方法来增加粒子群进化的多样性。

针对标准 PSO 算法进行优化的协同策略分为两大类。第一类为协调寻优结果中的每一维以使每一维都朝最优方向发展。这一类协同策略不考虑最优适应度，适用于寻优结果维度较多的情形。第二类为划分粒子群进化区域。在此类协同策略中，粒子群整体被分为多个相对独立进化的区域，且区域间关于寻优结果的信息可以通过某种可变化的频率进行交换和共享。这一类协同策略的目标是以较高效率获得最优适应度对应的寻优结果，适用于寻优结果维度较少的情形。针对本节的需要，为了增加标准 PSO 算法中粒子群进化的多样性，在标准 PSO 算法的基础上，引入了第二类协同策略。

在标准 PSO 算法中引入协同策略可以将种群分为多个子种群，这能使每一个子种群都朝着不同的方法进行差异化进化。在种群每次进化的过程中，各子种群间以一个合适的通信频率函数进行信息的共享和交换。在该协同策略中，若通信频率函数满足式(6.23)所示的条件，则进行该进化迭代次数下的子种群间通信，否则不通信。

$$\begin{cases} f(t) = \text{rand}(0,1) \\ F(t) = \dfrac{k}{k_{\text{iter}}} \\ f(t) < F(t) \end{cases} \tag{6.23}$$

式中，$f(t)$ 为一个 0~1 的随机函数；$F(t)$ 为通信频率函数；k 为在此进化过程下的迭代次数；k_{iter} 为最大可迭代次数。

在子种群间进行通信时，令具有最佳群体最优解的子种群为子种群 m，令子种群 m 的群体最优解为 $g_{\text{best},m}$。此外，将其他子种群的群体最优解值都置为 $g_{\text{best},m}$。在子种群间不进行通信时，每一个子种群则按照标准 PSO 算法进行独立寻优。其中，通信频率函数的选择在很大程度上影响着协同策略的性能。较大的通信频率函数会使得大多数子种群的群体最优解值都为 $g_{\text{best},m}$，这使得粒子群的进化多样性受阻。较小的通信频率函数会使得子种群间的合作概率减小，从而使得协同策略发挥的作用减小。在本节中，通信频率函数选择一个随迭代次数线性增加的函数，使得协同策略在寻优前期更侧重于各子种群的全局搜索，在寻优后期更侧重于子种群间的局部合作搜索。

此外，本节在协同策略的基础上，还引入了竞争策略来扩展粒子搜索方法。在标准 PSO 算法中引入竞争策略可以扩展每个粒子的进化搜索方向，这能使每个粒子在每次迭代时都会以两种不同的速度进化。对每个粒子分化出的两个同源子粒子的目标适应度值进行比较，选择适应度值较小的子粒子作为下一次进化的基础。因此，引入竞争策略后，式(6.20)中的 d 维速度分量公式和 d 维位置分量公式更新为

$$
\begin{cases}
v_{i,d,t}(k+1) = w_t v_{i,d}(k) + c_1 r_1 \left(p_{\text{best},i,d}(k) - x_{i,d}(k) \right) + c_2 r_2 \left(g_{\text{best,d}}(k) - x_{i,d}(k) \right) \\
x_{i,d,t}(k+1) = x_{i,d,t}(k) + v_{i,d,t}(k+1) \\
v_{i,d}(k) = \left\{ v_{i,d,t}(k) \middle| \min J\left(x_{i,t}(k) \right) \right\} \\
x_{i,d}(k) = \left\{ x_{i,d,t}(k) \middle| \min J\left(x_{i,t}(k) \right) \right\}
\end{cases}
\tag{6.24}
$$

式中，$v_{i,d,t}$ 为第 i 个粒子的子粒子 t 在 d 维的速度；w_t 为子粒子 t 对应的权重因子；$x_{i,d,t}$ 为第 i 个粒子的子粒子 t 在 d 维的位置；$x_{i,t}$ 为第 i 个粒子的子粒子 t 的位置；k 为迭代次数；J 为目标函数；$\min J$ 为目标函数的适应度。

为了保证种群进化的多样性，每个粒子分化出的两个速度应该具有明显的差异性。因此，在本节提出的竞争策略中，同源子粒子的两个进化方向分为快速移动和慢速移动。快速移动的子粒子有较大的权重因子，更侧重于全局搜索最优解，慢速移动的子粒子有较小的权重因子，更侧重于局部搜索最优解。值得注意的是，若在协同策略的基础上融合该竞争策略，则式 (6.24) 中的种群最优解不再代表整体种群最优解，而是子种群群体最优解。

结合标准 PSO 算法、协同策略以及竞争策略，CCPSO 算法的基本流程可概括为以下几步。

(1) 随机初始化搜索区域内的粒子总量 N、算法最大可迭代次数 k_{iter}、子种群类别 M、学习因子 c_1 和 c_2、每个粒子在 d 维的位置 $x_{i,d}$ 以及每个粒子的子粒子 t 在 d 维的运行速度 $v_{i,d,t}$，并将每个粒子的初始位置赋值为该粒子的当前个体最优解。

(2) 根据目标函数计算本次迭代下每个粒子的两个同源子粒子对应的适应度值，保留较小的适应度，并选择该适应度对应的子粒子作为下一次进化的基础。

(3) 对每个粒子而言，比较本次迭代的适应度与上次迭代时最优解对应的适应度，把适应度较小的位置坐标赋给本次迭代的个体最优解；对每个子种群 l 而言，取子种群 l 所有个体最优解中的最优值作为本次迭代下该子种群的群体最优解 $g_{\text{best},l}$。

(4) 比较随机函数 $f(t)$ 和通信频率函数 $F(t)$，若在该迭代次数下 $f(t) < F(t)$，则选取具有最佳群体最优解的子种群为子种群 m，令子种群 m 的群体最优解为 $g_{\text{best},m}$，并且将 $g_{\text{best},m}$ 赋值给其他子种群的群体最优解 $g_{\text{best},l}$。否则，各子种群的群体最优解 $g_{\text{best},l}$ 由各子种群独立计算。

(5) 根据式 (6.24) 更新粒子的速度、位置、个体最优解和群体最优解。需要注意的是，若更新后的参数超出了预设范围，则令对应参数值为预设极限值。

(6) 循环步骤 (2) ～ (5)，直至迭代完成。将此时对应适应度最小的子种群群体最优解赋值为整体种群的全局最优解。

在以上的 CCPSO 算法步骤中，默认动态权重策略已经被应用，竞争策略体现在步骤 (2)，协同策略体现在步骤 (4)。在每次迭代过程中，竞争策略总是先于协同策略进行，因为竞争策略是针对粒子的，而协同策略是针对子种群的。

2. 改进 CCPSO 算法的电化学参数辨识流程

储能锂电池扩展单粒子模型中所涉及的电化学参数较多，且其中有些参数无法直接通过实验测量获得。对本节而言，正、负极固相最大锂离子浓度是最重要的两个电化学参数，它们直接影响着 ESP 模型的精度以及储能锂电池的 SOH。在本节中，参数辨识是指根据 ESP 模型的电压输出与实际电压输出数据进行对比，并通过目标函数来获得参数最优值。参数辨识算法的核心思想是使得实测端电压与 ESP 模型拟合端电压的误差方差达到最小，因此建立的参数辨识目标函数如式(6.25)所示：

$$\begin{cases} \min J(\theta) = \min \sum_{k=1}^{n} \left[V_k - f(I_k, \theta) \right]^2 \\ \theta = \left(c_{s,\max,p}, c_{s,\max,n} \right) \end{cases} \tag{6.25}$$

式中，k 为采样时刻；V_k 为电池在 k 时刻的实际端电压；I_k 为电池在 k 时刻的输入电流；$f(I_k, \theta)$ 为 ESP 模型在 k 时刻的拟合端电压；θ 为 ESP 模型中待辨识的电化学参数集合；n 为采样时刻的最大值；$c_{s,\max,p}$、$c_{s,\max,n}$ 分别为正极最大锂离子浓度和负极最大锂离子浓度。结合上述目标函数表达式，模型的参数辨识结构框图如图 6.4 所示。

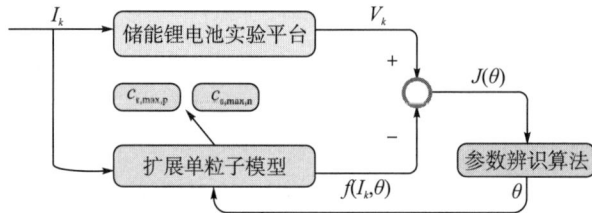

图 6.4　电化学参数辨识结构框图

由于前文中提到的 CCPSO 算法步骤只是一个通用流程，而对于本节而言，CCPSO 算法需要在实际端电压数据的基础上进行两个重要电化学参数的辨识。因此，使用 CCPSO 算法辨识 ESP 模型中正、负极固相最大锂离子浓度的具体流程框图如图 6.5 所示。

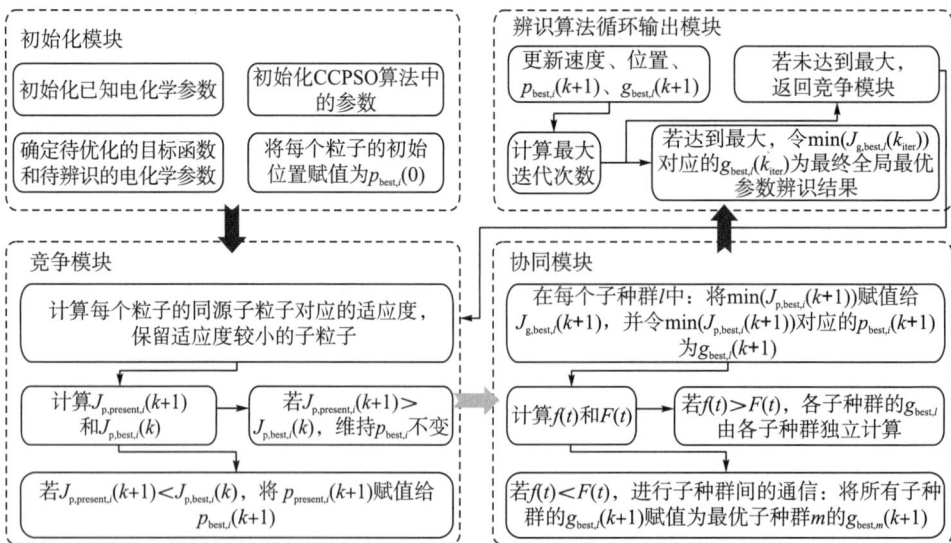

图 6.5　CCPSO 算法的电化学参数辨识流程框图

在图 6.5 中，$J_{p,present,i}$ 代表第 i 个粒子计算得到的适应度，$J_{p,best,i}$ 代表第 i 个粒子最优参数辨识结果对应的适应度，$p_{present,i}$ 代表第 i 个粒子的位置，$p_{best,i}$ 代表第 i 个粒子的最优参数辨识结果，$J_{g,best,l}$ 代表子种群 l 群体最优参数辨识结果对应的适应度，$g_{best,l}$ 代表子种群 l 的群体最优参数辨识结果，$f(t)$ 代表随机函数，$F(t)$ 代表通信频率函数，$g_{best,m}$ 代表最佳子种群 m 的群体最优参数辨识结果，k 代表迭代次数，k_{iter} 代表最大迭代次数。

6.2.2 基于 IC-DV 方法的双老化模式量化

老化模式是导致电池老化的一类因素或展现电池老化表现的一类形式的集合。锂电池的老化模式主要包括活性锂离子损失(loss of lithium inventory，LLI)、活性材料损失(loss of active material，LAM)和电导率损失(conductivity loss，CL)。

活性锂离子是在电池正常工作中完成嵌入电极和脱离电极过程的锂离子，活性锂离子减少表征为电池容量衰减的特性。活性材料在电池的反应过程中作为嵌入电极的锂离子的载体。因此，活性材料损失也能间接导致电池容量的衰减。电导率损失主要表征锂电池的功率衰减特性，因此在本节中不被提及。在电池循环过程中，由于 LAM、LLI 等原因会造成电池的老化，即便相同的电池恒流充放电，不同老化程度的电池内部发生的电化学反应也不同。

容量增量-微分电压(incremental capacity-DV，IC-DV)法可基于老化下曲线特征的变化来量化 LLI 和 LAM 这两种老化模式，在本节中，不考虑不同倍率和温度下的 IC-DV 曲线的变化，只考虑不同老化程度下的 IC-DV 曲线变化。在不同老化程度下，恒流开路电压曲线区别很小，难以直观区分出不同老化程度的开路电压曲线差异。而 IC-DV 法能够将该曲线中平坦的阶段转换成为 IC 曲线的 dQ/dU 值及 DV 曲线的 dU/dQ 值。通过观察 IC 曲线和 DV 曲线变化情况，能够对不同老化程度电池的 IC-DV 曲线进行特征分析，从而量化电池老化模式，为后续的电池 SOH 估算奠定基础。

1. 基于 IC 曲线的 LAM 量化研究

容量增量(IC)法，是基于 IC 曲线来分析电池老化特性的一种方法。在实际应用中，容量变化量 ΔQ 与电压阶跃 ΔU 的比值 $\Delta Q/\Delta U$ 被定义为容量增量，因此 IC 法的公式为

$$IC = \frac{\Delta Q}{\Delta U} \tag{6.26}$$

由式(6.26)可知，IC 曲线的获取需要容量-电压曲线做支撑，因此需要对电池进行小倍率充电或放电实验。不采用高倍率电流的原因是，在高倍率条件下，锂离子的嵌入和脱嵌过程受阻，导致电池最大可用容量衰减。以电压为横坐标、IC 为纵坐标的 IC 曲线示意图如图 6.6 所示。

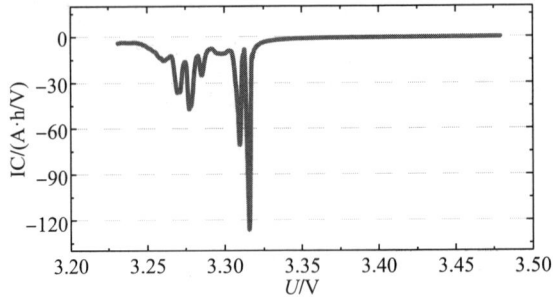

图 6.6　IC 曲线示意图

如图 6.6 所示，恒定的 ΔU 下，ΔQ 越小，对应的 IC 值就越小，这表示此电压范围内容量变化很缓慢。相反，ΔQ 越大，对应的 IC 值就越大，这表示此电压范围内容量变化很快。其中，IC 曲线中的峰值表示了最明显的容量增量变化，它们能在一定程度上表征锂电池内部的结构特征和材料变化。此外，IC 曲线峰值点处于电池放电曲线中平台区域，能表征平稳放电过程中电池对容量变化的敏感度。Pastor-Fernández 等[202]和 Anseán 等[203]指出，LAM 老化模式主要反映在 IC 曲线左侧峰的变化上。因此，本节提出了一种基于 IC 曲线的 LAM 老化模式量化方法，其计算公式为

$$
\text{LAM} = \left| \frac{\dfrac{\Delta Q_{\text{IC}}}{\Delta U_{\text{IC}}} - \dfrac{\Delta Q_{\text{IC}}}{\Delta U_{\text{IC}}}|1}{\dfrac{\Delta Q_{\text{IC}}}{\Delta U_{\text{IC}}}|1} \right| \tag{6.27}
$$

在式 (6.27) 中，$\dfrac{\Delta Q_{\text{IC}}}{\Delta U_{\text{IC}}}$ 是 IC 曲线中左侧变化最明显峰的峰值，$\dfrac{\Delta Q_{\text{IC}}}{\Delta U_{\text{IC}}}|1$ 是 IC 曲线中左侧变化最明显峰的峰值初始值。基于 IC 曲线的 LAM 老化模式量化方法能从时域的角度分析电池老化特性和老化模式的变化趋势。图 6.7 为 LAM 老化模式在 IC 曲线中的量化示意图。

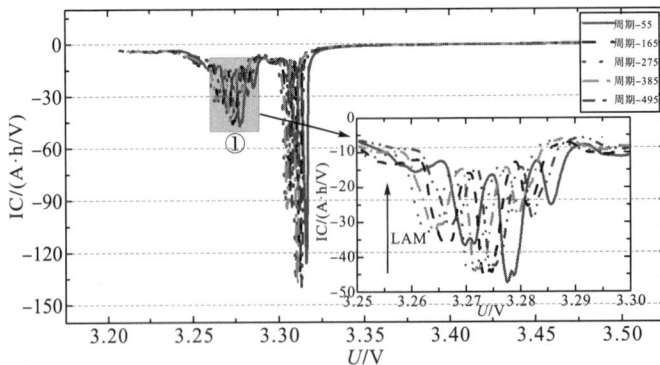

图 6.7　LAM 老化模式在 IC 曲线中的量化示意图

图 6.7 中标注的①号峰为左侧变化最明显的峰。此外，由图 6.7 中的放大示意图中可知，随着老化循环次数的增加，①号峰处的 IC 值和 LAM 值都呈现上升趋势。

2. 基于 DV 曲线的 LLI 量化研究

相对地，微分电压(DV)法，是基于微分电压曲线来分析电池老化特性的另一种方法。在实际应用中，电压阶跃 ΔU 与容量增量 ΔQ 的比值 $\Delta U/\Delta Q$ 被定义为微分电压，因此 DV 法的公式为

$$DV = \frac{\Delta U}{\Delta Q} \tag{6.28}$$

由式(6.28)可知，与 IC 曲线相似，DV 曲线的获取同样需要容量-电压曲线做支撑，因此也需要对电池进行小倍率充电或放电实验。以容量 Q 为横坐标，DV 为纵坐标的 DV 曲线示意图如图 6.8 所示。

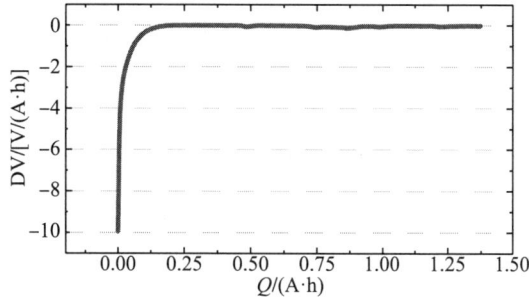

图 6.8　DV 曲线示意图

如图 6.8 所示，恒定的 ΔQ 下，ΔU 越小，对应的 DV 值就越小，这表示此容量范围内电压变化缓慢。相反，ΔU 越大，对应的 DV 值就越大，这表示此容量范围内电压变化很快。其中，DV 曲线中的峰值大小和位置能在一定程度上表征锂电池内部变化，它们反映的是电池对于电压变化的敏感度。通过上述描述可知，DV 与 IC 是两个相反的概念。Lewerenz 等[204]认为 LLI 老化模式可在一定程度上由 DV 曲线沿坐标轴的偏移来反映。因此，本节提出了一种基于 DV 曲线的 LLI 老化模式量化方法，其计算公式为

$$LLI = \left| \frac{Q_{DV} - Q_{DV,1}}{Q_{DV,1}} \right| \tag{6.29}$$

式中，Q_{DV} 为 DV 曲线中变化最明显峰的容量值；$Q_{DV,1}$ 为 DV 曲线中变化最明显峰的容量初始值。基于 DV 曲线的 LLI 老化模式量化方法也能从时域的角度分析电池老化特性和老化模式的变化趋势。图 6.9 为 LLI 老化模式在 DV 曲线中的量化示意图。

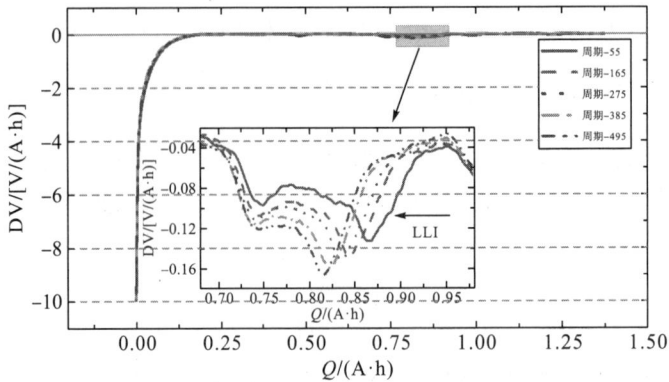

图 6.9　LLI 老化模式在 DV 曲线中的量化示意图

从图 6.9 中的放大示意图中可知，随着老化循环次数的增加，DV 曲线中变化最明显峰处的 DV 值和 LLI 值分别呈现下降趋势和左移趋势。

6.2.3　健康指标的相关性分析

在使用 NSA(negative selection algorithm，神经网络误差后传算法)-BP 模型进行锂电池 SOH 估算时，选择合适的健康指标是首要问题。为了提高 NSA-BP 模型的训练效率和 SOH 估算结果的精度，需要选择与电池 SOH 衰退紧密相关的健康指标作为神经网络的输入。选择的健康指标与 SOH 关联度越高，训练得到的结果越准确。在本节中，上述提取的多维储能锂电池健康指标用于作为一种非端到端神经网络 SOH 估算模型的输入序列。在本小节中，皮尔逊相关性分析(Pearson correlation analysis，PCA)方法和灰色关联度分析(grey relation analysis，GRA)方法被用来分析正、负极固相最大锂离子浓度、LLI参数变量以及 LAM 参数变量是否适合作为神经网络估算模型的输入参数。

1. 基于多维健康指标和 SOH 的 PCA 分析研究

PCA 方法被广泛用于检测两个连续性变量间的线性相关程度。其核心思想是计算出变量间的皮尔逊相关系数。皮尔逊相关系数被用来定量分析变量间的线性相关性，其值为变量间的协方差和标准差之商，具体计算公式为

$$\rho_{X,Y} = \frac{\text{cov}(X,Y)}{\sigma_X \sigma_Y} = \frac{E[(X-\mu_X)(Y-\mu_Y)]}{\sigma_X \sigma_Y}$$
$$= \frac{E(XY) - E(X)E(Y)}{\sqrt{E(X^2) - E^2(X)}\sqrt{E(Y^2) - E^2(Y)}} \tag{6.30}$$

式中，X 和 Y 为两个进行比较的序列；ρ 为皮尔逊相关系数；$\text{cov}(\cdot)$ 为协方差；μ 为算术平均值；σ 为标准差；E 为数学期望。在本节中，X 代表储能锂电池 SOH 随老化循环次数增加的变化序列，Y 代表正、负极固相最大锂离子浓度或老化模式随老化循环

次数增加的变化序列。PCA 方法虽然具有计算速度快等优点，但缺乏对非线性关系的表达。

2. 基于多维健康指标和 SOH 的 GRA 分析研究

由于 PCA 方法仅能表现序列间的线性相关性，对非线性关系很不敏感，因此，本小节引入了 GRA 方法。GRA 方法的核心思想是通过分析序列间的曲线相似情况来度量序列间的关联性大小，这是对 PCA 方法缺点的一个补充。两个序列变化的关联性大小被称为关联度，其与序列的变化趋势呈正相关。GRA 方法一共包括以下四个步骤。

(1)确定参考序列和比较序列。在本节中，参考序列为储能锂电池 SOH 随老化循环次数增加的变化序列，比较序列为正、负极固相最大锂离子浓度、LAM 以及 LLI 随老化循环次数增加的变化序列。参考序列和比较序列的表达式为

$$\begin{cases} X_i = \left\{ x_i(k) \mid k=1,2,\cdots,n \right\} \\ Y = \left\{ y(k) \mid k=1,2,\cdots,n \right\} \end{cases} \tag{6.31}$$

在式 (6.31) 中，X_i 和 Y 分别为比较序列和参考序列；i 为比较数列的序号，$i=1,2,\cdots$；k 为序列中的各点的序号；n 为序列长度。

(2)预处理化参考序列和比较序列。不同的数据量纲对 GRA 方法的分析结果会产生较大的影响，因此需要对序列中的数据进行无量纲化处理。本节选择均值化处理方法，具体表达式为

$$x_{\text{trans}} = \frac{x}{\text{mean}(X)} \tag{6.32}$$

式中，x 为序列中的某一个值；x_{trans} 为 x 经过无量纲化处理后的值；$\text{mean}(\cdot)$ 为算术平均值。

(3)计算参考序列与比较序列间的关联系数。因此，曲线间差值大小可作为关联程度的量化指标，关联系数的计算公式为

$$\begin{cases} \xi_i(k) = \dfrac{\min\limits_{i}\min\limits_{k} \Delta_i(k) + \rho \min\limits_{i}\min\limits_{k} \Delta_i(k)}{\Delta_i(k) + \rho \min\limits_{i}\min\limits_{k} \Delta_i(k)} \\ \Delta_i(k) = \mid y(k) - x_i(k) \mid \end{cases} \tag{6.33}$$

式中，i 为比较序列的序号数；k 为序列中的各点的序号数；$\Delta_i(k)$ 为参考序列与比较序列在 k 点处的绝对差值；ξ_i 为各比较序列与参考序列在各点的关联系数；ρ 为分辨系数。

(4)计算参考序列与比较序列的关联度。关联系数只能描述比较序列与参考序列在各点的关联程度值，无法用于序列间的整体相似性比较。因此，关联度的概念被提出，关联度即为在对应比较序列下关联系数的平均值。关联度的计算公式为

$$r_i = \frac{1}{n} \sum_{i=1}^{n} \xi_i(k), \quad (k=1,2,\cdots,n) \tag{6.34}$$

式中，i 为比较序列的序号数；k 为序列中的各点的序号数；n 为序列长度；r_i 为灰色关联度值，灰色关联度的值处于 0～1，且其值与序列间的关联性呈正相关。

6.3 储能电池簇的 SOH 估算

6.3.1 NSA-BP 模型的框架构建

1. NSA 算法的改进研究

模拟退火(simulated annealing，SA)的基本思想源于固体物质的退火过程，模拟达到最低能量时的状态为系统目标函数的最优解。该算法在搜寻过程中添加逃逸概率来引入劣质解，使得搜寻结果能够尽量避免局部最优，从而收敛于全局最优解。在 BP 网络中引入该算法可有效获取 BP 网络的最优初始参数。SA 算法的步骤如下所示。

(1) 对初始温度 T_0、初始解 S_0、马尔可夫链长度 L 以及总迭代次数 K_{max} 进行随机赋值，认为初始解 S_0 是初始最优解。

(2) 设置系统目标函数 C，在当前最优解 S 的临近子集内随机选择一个新解 S_{new}，并计算新解的目标函数 $C(S_{new})$。

(3) 计算目标函数的增量 ΔC，计算表达式为

$$\Delta C = C(S_{new}) - C(S) \tag{6.35}$$

(4) 根据梅特罗波利斯(Metropolis)准则，以概率 P 接受 S_{new} 作为目前温度下的系统最优解，否则维持原有的 S 为最优解。其中，概率 P 的计算公式为

$$P = \begin{cases} 1, & \Delta C < 0 \\ e^{-\frac{\Delta C}{T}}, & \Delta C > 0 \end{cases} \tag{6.36}$$

(5) 在当前温度 T 下进行 L 次迭代，进行步骤(2)～(4)的内循环。使当前温度 T 以一定速度下降，在经典 SA 算法中，温度一般设置为指数下降，具体表达式为

$$T_{new} = \lambda T, \quad 0 < \lambda < 1 \tag{6.37}$$

式中，λ 为温度下降系数；T 为更新前的温度；T_{new} 为更新一次后的新温度值。

(6) 更新温度后，进行步骤(2)～(6)的外循环，直至温度下降到设置的终止温度 T_{final}，输出当前解作为系统最优解。

在上述 SA 算法的步骤中，温度初值 T_0 和终值 T_{final} 需要根据具体实际问题进行赋值。指数降温的过程不快不慢，是经典 SA 算法中最常用的降温函数。指数降温的示意图如图 6.10 所示。

如图 6.10 所示，指数退火准则在温度下降初期的变化率过大，这不利于算法在初期以较大的温度寻求最优解，可能会导致寻优结果陷入局部最优。因此，本小节引入了一种非线性系数温度递减策略，并在此基础上提出了一种非线性系数温度递减步长模拟退火(nonlinear coefficient temperature decreasing simulated annealing，NSA)算法来克服上述问题。在 NSA 算法中，指数降温准则被替换为一种新颖的非线性系数的温度递减步长降

温准则，改进后的方法可以提高算法的搜索效率，也能尽可能地避免出现局部寻优的情况。NSA 算法中温度下降的表达式为

$$T = \frac{T_0 - T_{\text{final}}}{2} \cos \frac{\pi}{K_{\max}} K + \frac{T_0 + T_{\text{final}}}{2} \tag{6.38}$$

式中，T 为更新后的温度；T_0 为初始温度；T_{final} 为终止温度；$K_{\max}$ 为 NSA 算法的最大迭代次数；K 为当前迭代次数。非线性系数温度递减步长降温的示意图如图 6.11 所示。

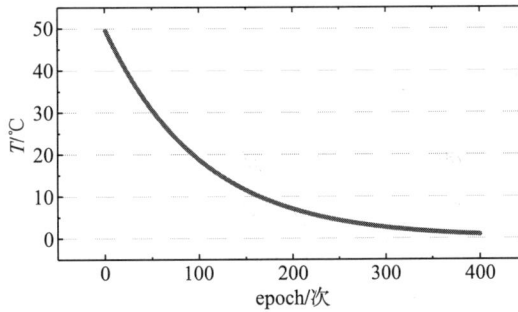

图 6.10 指数降温示意图

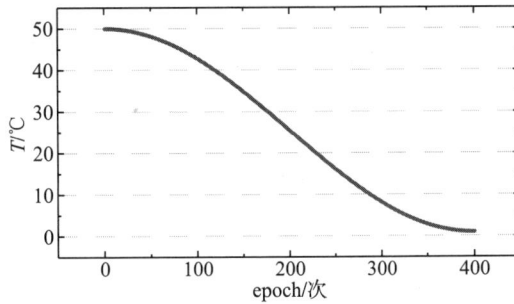

图 6.11 非线性系数温度递减步长降温示意图

从图 6.11 可知，该退火函数在初始时的温度递减速度缓慢，这有利于在初期以较大的温度探索最优解，在结束时的温度递减速度也较慢，这有利于在末期以较小的温度变化率进行小范围精确搜索。与 SA 算法的计算步骤相比，NSA 算法只需要将 SA 算法中的指数降温准则式(6.37)改进为非线性系数温度递减步长降温准则式(6.38)即可。

2. NSA 算法优化 BP 神经网络的研究

神经网络模型从仿生学的角度出发，模拟了动物大脑的结构和特性，对像锂电池这种非线性系统的描述具有很好的效果。神经网络源于动物的神经系统，具有容错率高、适应性强、抗干扰能力强以及自主学习能力强等优点。神经网络不需要对系统进行了解，它可以在训练过程中自动获取系统特征并通过学习模拟系统输入和输出的非线性映

射关系。神经网络的并行结构能使每个神经元都可根据收到的信息进行独立处理，这大幅提升了运行速度。BP 神经网络是一种简单且实用的神经网络模型，常应用于解决非线性系统问题的在线估算。由于电池内部的本质为电化学反应，因此电池属于一种高度复杂的非线性系统。本节采用以正、负极固相最大锂离子浓度、LLI 参数变量和 LAM 参数变量为输入参数的神经网络对电池映射进而实现电池 SOH 的估算。

BP 神经网络的特征主要由其结构及学习规则决定。BP 神经网络在结构上是一个前向反馈学习神经网络，信号和误差分别在该网络中进行正向传播和反向传播。其中，反向传播的误差被用来调整各神经元之间的权重，以在多次迭代后达到预期输出值。本节选择的网络结构示意图如图 6.12 所示。

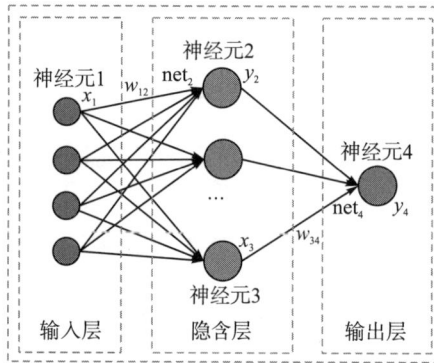

图 6.12　三层 BP 神经网络结构示意图

从图 6.12 中可以看出，BP 神经网络模型包括输入层、隐含层和输出层。神经元是神经网络模型中的基本结构，它包含了连接链、加法器以及传递函数的信息。神经元的状态能在很大程度上决定输出值。BP 神经网络相邻层间的输入与输出关系如式(6.39)所示：

$$\begin{cases} \mathrm{net}_j = \sum_{i=1}^{n} w_{ij} x_i - \theta \\ y_j = f\left(\mathrm{net}_j\right) \end{cases} \tag{6.39}$$

式中，x_i 为从神经元 i 传来的信号或是来自外部的信息；w_{ij} 为从神经元 i 到神经元 j 的连接权值；x_i 与 w_{ij} 的乘积为神经元 i 到神经元 j 的输入值，即为上文所述的连接链；θ 为神经元内部阈值；$f(\cdot)$ 为传递函数；net_j 为经过权重计算后神经元 j 的输入值；y_j 为经过 BP 神经网络映射后神经元 j 的输出值；n 为连接到神经元 j 的神经元数。BP 神经网络的代价函数常为平方误差函数，如式(6.40)所示：

$$E = \frac{1}{2} \sum_{k=1}^{N} \left(y_{t,k} - y_{\mathrm{BP},k}\right)^2 \tag{6.40}$$

式中，E 为系统输出的总误差；k 为样本的编号；N 为输出层的神经元个数。当式(6.39)中的 i 和 j 分别代表隐含层和输出层的神经元时，$y_{t,k}$ 即为 y_j。在反向传播过程中，正向传播的误差可通过学习规则来更新各层权值，直到误差达到阈值。学习规则是神经元间权重大小的更新规则，包括固定记忆学习方法、无监督学习方法和有监督学习方法。固定记忆学习方法中的连接权值是不变的，因此对应的模型精度低。无监督学习方法中的连接权值会自主调节，但不受反馈信号影响。在有监督学习方法中，会设置一种评价标准作为学习规则，通过反馈信息调节连接权值，以提升模型精度。常见的学习规则包括梯度下降法、拟牛顿法以及利文贝格-马夸特(Levenberg-Marquardt)法等。采用不同的学习规则，对应的权值变化量的计算公式也有所不同。BP 神经网络的训练流程图如图 6.13所示。

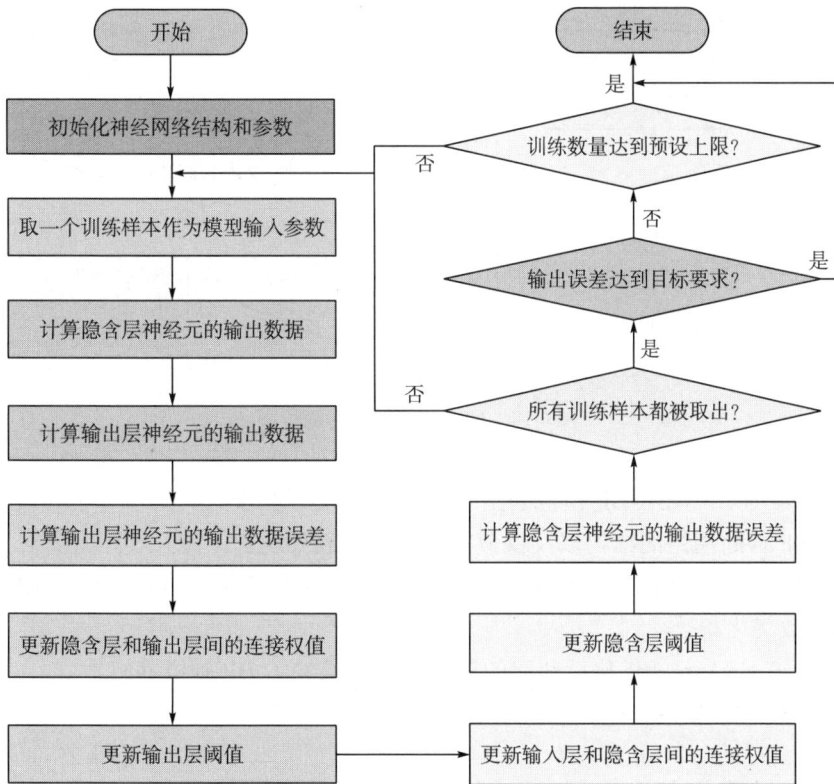

图 6.13　BP 神经网络训练流程图

　　从图 6.13 可看出，在全部训练样本都被取出后，BP 神经网络的输出数据误差和最大训练次数决定了该网络是否停止。除此之外，图 6.13 还展示了反馈的信息可以帮助 BP 神经网络不断更新连接权值以及阈值。由于 BP 神经网络随机生成的初始网络参数不同会对整个网络的训练造成不同的影响，因此，本节引入了前文描述的 NSA 算法来搜索最优初始参数。NSA 算法在 NSA-BP 模型中的主要作用是对 BP 神经网络初始参数进行优化，并将迭代更新后得到的最优初始参数作为 BP 神经网络训练的新起点。NSA-BP 模型的流程图如图 6.14 所示。

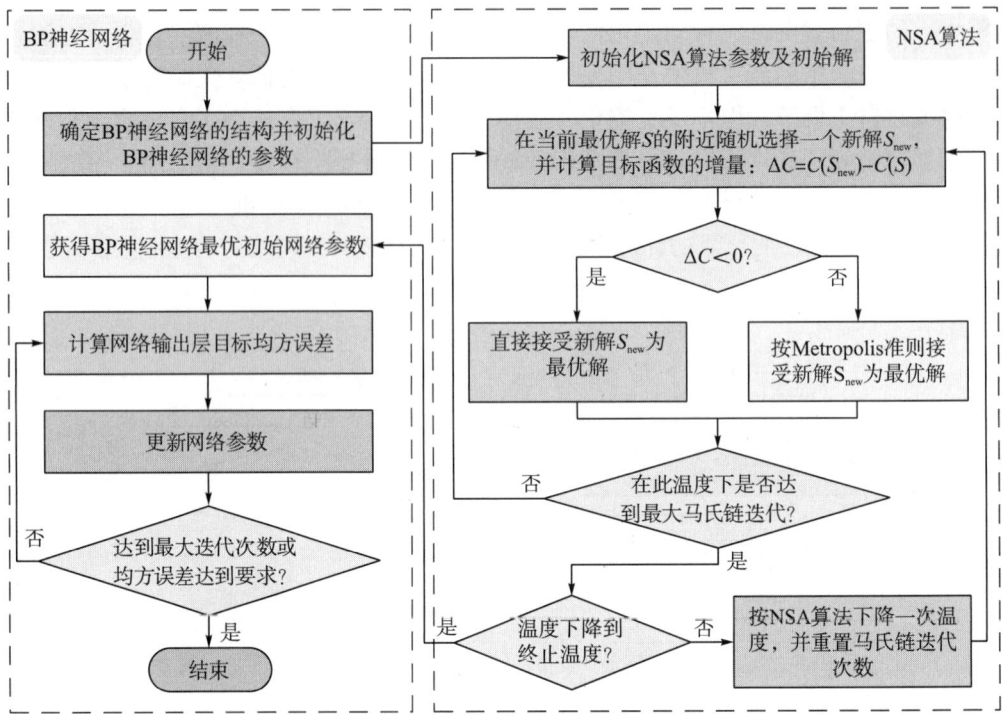

图 6.14　NSA-BP 模型的流程图

从图 6.14 可知，NSA-BP 模型的主要流程包括以下步骤。

(1) 对 BP 神经网络的结构以及权值等参数进行初始化。

(2) 将 BP 神经网络模型初始参数作为 NSA 算法中的待优化目标，进行 BP 神经网络模型初始参数优化。

(3) 将通过 NSA 算法优化后获取的最优网络参数输入 BP 神经网络。

(4) 对 NSA-BP 模型进行训练和测试。

6.3.2　基于健康指标和 NSA-BP 模型的 SOH 估算策略

1. 基于 NSA-BP 模型的 SOH 估算流程

要研究基于 NSA-BP 模型的 SOH 估算方法，首先需要了解储能锂电池 SOH 的定义方法。在第 1 章中提到，SOH 的容量定义法更适合新型储能系统。因此，本节采用此方法进行 SOH 的计算，具体计算公式为

$$\mathrm{SOH} = \frac{Q}{Q_{\mathrm{rate}}} \tag{6.41}$$

式中，Q 为储能锂电池的当前容量；Q_{rate} 为储能锂电池的额定容量。

根据式 (6.41) 在获得电池的额定容量和在某老化循环下的容量后，即可获得此循环

下的 SOH。由于在 NSA-BP 模型中，每个单体的 SOH 被作为该模型的输出数据，因此，在计算出每个单体在不同老化循环下的 SOH 后，即可获得每个单体的 SOH 衰减序列。将该序列作为 NSA-BP 模型的输出数据，同时将与 SOH 强相关的参数序列作为 NSA-BP 模型的输入数据，即可训练得到网络的权重等参数。其中，在低倍率恒流老化工况下，输入的参数序列包括正极固相最大锂离子浓度、负极固相最大锂离子浓度、活性锂离子损失以及活性材料损失。在变倍率恒流老化工况下，输入的参数序列包括正极固相最大锂离子浓度以及负极固相最大锂离子浓度。记录网络的参数并进行模型的测试，即可获得其他状态下储能锂电池单体的 SOH。此外，由于本书针对的目标是储能锂电池簇，在获得单体 SOH 后，需要计算整簇的 SOH。本节中储能锂电池簇采用的模型是将单体进行串联的多单体模型，而电池串联只增大整体电压，不增大整体容量。因此，为避免单体 SOH 过小引起的整体性能缺陷，定义储能锂电池簇的 SOH 为单体中最小的 SOH，具体计算公式为

$$SOH_p = \min(SOH_1, SOH_2, \cdots, SOH_n) \tag{6.42}$$

式中，n 为储能电池簇中单体的个数；SOH_n 为第 n 个单体的 SOH；SOH_p 为储能电池簇整体的 SOH。通过以上研究，可绘制出基于 NSA-BP 模型的储能锂电池簇 SOH 估算流程图，如图 6.15 所示。

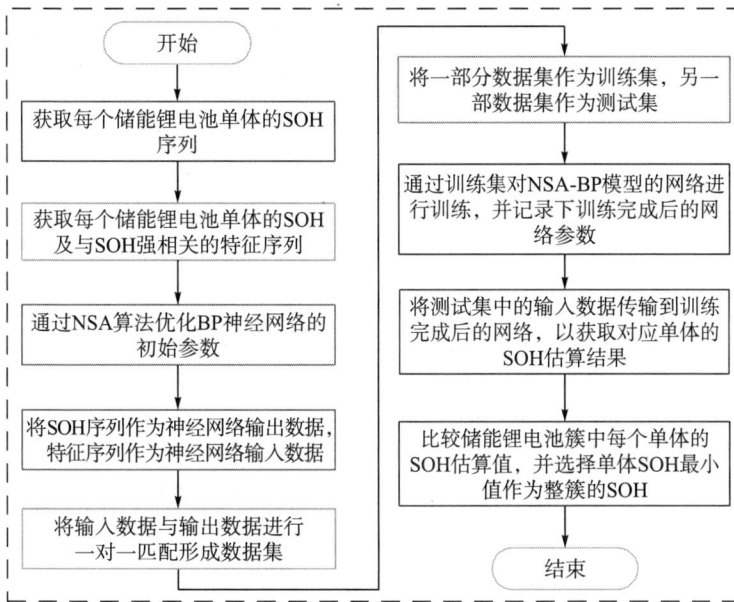

图 6.15　基于 NSA-BP 模型的储能锂电池簇 SOH 估算流程图

如图 6.15 所示，在储能锂电池簇 SOH 估算流程中，首先需要获取 SOH 及与 SOH 强相关的参数序列，并将之分别作为估算模型的输出数据和输入数据。其中，将输入数据与输出数据进行一对一匹配，形成包括训练集和测试集的数据集。其次，需要通过 NSA 算法对 BP 神经网络的初始参数进行优化，以增强神经网络模型的估算性能。然后

通过训练集对 NSA-BP 模型的网络进行训练，并记录下训练完成后的网络参数。最后需要将测试集中的输入数据传输到训练完成后的网络，以获取模型的 SOH 估算结果。

2. 基于健康指标和 NSA-BP 模型的 SOH 估算模型建立

结合 ESP 模型的建立、多单体模型的建立、CCPSO 参数辨识算法、基于 IC-DV 的老化模式量化方法、PCA 方法、GRA 方法、NSA-BP 模型以及电池簇 SOH 的定义，本节提出的储能锂电池簇 SOH 估算模型框架图如图 6.16 所示。

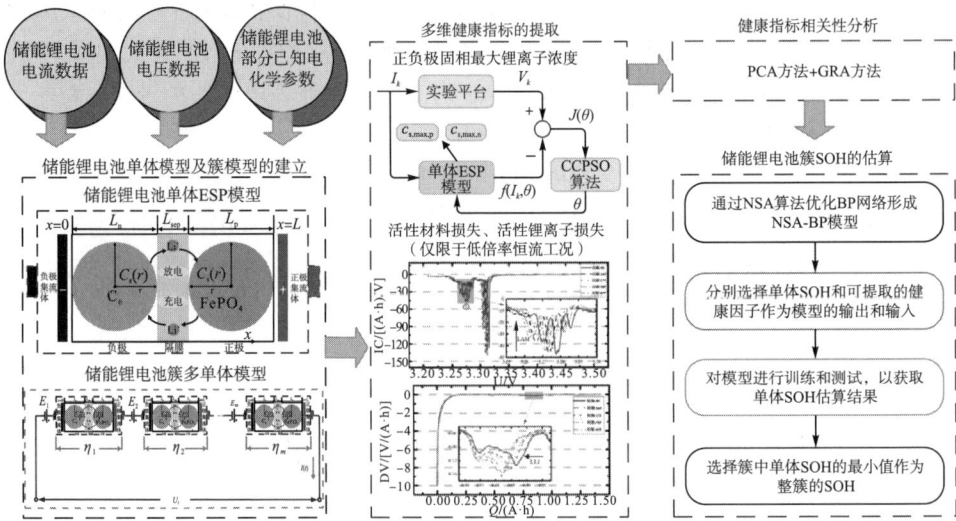

图 6.16　储能锂电池簇 SOH 估算模型框架图

从图 6.16 可以看出，本节提出的储能锂电池簇 SOH 估算算法同时考虑到了电池的内部电化学反应和老化反应。在此基础上，有效提取与 SOH 关联度高的参数作为 NSA-BP 神经网络模型的输入数据来进行模型训练，以获取电池老化过程中的 SOH 序列。

6.4　储能典型工况下电池模型和 SOH 估算验证

6.4.1　健康指标提取及相关性分析结果

1. 储能典型工况聚类

由于本实验模拟的环境为储能典型环境，因此本节中所有单体及电池簇的实验工况应为储能典型工况。根据某储能站实际工况数据的获取结果可知，在不同的需求下，储能站的工况有所不同。获取的具体储能典型工况如图 6.17 所示。

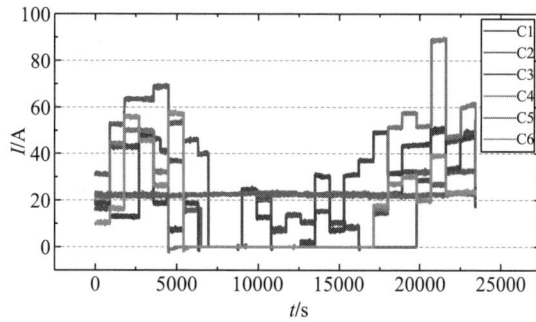

图 6.17　某储能站实际工况

C1～C6 分别代表工况 1～工况 6

从图 6.17 可看出，工况间的特征存在差异，因此应该将储能典型工况进行聚类。聚类的目的是通过寻找样本间的内在联系将具有相似特征的工况进行合并。在进行聚类之前，需要先对数据进行无量纲化处理，本节选择与 K 均值聚类(K-means)法对储能典型工况进行聚类。K-means 法的优化目标为使误差平方和(sum of squared error，SSE)最小以及轮廓系数最大，其中，误差平方和的表达式为

$$\begin{cases} \mathrm{SSE} = \sum_{j=1}^{K} \sum_{x \in C_j} \left\| x - \mu_j \right\|_2^2 \\ \mu_j = \dfrac{1}{\left| C_j \right|} \sum_{x \in C_j} x \end{cases} \tag{6.43}$$

式中，x 为样本坐标；j 为第 j 类簇；K 为簇类总数；C 为簇；μ_j 为簇 C_j 的簇类中心均值。在应用 K-means 法进行聚类时，需要提前给定一个确定的簇类数值。此外，本节评价 K-means 法聚类结果优越性的另一个指标为最大化轮廓系数。更小的 SSE 以及更大的轮廓系数能反映更精细的样本划分与效果更好的聚类结果。轮廓系数的表达式为

$$\begin{cases} S = \dfrac{1}{n} \sum_{i=1}^{n} S(i) \\ S(i) = \dfrac{b(i) - a(i)}{\max\{a(i), b(i)\}} \end{cases} \tag{6.44}$$

式中，$a(i)$ 为样本 i 到其簇中其他样本的平均距离；$b(i)$ 为样本 i 到其邻簇内所有样本的最小平均距离；$S(i)$ 为样本 i 的轮廓系数；S 为整体的轮廓系数。

对于本节中所获取的实际储能站工况而言，用于聚类的工况特征向量包括放电时的最长恒流时间以及电流大阶跃次数。其中，所有工况曲线都需要进行平滑处理才能进行聚类分析。结合工况数以及上述提取的两类特征向量，可以形成 6×2 的样本集，然后通过 K-means 法对储能典型工况进行聚类。算法中随簇类数变化的 SSE 和轮廓系数如图 6.18 所示。

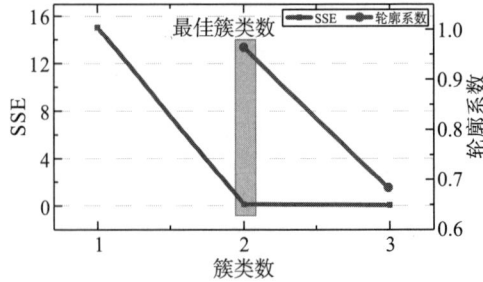

图 6.18　储能典型工况在不同簇类数下的 SSE 及轮廓系数

从图 6.18 中可知，随着簇类数的增加，SSE 不断降低，当簇类数从 1 变化到 2 时，SSE 幅值明显下降，显然，簇类数为 2 时达到 SSE 曲线的肘部；轮廓系数的变化和簇类数值没有显示线性关系，但是可以看到的是簇类数为 2 时的轮廓系数最大。虽然图 6.18 中在簇类数为 3 时的 SSE 稍低于簇类数为 2 处，但是结合轮廓系数的变化可以看出，簇类数为 2 时，整体效果最佳。因此，对于储能典型工况，其最佳簇类数目为 2。具体簇类情况如表 6.1 所示。

表 6.1　不同簇类数所对应工况表

簇类数	工况类型
1	工况 1、工况 2、工况 3、工况 4、工况 6
2	工况 5

通过分析可知，聚类后的储能典型工况可分为低倍率恒流储能工况以及变倍率储能工况。由于本节中的储能锂电池单体或储能锂电池簇需要进行循环老化实验，因此，本节中所有储能锂电池的实验工况都需要对聚类后的两种工况进行循环。具体地，本实验选择平滑且等比缩小的工况 5 和部分工况 6 分别作为恒流储能工况和变倍率储能工况。

2. 电化学参数辨识结果

为了建立具体的 ESP 模型以辨识参数，需要获取正负极开路电压的表达式。负极开路电压的表达式采用经验表达式。通过低倍率恒流实验，正极开路电压的表达式可结合经验表达式及 SP 模型仿真端电压之差获得。因此，本节中储能锂电池单体的正负极开路电压表达式为

$$
\begin{cases}
E_n(\theta_n) = 0.6379 + 0.5416e^{-305.5309\theta_n} + 0.044\tanh\left(\dfrac{-(\theta_n - 0.1958)}{0.1088}\right) - 0.1978\tanh\left(\dfrac{\theta_n - 1.0571}{0.0854}\right) \\
\qquad\quad -0.6875\tanh\left(\dfrac{\theta_n + 0.0117}{0.0529}\right) - 0.0175\tanh\left(\dfrac{\theta_n - 0.5692}{0.0875}\right) \\
E_p(\theta_p) = 509.0485\theta_p^8 - 2584.6784\theta_p^7 + 5232.1118\theta_p^6 - 5526.454\theta_p^5 + 3311.6219\theta_p^4 \\
\qquad\quad -1138.2716\theta_p^3 + 214.7627\theta_p^2 - 19.7519\theta_p + 4.0857
\end{cases}
$$

$$(6.45)$$

根据式 (6.45)，可以得到储能锂电池的正、负极开路电压 (E) 分别随正、负极的电极利用率 (θ) 变化的曲线，如图 6.19 所示。

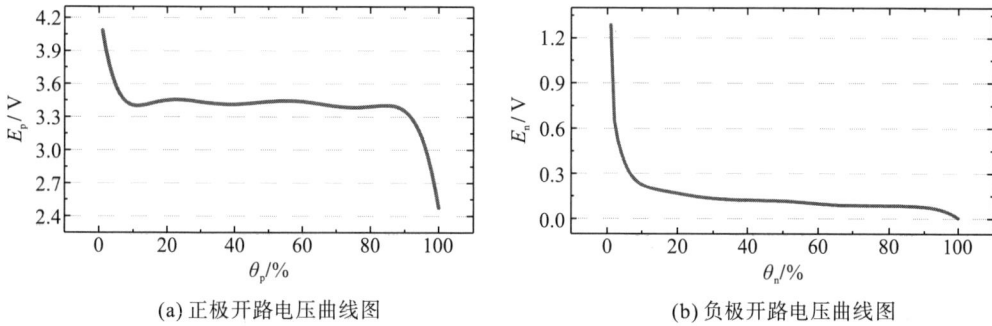

图 6.19 正、负极开路电压曲线图

除了正、负极开路电压表达式外，构建 ESP 模型还需要获取一些常数以及部分电池内部的电化学参数和结构参数[205-208]。本节中使用的储能锂电池 ESP 模型中部分相关参数值如表 6.2 所示。

表 6.2　储能锂电池 ESP 模型部分相关参数值 (25℃)

参数	符号	数值
活性粒子半径/m	$R_{s,p}/R_{s,n}$	$3.65\times10^{-8}/3.5\times10^{-6}$
固相扩散系数/(m^2/s)	$D_{s,p}/D_{s,n}$	$1.18\times10^{-18}/2\times10^{-14}$
液相扩散系数/(m^2/s)	$D_{e,p}/D_{e,n}$	$4.97\times10^{-9}/4.97\times10^{-9}$
固相体积分数	$\varepsilon_{s,p}/\varepsilon_{s,n}$	0.56/0.5
液相体积分数	$\varepsilon_{e,p}/\varepsilon_{e,n}/\varepsilon_{e,sep}$	0.3/0.3/1
极板厚度/m	$L_p/L_n/L_{sep}$	$70\times10^{-6}/34\times10^{-6}/16\times10^{-6}$
液相锂离子电导率	$\kappa_p/\kappa_n/\kappa_{sep}$	0.265/0.183/0.168
极板有效面积/m^2	A_p/A_n	0.17/0.17
SEI 膜欧姆内阻/(Ω/m^2)	$R_{SEI,p}/R_{SEI,n}$	0.001/0.001
平均电极反应率常数/$(m^{2.5}mol^{-0.5}s^{-1})$	k_p/k_n	$3\times10^{-11}/8.19\times10^{-12}$
初始液相锂离子浓度/(mol/m^3)	$c_{e,0,p}/c_{e,0,n}$	1000/1000
初始固相表面锂离子浓度/(mol/m^3)	$c_{s,surf,0,p}/c_{s,surf,0,n}$	3900/14870
法拉第常数/(C/mol)	F	96487
普适气体常数/$[J/(mol\cdot K)]$	R	8.314
电池温度/K	T	298.15
液相锂离子迁移系数	t_+	0.363

将表 6.2 所示的参数实际值或参考值代入储能锂电池 ESP 单体模型中，即可得到一个只关于正、负极固相最大锂离子浓度的电池端电压表达式。在本节中，标准 PSO 算法

和 CCPSO 算法被用来获取和对比正负极固相最大锂离子浓度的辨识结果，以阐明 CCPSO 算法的优越性。在本节中，标准 PSO 算法和 CCPSO 算法中的相关参数赋值情况如表 6.3 所示。

表 6.3 辨识算法的参数赋值

参数	符号	数值或范围
固相最大锂离子浓度/(mol/m^3)	$c_{s,max,p}/c_{s,max,n}$	$[16000,27000]/[25000,36000]$
参数维度	d	2
最大迭代次数	k_{iter}	100
粒子在每一维的初始速度	$v_{i,0}$	1000 ± 100
标准 PSO 算法中权重因子的最值	w_{max}/w_{min}	0.9/0.4
CCPSO 算法中第一个子粒子的权重因子最值	$w_{max,1}/w_{min,1}$	0.9/0.7
CCPSO 算法中第二个子粒子的权重因子最值	$w_{max,2}/w_{min,2}$	0.6/0.4
学习因子	c_1/c_2	2/2
子种群类别/个	M	4
标准 PSO 算法粒子群规模/个	N_1	20
CCPSO 算法粒子群规模/个	N_2	10

由于单体 1 只进行一次 0.1 C 恒流满充满放测试实验，且对单体 1 进行该实验的主要目的是协助获取储能锂电池的正极开路电压表达式，因此不需要对单体 1 进行电化学参数识别、老化模式量化、健康指标相关性分析、电池模型验证以及 SOH 估算方法验证。而单体 2、簇 1 和簇 2 中的电化学参数被用来进行后续神经网络模型的训练及测试，因此相关辨识过程应该被详细描述。

在本节中，首先采用标准 PSO 算法对 ESP 模型的电化学参数进行辨识，然而辨识目标适应度的收敛值有时较大，且在同一老化循环下的多次参数辨识结果存在较大差异。因此，为了减小以上缺点带来的计算误差，本节采用了一种 CCPSO 算法。为凸显 CCPSO 算法的改进效果，本节将该算法和标准 PSO 算法的辨识目标适应度值变化情况进行对比分析。由于每簇中单体数量较多，因此分别随机挑选簇 1 和簇 2 中的某一单体进行适应度值分析。在单体 2 以及簇 1 和簇 2 中随机挑选的两个单体中，第一个老化循环和最后一个老化循环使用标准 PSO 算法和 CCPSO 算法的辨识目标适应度，如图 6.20 所示。

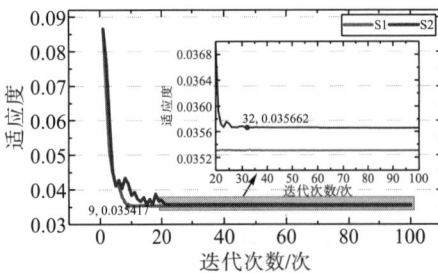

(a) 单体2在第一个循环的适应度值   (b) 单体2在最后一个循环的适应度值

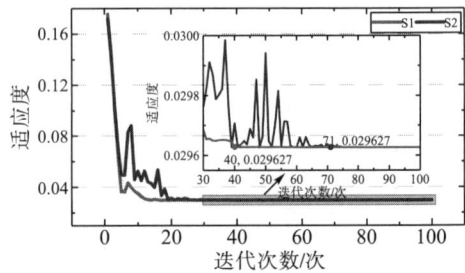

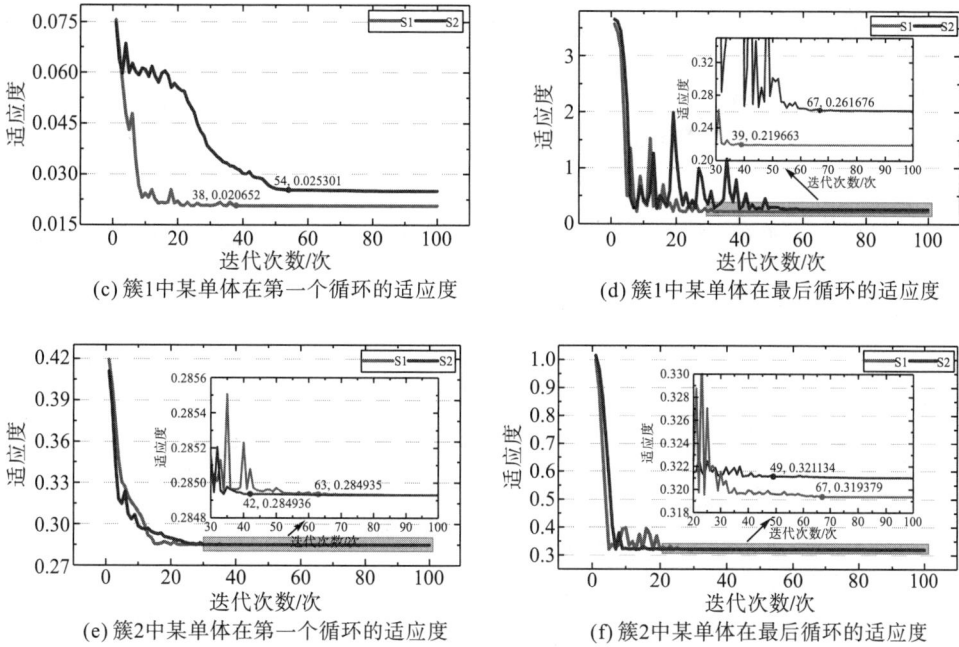

(c) 簇1中某单体在第一个循环的适应度

(d) 簇1中某单体在最后循环的适应度

(e) 簇2中某单体在第一个循环的适应度

(f) 簇2中某单体在最后循环的适应度

图 6.20　辨识目标适应度曲线对比图

S1 和 S2 分别代表 CCPSO 算法和标准 PSO 算法

从图 6.20 中可知，在收敛到最优解的过程中，CCPSO 算法的表现结果比标准 PSO 算法的更佳，且 CCPSO 算法对应的最优适应度更小。以图 6.20(c) 为例，适应度在改进前后分别迭代 54 次和 38 次趋近于收敛，对应的适应度分别为 0.025301 和 0.020652，这说明改进后的算法能尽可能摆脱局部最优。以上讨论验证了 CCPSO 算法的优越性。在储能锂电池簇 SOH 连续衰减到 80% 的过程中，使用 CCPSO 算法得到的单体 2、簇 1 中每个单体和簇 2 中每个单体的电化学参数辨识结果如图 6.21 所示。

从图 6.21 中可以看出，随着电池的老化，每个实验单体的 $c_{s,max,p}$ 和 $c_{s,max,n}$ 都呈现递减的趋势。此外，从图 6.21 中还可得知，在同一个簇中，储能锂电池单体间存在较小的不一致性，导致单体间的衰减情况有微小差距。其中，储能锂电池老化后期的差异比新电池的差异明显更大。

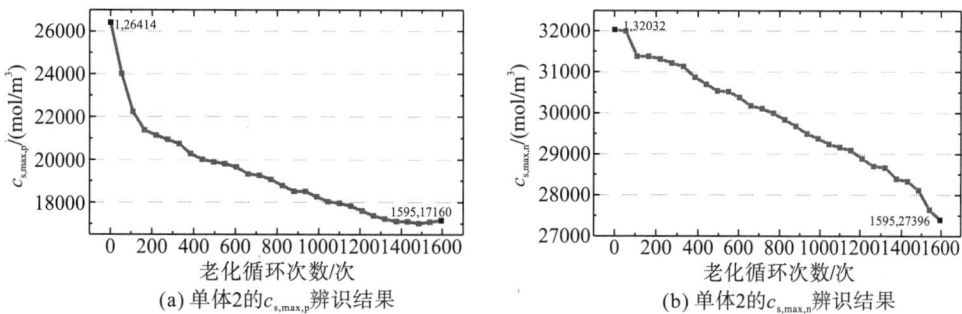

(a) 单体2的 $c_{s,max,p}$ 辨识结果

(b) 单体2的 $c_{s,max,n}$ 辨识结果

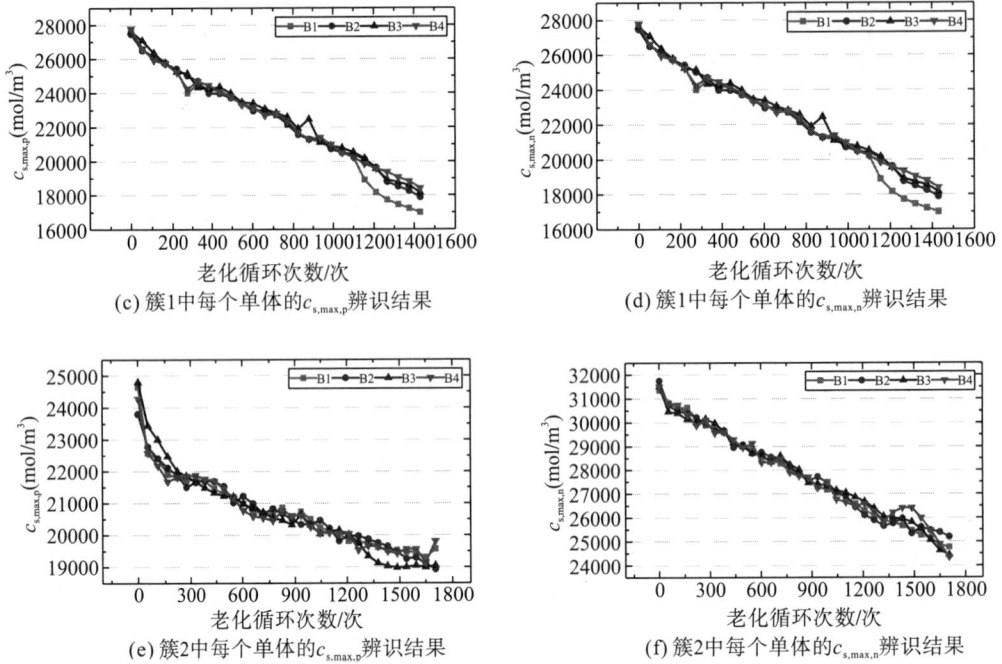

(c) 簇1中每个单体的$c_{s,max,p}$辨识结果

(d) 簇1中每个单体的$c_{s,max,n}$辨识结果

(e) 簇2中每个单体的$c_{s,max,p}$辨识结果

(f) 簇2中每个单体的$c_{s,max,n}$辨识结果

图 6.21　电化学参数辨识结果图

B1~B4 代表簇 1 和簇 2 中的 4 个单体

3. 老化模式量化结果

量化 LAM 和 LLI 需要用到由低倍率恒流工况得到的 IC 曲线和 DV 曲线。在本节中，IC 曲线中取的恒定 ΔU 为 0.001V，DV 曲线中取的恒定 ΔQ 为 0.002A·h。值得注意的是，在低倍率恒流工况下才能使用 IC-DV 方法量化 LAM 和 LLI。因此，在单体 2 和簇 1 的老化循环过程中，单体 2 和簇 1 中每个单体的 LAM 量化结果曲线以及 LLI 量化结果曲线如图 6.22 所示。

LAM 和 LLI 都是引起电池老化的主要原因。从图 6.22 中可看出，在电池的老化过程中，LAM 和 LLI 的量化结果在数值上相差不大，且都在电池老化后期有一个增大的趋势。由于 LAM 和 LLI 的量化曲线变化趋势与容量衰减趋势相反，因此在计算相关度与使用神经网络模型估算 SOH 时，取其负值进行相关分析。

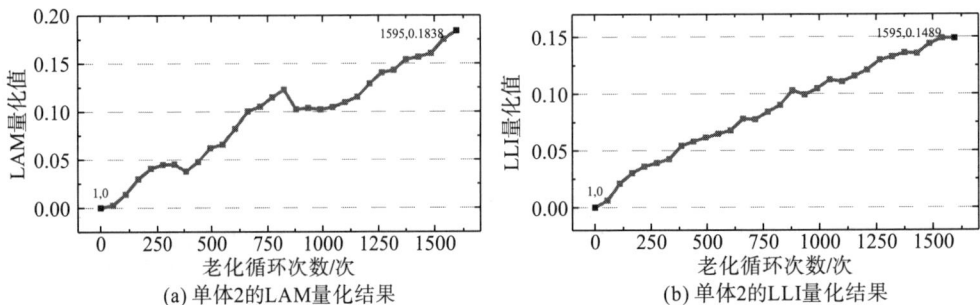

(a) 单体2的LAM量化结果

(b) 单体2的LLI量化结果

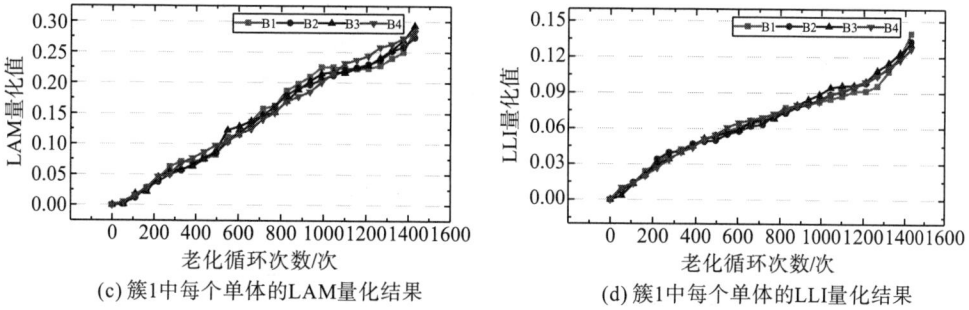

(c) 簇1中每个单体的LAM量化结果　　　　　　(d) 簇1中每个单体的LLI量化结果

图 6.22　老化模式量化结果图

B1～B4 代表簇 1 和簇 2 中的 4 个单体

4. 健康指标相关性分析结果

单体 2 的初始最大容量为 2.287A·h，簇 1 中每个单体的初始最大容量分别为 2.293A·h、2.289A·h、2.297A·h、2.306A·h，簇 2 中每个单体的初始最大容量分别为 2.294A·h、2.305A·h、2.291A·h、2.288A·h。单体2、簇1、簇2 分别经历 1595 次、1430 次、1705 次老化循环后，电池容量刚好退化到额定容量的 4/5 以下。当电池容量退化至额定容量的 4/5 以下时，停止单体或簇的老化实验。在老化循环过程中，由多次容量测试实验可得到每个实验单体的容量衰减曲线，从而利用单体 SOH 的容量定义法获取每个实验单体的 SOH 衰退曲线。单体 2、簇 1 中每个单体和簇 2 中每个单体的容量衰减曲线及 SOH 衰退曲线如图 6.23 所示。

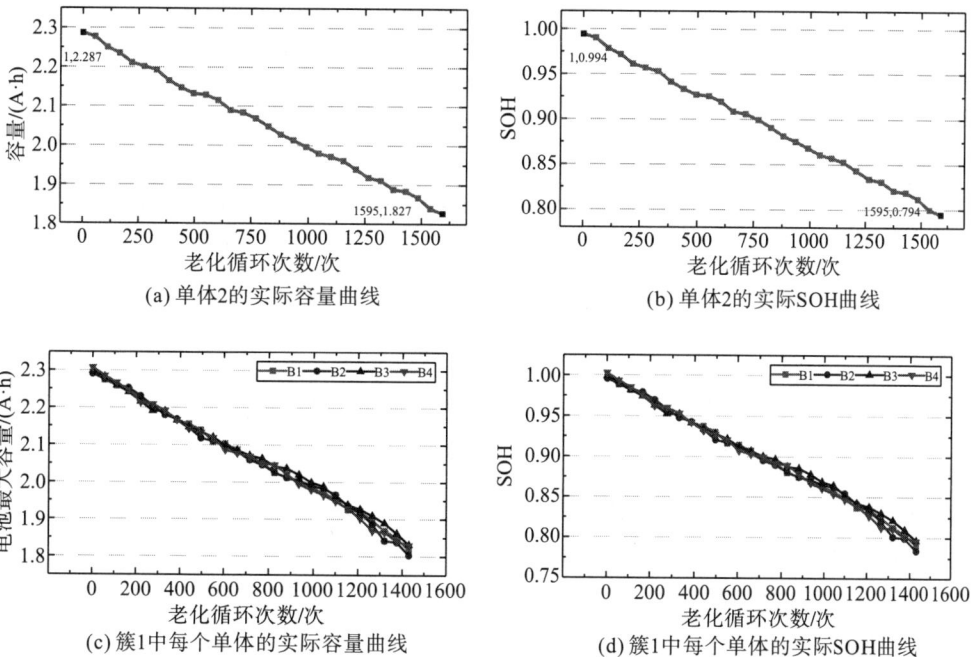

(a) 单体2的实际容量曲线　　　　　　(b) 单体2的实际SOH曲线

(c) 簇1中每个单体的实际容量曲线　　　　　　(d) 簇1中每个单体的实际SOH曲线

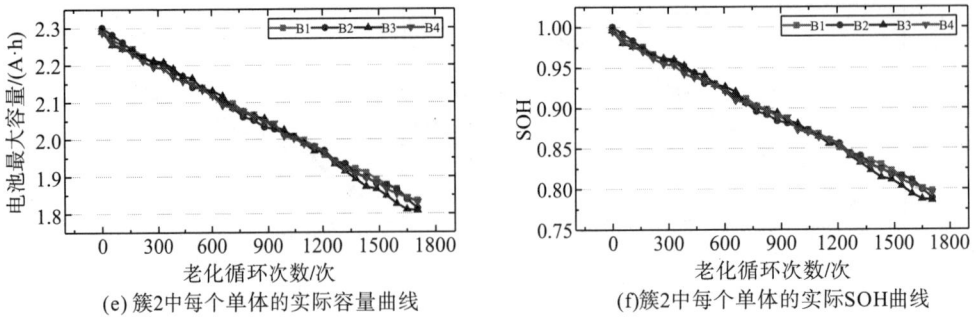

(e)簇2中每个单体的实际容量曲线 (f)簇2中每个单体的实际SOH曲线

图6.23 实际容量曲线及实际SOH曲线图

B1~B4代表簇1、簇2中的4个单体

为了分析 $c_{s,max,p}$、$c_{s,max,n}$、LAM、LLI 和电池 SOH 曲线的关联性或相关性，本节将以上四个健康指标的曲线作为比较序列，电池 SOH 的曲线作为参考序列，分别采用 PCA 方法和 GRA 方法分析序列间的相关系数和关联度，以评价 $c_{s,max,p}$、$c_{s,max,n}$、LAM、LLI 与电池容量之间的相关性。在 GRA 方法中，分辨系数的取值为 0.5。单体 2、簇 1 中每个单体和簇 2 中每个单体的上述健康指标与对应单体 SOH 间的皮尔逊相关系数和灰色关联度如表 6.4 所示。

表 6.4 健康指标的皮尔逊相关系数和灰色关联度

单体		皮尔逊相关系数				灰色关联度			
		$c_{s,max,p}$	$c_{s,max,n}$	LLI	LAM	$c_{s,max,p}$	$c_{s,max,n}$	LLI	LAM
单体 2		0.9160	0.9960	0.9955	0.9737	0.5016	0.8490	0.7665	0.8208
簇 1 中单体	B1	0.9900	0.9219	0.9834	0.9836	0.7752	0.5534	0.7112	0.7708
	B2	0.9950	0.9882	0.9915	0.9862	0.5999	0.6216	0.7048	0.6788
	B3	0.9939	0.9807	0.9950	0.9901	0.7383	0.4661	0.7896	0.7916
	B4	0.9921	0.9758	0.9914	0.9964	0.6805	0.5263	0.7198	0.8238
簇 2 中单体	B1	0.9329	0.9990	/	/	0.5319	0.8756	/	/
	B2	0.9733	0.9880	/	/	0.5866	0.6338	/	/
	B3	0.9361	0.9921	/	/	0.5158	0.8131	/	/
	B4	0.9329	0.9821	/	/	0.5529	0.8282	/	/

从表 6.4 中可以看出，上述健康指标与 SOH 的相关性都较高。值得注意的是，上述四种健康指标能增强 SOH 神经网络估算模型的通用性。将电压、电流以及循环次数作为健康指标时只能满足某一工况下的 SOH 估算[209]。而基于 $c_{s,max,p}$ 和 $c_{s,max,n}$ 的模型可以针对多种复杂工况提供准确的估计，基于 LLI 和 LAM 的模型能在多种低倍率恒流工况下有效估算 SOH。

6.4.2　低倍率恒流储能老化工况下的估计结果

1. ESP 模型及多单体模型验证

首先采用电化学参数参考值[205-208]对低倍率恒流储能老化工况下的单体进行建模。由于单体 2 和簇 1 处于低倍率恒流储能老化工况，因此选择单体 2 和簇 1 中的某单体进行该工况下的 SP 模型与 ESP 模型仿真性能对比。在单体 2 和簇 1 中某单体的第一次老化循环下，实际端电压以及两种仿真模型模拟端电压曲线如图 6.24 所示。

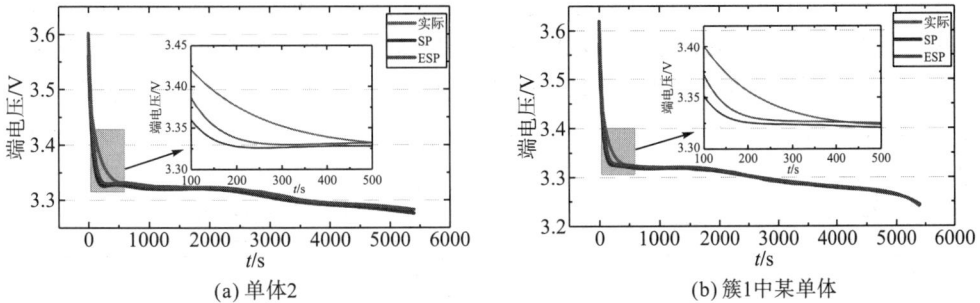

图 6.24　单体 2 和簇 1 中某单体在第一次循环下的实际及模拟端电压曲线

由图 6.24 可知，SP 模型和 ESP 模型在低倍率恒流工况下的模拟效果都较好。具体来说，在图 6.24 中，单体 2 以及簇 1 中某单体的两种模型端电压 MAE 如表 6.5 所示。

表 6.5　两种模型的端电压 MAE　　　　　　　　　　（单位：V）

单体	单体 2 (SP 模型)	单体 2 (ESP 模型)	簇 1 中某单体 (SP 模型)	簇 1 中某单体 (ESP 模型)
MAE	0.0064	0.0036	0.0032	0.0030

由表 6.5 可知，在低倍率恒流老化工况下，ESP 模型的仿真性能更好。单体 2、簇 1 中某单体以及簇 1 整体在部分老化循环下的端电压曲线如图 6.25 所示。

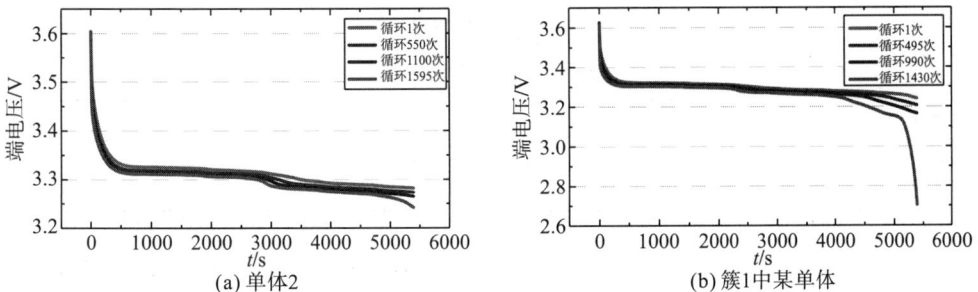

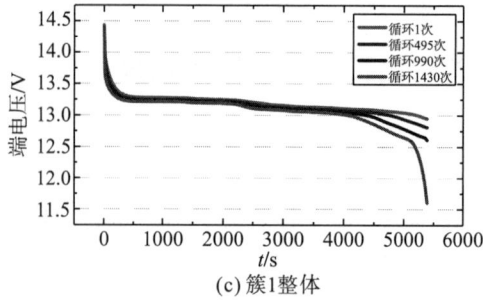

(c) 簇1整体

图 6.25　单体 2 和簇 1 在部分老化循环下的端电压曲线

由于老化循环次数较多，本节只选择老化的第一次循环和最后一次循环进行模型验证。相关单体或簇的端电压及其误差如图 6.26 所示。值得注意的是，在图 6.26 和图 6.24 中，仿真模型中的正、负极固相最大锂离子浓度分别是 CCPSO 算法辨识结果以及参考值。

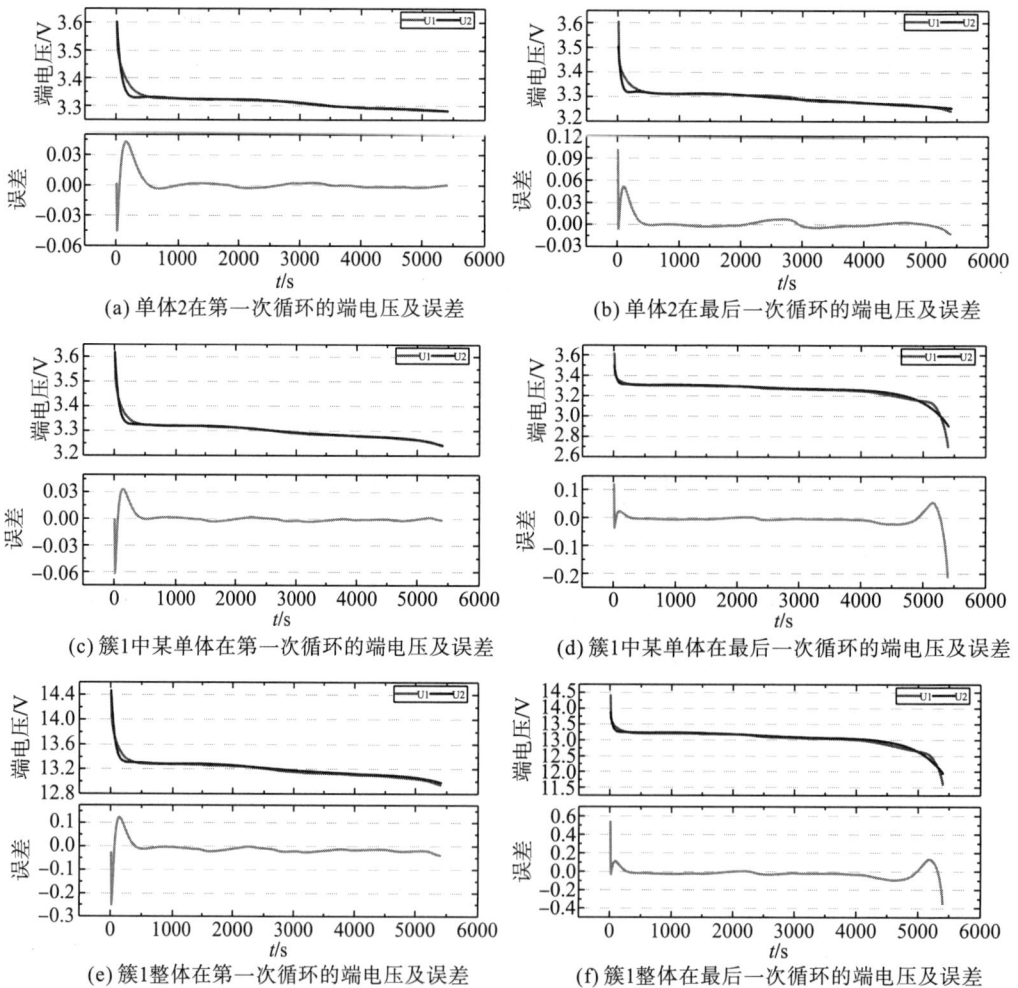

(a) 单体2在第一次循环的端电压及误差

(b) 单体2在最后一次循环的端电压及误差

(c) 簇1中某单体在第一次循环的端电压及误差

(d) 簇1中某单体在最后一次循环的端电压及误差

(e) 簇1整体在第一次循环的端电压及误差

(f) 簇1整体在最后一次循环的端电压及误差

图 6.26　单体 2 及簇 1 的 ESP 模型验证曲线

U1 代表实际端电压，U2 代表 ESP 模型或 ESP-MCM 仿真端电压比较图 6.26 中的 (a) 与 (b)，或 (c) 与 (d)，或 (e) 与 (f) 可知，衰减后的单体和电池簇在进行同时间的放电后，电压明显下降。这说明储能锂电池单体和整簇在衰减后的容量性能有所退化。单体 2、簇 1 中某单体以及簇 1 整体的端电压 MAE 如表 6.6 所示。

表 6.6　单体 2 和簇 1 的 ESP 模型及 ESP-MCM 的端电压 MAE　　　（单位：V）

单体/电池簇 (电压模型)	第一次循环 MAE	最后一次循环 MAE
单体 2 (ESP 模型)	0.0034	0.0043
簇 1 中某单体 (ESP 模型)	0.0026	0.0110
簇 1 整体 (ESP-MCM)	0.0187	0.0366

由图 6.26 和表 6.6 可知，在两种不同的低倍率恒流储能工况下，ESP 模型及 ESP-MCM 的端电压误差都很小。此外，通过对比表 6.6 中第一次循环与最后一次循环的端电压 MAE 可知，在低倍率恒流储能工况下，随着电池老化，ESP 模型和 ESP-MCM 的精确度存在较小的下降，但仍处于可接受范围内。以上实验分析结果验证了本节开发的单体模型和簇模型在低倍率恒流储能老化工况下的有效性和优越性。

2. SOH 估算方法验证

在本节中，将四种被提取的健康指标作为 BP 神经网络的输入参数，将 SOH 衰减序列作为 BP 神经网络的输出数据，进行模型的训练和测试。此外，为了突出老化模式量化结果对神经网络模型的作用，只将正、负极固相最大锂离子浓度作为 BP 神经网络的输入数据进行训练和测试。前文分别采用了 BP 神经网络、SA-BP 神经网络以及 NSA-BP 神经网络对 SOH 估算模型进行训练和测试。值得注意的是，本节提出的算法不与将电池电压、电流及循环数作为模型输入数据的 SOH 神经网络估算方法[210]进行比较，因为上述现有算法无法在工况变化后适用，无法应用于复杂储能场景。训练模型时，对 BP 神经网络、SA-BP 神经网络和 NSA-BP 神经网络中的初始参数进行设置，具体设置如表 6.7 所示。

表 6.7　神经网络模型初始参数

参数类型	符号	值或类型
初始/终止温度/℃	T_0/T_f	8/3
SA 算法中的温度下降系数	λ	0.85
NSA 算法中的最大迭代次数	K_{max}	42
Metropolis 步长因子	c	0.2
马尔可夫链长度	L	10
输入层/隐含层/输出层节点数	/	2/5/1
学习规则	/	L-M
学习率/目标 MSE	/	$1\times10^{-2}/1\times10^{-4}$
隐含层/输出层的传递函数	/	Sigmoid/Purelin

　　在本章中，单体 2 的所有健康指标序列及 SOH 衰减序列被作为神经网络模型的训练集。在使用单体 2 的数据进行训练时，若迭代次数超过设置值或目标均方误差达到要求，停止模型的训练。不同神经网络模型的训练过程如图 6.27 所示。

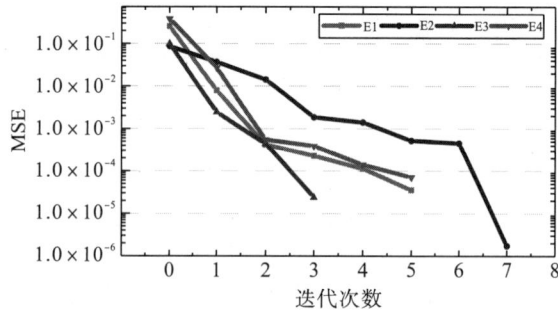

图 6.27　不同神经网络模型的训练过程

E1、E2、E3、E4 分别代表基于电化学参数的 BP 神经网络、基于电化学参数和老化模式的 BP 神经网络、基于电化学参数和老化模式的 SA-BP 神经网络、基于电化学参数和老化模式的 NSA-BP 神经网络

　　从图 6.27 中可知，不同神经网络模型都只需要训练个位次数即可满足设置的目标均方误差要求。记录此时的网络连接权值及阈值并将其作为测试集的模型参数，进行测试集的 SOH 输出。在本小节中，簇 1 的相关数据被作为测试集。测试集输出的 SOH 及其误差如图 6.28 所示。

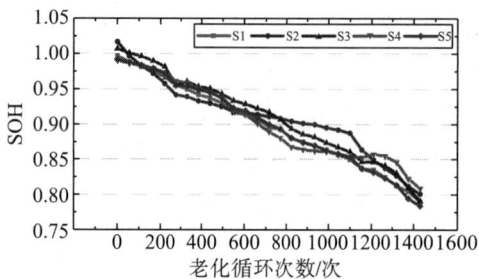

(a) 簇1中第一块单体的估算及实际SOH值

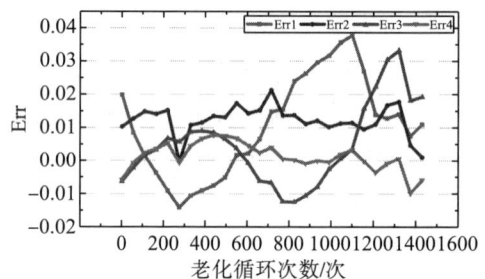

(b) 簇1中第一块单体SOH误差

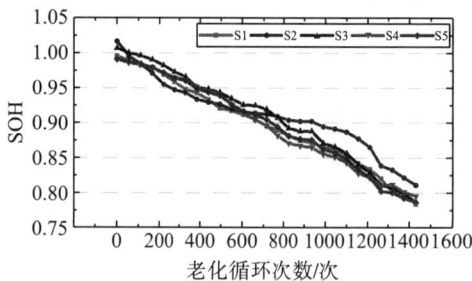

(c) 簇1中第二块单体估算及实际SOH值

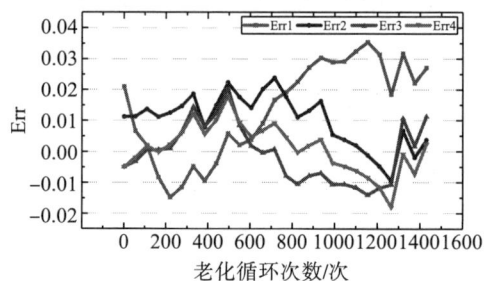

(d) 簇1中第二块单体SOH误差

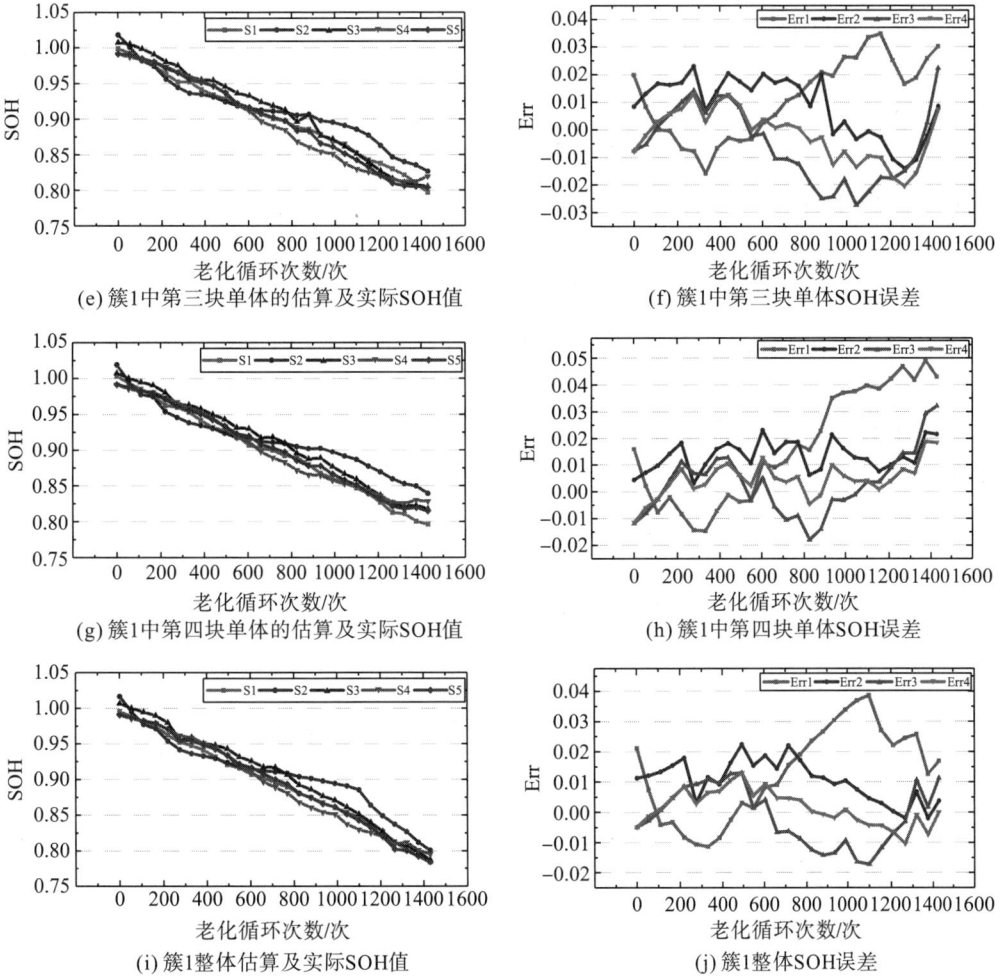

(e) 簇1中第三块单体的估算及实际SOH值

(f) 簇1中第三块单体SOH误差

(g) 簇1中第四块单体的估算及实际SOH值

(h) 簇1中第四块单体SOH误差

(i) 簇1整体估算及实际SOH值

(j) 簇1整体SOH误差

图 6.28　簇 1 单体及整体的 SOH

S1、S2、S3、S4、S5 分别代表实际值、基于电化学参数的 BP 神经网络 SOH 估计值、基于电化学参数和老化模式的 BP 神经网络 SOH 估计值、基于电化学参数和老化模式的 SA-BP 神经网络 SOH 估计值、基于电化学参数和老化模式的 NSA-BP 神经网络 SOH 估计值；Err1、Err2、Err3、Err4 分别代表基于电化学参数的 BP 神经网络 SOH 估计误差、基于电化学参数和老化模式的 BP 神经网络 SOH 估计误差、基于电化学参数和老化模式的 SA-BP 神经网络 SOH 估计误差、基于电化学参数和老化模式的 NSA-BP 神经网络 SOH 估计误差

不同算法的各项性能评价指标如表 6.8 所示。

表 6.8　簇 1 中不同算法的各项性能评价指标

簇中单体	S2		S3		S4		S5	
	RMSE	MAE	RMSE	MAE	RMSE	MAE	RMSE	MAE
第一个单体	0.0181	0.0149	0.0130	0.0122	0.0129	0.0098	0.0044	0.0034
第二个单体	0.0207	0.0176	0.0131	0.0115	0.0093	0.0078	0.0076	0.0062
第三个单体	0.0181	0.0148	0.0137	0.0120	0.0147	0.0126	0.0094	0.0077
第四个单体	0.0268	0.0215	0.0146	0.0135	0.0122	0.0097	0.0080	0.0066
簇 1 整体	0.0199	0.0167	0.0125	0.0108	0.0097	0.0086	0.0059	0.0048

在表 6.8 中，S2、S3、S4、S5 的意义和图 6.28 中的相同。从表 6.8 中可知，不论是对于簇 1 中的每个单体，还是对于簇 1 整体，基于多维健康指标和 NSA-BP 模型的 SOH 估算算法在 RMSE 和 MAE 这两项误差指标上都明显优于改进前的算法。

6.4.3 变倍率储能老化工况下的估计结果

1. ESP 模型及多单体模型验证

本节首先采用包括正、负极固相最大锂离子浓度在内的电化学参数参考值[205-208]在变倍率储能老化工况下进行 SP 建模，然而仿真效果较差。为增强模型的仿真能力，本节提出了 ESP 模型来改进单体模型，并在此基础上建立多单体电池簇模型。在簇 2 中某单体的第一次老化循环下，实际端电压与两种模拟端电压的曲线如图 6.29 所示。

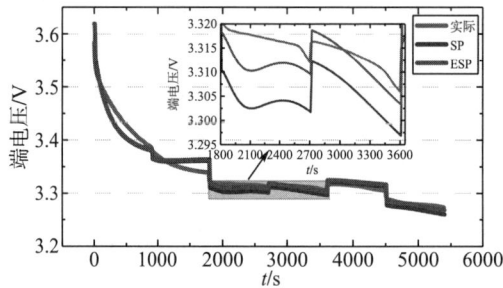

图 6.29　簇 2 中某单体在第一次循环下的实际及模拟端电压曲线

由图 6.29 可知，在变倍率储能老化工况下，ESP 模型的模拟效果相比于 SP 模型更佳。簇 2 中某单体的 ESP 模型及 SP 模型端电压 MAE 如表 6.9 所示。

表 6.9　两种仿真模型的端电压 MAE　　　　　　　　　　　　　　　　（单位：V）

单体	簇 2 中某单体(SP 模型)	簇 2 中某单体(ESP 模型)
MAE	0.0113	0.0084

在本节实验中，簇 2 处于变倍率储能老化工况。选择簇 2 中的某单体和簇 2 整体分别进行变倍率储能老化工况下的 ESP 模型验证和 ESP-MCM 验证。簇 2 中某单体以及簇 2 整体在部分老化循环下的端电压曲线如图 6.30 所示。

由于簇 2 的老化循环较多，本节只选择老化中的第一次循环和最后一次循环进行模型验证。相关单体或簇的端电压及其误差如图 6.31 所示。与 6.4.2 节类似，在图 6.31 用于验证的 ESP 模型中，正、负极固相最大锂离子浓度是通过 CCPSO 算法辨识得到的，而在图 6.29 中的 SP 模型和 ESP 模型中，正、负极固相最大锂离子浓度采用的是参考值。

(a) 簇2中某单体在部分循环下的端电压　　　　　　　(b) 簇2整体在部分循环下的端电压

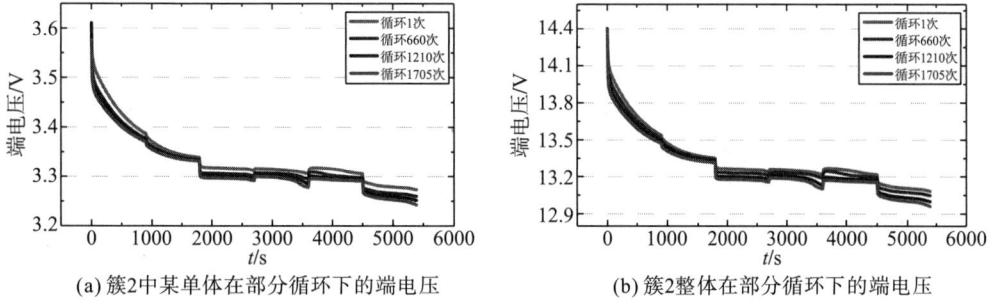

图 6.30　簇 2 整体在部分老化循环下的端电压曲线

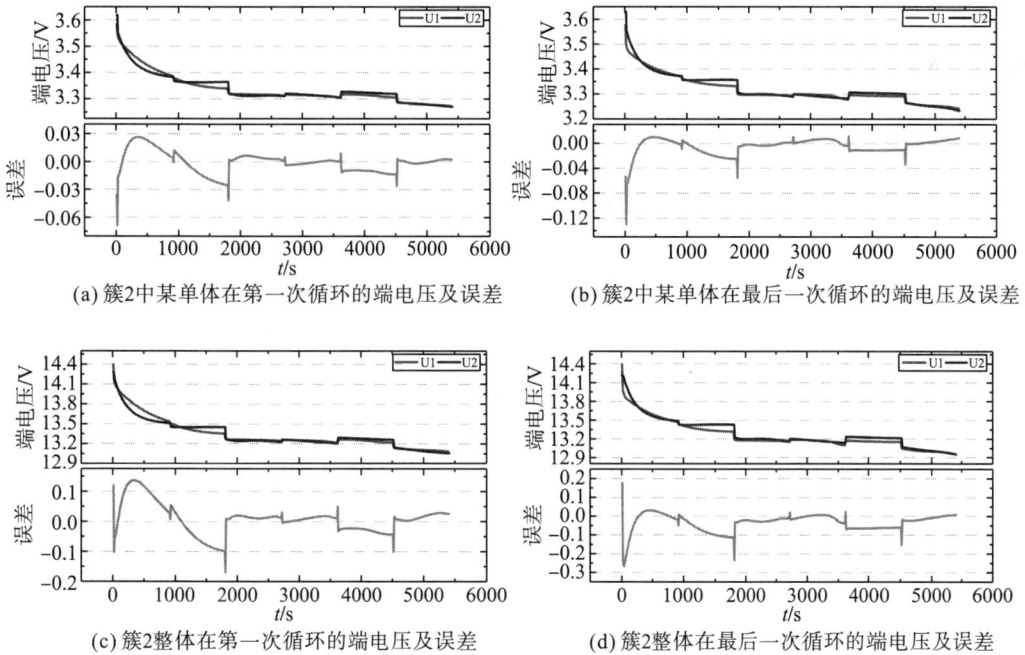

(a) 簇2中某单体在第一次循环的端电压及误差　　　(b) 簇2中某单体在最后一次循环的端电压及误差

(c) 簇2整体在第一次循环的端电压及误差　　　　　(d) 簇2整体在最后一次循环的端电压及误差

图 6.31　簇 2 的 ESP 模型验证曲线

U1 和 U2 分别代表实际端电压及仿真端电压

　　比较图 6.31 中的 (a) 与 (b)，或 (c) 与 (d)，可得到与 6.4.2 节中类似的结论，即衰减后的单体和电池簇的容量性能有所退化。簇 2 中某单体以及簇 2 整体的端电压 MAE 如表 6.10 所示。

表 6.10　簇 2 的 ESP 模型和 ESP-MCM 的端电压 MAE　　　　　　　　　（单位：V）

单体/电池簇(电压模型)	端电压 MAE	
	第一次循环	最后一次循环
簇 2 中某单体(ESP 模型)	0.0082	0.0085
簇 2 整体(ESP-MCM)	0.0364	0.0389

通过分析表 6.10 和表 6.6 可知，虽然 ESP 模型及 ESP-MCM 在变倍率储能工况下的端电压拟合效果不及低倍率恒流储能工况，但仿真误差较小。此外，由表 6.10 中不同循环下的端电压 MAE 可知，在变倍率储能工况下，老化后的 ESP 模型和 ESP-MCM 的仿真能力有所衰退，但仍处于可接受范围内。以上实验分析结果验证了本节提出的单体模型和簇模型在变倍率储能老化工况下的有效性和优越性。

2. SOH 估算方法验证

与 6.4.2 节不同的是，由于老化模式的量化方法只能在低倍率恒流工况下适用，因此本节只采用正负极固相最大锂离子浓度作为神经网络输入参数进行 SOH 估算模型的训练和测试。与 6.4.2 节类似，在变倍率储能老化工况下，本节也获得了 BP 神经网络和 SA-BP 神经网络测试结果较差的结论。因此，本节同样采用 NSA-BP 神经网络来进行 SOH 神经网络估算模型的改进。训练模型时，神经网络模型中的初始参数设置与表 6.7 一致。在使用单体 2 的数据进行训练时，不同神经网络模型的训练过程如图 6.32 所示。

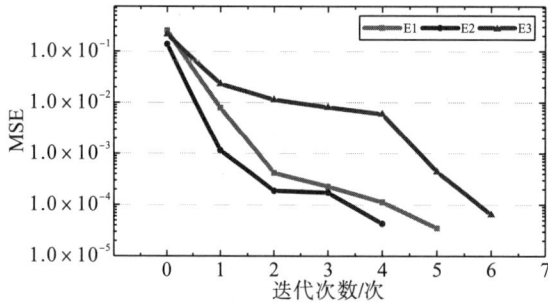

图 6.32　不同神经网络模型的训练过程

E1、E2、E3 分别代表基于电化学参数的 BP 神经网络、基于电化学参数的 SA-BP 神经网络、基于电化学参数的 NSA-BP 神经网络

从图 6.32 中可看出，不同神经网络模型都只需要训练迭代次数即可满足设置的目标均方误差要求。记录此时的网络连接权值及阈值并将其作为测试集的模型参数，进行测试集的 SOH 输出。在本小节中，簇 2 在变倍率储能老化工况下的实验数据被作为测试集。测试集输出的 SOH 及其误差图如图 6.33 所示。

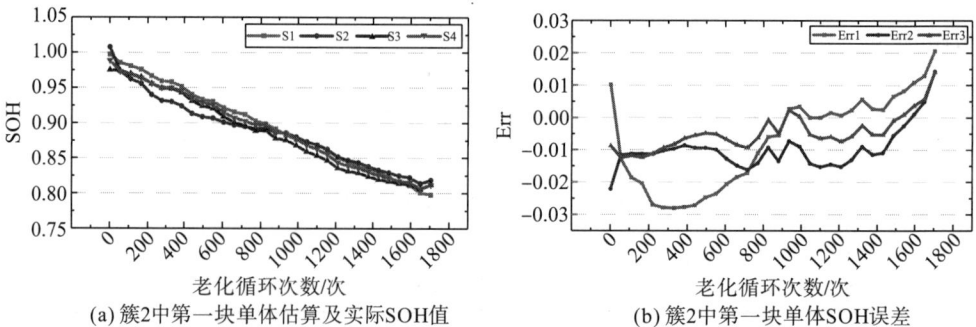

(a) 簇2中第一块单体估算及实际SOH值　　　　　　(b) 簇2中第一块单体SOH误差

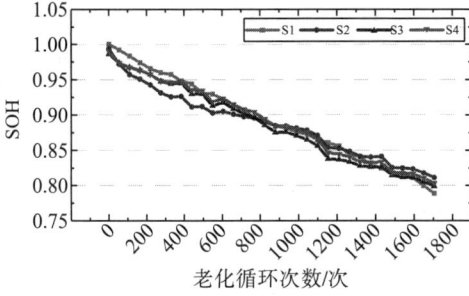

(c) 簇2中第二块单体估算及实际SOH值

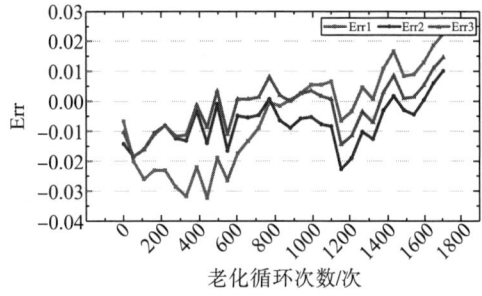

(d) 簇2中第二块单体SOH误差

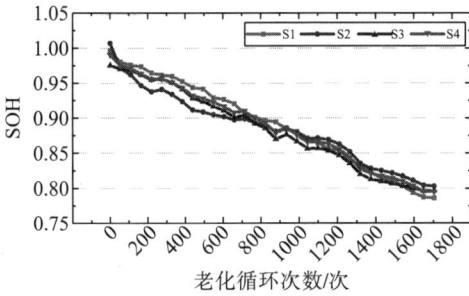

(e) 簇2中第三块单体估算及实际SOH值

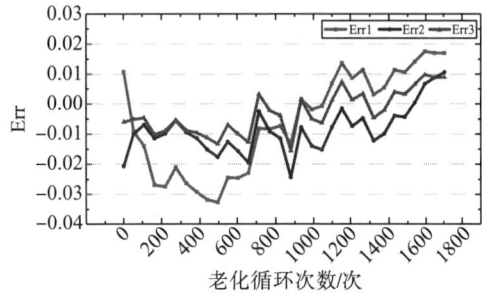

(f) 簇2中第三块单体SOH误差

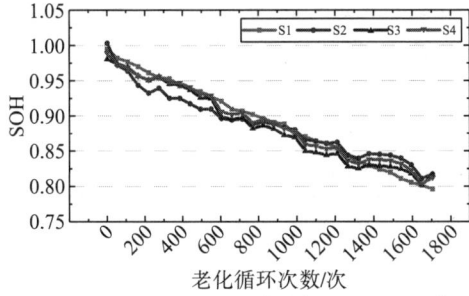

(g) 簇2中第四块单体估算及实际SOH值

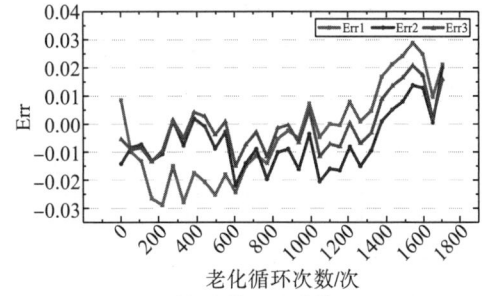

(h) 簇2中第四块单体SOH误差

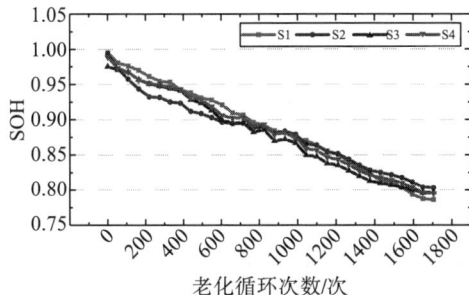

(i) 簇2整体估算及实际SOH值

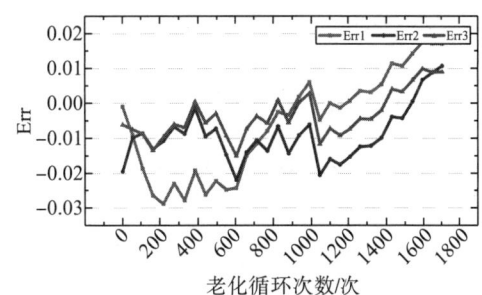

(j) 簇2整体SOH误差

图 6.33　簇 2 单体及整体的 SOH

S1、S2、S3、S4 分别代表实际 SOH 值、基于电化学参数的 BP 神经网络 SOH 估计值、基于电化学参数的 SA-BP 神经网络 SOH 估计值、基于电化学参数的 NSA-BP 神经网络 SOH 估计值；Err1、Err2、Err3 分别代表基于电化学参数的 BP 神经网络 SOH 估计误差、基于电化学参数的 SA-BP 神经网络 SOH 估计误差、基于电化学参数的 NSA-BP 神经网络 SOH 估计误差从图 6.33 中可看出，簇 2 中单体间的 SOH 存在较小的差异，这也导致了簇 2 整体的 SOH 曲线与每一个单体的 SOH 曲线都不完全一致。簇 2 中不同算法的各项性能评价指标如表 6.11 所示。表 6.11 中 S2、S3、S4 的意义和图 6.33 中相同。

表 6.11 簇 2 中不同算法的各项性能评价指标

簇 2 中单体及整体	S2		S3		S4	
	RMSE	MAE	RMSE	MAE	RMSE	MAE
第一个单体	0.0159	0.0127	0.0118	0.0111	0.0073	0.0064
第二个单体	0.0167	0.0136	0.0104	0.0087	0.0085	0.0067
第三个单体	0.0176	0.0150	0.0116	0.0103	0.0076	0.0066
第四个单体	0.0170	0.0144	0.0119	0.0103	0.0095	0.0078
簇 2 整体	0.0157	0.0127	0.0119	0.0108	0.0073	0.0064

由表 6.11 可知，对于簇 2 中的每个单体和簇 2 整体而言，本节提出的基于多维健康指标和 NSA-BP 模型的 SOH 估算算法在 RMSE 和 MAE 上也都明显更优。为了验证本节提出方法的估算性能，将其与几类先进的 SOH 估计方法对比，具体如表 6.12 所示。其中，用于比较的方法有基于 IC 的方法、基于 DV 的方法、基于 LSTM 的方法、基于深度卷积神经网络(deep convolutional neural network，DCNN)的方法、基于深度转移卷积神经网络(deep transfer convolutional neural network，DTCNN)的方法和基于门递归单元神经网络(gate recurrent unit-neural network，GRUNN)的方法。

表 6.12 不同 SOH 估算方法的比较

SOH 估算方法	文献	RMSE	MaxE	MAE	多工况估算适用性	电池簇估算适用性
基于 IC 的方法	[211]	—	<4%	—	不适用	不适用
基于 DV 的方法	[212]	—	—	2%	不适用	适用于串联电池簇
基于 LSTM 的方法	[213]	0.762%	—	0.652%	不适用	不适用
基于 DCNN 的方法	[214]	0.368%	3.524%	—	不适用	不适用
基于 DTCNN 的方法	[215]	2.2%	—	—	不适用	不适用
基于 GRUNN 的方法	[216]	—	2.28%	—	不适用	不适用
本节提出的方法	—	0.73%	—	0.64%	适用于串联电池簇	适用于串联电池簇

注：MaxE，即 maximum error，最大误差。

通过比较表 6.12 中的多个指标，可以知道本节提出的 SOH 估算方法是相对优越的。

6.5 本 章 小 结

随着"双碳"目标下新型储能系统的飞速发展，磷酸铁锂电池储能技术已广泛应用于电网系统储能。凭借循环寿命长、倍率性能好等优点，磷酸铁锂电池在新型电力储能系统中具备不可替代的作用。准确且在线地监测老化过程中的长期 SOH，能确保电池处于较安全的工作范围内。

本书以储能典型工况下的储能锂电池簇 SOH 长期精确估算为目标展开一系列研究。通过文献调研、理论分析等分析了储能锂电池的充放电反应机理，并在此基础上构建了考虑液相电势的储能锂电池 ESP 模型。根据模型特点和实验结果，选择 CCPSO 算法进行 ESP 模型中的电化学参数辨识。针对老化模式的量化问题，开发了一种适用于低倍率恒流储能工况下的 IC-DV 方法。上述电化学参数和老化模式被作为健康指标。为了精确地获得储能锂电池单体以及储能锂电池簇的 SOH 估算值，设计了 NSA 规则以优化 BP 网络的初始参数设置，基于多维健康指标和改进 NSA-BP 算法的估算模型实现了储能锂电池簇 SOH 的精确估算。对不同储能典型工况下的储能锂电池簇长期 SOH 估算结果进行分析，可以得出以下结论。

(1)本书为了搭建合适的储能锂电池电化学机理模型，分析了储能锂电池内部运动机理，并在此基础上构建了考虑固体电解质界面膜影响的单粒子模型和考虑液相电势的扩展单粒子模型。由于本章的研究对象为串联储能锂电池簇，因此进行了基于扩展单粒子模型的储能锂电池簇多单体建模。

(2)本章为了获取两类不同的健康指标并将其作为 SOH 估算模型的输入参数，在标准 PSO 算法的基础上引入了协同策略和竞争策略，开发了 CCPSO 算法进行电化学参数辨识，根据对 IC 曲线和 DV 曲线特征点的定量分析，提出 IC-DV 方法实现老化模式量化。

(3)本章针对 BP 神经网络估算结果不能满足要求的问题，通过 NSA 策略改进传统 BP 神经网络的初始参数，设计 NSA-BP 模型，并结合多维健康指标实现储能锂电池单体和储能锂电池簇 SOH 的精确估算。

(4)本章以储能锂电池簇 SOH 估算验证为目标，通过实验测试平台对储能锂电池单体和储能锂电池簇进行储能典型工况实验，并结合电池实验结果和相关算法进行电池模型和 SOH 估算结果验证。实验结果验证了本章开发的算法能精确地模拟储能锂电池簇且能有效地实现储能锂电池簇 SOH 长期估算。

此外，本章提出基于多维健康指标和 NSA-BP 算法的明确动机包括两部分。第一，SOH 的估算结果为新型储能系统里单体的更新提供参考。当某一个单体 SOH 与其他单体 SOH 差距过大时对其进行更换，避免因一个单体 SOH 的不一致性过高而造成整体性能缺陷。第二，建立一个通用于多种工况的模型能提升 SOH 估算效率。目前常见的估算模型只能适应于单种工况。针对此问题，本章提取了能适用于多种工况的健康指标作为估算模型的输入。

本章的工作相对于其他相关研究有以下几点新颖性或优越性。第一，本章提出的 SOH 估算方法相对于 SOC 和 SOH 协同估算方法是长期有效的。常见的 SOC 和 SOH 协同估算方法只关心一个充放电循环内的 SOH 变化情况，这对储能电站中处于连续衰减的电池而言意义不大。第二，本章建立了一种需要提取多维健康指标的非端到端神经网络。端到端神经网络模型的使用前提是海量的训练数据，用来进行模型训练的数据不足以支撑端到端模型。与选择电池电压、电流以及循环次数作为输入数据的端到端模型相比，将正、负极固相最大锂离子浓度和老化模式作为 SOH 模型的输入数据能增强神经网络的通用性。第三，本章采用自设计储能工况，它的灵感来自实际储能电站的削峰填谷工况。而目前其他相关文献里对储能电池所使用的工况多为车载工况，这是不太符合实际储能环境的。第四，为了减轻电化学参数辨识算法的计算负担以及尽可能提升辨识结果精确度，本章在标准 PSO 算法的基础上引入了协同策略和竞争策略。最后，为了提高 BP 神经网络的训练精确度，引入了 NSA 算法来优化 BP 神经网络的初始参数，以使网络初始参数能尽量避免局部最优。

第7章　基于长短期记忆网络的电池峰值功率估算

7.1　戴维南模型构建及全参数辨识

常见的电池等效模型主要包括等效电路模型、神经网络模型和数学模型。等效电路模型由于计算量小、预测精度高的特点，常用来作为锂电池等效模型来模拟锂电池；神经网络模型需要的数据较多，预测时间长，属于目前还需要发展的模型；数学模型是指能够通过数学表达式表现电池特性的模型，其可以在其他模型的基础上更好地对动力锂电池动态特性进行表现。

7.1.1　戴维南模型构建

等效电路模型使用电器元件来对电池充放电反应进行模拟，该模型可以模拟电池的充放电过程中电流与电压的变化关系，充放电过程反映电池的特性。常用的等效电路模型主要包括内阻(Rint)模型以及戴维南(Thevenin)模型，其模型构建如图7.1所示。

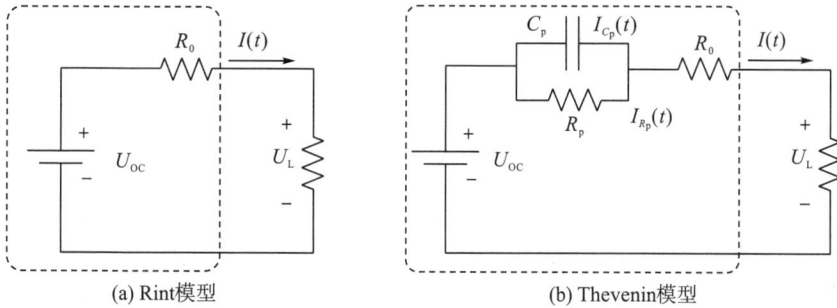

图 7.1　等效电路模型

使用等效电路模型的参数会受到电池 SOC 和工作环境等影响，而且 Rint 模型没有对电池的动态特性进行分析，预测精度低。Rint 模型的观测方程为

$$U_{L} = U_{OC} + I \cdot R_{0} \tag{7.1}$$

式中，R_{0} 为等效电路模型的欧姆电阻；U_{OC} 为等效电路模型的开路电压；U_{L} 为电池等效电路模型的输出端电压。使用 Rint 模型无法表现出电池的时变的特点，因此在 Rint 模型的基础上引入了 RC 电路，从而构建了 Thevenin 模型，提高了模型的精度。Thevenin 模型的观测方程为

$$\begin{cases} U_{\mathrm{L}} = U_{\mathrm{OC}} + I \cdot R_0 + U_{\mathrm{p}} \\ \dot{U}_{\mathrm{p}} = -\dfrac{1}{R_{\mathrm{p}}C_{\mathrm{p}}} U_{\mathrm{p}} + \dfrac{1}{C_{\mathrm{p}}} I \end{cases} \tag{7.2}$$

式中，R_{p} 为极化效应的极化内阻；C_{p} 为极化效应的极化电容。Thevenin 模型具有较高的精度，可以模拟电池工作时的动态特性。在 Thevenin 模型的基础上分析锂电池特性，构建基于特性的离散方程模型反应电池内部电压在电流作用下的变化。电池内部电压分为时变电压和时不变电压，表达式为

$$U_{\mathrm{L}}(t) = U_{\mathrm{OC}}(t) - U_{\mathrm{t}}(t) - U_{\mathrm{s}}(t) \tag{7.3}$$

$$U_{\mathrm{t}}(t) = a \cdot I(t) \tag{7.4}$$

式中，U_{OC} 为开路电压，可由状态变量 SOC 来进行表征；U_{L} 为端电压；U_{t} 为时不变电压，与电流线性相关；U_{s} 为时变电压，会对电流产生累积效应；a 为 U_{t} 变化与 I 变化的比例系数。

当前时刻的 U_{s} 与上一时刻的时变电压状态具有很强的相关性，因此使用离散方程可以突出地表现其性质，其对应的表达式为

$$U_{\mathrm{s}}(k+1) = b \cdot U_{\mathrm{s}}(k) + c \cdot I(k) \tag{7.5}$$

式中，b 为 U_{s} 的速度因子，用来反映 U_{s} 变化快慢；c 为 U_{s} 与电流 I 的比例因子，用来反映 U_{s} 的大小。在电流 I 恒定不变的情况下 U_{s} 将会趋于定值，即终值电压 $U_{\mathrm{s}|f}$。$U_{\mathrm{s}|f}$ 与速度因子 a 和比例因子 c 的关系为

$$U_{\mathrm{s}|f} = \frac{c}{1-b} \cdot I \tag{7.6}$$

式中，$U_{\mathrm{s}|f}$ 为在电流为 I 的状态下时变电压所能达到的最大值。要辨识的参数 c 可由 b、$U_{\mathrm{s}|f}$ 联立获得。

使用时域表达式可以更好地利用系统反应特性完成参数辨识，式(7.6)的时域表达式为

$$U_{\mathrm{s}}(t) = (1 - b^t) \cdot \frac{c}{1-b} \cdot I(t) \tag{7.7}$$

式(7.7)为系统变量 U_{s} 的时域表达式，通过对 HPPC 实验下 U_{s} 的动态特性的分析，完成参数 c、b 的辨识。使用不同模型预测锂电池的端电压，结果如图 7.2 所示。

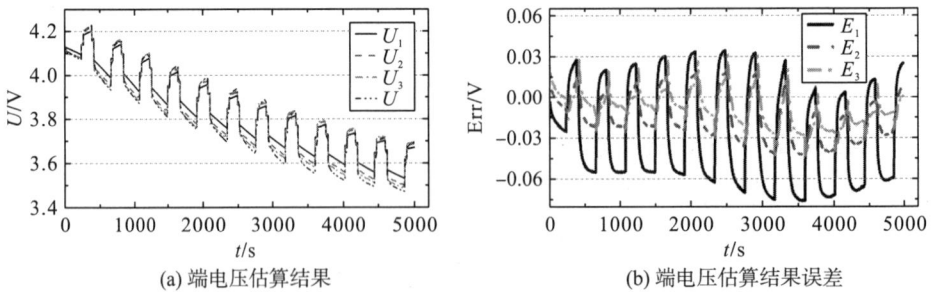

(a) 端电压估算结果　　　　　　　　　　(b) 端电压估算结果误差

图 7.2　使用不同模型估算端电压结果

(a)中 U_1 为使用 Rint 模型预测的端电压，U_2 为使用 Thevenin 模型预测的端电压，U_3 为使用离散方程模型预测的端电压，U 为通过实验测量得到的真实端电压；(b)中 E_1 为使用 Rint 模型的端电压误差，E_2 为使用 Thevenin 模型的端电压误差，E_3 为使用离散方程模型的端电压误差

不同模型预测端电压误差结果如表 7.1 所示。

表 7.1　不同模型预测端电压误差结果

模型	RMSE	MPE	MAE
Rint 模型	2.83	7.65	3.89
Thevenin 模型	1.46	4.52	1.89
离散方程模型	0.86	3.68	1.27

如表 7.1 所示，使用离散方程模型的端电压预测误差的三个指标均优于 Rint 模型和 Thevenin 模型，因此可以证明使用离散方程模型相比于其他模型在进行锂电池状态方面的预测具有更高的精度与更强的稳定性。

7.1.2　离线与在线辨识策略

在动力锂电池模型本身的选择之外，参数辨识的结果在很大程度上也影响着模型的精度。离线参数辨识是在电池实际使用之前用测试实验对模型参数进行辨识，在电池使用时直接调用之前获得的参数，具有计算速度快的优点。在线参数辨识通过实时测量得到的电压电流数据对参数进行在线估算，相比于离线参数辨识，在线参数辨识虽然计算量偏大，但是前期准备工作少，可以实时更新参数。本节将对动力锂电池的模型参数辨识方法展开研究。

1. 离线参数辨识

离线参数辨识在构建离散方程模型之后，使用不同方法计算的模型参数精度同样会对离散方程模型产生影响。常用的方法是使用 HPPC 实验来得到模型参数，单次 HPPC 循环中的电压变化如图 7.3 所示。

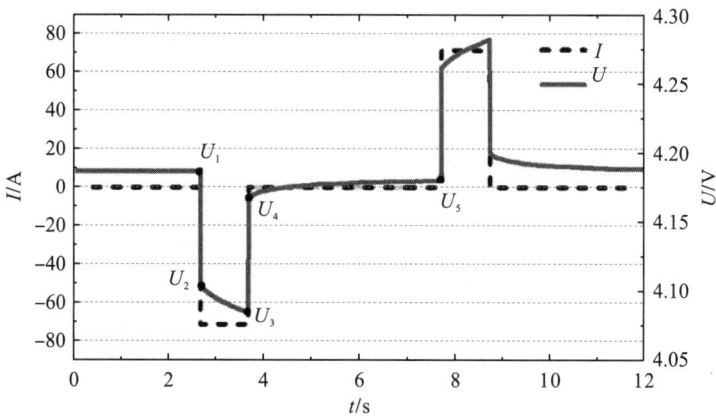

图 7.3　单次 HPPC 循环中电压变化

如图 7.3 所示，在 U_1 时刻进行放电，U_1 到 U_2 过程的电压下降与 U_3 到 U_4 过程的电压上升是由锂电池的时不变特性造成的，因此通过电压变化量与放电时刻的电流 I 之比获得电池模型参数 a，如式 (7.8) 所示：

$$a = \frac{|U_1 - U_2| + |U_4 - U_3|}{2I} \tag{7.8}$$

式中，U_1 为放电开始前的端电压；U_2 为放电开始后的端电压；U_3 为放电结束前的端电压；U_4 为放电结束后的端电压。将得到的参数 a 代入式 (7.4) 中，可得到 U_t。HPPC 实验下 U_s 上升阶段的变化曲线如图 7.4 所示。

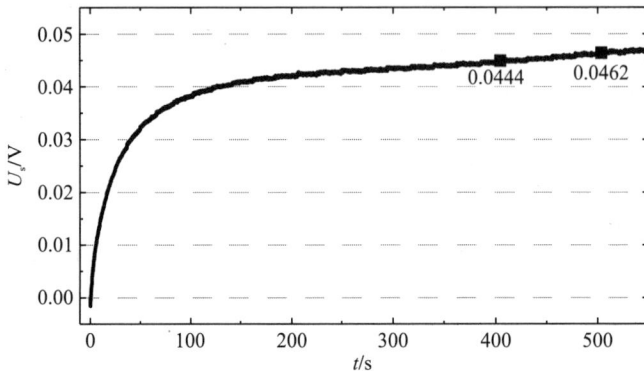

图 7.4　HPPC 实验下 U_s 上升阶段的变化曲线

图 7.4 所示为 HPPC 测试下 U_s 上升阶段的变化曲线，U_s 在开始时快速增长而后趋于稳定，将所得 U_s 代入式 (7.7) 中，通过拟合的方法得到模型参数 b、c。

以上所示为离散方程模型的离线参数辨识方法。

2. 最小二乘法

在不同的环境、充放电电流与循环放电次数的条件下，动力锂电池的特性会发生改变，与之对应的电池模型也应该发生改变，使用离线参数辨识的方法不具备这样的性质，因此需要使用在线参数辨识的方法。最小二乘 (least square，LS) 法是一种在误差估计、系统辨识及预测等领域得到广泛应用的数学工具。使用 LS 法对电池模型进行辨识，通过传感器获得锂电池的电流与电压，可以完成对模型的辨识，可以根据环境的改变对电池模型的参数进行实时修正，具有较强的自适应性。

为了提高计算效率，RLS 法在 LS 法的基础上进行了扩展。相比于 LS 法，RLS 法更好地利用前一时刻的预测值，有效地减少了计算量，更加适合现实应用。根据动力锂电池离散方程模型中输入和输出的关系，以离散方程模型表达式为基础转化的离散系统如式 (7.9) 所示：

$$A(z^{-1}) \cdot Y(k) = B(z^{-1}) \cdot U(k) + v(k) \tag{7.9}$$

式中，A 为系统的自回归部分；B 为系统的移动平均部分；$Y(k)$ 为电池端电压 U_L；$U(k)$ 为充放电电流 I；$v(k)$ 为系统的噪声变量。

将式(7.9)进行离散化，可得电池模型的 $Y(k)$ 的离散方程为

$$
\begin{aligned}
Y(k) = &-a_0 Y(k-1) - a_1 Y(k-2) - \cdots - a_{n-1} Y(k-n) + b_0 U(k-1) + b_1 U(k-2) \\
&+ \cdots + b_{n-1} U(k-n) + v(k)
\end{aligned} \tag{7.10}
$$

式中，$\theta(k)$ 为使用离散系统需要辨识的参数(隐含在式中系数 $a_0, a_1, \cdots, a_{n-1}$ 和 $b_0, b_1, \cdots, b_{n-1}$ 中)。

可将待辨识系统输出参数 $Y(k)$ 扩展至 N 维向量，如式(7.11)所示：

$$
\begin{cases}
Y_N(k) = \begin{bmatrix} Y(k) & Y(k+1) & \cdots & Y(k+N) \end{bmatrix}^T \\
h_N(k) = \begin{bmatrix}
-Y(k-1) & \cdots & -Y(k-n) & U(k-1) & \cdots & U(k-n) \\
-Y(k-1+1) & \cdots & -Y(k-n+1) & U(k-1+1) & \cdots & U(k-n+1) \\
\vdots & & \vdots & \vdots & & \vdots \\
-Y(k+N-1) & \cdots & -Y(k-n+N) & U(k-1+N) & \cdots & U(k-n+N)
\end{bmatrix}^T
\end{cases} \tag{7.11}
$$

式中，$Y_N(k)$ 为系统的输出矩阵；$h_N(k)$ 为系统的变量。若需要对离散方程模型进行辨识，对应最小二乘估算公式为

$$
\theta_{N+1} = (h_{N+1}^T h_{N+1})^{-1} h_{N+1}^T Y_{N+1} \tag{7.12}
$$

将式(7.12)进行矩阵求逆，对估计值进行更新，则可以辨识系统模型参数，实现递归最小二乘法计算，表达式为

$$
\begin{cases}
\theta_{N+1} = \theta_N + \gamma \cdot P_N h(N+1)[Y(N+1) - h^T(N+1)\theta_N] \\
\gamma = \left[h^T(N+1) P_N h(N+1) + 1 \right]^{-1} \\
P_{N+1} = [I - \gamma \cdot P_N h(N+1) h^T(N+1)] P_N
\end{cases} \tag{7.13}
$$

式中，γ 为增益因子；P_N 为协方差矩阵；I 为单位矩阵。可以使用式(7.13)完成对 $N+1$ 时刻模型参数的辨识。

3. 遗忘因子递归最小二乘法

在实际的应用中，锂电池会随着充放电时间的增加逐渐积累大量数据，使用距离时间较长的数据对当前电池模型参数进行辨识会产生一定的误差。因此，可以减少历史数据的权重，加大当前时刻数据的权重的遗忘因子递归最小二乘法(forgotten factor recursive least squares，FFRLS)可以更好地进行模型参数的辨识。FFRLS 法如式(7.14)所示：

$$
\begin{cases}
\theta_{N+1} = \theta_N + \gamma \cdot P_N h(N+1)[Y(N+1) - h^T(N+1)\theta_N] \\
\gamma = \left[h^T(N+1) P_N h(N+1) + \lambda \right]^{-1} \\
P_{N+1} = \dfrac{[I - \gamma \cdot P_N h(N+1) h^T(N+1)] P_N}{\lambda}
\end{cases} \tag{7.14}
$$

式(7.14)中，λ 为遗忘因子。所构建的离散方程模型在频域上的系统方程为

$$
\begin{cases}
U_a(s) = U_{OC}(s) - U_L(s) \\
U_L(t) = U_{OC}(t) - a \cdot I(t) - (1 - b^t) \cdot \dfrac{c}{1-b} \cdot I(t)
\end{cases} \tag{7.15}
$$

式中，a、b、c 为离散系统中的参数。FFRLS 法可以实现动力锂电池参数的在线辨识。

使用不同模型预测锂电池端电压的结果如图 7.5 所示。

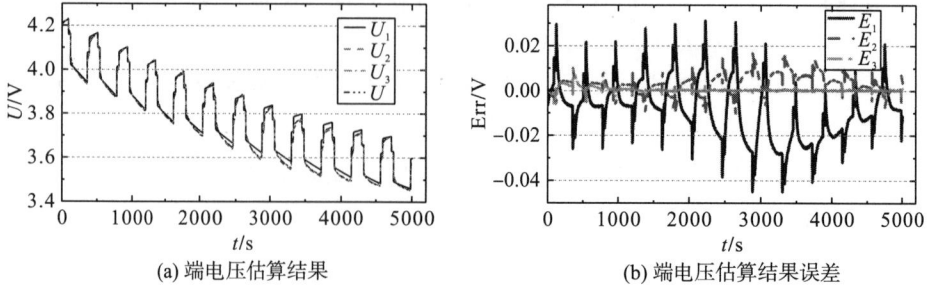

(a) 端电压估算结果　　　　　　　　　　　(b) 端电压估算结果误差

图 7.5　使用不同辨识方法估计端电压结果

(a) 中 U_1 为使用离线参数辨识预测的端电压, U_2 为使用 RLS 法预测的端电压, U_3 为使用 FFRLS 法预测的端电压, U 为通过实验测量得到的真实端电压; (b) 中 E_1 为使用离线参数辨识的端电压误差, E_2 为使用 RLS 法预测的端电压误差, E_3 为使用 FFRLS 法预测的端电压误差

使用不同模型预测结果的参数如表 7.2 所示。

表 7.2　不同参数辨识方法预测端电压误差结果　　　　　　　　　　　　　　　　（单位：V）

辨识方法	端电压误差		
	RMSE	MPE	MAE
离线参数辨识	1.56	3.08	1.82
RLS 法	0.53	1.66	0.62
FFRLS 法	0.11	0.92	0.43

如表 7.2 所示，使用 FFRLS 法的端电压预测误差的三个指标均优于离线参数辨识和 RLS 法参数辨识，并且使用 FFRLS 法可以更好地更新锂电池状态，在不同温度和老化情况下可以根据之前的输入数据更新模型参数。因此，使用 FFRLS 法作为参数辨识方法。

7.2　电池峰值功率预估

峰值功率估算的准确度关系着电池的安全有效管理，在基于 LSTM-SR 算法完成荷电状态估算的基础上，使用多约束的方法对电池功率进行约束，对电池峰值功率展开预估研究，完成峰值功率的估算。

7.2.1　基于端电压约束的电池峰值功率估算

构建离散方程模型可以有效表征锂电池电流与模型内部参数之间的关系。首先根据端电压限制结合离散方程模型估算电池的峰值电流，然后通过离散方程模型预测对应的端电压，完成峰值功率的估算。

根据所构建的离散方程模型可得到模型的观测方程为

$$U_L(t) = U_{OC}(t) - a \cdot I(t) - U_s(t) \tag{7.16}$$

式中，$U_L(t)$ 为开路电压；$U_{OC}(t)$ 为端电压；$I(t)$ 为充放电电流；$U_s(t)$ 为时变电压；a 为模型的参数。

根据模型的离散化可以得到时变电压 $U_s(k)$ 的计算公式为

$$U_s(k+1) = b \cdot U_s(k) + c \cdot I(k) \tag{7.17}$$

式中，b、c 均为模型的参数。

在动力锂电池的离散方程模型中，开路电压 U_{OC} 与电池荷电状态之间存在耦合的关系，在对电池进行充放电时会对当前的 SOC 状态造成影响。因为开路电压与荷电状态存在必然的联系，所以可以通过泰勒展开式对基于 SOC 的开路电压进行解耦，得到的表达式为

$$U_{OC}(k) = U_{OC}(k-1) + I(k) \cdot \frac{T}{Q_0} \cdot \left. \frac{\partial U_{OC}(k-1)}{\partial SOC} \right|_{SOC=SOC_{k-1}} + \Re \tag{7.18}$$

式中，$\Re$ 为电池 $U_{OC}(t)$ 泰勒展开高阶余项。在忽略 $\Re$ 的情况下，可以得到新的电池观测方程为

$$U_L(k) = U_{OC}(k-1) + I(k) \cdot \frac{T}{Q_0} \cdot \left. \frac{\partial U_{OC}(k-1)}{\partial SOC} \right|_{SOC=SOC_{k-1}} + I(k) \cdot a + U_s(k-1) \cdot b + I(k) \cdot c \tag{7.19}$$

在得到新的电池观测方程后，还需要使用端电压对锂电池进行限制，可得限制后的电池观测方程为

$$U_{limit} = U_{OC}(k-1) + I(k) \cdot \frac{T}{Q_0} \cdot \left. \frac{\partial U_{OC}(k-1)}{\partial SOC} \right|_{SOC=SOC_{k-1}} + I(k) \cdot a + U_s \cdot b + c \cdot I(k) \tag{7.20}$$

式中，U_{limit} 为动力锂电池在充放电时的端电压限制。在放电时，$U_{limit} = U_{L,min}$；在充电时，$U_{limit} = U_{L,max}$。因此，使用 $k-1$ 时刻的锂电池状态参数对 k 时刻的电池充电或者放电的峰值电流进行计算，如式 (7.21) 所示：

$$I_{k,max} = \frac{U_{limit} - U_{OCV,k-1} - U_{s,k-1} \cdot b}{\dfrac{T}{Q_0} \cdot \left. \dfrac{\partial U_{OCV,k-1}}{\partial SOC} \right|_{SOC=SOC_{k-1}} + a + c_{k,max}} \tag{7.21}$$

式中，$I_{k,max}$ 为 k 时刻的电池峰值电流。由于对峰值电流的预测需要持续一段时间，因此需要使用系统状态空间进行递推，得到以电流 I 进行充放电时 N 个时刻后的状态空间方程为

$$\begin{cases} x_{k+N} = A_k^N \cdot x_k + \left(\sum_{j=0}^{N-1} A_k^{N-1-j} \cdot B_k \right) \cdot I_k \\[4mm] U_{L,k+N} = U_{OCV,k+N} + \begin{bmatrix} 0 \\ 1 \end{bmatrix}^T \cdot \left(A_k^N \cdot x_k + \left(\sum_{j=0}^{N-1} A_k^{N-1-j} \cdot B_k \right) \cdot I_k \right) + a \cdot I_k \end{cases} \tag{7.22}$$

式中，x_{k+N} 为在 $k+N$ 时刻的状态向量；A_k 为状态转移矩阵；B_k 为输入矩阵；I_k 为在 k 时刻的输入电流；$U_{L,k+N}$ 为在 $k+N$ 时刻的负载电压；$U_{OCV,k+N}$ 为 $k+N$ 时刻的开路电压；a 为常数项；N 为预测的步数；j 为求和的索引变量。

在得到 N 个采样周期后的动力锂电池开路电压的情况下，使用当前时刻端电压预测 N 个时刻之后的开路电压表达式，如式 (7.23) 所示：

$$U_{\mathrm{OC}}(k+N) \approx U_{\mathrm{OC}}(k) + I(k) \cdot \frac{T \cdot N}{Q_0} \cdot \frac{\partial U_{\mathrm{OC}}(k)}{\partial \mathrm{SOC}}\bigg|_{\mathrm{SOC}=\mathrm{SOC}_k} \tag{7.23}$$

将充放电过程中对端电压的限制与构建的离散方程模型结合，得到在端电压限制的条件下可以持续充放电 N 个采样时刻的锂电池峰值电流，如式 (7.24) 所示：

$$\begin{cases} I_{k,\max}^{\mathrm{dis,V}} = \dfrac{U_{\mathrm{L,min}} - U_{\mathrm{OCV},k} - \begin{bmatrix} 0 & 1 \end{bmatrix} \cdot A_k^N \cdot x_k}{\dfrac{T \cdot N}{Q_0} \dfrac{\partial U_{\mathrm{OCV}}}{\partial \mathrm{SOC}}\bigg|_{\mathrm{SOC}=\mathrm{SOC}_k} + \begin{bmatrix} 0 & 1 \end{bmatrix} \displaystyle\sum_{j=0}^{N-1} A_k^{N-1-j} \cdot B_k + a} \\[4mm] I_{k,\min}^{\mathrm{chg,V}} = \dfrac{U_{\mathrm{L,max}} - U_{\mathrm{OCV},k} - \begin{bmatrix} 0 & 1 \end{bmatrix} \cdot A_k^N \cdot x_k}{\dfrac{T \cdot N}{Q_0} \dfrac{\partial U_{\mathrm{OCV}}}{\partial \mathrm{SOC}}\bigg|_{\mathrm{SOC}=\mathrm{SOC}_k} + \begin{bmatrix} 0 & 1 \end{bmatrix} \displaystyle\sum_{j=0}^{N-1} A_k^{N-1-j} \cdot B_k + a} \end{cases} \tag{7.24}$$

式中，$I_{k,\max}^{\mathrm{dis,V}}$ 为在基于端电压约束情况下的放电峰值电流；$I_{k,\min}^{\mathrm{chg,V}}$ 为在基于端电压约束情况下的充电峰值电流。根据峰值电流与通过模型得到峰值电流下的电压，估算锂电池的放电峰值功率 $P_k^{\mathrm{dis,V}}$ 与充电峰值功率 $P_k^{\mathrm{chg,V}}$，如式 (7.25) 所示：

$$\begin{cases} P_k^{\mathrm{dis,V}} = I_{k,\max}^{\mathrm{dis,V}} \cdot U_{\mathrm{L},k}\left(I_{k,\max}^{\mathrm{dis,V}}\right) \\[2mm] P_k^{\mathrm{chg,V}} = I_{k,\min}^{\mathrm{chg,V}} \cdot U_{\mathrm{L},k}\left(I_{k,\min}^{\mathrm{chg,V}}\right) \end{cases} \tag{7.25}$$

式中，$P_k^{\mathrm{dis,V}}$ 为电池在 k 时刻基于模型与电压限制可以进行放电的峰值功率；$P_k^{\mathrm{chg,V}}$ 为电池在 k 时刻基于模型与电压限制可以进行充电的峰值功率。使用电压与模型对锂电池峰值功率进行约束可以很大程度上满足需求，但是由于模型构建上忽略了耦合关系展开式的高阶余项，会有一定误差，因此使用别的因素进行约束与基于模型和电压限制相结合，可以得到更好的结果。

7.2.2 基于 SOC 约束的电池峰值功率估算

荷电状态在动力锂电池峰值功率估算的过程中也是一个需要考虑的关键状态参数，在获得 k 时刻与 $k+1$ 时刻的荷电状态值的情况下，可以根据荷电状态的定义表达式得出电池在 k 时刻的电流 I 为

$$I = Q \frac{\mathrm{SOC}_{k+1} - \mathrm{SOC}_k}{T} \tag{7.26}$$

式中，Q 为电池的容量；T 为采样周期。电池在工作时 SOC 的最大值不能超过 $\mathrm{SOC}_{\max}$，最小值也不能低于 $\mathrm{SOC}_{\min}$，即

$$\mathrm{SOC}_{\min} \leqslant \mathrm{SOC}_k \leqslant \mathrm{SOC}_{\max} \tag{7.27}$$

将式 (7.26) 与式 (7.27) 相结合，则可以计算锂电池在当前时刻的峰值电流为

$$I_k^{\mathrm{dis,SOC}} = Q \frac{\mathrm{SOC}_k - \mathrm{SOC}_{\mathrm{limit}}}{T} \tag{7.28}$$

式中，$\mathrm{SOC}_{\mathrm{limit}}$ 为荷电状态的限制值。对电池充电时的峰值电流进行估算时，

$SOC_{limit} = SOC_{max}$；在进行放电峰值功率的估算时，$SOC_{limit} = SOC_{min}$。

由于锂电池需要持续充放电，需要将单个采样时刻拓展为 N 个采样周期，锂电池充放电峰值电流估算公式为

$$\begin{cases} I_{k,max}^{dis,SOC} = Q \dfrac{SOC_k - SOC_{min}}{T \cdot N} \\ I_{k,min}^{chg,SOC} = Q \dfrac{SOC_k - SOC_{max}}{T \cdot N} \end{cases} \tag{7.29}$$

式中，$I_{k,max}^{dis,SOC}$ 为在 SOC 约束的条件下可以进行 T 个时刻放电的峰值电流；$I_{k,min}^{chg,SOC}$ 为在 SOC 约束的条件下可以进行 T 个时刻充电的峰值电流。可以得到基于 SOC 限制的峰值功率估算公式为

$$\begin{cases} P_k^{dis,SOC} = I_{k,max}^{dis,SOC} \cdot U_{L,k}\left(I_{k,max}^{dis,SOC}\right) \\ P_k^{chg,SOC} = I_{k,min}^{chg,SOC} \cdot U_{L,k}\left(I_{k,min}^{chg,SOC}\right) \end{cases} \tag{7.30}$$

式中，$P_k^{dis,SOC}$ 为在 SOC 约束的条件下可以进行 T 个时刻放电的峰值功率；$P_k^{chg,SOC}$ 为在 SOC 约束的条件下可以进行 T 个时刻充电的峰值功率。

使用多约束的方法对锂电池峰值电流进行约束，选取最小值作为峰值电流，如式(7.31) 所示：

$$\begin{cases} I_k^{dis} = \min\left(I_k^{dis,SOC}, I_k^{dis,V}, I_k^{dis,self}\right) \\ I_k^{chg} = \min\left(I_k^{chg,SOC}, I_k^{chg,V}, I_k^{chg,self}\right) \end{cases} \tag{7.31}$$

式中，I_k^{dis} 为在多约束的条件下进行 T 个时刻放电的峰值电流；I_k^{chg} 为在多约束的条件下进行 T 个时刻充电的峰值电流；$I_k^{dis,self}$ 为电池本身限制的放电的峰值电流；$I_k^{chg,self}$ 为电池本身限制的充电的峰值电流。

将充放电峰值电流与锂电池离散方程模型结合，得到当前状态下的端电压。然后，将峰值电流与和峰值电流相对应的端电压结合可以得到基于多约束的峰值功率表达式为

$$\begin{cases} P_k^{dis} = I_k^{dis} \cdot U_{L,k}\left(I_k^{dis}\right) \\ P_k^{chg} = I_k^{chg} \cdot U_{L,k}\left(I_k^{chg}\right) \end{cases} \tag{7.32}$$

式中，P_k^{dis} 为在多约束的条件下可以进行 T 个时刻放电的峰值功率；P_k^{chg} 为在多约束的条件下可以进行 T 个时刻充电的峰值功率。使用式(7.32)可以实现动力锂电池在多约束的条件下峰值功率的预测。

7.2.3　峰值功率动态实验验证

本节使用 BBDST 工况来进行峰值功率(state of power，SOP)验证分析。BBDST 工况是从使用中获得的，且变化频率较为复杂，符合大功率锂电池实际应用条件复杂多变的特点。BBDST 工况下锂电池不同放电时间下峰值电流如图 7.6 所示。

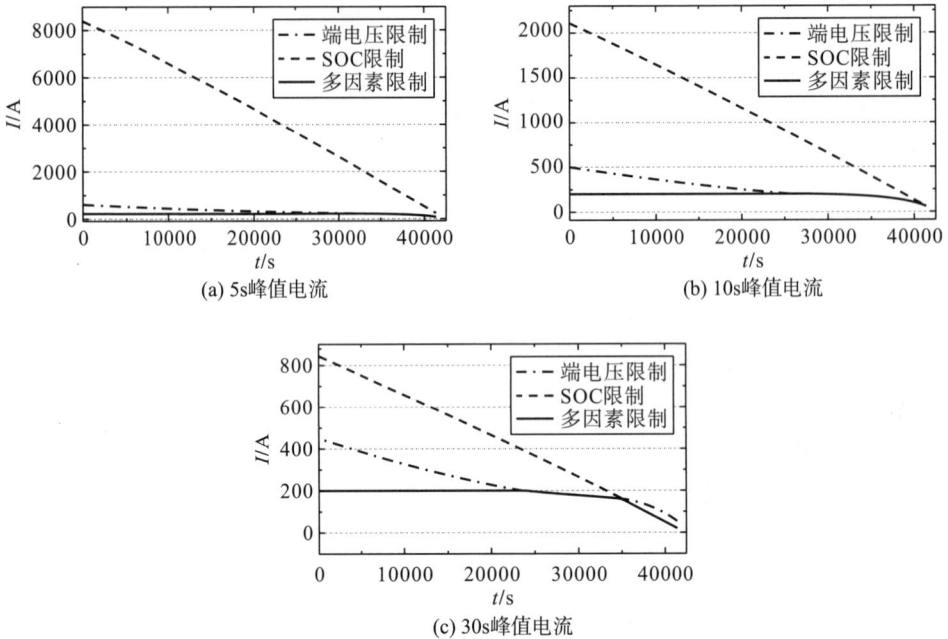

(a) 5s峰值电流

(b) 10s峰值电流

(c) 30s峰值电流

图 7.6   BBDST 工况下不同放电时间下的峰值电流

从图 7.6 可知，随着放电时间的增加，峰值电流逐渐降低。首先，对电池峰值电流进行限制的是电池本身；然后，随着电压的降低，与模型结合的端电压限制导致产生最低的峰值电流。在电池放电末期，电池的 SOC 较低，因此对 SOC 进行约束以限制峰值电流。三种持续峰值电流之间存在相似的性质，而且在实际使用中，峰值功率需要持续的时间大多为 8~15s，因此后续功率预测为 10s 峰值功率，BBDST 工况下的 SOP 估算和误差结果如图 7.7 所示。

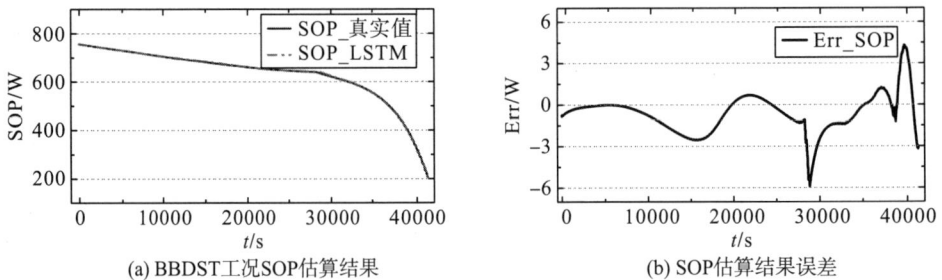

(a) BBDST工况SOP估算结果

(b) SOP估算结果误差

图 7.7   BBDST 工况下 SOP 估算结果与误差

由图 7.7 可知，基于 SOP 的动力锂电池误差在 6W 以内，可以满足实际应用中的需求。因此，说明 FFRLS 法能对锂电池充放电峰值功率完成准确估算。

7.3 峰值功率预估实验验证分析

为了验证基于长短期记忆网络的联合估算算法对于不同温度与老化情况下动力锂电池峰值功率(SOP)预估的有效性,本节对不同温度以及老化情况下 BBDST 工况的 SOP 进行预测,从而对采用的荷电状态与 SOP 联合估算方法的有效性与准确性进行验证。

7.3.1 不同老化情况下的电池峰值功率估算验证

本节对不同老化情况的锂电池的持续 SOP 进行验证分析。对锂电池 10s SOP 情况下,在充放电分别循环 100 次、200 次、400 次时持续 SOP 估算结果进行分析。在不同老化情况下 BBDST 工况下动力锂电池 10s SOP 估算结果与误差如图 7.8 所示。

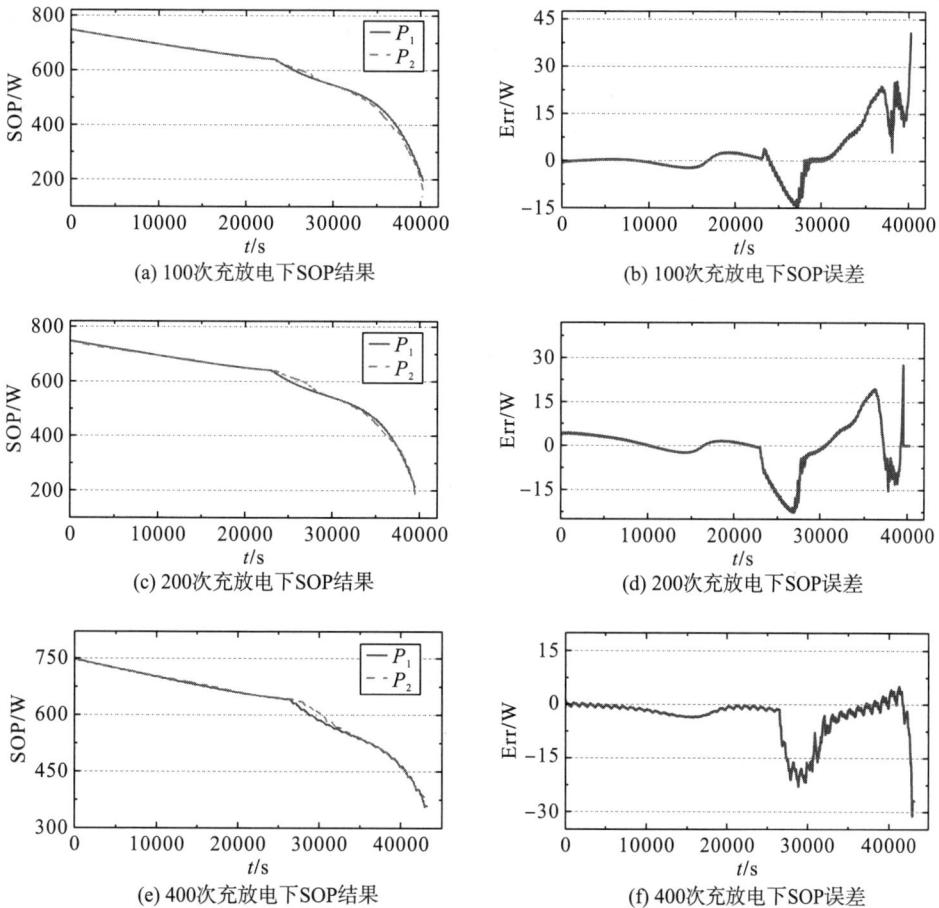

图 7.8 不同老化情况的 BBDST 工况下动力锂电池 SOP 估算结果与误差

(a)、(c)、(e)中,P_1 为在充放电不同循环数下电池放电 SOP 的估算值,P_2 为放电 SOP 的真实值;(b)、(d)、(e)中,Err 为 SOP 的估算误差如图 7.8 所示，使用联合估计算法基本可以完成在充放电不同循环次数下对锂电池 SOP 进行预测，整体曲线与实验曲线吻合。在不同老化情况下的峰值功率最大的 RMSE 为 10.55W，最大的 MPE 为 40.73W，BBDST 工况下动力锂电池的 SOP 估算的 RMSE、MPE 和 MAE 如图 7.9 所示。

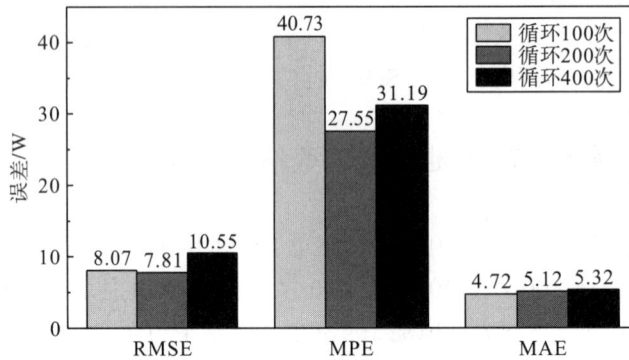

图 7.9　不同老化情况下 SOP 估算误差

由图 7.9 可知，在不同老化情况下，使用联合估计算法进行 SOP 估算的误差相差并不大，说明了联合估计算法在不同老化情况下对 SOP 的估算具有较强的鲁棒性，最大的 MAE 为 5.32W，具体的误差参数如表 7.3 所示。

表 7.3　BBDST 工况下 SOP 估算误差参数

循环充放电次数	RMSE/W	MPE/W	MAE/W
100 次	8.07	40.73	4.70
200 次	7.81	27.55	5.12
400 次	10.55	31.19	5.32

通过 BBDST 工况下的 SOP 估算结果分析可以得到，基于长短期记忆网络的联合估算可以在不同老化情况下对电池 SOP 进行准确预测。

7.3.2　不同温度下的电池峰值功率估算验证

本节对 15℃、25℃和 35℃时的锂电池的持续 SOP 进行验证分析。BBDST 工况下锂电池的 SOP 估算结果与误差如图 7.10 所示。

如图 7.10 所示，使用联合估计算法基本可以完成对 BBDST 工况下不同温度锂电池 SOP 的估算，整体曲线与实验结果曲线吻合。BBDST 工况下不同温度锂电池的 SOP 估算值 RMSE、MPE 和 MAE 如图 7.11 所示。

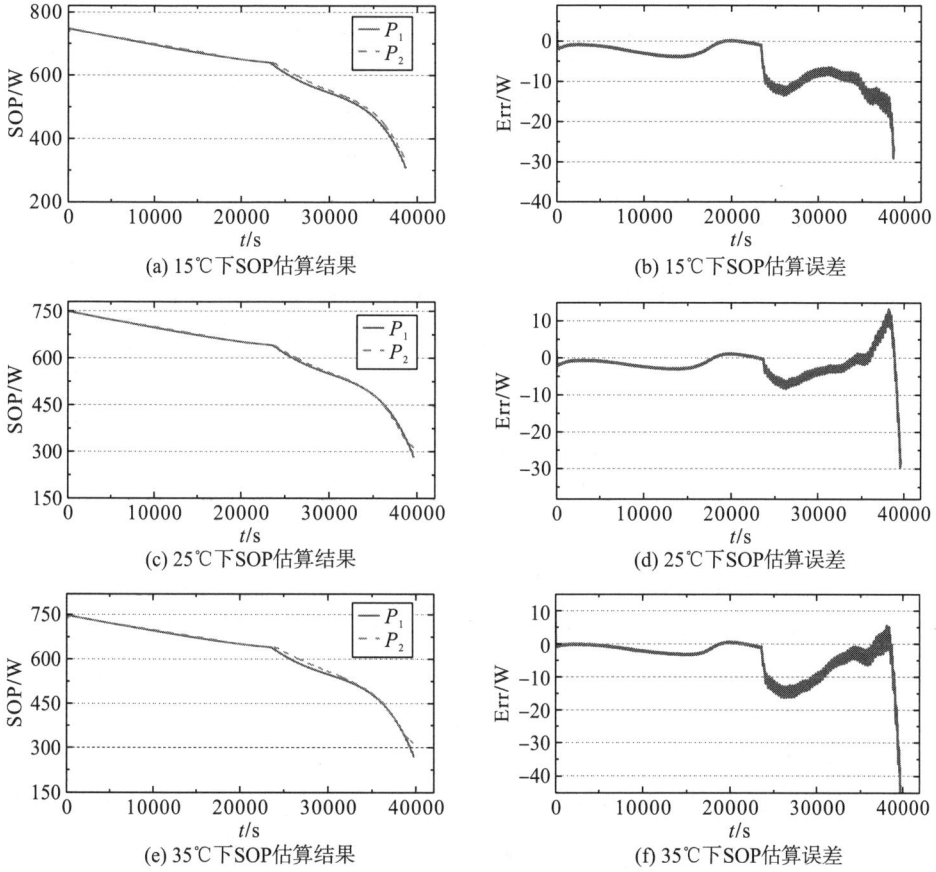

图 7.10 BBDST 工况下锂电池 SOP 估算结果与误差

(a)、(c)、(e) 中，P_1 为不同温度下动力锂电池放电 SOP 估算值，P_2 为实验测得的放电 SOP 真实值；(b)、(d)、(f) 中，Err 为不同温度下 SOP 的估算误差

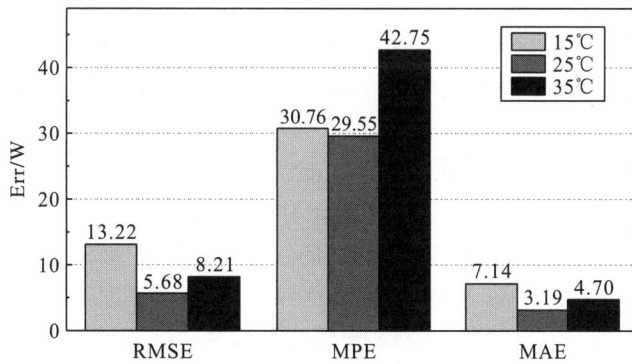

图 7.11 BBDST 工况下不同温度 SOP 估算误差

如图 7.11 所示，在不同温度下，使用联合估计算法进行 SOP 估算的误差相差并不大，说明了联合估计算法在不同温度下对 SOP 的估算具有较强的鲁棒性，具体的误差参数如表 7.4 所示。

表 7.4　BBDST 工况下 SOP 估算误差

温度	RMSE/W	MPE/W	MAE/W
15℃	13.22	30.76	7.14
25℃	5.68	29.55	3.19
35℃	8.21	42.75	4.70

表 7.4 中，不同温度下的 SOP 情况如下：RMSE 的最大值为 13.22W，MPE 的最大值为 42.75W，MAE 的最大值为 7.14W。通过不同温度 BBDST 工况下的 SOP 估算结果可知，基于长短期记忆网络的联合估算可以对不同温度情况下的电池 SOP 进行准确预测。

7.4　本　章　小　结

本章在各学者的估计方法的基础上，对动力锂电池荷电状态和峰值功率展开了深入研究，使用一种基于统计回归模型改进的长短期记忆网络精确估算电池 SOC，然后对动力锂电池 SOP 使用包括 SOC 在内的多参数约束方法进行实时估计，并将结果反馈给 SOC 预测的输入数据，以此完成动力锂电池 SOC 和 SOP 联合估计算法。

本章研究结果总结如下。

(1)本章对锂电池荷电状态和 SOP 的研究背景与意义进行了阐述，然后对锂电池荷电状态和 SOP 研究现状进行了总结与分析，构建了锂电池荷电状态与 SOP 准确估计的研究思路。

(2)本章首先介绍了锂电池的工作原理，然后在不同的温度与老化情况下对锂电池的内部参数进行了测试，通过实验分析了锂电池内部参数的动态特性，为后续动力锂电池的模型构建与辨识打下了基础。

(3)在得到锂电池内部参数特性的基础上，构建了锂电池离散方程模型，使用 FFRLS 法对电池模型进行了准确的在线辨识，为后文估算锂电池的荷电状态与 SOP 打下了理论基础。

(4)为了验证联合算法对荷电状态估计的准确性，对几种智能算法进行了对比，基于统计回归模型对长短期记忆网络进行了改进，并在不同温度和老化情况下对锂电池进行了验证。验证了该联合估计算法对于锂电池 SOC 估计的有效性和适用性。

(5)为了更好地完成锂电池 SOP 的准确估算，在改进的长短期记忆网络得到荷电状态的基础上，使用包括荷电状态在内的多参数约束的方法对锂电池 SOP 进行估计；使用离散方程模型对持续 SOP 结果进行预测并完成了验证。预测结果证明，在包括荷电状态在内的多参数约束下，SOP 的估算结果具有较高的精度，并且在不同老化情况以及温度下进行了实验验证，最终验证了该联合估算方法在不同温度与老化的情况下仍具有高精度的优点。

第8章　储能电池能量状态评估算法设计与优化

动力锂电池高精度建模与模型参数精确辨识是电池特性模拟、状态预估的基础。在实际工作过程中，不同环境温度下，电池的开路电压表现出较大差异，为提高模型精度，在电池等效建模过程中有必要考虑温度因素的影响。常用的电池等效模型参数辨识方法为RLS法，当输入数据量过大时，传统 RLS 法易出现数据饱和的现象，即从"新数据"中获取信息的能力减弱，造成参数辨识误差增大。本章将从建模与参数辨识两方面进行研究。

8.1　电池等效建模与参数辨识

8.1.1　考虑温度影响的电池等效模型构建

本章以等效电路模型为基础进行电池建模与能量状态(SOE)估计研究。常见电池等效电路模型有纯内阻(Rint)模型、戴维南模型、分数阶模型和二阶 RC 模型等[217]。锂电池属于高度非线性系统，Rint 模型只对电池欧姆极化效应进行等效表征，属于线性表征方式，无法实现锂电池特性的精确模拟。戴维南模型通过欧姆内阻表征电池的欧姆极化，通过 RC 并联回路表征电池极化现象，但一组 RC 回路不足以同时模拟电池电化学和浓差极化两种极化现象，因此该等效模型等效准确度有待提高。分数阶模型采用常相位元件代替戴维南模型或二阶 RC 模型中的电容元件，可以更准确地模拟电池动态电压响应，但是该模型常相位元件的阶次在线辨识困难，因此难以用于实践[218]。为更好地表征电池极化效应，研究者提出了二阶 RC 等效电路模型，即在戴维南模型的基础上增加一组 RC 并联回路，用两组 RC 回路分别模拟两种极化现象，理论上可获得比戴维南模型更高的模拟准确度。本章综合考虑计算复杂度与电池模拟准确度，以二阶 RC 模型作为基础，对电池进行建模研究。考虑到温度对电池开路电压的影响，本章在传统二阶 RC 模型的基础上进行改进，在不同温度下将 OCV 拟合成 SOE 的函数。改进的二阶 RC 模型如图 8.1 所示。

以放电方向为参考方向，基尔霍夫电压定律(Kirchhoff's voltage law，KVL)方程为

$$\begin{cases} U_{\text{L}} = U_{\text{OC}} - IR_0 - U_1 - U_2 \\ \dfrac{\text{d}U_1}{\text{d}t} = \dfrac{I}{C_1} - \dfrac{U_1}{R_1 C_1} \\ \dfrac{\text{d}U_2}{\text{d}t} = \dfrac{I}{C_2} - \dfrac{U_2}{R_2 C_2} \end{cases} \tag{8.1}$$

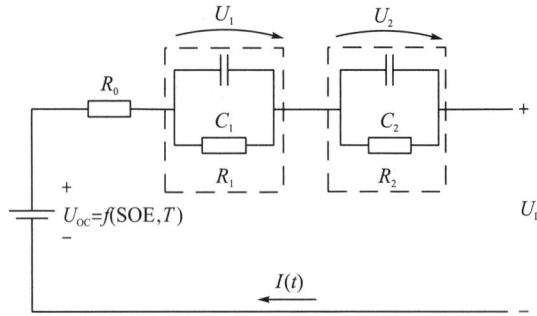

图 8.1　改进的二阶 RC 模型

U_{OC} 为开路电压，R_0 为锂电池欧姆内阻，R_1、R_2 为极化内阻，C_1、C_2 为极化电容，R_1-C_1 回路表征电路电压快速变化的过程，R_2-C_2 回路表征电路电压缓慢变化的过程，U_L 表示电池端电压

式中，U_1、U_2 分别为 R_1-C_1、R_2-C_2 回路的端电压。以 SOE、U_1、U_2 为状态变量，结合 SOE 的功率积分定义表达式与式(8.1)，得到离散状态下电池状态空间表达式为

$$
\begin{cases}
\begin{bmatrix} \text{SOE}_{k+1} \\ U_{1,k+1} \\ U_{2,k+1} \end{bmatrix} = \begin{bmatrix} 1 & 0 & 0 \\ 0 & e^{\frac{\Delta t}{\tau_1}} & 0 \\ 0 & 0 & e^{\frac{\Delta t}{\tau_2}} \end{bmatrix} \begin{bmatrix} \text{SOC}_k \\ U_{1,k} \\ U_{2,k} \end{bmatrix} + \begin{bmatrix} \dfrac{-\eta U_{L,k}\Delta t}{E_N} \\ R_1\left(1-e^{\frac{\Delta t}{\tau_1}}\right) \\ R_2\left(1-e^{\frac{\Delta t}{\tau_2}}\right) \end{bmatrix} I_k + \begin{bmatrix} w_{1,k} \\ w_{2,k} \\ w_{3,k} \end{bmatrix} \\[4mm]
U_{L,k+1} = U_{OC,k+1} + \begin{bmatrix} 0 & -1 & -1 \end{bmatrix} \begin{bmatrix} \text{SOE}_k \\ U_{1,k} \\ U_{2,k} \end{bmatrix} - IR_0 + v_k
\end{cases}
\tag{8.2}
$$

式中，Δt 为采样时间；t 为时间常数，$\tau_1 = R_1C_1$，$\tau_2 = R_2C_2$；下标 k 与 $k+1$ 分别为当前状态与下一时刻的状态；$w_{i,k}$ 为过程噪声变量，i 为 1、2、3；v_k 为观测噪声变量；E_N 为电池的额定能量；η 为库仑效率。根据式(8.2)所示的状态空间方程，可实现基于等效电路模型的动力锂电池 SOE 估计。

不同温度条件下电池开路电压会表现出较大差异。具体表现为在充电和放电过程中，相同 SOE 条件下的开路电压大小不一致，进而对 SOE 估计精度造成影响。为了在解决这一问题的同时节约计算成本，在不同温度条件下分别开展开路电压测试实验，获取不同温度条件下的 OCV-SOE 曲线，并通过曲线拟合的方式得到 OCV 关于 SOE 的函数，本书选择多项式拟合的方式对曲线进行拟合，拟合目标函数如式(8.3)所示：

$$
\text{OCV(SOE)} = \sum_{i=1}^{n} a_i \text{SOE}^i + a_0
\tag{8.3}
$$

式中，a_i 为多项式函数的系数。

提取 HPPC 工况中不同 SOE 值对应的开路电压值，通过 MATLAB 的曲线拟合工具完成 OCV-SOE 的曲线拟合，五阶以及六阶多项式拟合结果如表 8.1 所示。

表 8.1　多项式拟合结果

阶次	a_0	a_1	a_2	a_3	a_4	a_5	a_6
五阶	3.187	3.487	−12.560	22.610	−17.650	5.111	0
六阶	3.431	−0.961	16.390	−66.240	121.300	−101.800	32.120

注：$a_0 \sim a_6$ 表示多项式系数。

为更直观对比两种不同阶次拟合结果的效果，以 25℃实验数据为例，将不同条件下的 OCV 与 SOE 拟合，得到五阶、六阶多项式拟合对应的开路电压曲线，结果如图 8.2 所示。

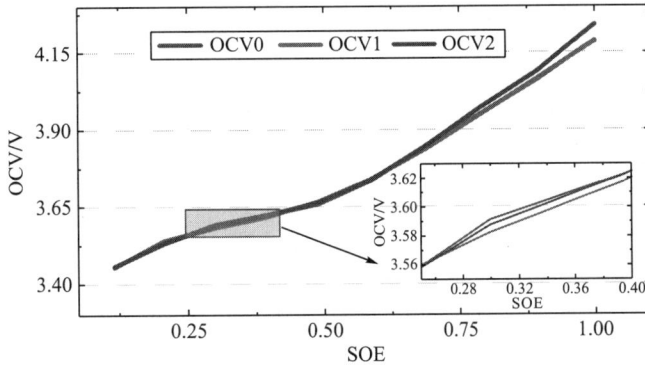

图 8.2　OCV 拟合曲线

OCV0 为实际开路电压，OCV1 为五阶多项式拟合所得的开路电压，OCV2 为六阶多项式拟合所得的开路电压

由图 8.2 可以看出，在电池放电末期，六阶多项式拟合曲线更接近实际开路电压曲线；在放电初期，五阶多项式的拟合曲线效果更好。综合考虑计算复杂度与 SOE 估计效果，本章选择五阶多项式进行拟合。

8.1.2　基于混合脉冲功率测试的离线辨识

离线辨识一般通过 HPPC 实验数据开展，本书以额定容量为 70A·h、平台电压为 3.65V 的三元锂电池为实验样本。在 25℃条件下，HPPC 工况一次循环下的电压与电流曲线如图 8.3 所示。

HPPC 工况测试中，当电池搁置足够长时间后进行瞬时充放电时，电流的瞬时变化会导致电池内阻电压发生变化，即图 8.3 中 AB 段和 CD 段的电压突变是电池欧姆内阻两端电压的变化所导致，为获得精确的放电内阻值，由两段电压分别计算内阻并取平均值，由此可得电池内阻的计算公式为

$$R_0 = \frac{U_A - U_B + U_D - U_C}{2I} \tag{8.4}$$

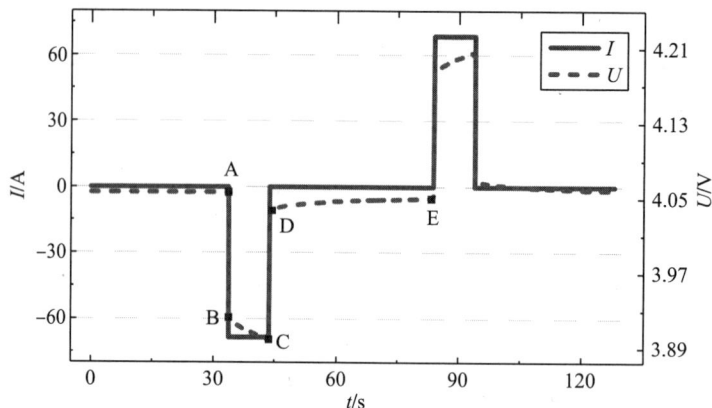

图 8.3　HPPC 工况一次循环下的电压与电流曲线

图 8.3 中 DE 段电流近似为零，其电压的变化是由电池极化电容放电导致，属于零输入响应，可选取该段曲线进行拟合求取电池等效模型中的极化内阻和极化电容等相关参数值。零输入响应函数及其简化表达式为

$$U_L = U_{OC} - IR_1 e^{\frac{-t}{\tau_1}} - IR_2 e^{\frac{-t}{\tau_2}} \Rightarrow f = g - a e^{\frac{-t}{b}} - c e^{\frac{-t}{d}} \tag{8.5}$$

式中，t_1、t_2 均为等效电路的时间常数，分别用 b、d 表示；f 为动力电池的端电压；g 为电池的开路电压；a 为 R_1 两端的电压，$a = IR_1$；c 为 R_2 两端的电压，$c = IR_2$。通过参数分离可得模型参数的计算表达式为

$$\begin{cases} U_{OC} = g \\ R_1 = \dfrac{a}{I}, R_2 = \dfrac{b}{I} \\ C_1 = \dfrac{c}{R_1}, C_2 = \dfrac{d}{R_2} \end{cases} \tag{8.6}$$

根据上述的离线参数辨识步骤，以 25℃恒温条件下的 HPPC 工况数据为基础，计算得到的不同能量状态下的等效电路模型，欧姆内阻 R_0，极化内阻 R_1、R_2，以及极化电容 C_1、C_2 参数值如表 8.2 所示。

表 8.2　离线参数辨识结果参数

SOE	R_0/mΩ	R_1/mΩ	R_2/mΩ	C_1/F	C_2/F
1	1.626	0.062	0.121	22422.135	145931.520
0.891	1.614	0.083	0.130	22007.309	132337.603
0.786	1.610	0.079	0.158	17419.126	100709.370

续表

SOE	$R_0/\text{m}\Omega$	$R_1/\text{m}\Omega$	$R_2/\text{m}\Omega$	C_1/F	C_2/F
0.685	1.605	0.094	0.156	24299.792	173727.939
0.586	1.612	0.070	0.137	21131.495	150309.693
0.489	1.610	0.054	0.108	31975.677	163412.341
0.394	1.624	0.043	0.116	29247.483	129855.272
0.299	1.634	0.042	0.115	33843.308	135943.908
0.207	1.654	0.059	0.118	37889.002	163810.323
0.116	1.683	0.097	0.166	21339.936	144377.786

由表 8.2 所示结果可知，随着电池不断放电，电池欧姆内阻呈现先下降后增加的趋势。其他参数如极化内阻和极化电容等也会随着电池电量的变化而变化，为提高模型参数辨识的精度，一般采取的方式为将各参数拟合为 SOE 的函数，从而精确表征不同能量状态下电池工作状态特性。由于锂电池应用较广，所处的工作环境复杂多变，离线参数辨识方法需通过实验提前获得相关的数据信息，但实验条件难以精确模拟电池的实际工作环境，因此该方法在实际应用中面临较多的挑战。

8.1.3　基于遗忘因子递归最小二乘法的参数辨识

受外界因素的影响，电池等效电路模型的参数会发生较大变化，如同一块电池在夏季与冬季表现出的欧姆内阻具有较大的差异，采用离线参数辨识方法获得的结果是一个固定的值，难以应用于电池的实际运行环境。为增强模型的适应能力，本书采用在线的方式实现模型参数辨识。在线参数辨识方法中，RLS 法由于具有计算量小、精度高等优点而被广泛应用。但当输入数据量过多时，RLS 法易出现数据饱和的现象，即算法难以从"新数据"中获取信息，造成模型辨识结果误差增大。为解决这一问题，研究者在RLS 法的基础上添加遗忘因子对其进行优化，如指数遗忘(exponential forgetting，EF)、方向遗忘(directional forgetting，DF) 以及正则化指数遗忘(regularized exponential forgetting，REF) 等。文献[219]研究表明，在非持续激励条件下 EF 法的稳定性难以保证，不适用于锂电池系统的参数辨识。DF 法解决了 EF 法的缺陷，但具有较高的计算复杂度。REF 法可实现模型参数的精确辨识，但同样具有计算复杂度高的问题。FFRLS 法通过残差的变化对遗忘因子进行动态调节，赋予"旧"的数据较小的权重，降低"旧"数据的影响，研究表明 FFRLS 法具有较好的参数辨识效果[220]，因此为保证模型参数辨识精度的同时降低计算成本，本章节采用 FFRLS 法进行参数辨识。系统的传递函数以及差分表达式为

$$
\begin{cases}
\dfrac{U_{\text{OC}}w_k(s)-U_{\text{L}}(s)}{I(s)} = \dfrac{R_0 s^2 + \dfrac{(R_0\tau_1 + R_0\tau_2 + R_1\tau_1 + R_2\tau_2)s + R_0 + R_1 + R_2}{\tau_1\tau_2}}{s^2 + (\tau_1 s + \tau_2 s + 1)/\tau_1\tau_2} \\
U_{\text{OC}}(k) - U_{\text{L}}(k) = k_1[U_{\text{L}}(k-1) - U_{\text{OC}}(k-1)] + k_2[U_{\text{L}}(k-2) \\
\qquad\qquad - U_{\text{OC}}(k-2)] + k_3 I(k) + k_4 I(k-1) + k_5 I(k-2)
\end{cases}
\tag{8.7}
$$

为便于计算，将式(8.7)进一步简化，可得

$$
\begin{cases}
\phi^{\mathrm{T}} = \left[-U(k-1), -U(k-2), I(k), I(k-1), I(k-2)\right] \\
\theta^{\mathrm{T}} = [k_1, k_2, k_3, k_4, k_5] \\
y(k) = U_{\mathrm{OC}}(k) - U_{\mathrm{L}}(k)
\end{cases}
\Rightarrow y(k) = \phi^{\mathrm{T}}\theta
\tag{8.8}
$$

式中，$U(\cdot)$为观测值；ϕ为测量矩阵；θ为系数矩阵。

根据式(8.8)所示传递函数处理结果可得 FFRLS 法的计算流程，如式(8.9)所示：

$$
\begin{cases}
K_k = \dfrac{P_{k-1}\phi_k^{\mathrm{T}}}{\lambda + \phi_k P_{k-1}\phi_k^{\mathrm{T}}} \\[2mm]
\hat{\theta}_k = \hat{\theta}_{k-1} + K_k\left(y_k - \phi_k^{\mathrm{T}}\hat{\theta}_{k-1}\right) \\[2mm]
P_k = [\lambda - K_k]P_{k-1}
\end{cases}
\tag{8.9}
$$

式中，K_k为 k 时刻的增益；P_k 为误差协方差矩阵；$\hat{\theta}_k$ 为 k 时刻的参数估计值；$\hat{\theta}_{k-1}$ 为 $k-1$ 时刻的参数估计值；ϕ_k 为 k 时刻的测量矩阵；λ为遗忘因子，可通过实际工况进行调节，本章研究选取$\lambda = 0.9998$。

8.1.4 参数辨识结果分析

1. 离线参数辨识结果分析

根据表 8.2 的离线参数辨识结果，将各参数拟合为 SOE 的函数，进一步实现模型的验证。综合考虑模型精度与计算复杂度的平衡，对电池充放电内阻，分别取平均值作为模型参数；对 R_1、R_2、C_1、C_2，则分别选取所有充放电数据的平均值作为最终结果；对电池开路电压，将之拟合为 SOE 的多项式函数。HPPC 工况下模型验证结果如图 8.4 所示。

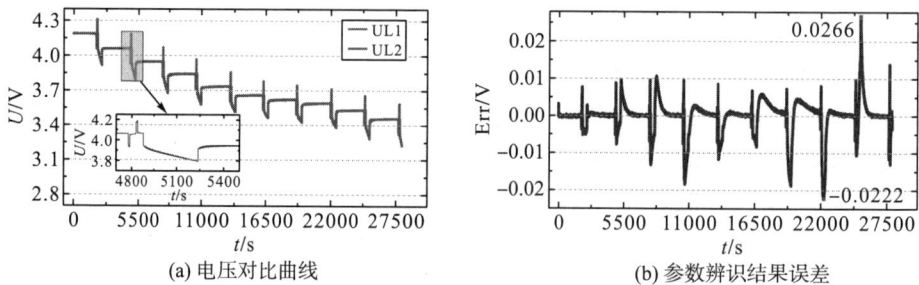

(a) 电压对比曲线　　　　　　　　(b) 参数辨识结果误差

图 8.4　HPPC 工况模型电压及参数辨识结果误差对比

UL1 为实际端电压，UL2 为模拟端电压

由图 8.4(b)可以看出，模拟电压的最大误差为 0.0266V，整体上误差较小，且在很小的范围内波动，证明所采用的离线参数辨识方法可行度较高，能获得较高精度的模型参数。离线辨识方法所得的参数结果无法适应电池的多种工作环境，因此该方法仅适用于实验室研究，在实际工程中应用较少。

2. 在线参数辨识结果分析

为验证提高二阶 RC 等效电路模型的准确度以及 FFRLS 法的参数辨识精度，以不同温度的 DST 工况数据对算法进行实验验证，验证结果如图 8.5 所示。

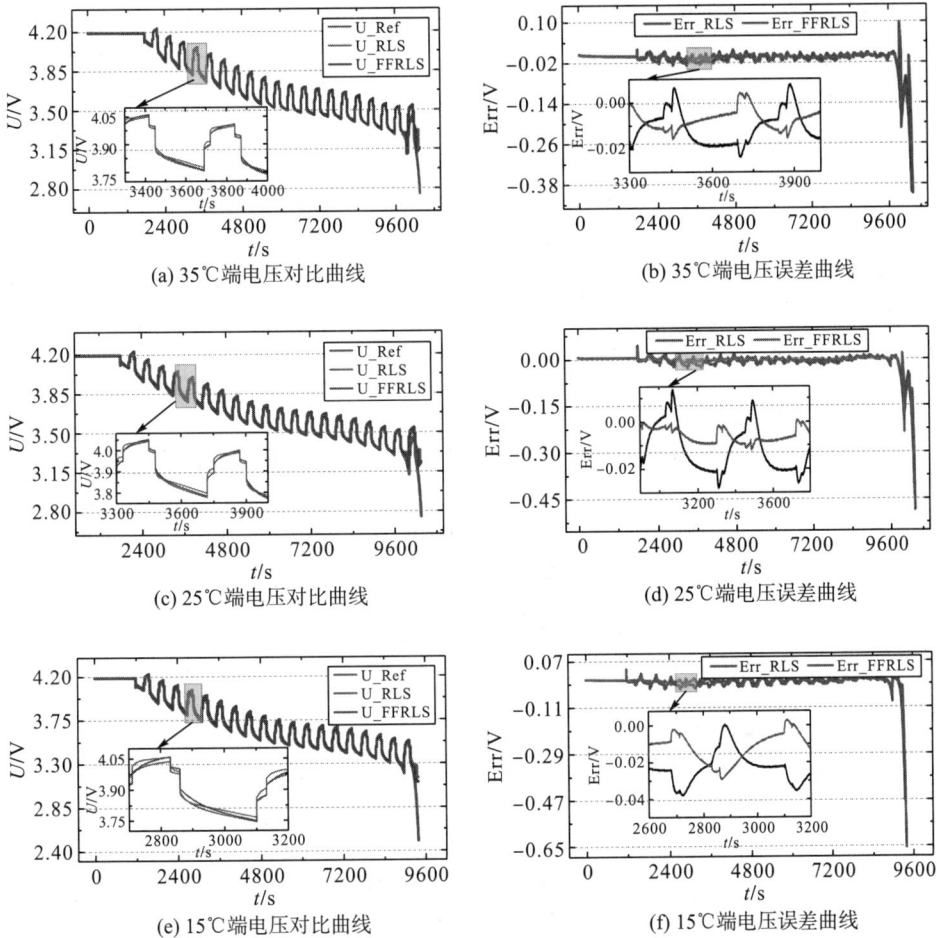

图 8.5　DST 工况模型电压对比

U_Ref 为实际电压，U_RLS 为 RLS 法对应的仿真端电压，U_FFRLS 为 FFRLS 法对应的仿真端电压；Err_RLS 和
Err_FFRLS 分别为 U_RLS、U_FFRLS 对应的电压误差

由图 8.5 可知，在均流放电以及电流突变部分，不同温度条件下 U_RLS 和 U_FFRLS 均能较好跟踪实际电池端电压，除放电末期部分，仿真电压误差均能保持在 0.04V 以内。证明在不同温度条件下分别拟合 OCV-SOE 函数是可行的，改进二阶 RC 等效电路模型可实现锂电池特性高准确度模拟。在同一温度条件下，U_FFRLS 均能比 U_RLS 更快速地跟踪至实际电压曲线，且 Err_FFRLS 比 Err_RLS 的稳定性更高，即基于 FFRLS 的模型参数辨识精度更高。

为进一步在复杂工况下验证等效模型准确度以及 FFRLS 法的参数辨识效果，在

BBDST 工况下对算法进行进一步验证。BBDST 工况下，RLS 法和 FFRLS 法对应的仿真电压结果如图 8.6 所示。

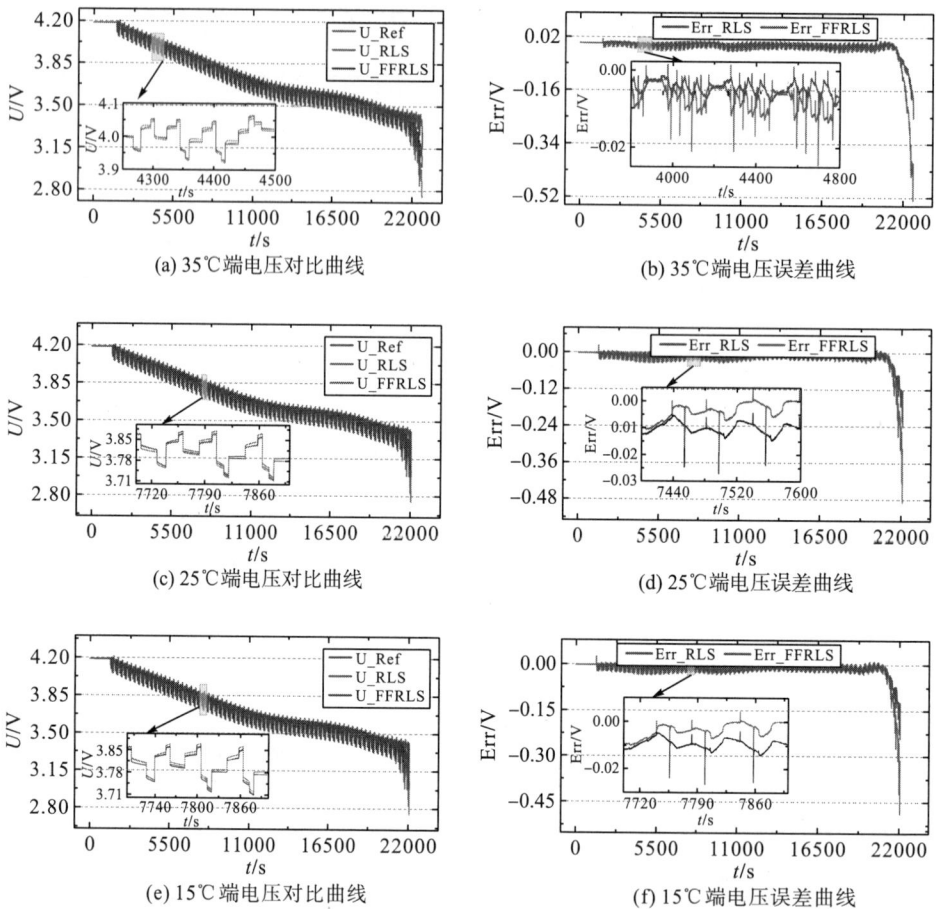

图 8.6　BBDST 工况模型电压对比

各图例含义与图 8.5 一致

　　由图 8.6 可以看出，在放电末期电池端电压呈急剧下降的趋势，这是电池内部的剧烈化学反应导致电池开路电压产生无规律变化，无法实时获取真实的开路电压值，使仿真电压误差急剧增大，属于正常现象。在三种不同温度下，除放电末期外，RLS 法和 FFRLS 法对应的仿真电压误差均能保持在 0.03V 以内，整体上 Err_FFRLS 的波动范围更小，且放电末期 Err_FFRLS 的最大值远小于 Err_RLS 的最大值。FFRLS 法可获得更高精度的模型参数，使模拟电压快速收敛至真实值。不同温度条件下，FFRLS 法均能实现高精度的端电压输出，证明本书研究在不同温度条件下分别采用不同的 OCV-SOE 多项式函数是可行的。模型参数的高精度辨识为后续工作中动力锂电池 SOE 的精确估计奠定了基础。

8.2　基于 FVW-CKF 算法的 SOE 估计

SOE 是动力系统能量分配的重要依据，更是电动汽车、航天飞行器剩余行驶里程预测的基础，准确的 SOE 估计对防止电池过充过放、延长电池使用寿命具有重要意义。为提高 SOE 估计的收敛速度与估计精度，本节将介绍 CKF 算法的基本原理，通过模糊理论与双权重多新息算法对其进行优化，探索老化条件下 SOE 的修正方法。

8.2.1　模糊自适应 CKF 算法

CKF 算法适用于解决非线性系统的状态研究问题，而动力锂电池属于强非线性系统，因此 CKF 算法非常适用于电池的 SOE 估计。基于模型的 SOE 估计一般将功率积分法作为基本框架，其功率积分表达式与离散化形式为

$$\begin{cases} \mathrm{SOE}_t = \mathrm{SOE}_0 + \dfrac{1}{E_\mathrm{N}} \displaystyle\int_0^t i(t) U_\mathrm{L}(t) \mathrm{d}t \\ \mathrm{SOE}_k = \mathrm{SOE}_{k-1} + \dfrac{I_k U_{\mathrm{L},k} \Delta t}{E_\mathrm{N}} \end{cases} \tag{8.10}$$

式中，SOE_k 为 k 时刻的 SOE 值；I_k 为 k 时刻的负载电流值；$U_{\mathrm{L},k}$ 为 k 时刻的负载电压值；Δt 为采样时间；E_N 为电池的最大可用能量。

经第 3 章等效建模内容研究对比分析，本节采用考虑温度因素的二阶 RC 模型对电池内部电化学特性进行等效模拟，结合式(8.10)，以 SOE、U_1、U_2 为状态变量，电池端电压 U_L 为观测变量，电流 I 为输入变量，可得系统状态方程为

$$\begin{cases} \begin{bmatrix} \mathrm{SOE}_{k+1} \\ U_{1,k+1} \\ U_{2,k+1} \end{bmatrix} = \begin{bmatrix} 1 & 0 & 0 \\ 0 & \mathrm{e}^{\frac{\Delta t}{\tau_1}} & 0 \\ 0 & 0 & \mathrm{e}^{\frac{\Delta t}{\tau_2}} \end{bmatrix} \begin{bmatrix} \mathrm{SOC}_k \\ U_{1,k} \\ U_{2,k} \end{bmatrix} + \begin{bmatrix} \dfrac{-\eta U_{\mathrm{L},k} \Delta t}{E_\mathrm{N}} \\ R_1\left(1 - \mathrm{e}^{\frac{\Delta t}{\tau_1}}\right) \\ R_2\left(1 - \mathrm{e}^{\frac{\Delta t}{\tau_2}}\right) \end{bmatrix} I_k + \begin{bmatrix} w_{1,k} \\ w_{2,k} \\ w_{3,k} \end{bmatrix} \\ U_{\mathrm{L},k+1} = U_{\mathrm{OC},k+1} + \begin{bmatrix} 0 & -1 & -1 \end{bmatrix} \begin{bmatrix} \mathrm{SOE}_k \\ U_{1,k} \\ U_{2,k} \end{bmatrix} - IR_0 + v_k \end{cases} \tag{8.11}$$

式中，η 为充放电效率，即电池可放电电量与可充电电量的比值，受时间限制，本节未对其进行深入研究，取其值为 1；τ 为时间常数，$\tau_1 = R_1 C_1$、$\tau_2 = R_2 C_2$；$w_k(w_{1,k}, \ w_{2,k}, \ w_{3,k})$、$v_k$ 分别为系统的过程噪声变量与观测噪声变量，二者均为高斯白噪声。

对式(8.11)进行简化，结果如式(8.12)所示：

$$\begin{cases} x_{k+1} = A x_k + B I_k + w_k \\ y_{k+1} = U_{\mathrm{OC},k+1} + \begin{bmatrix} 0 & -1 & -1 \end{bmatrix} x_k - IR_0 + v_k \end{cases} \tag{8.12}$$

式中，A 为状态转移矩阵；B 为输入矩阵；x 为状态变量矩阵；y 为观测变量矩阵；U_{OC} 为电池端电压；I 为电流；w_k 为过程噪声变量，v_k 为观测噪声变量，二者均为高斯白噪声。各变量表达式为

$$\begin{cases} A = \begin{bmatrix} 1 & 0 & 0 \\ 0 & e^{\frac{\Delta t}{\tau_1}} & 0 \\ 0 & 0 & e^{\frac{\Delta t}{\tau_2}} \end{bmatrix} \\ B = \begin{bmatrix} \dfrac{-\eta U_{L,k}\Delta t}{E_N} & R_1\left(1-e^{\frac{\Delta t}{\tau_1}}\right) & R_2\left(1-e^{\frac{\Delta t}{\tau_2}}\right) \end{bmatrix}^T \\ x_k = \begin{bmatrix} SOE_k & U_{1,k} & U_{2,k} \end{bmatrix}^T \end{cases} \quad (8.13)$$

锂电池应用场景广泛，工况复杂，电池管理系统需实时准确地提供电池状态信息。由于算法的固有缺陷，CKF 的收敛速度低于 EKF，即当 SOE 初始值不确定时，CKF 需较长时间才能跟踪至真实值。此外，当电流突变时算法表现出的跟踪效果较差，导致 SOE 估计的实时性无法得到保证。为解决上述问题，将模糊理论与 CKF 相结合，构建模糊控制器，通过模糊因子 α 实现卡尔曼增益的动态调节，提高 SOE 估计过程中估计值的收敛速度。

模糊控制器的设计步骤为：以新息 z_k 的绝对值为模糊输入变量，模糊因子 α 为模糊输出变量。z_k 的论域为[0, 0.25]，α 的论域为[0, 1.5]，二者均划分为 L、M、H 三个等级，其中 L 表示低、M 表示中、H 表示高。z_k 越小，证明当前时刻 SOE 先验估计值越接近真实值，反之则越远离真实值。本节以此为依据设计了模糊控制器，模糊控制器的输入、输出变量的隶属度函数如图 8.7 所示。

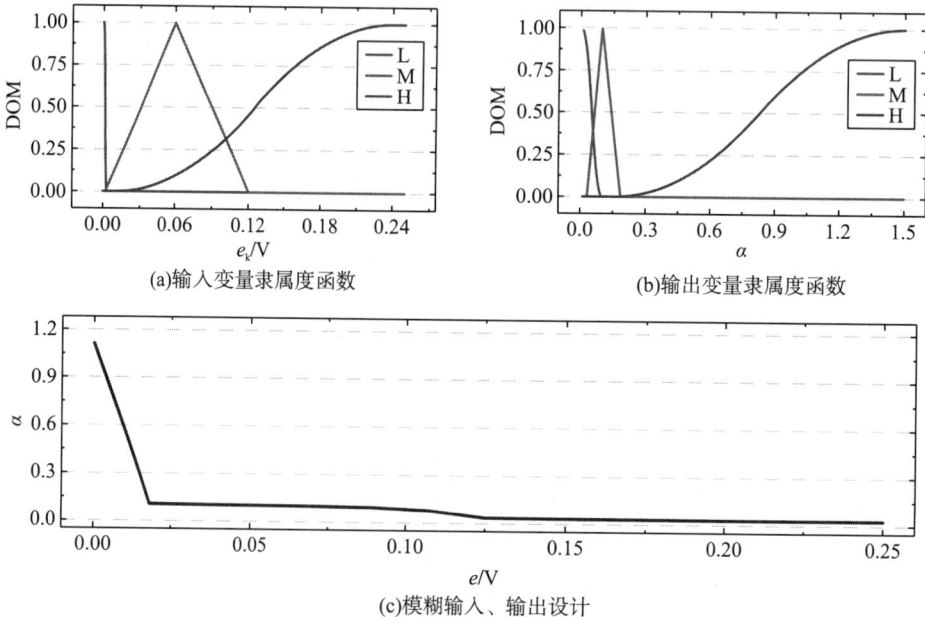

(a)输入变量隶属度函数　　　　　　　　(b)输出变量隶属度函数

(c)模糊输入、输出设计

图 8.7　输入、输出变量隶属度函数设计

DOM 指隶属度(degree of membership)

对于设计的模糊控制器，其工作的基本原理为：当 z_k 较大时，通过模糊因子 α 使观测噪声协方差矩阵的模降低，进而增大卡尔曼增益，使算法能快速收敛至真实值；当 z_k 较小时，通过模糊因子 α 使观测噪声协方差矩阵的模增大，降低卡尔曼增益系数，增加先验估计值的权重，保证状态估计结果的精度。引入模糊因子后的理论新息协方差矩阵表达式为

$$P_{zz,k|k-1} = \frac{1}{2n}\sum_{i=1}^{2n}\left(\hat{Z}_{i,k|k-1}\hat{Z}_{i,k|k-1}^{\mathrm{T}} - \hat{z}_{i,k|k-1}\hat{z}_{i,k|k-1}^{\mathrm{T}}\right) + aR \tag{8.14}$$

式中，Z 为系统观测值，本节中以电池端电压为观测值；$\hat{z}$ 为端电压仿真值；R 为系统观测噪声方差；a 为模糊观测器的输出数据。

8.2.2　双权重多新息 CKF

CKF 属于离散系统的模型滤波方法，在锂电池状态估计过程中，每次迭代更新都会使用上一时刻的状态预估下一时刻的状态，并舍弃上一时刻之前的所有数据，这种迭代方式被称为单新息估计过程。SOE 估计时的新息是指端电压测量值和通过先验估计模拟出的端电压预测值之间的差值，其定义表达式为

$$\zeta_k = z_k - \hat{z}_{k|k-1} \tag{8.15}$$

在动力锂电池的实际工作过程中，常会出现电流突变的情况。例如，电动汽车急刹车、突然起步，或者传感器出现故障，导致某几个数据点测量异常时，若利用单一新息进行状态估计，就难以保证算法的鲁棒性。为解决这一问题，本节采用多新息的方式进行 SOE 估计，即采用多个时刻的新息更新当前时刻的状态。

首先将单一新息扩展为新息矩阵，如式 (8.16) 所示：

$$E(k) = \begin{bmatrix} \zeta_k \\ \zeta_{k-1} \\ \vdots \\ \zeta_{\zeta_{k-M+1}} \end{bmatrix} = \begin{bmatrix} z_k - \hat{z}_{k|k-1} \\ z_{k-1} - \hat{z}_{k-1|k-2} \\ \vdots \\ z_{k-M+1} - \hat{z}_{k-M+1|k-M} \end{bmatrix} \tag{8.16}$$

式中，M 为所取新息序列的长度；z_k 为观测变量实际值，本节以电池端电压为观测值；$\hat{z}_{k|k-1}$ 为观测变量模拟值，即端电压仿真值。同时，为进行进一步计算，需将卡尔曼增益从一维扩展为多维矩阵，表达式为

$$K_M = \begin{bmatrix} K_k & K_{k-1} & \cdots & K_{k-M+1} \end{bmatrix} \tag{8.17}$$

在每个迭代步骤中，考虑实际应用情况，为在保证算法鲁棒性的同时增强算法的跟踪效果，根据每个新息误差的大小赋予不同的权重。具体设计方式为：当新息误差绝对值较大时，赋予其较大的权重，当新息误差绝对值较小时，赋予其较小的权重。根据绝对值大小赋予的权重用 $W_{e,i}$ 表示。为保证算法能在新的输入数据中获取较多的信息，新息矩阵中每个元素的权重根据其数据的新旧程度赋予不同的值，即越靠近当前时刻的新息赋予的权重越大。根据数据的"新旧程度"赋予的权重用 $W_{t,i}$ 表示。两种权重以及加权矩阵的计算表达式为

$$\begin{cases} w_{e,i} = \dfrac{\zeta_i^2}{\displaystyle\sum_{i=k-M+1}^{k} \zeta_i^2}, w_{t,i} = \dfrac{\dfrac{1}{\sqrt{2\pi}} e^{-(M-i)^2}}{\displaystyle\sum_{i=k-M+1}^{k} \dfrac{1}{\sqrt{2\pi}} e^{-(M-i)^2}} \\ W_{e,M} = \mathrm{diag}[\,w_{e,k} \quad w_{e,k-1} \quad \cdots \quad w_{e,k-M+1}] \\ W_{t,M} = \mathrm{diag}[\,w_{t,k} \quad w_{t,k-1} \quad \cdots \quad w_{t,k-M+1}] \end{cases} \tag{8.18}$$

式中，$W_{e,M}$ 是新息量大小对应的权重矩阵；$W_{t,M}$ 为新息关于时间的权重矩阵。

经不同权重优化后的状态估计值计算表达式为

$$\hat{x}_k = \hat{x}_k^- + K_{x,M} W_{e,M} W_{t,M} E_{k,M} \tag{8.19}$$

式中，$\hat{x}_k^-$ 为状态的先验估计结果；$\hat{x}_k$ 为状态的后验更新结果；$K_{x,M}$ 为卡尔曼增益矩阵。

8.2.3　变窗口自适应调整策略

锂电池充放电工作环境复杂，如当电动汽车匀速前进时，电池端电压与负载电流保持不变，当电动汽车急加速或者急刹车时，锂电池的端电压和负载电流会产生突变，即电池的充放电状态是一个动态变化的过程，存在匀速充放电与电流突变等现象。式(8.16)中采用固定窗口长度计算当前时刻的新息矩阵，无法同时考虑到算法的鲁棒性和实时动态特性的均衡，为提高算法的实用性，需实时动态更新新息矩阵的长度。为此，本节通过新息的变化构建了一种新息窗口自适应调整策略，当出现电流突变时，减小窗口大小，增加当前时刻新息的权重，增强算法的跟踪能力；当正常放电时，则增加新息的数量，提高算法的鲁棒性，实现算法鲁棒性与实时跟踪性的均衡，窗口自适应调整过程如式(8.20)所示：

$$\begin{cases} M = M_{\min}, e_k \geqslant \alpha_{\max} \\ M = M_{\max}, e_k \leqslant \alpha_{\min} \\ M = \mathrm{round}\left(\dfrac{M_{\min} + M_{\max}}{2}\right) - \mathrm{sign}(\Delta e_k), \alpha_{\min} < e_k < \alpha_{\max} \end{cases} \tag{8.20}$$

式中，M 为新息序列的窗口长度；$M_{\min}$ 和 $M_{\max}$ 为窗口的最小值和最大值；$\alpha_{\max}$ 和 $\alpha_{\min}$ 为设定的新息上下限阈值；e_k 为 k 时刻的新息；Δe_k 为新息增量；$\mathrm{round}(\cdot)$ 为取整函数；$\mathrm{sign}(\cdot)$ 为符号函数。相较于文献[218]，本节采用新息以及新息的增量作为窗口变化的标准，算法具有更低的复杂度，并对该文献第三条规则进行了优化，使算法具有更好的效果。

8.3　基于双层滤波的 SOE 与最大可用能量联合估计

8.3.1　基于 EKF 的最大可用能量估计

电池最大可用能量是指满电条件下电池 SOE 从 1 降为 0 时所能释放出的最大能量，

常用瓦时 (W·h) 表示。基于模型的 SOE 估计过程中，准确的最大可用能量值是实现 SOE 精确估计的前提。不同环境条件、不同健康状态、不同寿命状态、不同放电倍率条件下电池所能放出的最大可用能量存在较大差异。例如，电池老化后，其能释放出的电量急剧降低；当锂电池的工作环境为北方寒冷地区时，外界的低温环境使电池内部化学物质活性降低，电池放电能力下降，电池最大可用能量减小；对电池采用涓流放电与大电流放电所能释放出的电池能量存在较大差异。目前针对最大可用能量估计的研究较少，较常见的是以 SOE 估计结果结合功率积分表达式反推的方式获得。

　　本节的主要目标是锂电池 SOE 的精确估计，因此未对最大可用能量估计做深入研究。考虑计算复杂度与计算精确度的平衡，本节以 SOE 为观测变量，采用 EKF 完成锂电池最大可用能量的更新。基于 EKF 的最大可用能量估计状态空间方程如式 (8.21) 所示：

$$\begin{cases} \mathrm{En}_{k+1} = \mathrm{En}_k + w_{k+1}^{\mathrm{En}} \\ \mathrm{SOE}_{k+1} = \mathrm{SOE}_k + \dfrac{U_k I_k \Delta t}{\mathrm{En}_k} + v_{k+1}^{\mathrm{En}} \end{cases} \tag{8.21}$$

式中，En 为电池的最大可用能量；SOE_{k+1} 为 $k+1$ 时刻的观测值；w 为过程噪声变量；v 为观测噪声变量；I_k 为 k 时刻的负载电流值；U_k 为 k 时刻的负载电压值。由式 (8.21) 可知，最大可用能量状态的后验更新需要利用 SOE 估计结果获取新息，因此需要构建 SOE 和最大可用能量的联合估计模型。

8.3.2　基于 FVW-CKF 的 SOE 和最大可用能量联合估计

　　为实现老化条件下锂电池 SOE 的精确估计，提高算法的泛化能力，搭建双层滤波，实现 SOE 和最大可用能量的联合估计。以 FVW-CKF 为第一层滤波，实现 SOE 的实时高精度估计；EKF 为第二层滤波，以第一层滤波的 SOE 估计结果为观测值，实现最大可用能量估计。将最大可用能量估计结果用于修正下一时刻 SOE 估计过程中的输入矩阵，实现两种状态的相互校正，达到老化条件下提高 SOE 估计精度的目的。基于双层滤波估计的状态空间表达式为

$$\begin{cases} x_{k+1}^{\mathrm{SOE}} = A_k x_k + B_k I_k + w_{k+1}^{\mathrm{SOE}} \\ y_{k+1} = U_{\mathrm{OC},k+1} + [0 \quad -1 \quad -1] x_k - I R_0 + v_{k+1}^{\mathrm{SOE}} \\ E_{n,k+1} = E_{N,k} + w_{k+1}^{\mathrm{En}} \\ \mathrm{SOE}_{k+1} = \mathrm{SOE}_k + \dfrac{U_k I_k \Delta t}{E_{N,k}} + v_{k+1}^{\mathrm{En}} \end{cases} \tag{8.22}$$

式中，第 1 式和第 2 式为 SOE 估计的状态空间表达式；第 3 式和第 4 式为最大可用能量估计的状态空间表达式。本章基于双层滤波的 SOE 和最大可用能量联合估计整体算法步骤如表 8.3 所示。

表 8.3   基于双层滤波的 SOE 和最大可用能量联合估计步骤

算法	步骤
A.基于 FVW-CKF 的 SOE 估计	
B.基于 EKF 的最大可用能量估计	

(1)初始化：给定状态变量初始值和误差协方差矩阵初始值。

$$\begin{cases} \hat{x}_{0|0} = E(x_0), \widehat{\mathrm{En}}_{0|0} = E(\mathrm{En}_0) \\ P_0^x = E\left[(x_0 - \hat{x}_0)(x_0 - \hat{x}_0)^{\mathrm{T}} \right], P_0^{\mathrm{En}} = E\left[\left(\mathrm{En}_0 - \widehat{\mathrm{En}}_0 \right)\left(\mathrm{En}_0 - \widehat{\mathrm{En}}_0 \right)^{\mathrm{T}} \right] \end{cases}$$

(2)SOE 估计时间更新：容积点计算、容积点传播、状态预测值计算、误差协方差矩阵计算。

① $x_{i,k-1|k-1} = S_{k-1}\xi_i + \hat{x}_{k-1|k-1} \Leftarrow P_{k-1|k-1} = S_{k-1}S_{k-1}^{\mathrm{T}}$

② $\hat{x}_{i,k|k-1}^* = A x_{i,k-1|k-1} + BI_{k-1} + w_k \Leftarrow \hat{E}_{N,k+1|k+1}$

③ $\hat{x}_{k|k-1} = \dfrac{1}{2n}\sum\limits_{i=1}^{2n} \hat{x}_{k|k-1}^*$

④ $P_{k|k-1} = \dfrac{1}{2n}\sum\limits_{i=1}^{2n}\left(\hat{x}_{k|k-1}^*\hat{x}_{k|k-1}^{*\ \mathrm{T}} - \hat{x}_{k|k-1}\hat{x}_{k|k-1}^{\mathrm{T}} \right)$

(3)SOE 估计测量更新：容积点计算与传播、测量预测值计算、自协方差计算、互协方差计算。

① $x_{i,k|k-1} = S_{k|k-1}\xi_i + \hat{x}_{k|k-1} \Leftarrow P_{k|k-1} = S_{k|k-1}S_{k|k-1}^{\mathrm{T}}$

② $\hat{Z}_{i,k|k-1} = g\left(\hat{X}_{i,k|k-1} \right) - U_{1,k} - U_{2,k} - I(k)R_0 + v_k$

③ $\hat{z}_{k|k-1} = \dfrac{1}{2n}\sum\limits_{i=1}^{2n}\hat{Z}_{i,k|k-1} \Rightarrow E_{k,M}$

④ $\begin{cases} P_{zz,k|k-1} = \dfrac{1}{2n}\sum\limits_{i=1}^{2n}\left(z_{i,k|k-1}z_{i,k|k-1}^{\mathrm{T}} - \hat{z}_{i,k|k-1}\hat{z}_{i,k|k-1}^{\mathrm{T}} \right) + \alpha R \Leftarrow \text{fuzzy model(模糊模型)} \\ P_{xz,k|k-1} = \dfrac{1}{2n}\sum\limits_{i=1}^{2n}\left(x_{i,k|k-1}z_{i,k|k-1}^{\mathrm{T}} - \hat{x}_{i,k|k-1}\hat{z}_{i,k|k-1}^{\mathrm{T}} \right) \end{cases}$

(4)SOE 估计：卡尔曼增益计算、状态估计值计算、误差协方差矩阵更新。

① $K_k = P_{xz,k|k-1} / P_{zz,k|k-1} \Rightarrow K_{k,K_{k,M}}$

② $\hat{x}_{\mathrm{SOE},k|k} = \hat{x}_{k|k-1} + K_{k,M}W_{e,M}W_{t,M}E_{k,M} \Leftarrow W_{e,M}, W_{t,M}, E_{k,M}, K_{k,M}$

③ $P_{k|k} = P_{k|k-1} - K_k P_{zz,k|k-1}K_k^{\mathrm{T}}$

(5)最大可用能量估计时间更新：状态一步预测、协方差矩阵预测。

① $\hat{E}_{\mathrm{n},k|k-1} = \hat{E}_{\mathrm{n},k-1|k-1} + w_k^{E_\mathrm{n}}$

② $P_{k|k-1}^{E_\mathrm{n}} = P_{k-1|k-1}^{E_\mathrm{n}} + Q_{E_\mathrm{n}}$

(6)最大可用能量估计测量更新：计算卡尔曼增益、状态更新、误差协方差矩阵更新。

① $K_k^{\mathrm{En}} = \dfrac{P_{k|k-1}^{E_\mathrm{n}}C_{En,k}^{\mathrm{T}}}{C_{E_\mathrm{n},k}P_{k|k-1}^{E_\mathrm{n}}C_{E_\mathrm{n},k}^{\mathrm{T}} + R_k^{E_\mathrm{n}}} \Leftarrow C_{\mathrm{En},k} = -\dfrac{U_{k-1}I_{k-1}\Delta t}{3600 E_{\mathrm{n},k|k-1}E_{\mathrm{n},k|k-1}}$

② $\hat{E}_{\mathrm{n},k|k} = \hat{E}_{\mathrm{n},k|k-1} + K_k^{E_\mathrm{n}}\left(\mathrm{SOE}_k - \hat{\mathrm{SOE}}_k \right) \Leftarrow \hat{\mathrm{SOE}}_k = \mathrm{SOE}_{k-1} + \dfrac{\hat{U}_{k-1}I_{k-1}\Delta t}{3600 E_{\mathrm{n},k|k-1}}$

③ $P_{k|k}^{E_\mathrm{n}} = P_{k|k-1}^{E_\mathrm{n}} - K_k^{E_\mathrm{n}}C_{\mathrm{En},k}P_{k|k-1}^{E_\mathrm{n}}$

表 8.3 中，A 部分第 (1) 步为系统初始化过程，即给定 SOE、最大可用能量、协方差矩阵的初始值。第 (2)~(4) 步为 SOE 迭代更新，获得 SOE 估计值。B 部分第 (5) 步与第 (6) 步为电池最大可用能量迭代更新。第 (4) 步 SOE 估计结果用于第 (6) 步最大可用能量估计的状态更新，第 (6) 步的最大可用能量估计结果用于下一时刻第 (2) 步中 SOE 估计输入矩阵的反馈更新，从而实现最大可用能量对 SOE 估计结果的校正。最大可用能量和 SOE 联合估计模型如图 8.8 所示。

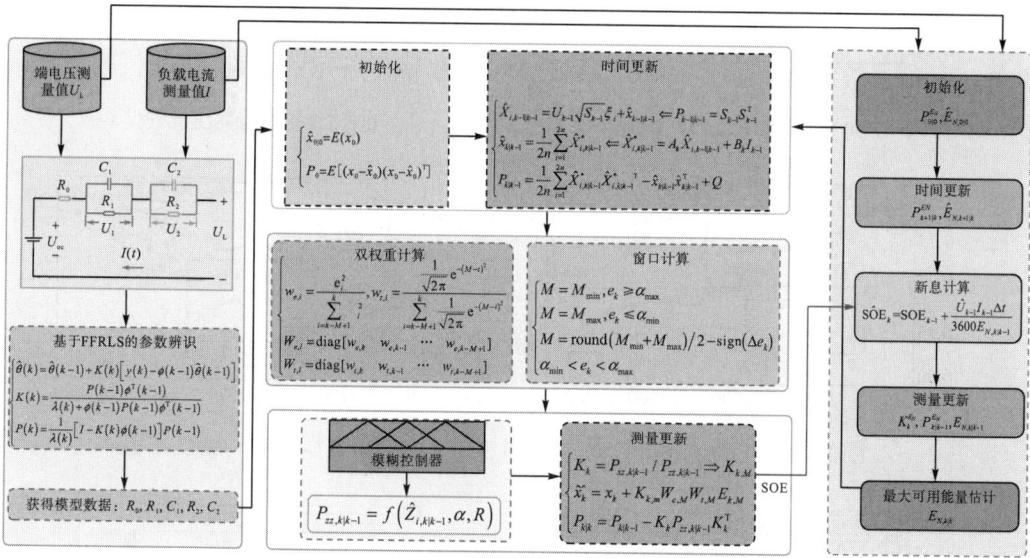

图 8.8 基于 FVW-CKF 和 EKF 双层算法的 SOE 估计

8.4 实验结果分析

实验结果分析是验证算法可行性的必要环节。基于前期搭建的实验平台以及获得的实验数据，本节将对所搭建的锂电池能量估计模型进行验证，主要验证内容包括：①模糊算法对传统 CKF 收敛效果的优化；②变窗口双权重多新息策略对传统 CKF 估计精度的优化效果；③双层滤波实现最大可用能量对 SOE 估计结果的优化。

8.4.1 电池能量状态估计验证

基于搭建的实验平台，对动力锂电池分别在 35℃、25℃、15℃ 温度条件下进行 HPPC、DST、BBDST 实验工况测试。通过测得的实验数据，对 FVW-CKF 算法进行验证。

1. HPPC 工况 SOE 估计验证

为检验 FVW-CKF 算法的 SOE 估计效果，首先在 35℃、25℃、15℃ 温度条件下获得相应的工况数据，在真实 SOE 初始值为 1 的情况下，设置 SOE 初始值为 0.8。HPPC 工况下不同算法的 SOE 估计结果如图 8.9 所示。

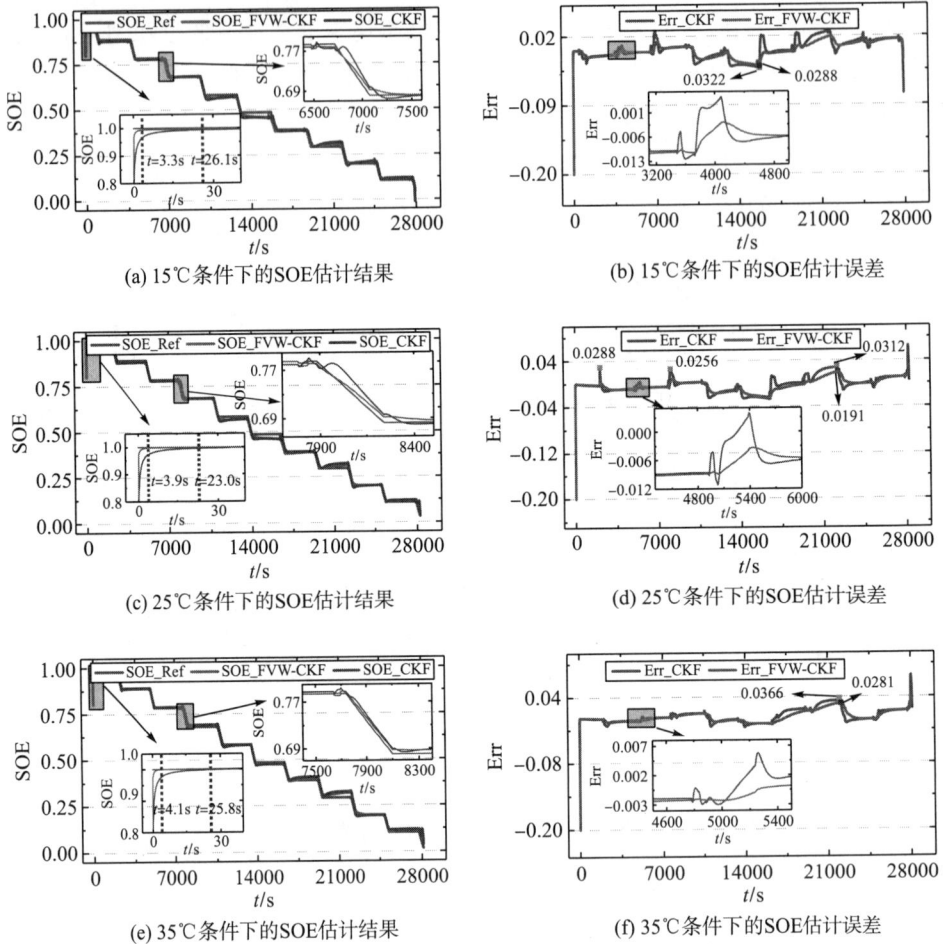

(a) 15℃条件下的SOE估计结果　　　　　　　　　　(b) 15℃条件下的SOE估计误差

(c) 25℃条件下的SOE估计结果　　　　　　　　　　(d) 25℃条件下的SOE估计误差

(e) 35℃条件下的SOE估计结果　　　　　　　　　　(f) 35℃条件下的SOE估计误差

图 8.9　HPPC 工况下不同算法的 SOE 估计结果

SOE_Ref 表示 SOE 参考值，SOE_CKF 表示 CKF 算法的 SOE 估计结果，SOE_FVW-CKF 表示 FVW-CKF 算法的 SOE 估计结果，Err_CKF 和 Err_FVW-CKF 分别为 CKF 和 FVW-CKF 算法对应的 SOE 估计结果

由图 8.9(a)、(c)、(e) 可知，在三组不同温度条件下 CKF 的 SOE 估计结果的收敛时间分别为 26.1s、23.0s 和 25.8s，FVW-CKF 的 SOE 估计结果的收敛时间分别为 3.3s、3.9s 和 4.1s。即经过模糊自适应算法优化后，FVW-CKF 的 SOE 估计结果收敛速度分别提高了 87.36%、83.04%和 84.11%，不同温度条件下 FVW-CKF 均能快速收敛至参考值，CKF 和 FVW-CKF 均能修正 SOE 初始误差，模糊自适应算法可有效提高 CKF 的 SOE 估计时的收敛速度。图 8.9(b)、(d)、(f) 中，在电池放电初期，SOE 估计误差较大，这是由于人为设置了不确定初始值，用于验证模糊算法的优化效果。在电池放电末期两种算法的 SOE 估计结果误差均会变大，这是由于放电末期电池内部的化学反应加剧，造成开路电压无规律变化，属于正常现象。在电池正常放电阶段，不同温度条件下

CKF 的 SOE 估计结果最大误差分别为 3.22%、3.12% 和 3.66%，不同温度条件下 FVW-CKF 的 SOE 估计结果最大误差分别为 2.88%、1.91% 和 2.81%。三种温度条件下，Err-FVW-CKF 波动范围均比 Err-CKF 对应的波动范围小，表明本书中的变窗口双权重多新息方法提高了 CKF 的 SOE 估计精度，并增强了 CKF 的鲁棒性，最终改善了 CKF 的 SOE 估计效果。为进一步分析不同温度条件下 CKF 和 FVW-CKF 的 SOE 估计效果，通过 MAE 和 RMSE 两种评价指标对两种算法进行比较，指标计算结果如表 8.4 所示。

表 8.4　HPPC 工况下动力锂电池 SOE 估计结果指标(%)

算法	指标	SOE 估计结果		
		15℃	25℃	35℃
CKF	MAE	1.15	0.94	0.92
	RMSE	1.42	1.28	1.28
FVW-CKF	MAE	0.97	0.79	0.74
	RMSE	1.16	1.02	1.00

表 8.4 为两种不同算法在三种温度条件下的 MAE 和 RMSE 指标计算结果，为更直观地对比算法在不同温度条件下的 SOE 估计差异，以柱状图的形式对两种算法 SOE 估计结果的不同指标进行对比分析，三种不同温度条件下 CKF 和 FVW-CKF 的 MAE 和 RMSE 指标如图 8.10 所示。

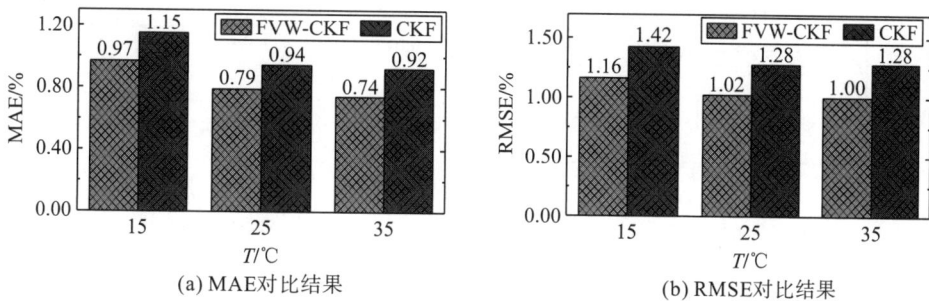

(a) MAE对比结果　　　　　　　　(b) RMSE对比结果

图 8.10　HPPC 工况下动力锂电池 SOE 估计结果指标对比

由表 8.4 和图 8.10 的指标对比结果可知，本书的 FVW-CKF 具有良好的 SOE 估计效果，在 15℃ 条件下，基于 CKF 的 SOE 估计结果的 MAE 和 RMSE 分别为 1.15% 和 1.42%，基于 FVW-CKF 的 SOE 估计结果的 MAE 和 RMSE 分别为 0.97% 和 1.16%，25℃ 和 35℃ 条件下 FVW-CKF 的 MAE 和 RMSE 均低于 CKF 对应的 MAE 和 RMSE，结合图 8.9 可知，FVW-CKF 能有效降低动力锂电池的 SOE 估计误差，且算法具有更好的鲁棒性。

2. DST 工况 SOE 估计验证

为进一步验证 FVW-CKF 能有效优化动力锂电池的 SOE 估计效果，采用 DST 工况对 CKF 和 FVW-CKF 进行验证。三种不同温度条件下，CKF 和 FVW-CKF 的 SOE 估计结果如图 8.11 所示。

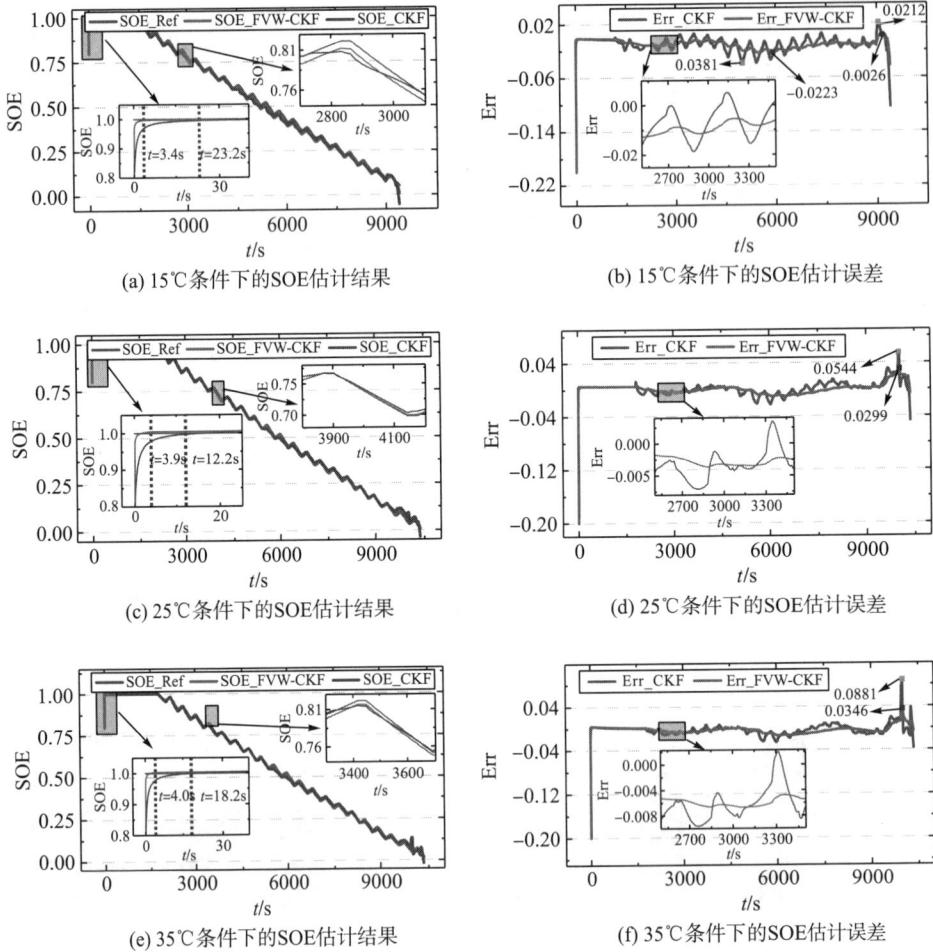

(a) 15℃条件下的SOE估计结果 (b) 15℃条件下的SOE估计误差

(c) 25℃条件下的SOE估计结果 (d) 25℃条件下的SOE估计误差

(e) 35℃条件下的SOE估计结果 (f) 35℃条件下的SOE估计误差

图 8.11　DST 工况下动力锂电池 SOE 估计结果

各图例代表的含义与图 8.9 一致

　　图 8.11(a)、(c)、(e)中，不同温度条件下用 CKF 进行 SOE 估计时的收敛时间分别为 23.2s、12.2s 和 18.2s，相同条件下 FVW-CKF 的 SOE 估计结果的收敛时间分别为 3.4s、3.9s 和 4.0s。即经过模糊自适应算法优化后，在不同温度下 CKF 的收敛速度分别提高了 85.34%、68.03%和 78.02%，证明不同温度条件下模糊自适应算法均能有效提高 CKF 动力锂电池 SOE 估计时的收敛速度。从 SOE 估计误差图可知，除电池放电开始以及结束的特殊部分外，不同温度条件下 CKF 的 SOE 估计最大误差分别为 3.81%、5.44%和 8.81%，FVW-CKF 的 SOE 估计最大误差分别为 2.23%、2.99%和 3.46%，CKF 的 SOE 估计结果波动性较大，当电池电流、电压数据发生突变时算法的鲁棒性降低，经过变窗口双权重多新息优化后的 FVW-CKF 整体的 SOE 精度更高，算法鲁棒性更好。为进一步

分析不同温度条件下 CKF 和 FVW-CKF 的 SOE 估计效果，通过 MAE 和 RMSE 两种评价指标对两种算法进行比较，指标计算结果如表 8.5 所示。

表 8.5　DST 工况下动力锂电池 SOE 估计结果指标(%)

算法	指标	SOE 估计结果		
		15℃	25℃	35℃
CKF	MAE	1.09	0.65	0.67
	RMSE	1.44	0.92	1.02
FVW-CKF	MAE	1.02	0.49	0.52
	RMSE	1.20	0.68	0.67

表 8.5 中数据的柱状图对比如图 8.12 所示。

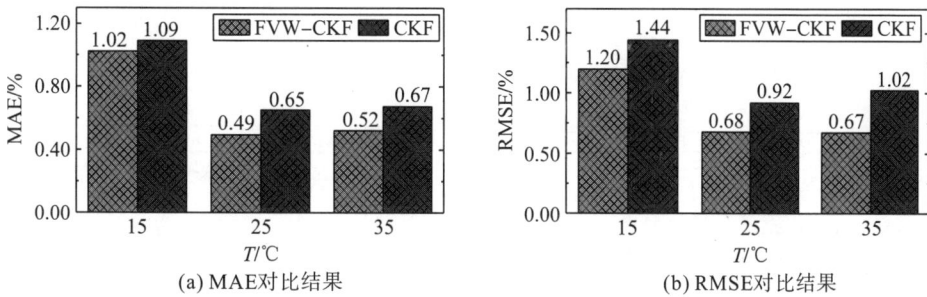

(a) MAE对比结果　　　　　　　　(b) RMSE对比结果

图 8.12　DST 工况下动力锂电池 SOE 估计结果指标对比

由表 8.5 和图 8.12 的指标对比结果可知，不同温度条件下 FVW-CKF 的 SOE 估计结果效果更好。当环境温度为 25℃时，CKF 的 SOE 估计结果的 MAE 和 RMSE 分别为 0.65%和 0.92%，FVW-CKF 的 SOE 估计结果的 MAE 和 RMSE 分别为 0.49%和 0.68%，即同条件下，FVW-CKF 的对应的指标优于 CKF，在 15℃和 35℃条件下 FVW-CKF 也同样具有更好的 SOE 估计效果。综上，相较于 CKF，FVW-CKF 可获得更高精度的 SOE 估计结果，该算法整体性能比 CKF 更具有优越性。

3. BBDST 工况 SOE 估计验证

在实际应用过程中动力锂电池工作环境复杂多变，电池充放电的倍率处于变化的状态，且没有固定的变化规律，为更好地模拟电池在实际应用中的运行状态，通过设置 BBDST 工况对 FVW-CKF 进行验证。BBDST 工况可高度模拟电池工作时的运行效果。为验证 FVW-CKF 的收敛性，设置 SOE 初始值为 0.8；在不同温度条件下通过 BBDST 工况对两种算法进行验证分析，不同温度条件下 CKF 和 FVW-CKF 的 SOE 估计结果如图 8.13 所示。

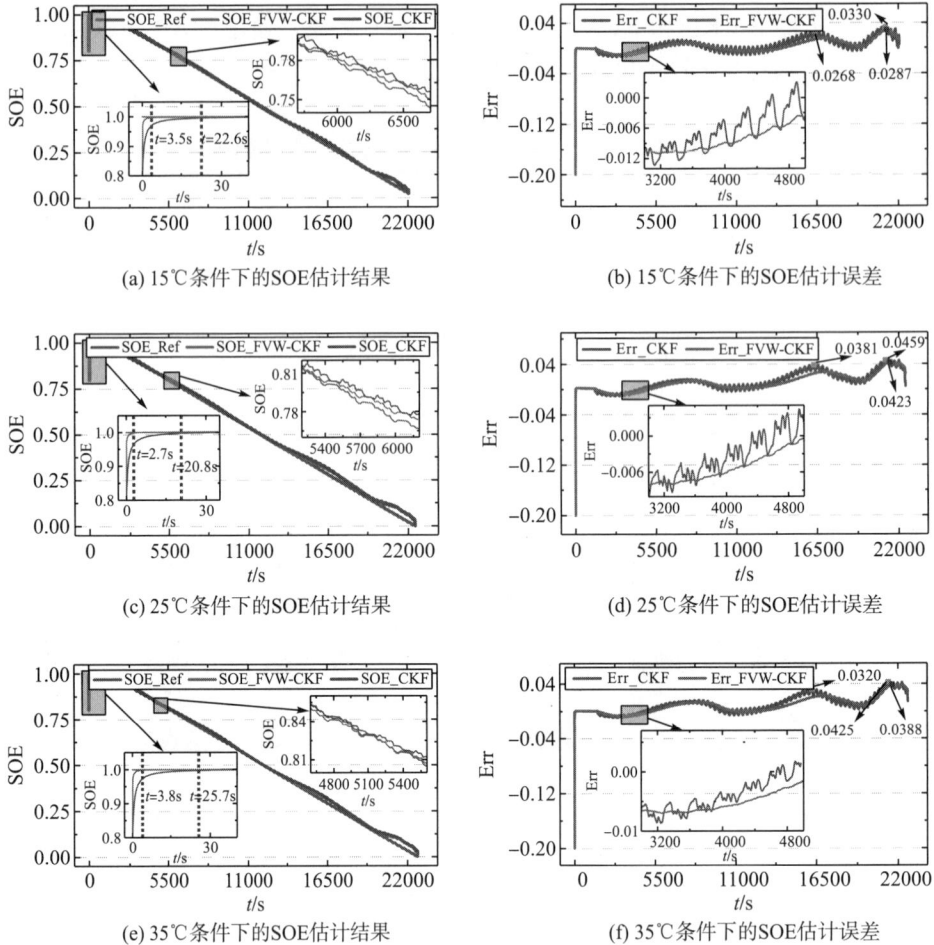

(a) 15℃条件下的SOE估计结果

(b) 15℃条件下的SOE估计误差

(c) 25℃条件下的SOE估计结果

(d) 25℃条件下的SOE估计误差

(e) 35℃条件下的SOE估计结果

(f) 35℃条件下的SOE估计误差

图 8.13   BBDST 工况下动力锂电池 SOE 估计结果

图 8.13 中，不同温度条件下 CKF 的收敛时间分别为 22.6s、20.8s 和 25.7s，相同条件下的 FVW-CKF 的收敛时间分别为 3.5s、2.7s 和 3.8s。相同温度条件下 FVW-CKF 的收敛速度分别提高了 84.51%、87.02%和 85.21%，不同温度条件下，本书的模糊自适应算法能显著提高 CKF 的收敛速度。除放电开始阶段人为设置的不准确初始值以及放电末期电池内部剧烈化学反应所导致的较大误差外，CKF 的最大误差分别为 3.30%、4.59% 和 4.25%，FVW-CKF 的最大误差分别为 2.87%、4.23%和 3.88%。整体上 FVW-CKF 提高了动力锂电池的 SOE 估计精度，且 SOE 估计结果误差的波动范围明显变小，即当输入电流、电压发生突变时 FVW-CKF 的鲁棒性更好。综上可知，在复杂的 BBDST 工况条件下，本章的模糊自适应算法、变窗口双权重多新息算法在不同温度条件下均可显著提高 CKF 的 SOE 估计性能，获得更好的 SOE 估计效果。为进一步分析 FVW-CKF 进行 SOE 估计时的性能，通过 MAE 和 RMSE 对两种算法做进一步分析，BBDST 工况下 CKF 和 FVW-CKF 的指标计算结果如表 8.6 所示。

表 8.6　BBDST 工况下动力锂电池 SOE 估计结果指标 (%)

算法	指标	SOE 估计结果		
		15℃	25℃	35℃
CKF	MAE	0.85	1.40	1.19
	RMSE	1.12	1.83	1.60
FVW-CKF	MAE	0.72	1.24	1.04
	RMSE	0.94	1.64	1.43

表 8.6 为不同温度条件下两种算法的 SOE 估计的 MAE 和 RMSE 指标值，其柱状图如图 8.14 所示。

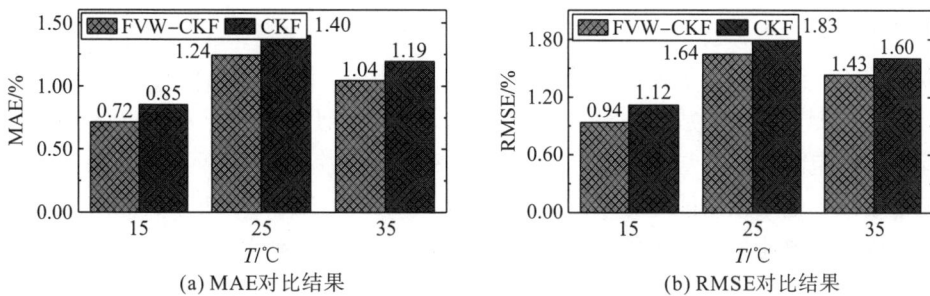

图 8.14　BBDST 工况下动力锂电池 SOE 估计结果指标对比

图 8.14 中，35℃时 CKF 和 FVW-CKF 的 MAE 分别为 1.19% 和 1.04%，RMSE 分别为 1.60% 和 1.43%；15℃和 25℃条件下 FVW-CKF 的 MAE 和 RMSE 均比 CKF 的小。即不同条件下 FVW-CKF 的指标均优于 CKF，结合图 8.13 的 SOE 估计结果可知在不同温度条件的 BBDST 工况下，FVW-CKF 具有更好的 SOE 估计效果。在复杂工况下 FVW-CKF 的收敛性、鲁棒性以及 SOE 估计精确度均得以验证。

8.4.2　最大可用能量修正效果验证

本章 EKF 用于实现锂电池最大可用能量估计，最终目的是实现 SOE 估计过程中电池基准能量值的校正，上一节内容中不同实验工况数据均是在电池未老化的情况下获得，即电池的最大可用能量已知。为验证基于双层滤波算法的 SOE 和最大可用能量联合估计的效果，以额定最大可用能量为 164.25W·h、实际最大可用能量为 144.3W·h 的三元锂电池为研究对象，开展恒流放电测试、BBDST 工况测试实验，并获取不同工况实验数据对算法进行验证。

1. 恒流放电工况联合估计实验验证

为获取电池老化实验数据，首先在恒温条件下对电池进行老化实验，当实验电池完成 228 次循环充放电测试后，对其进行标定实验，能量标定结果如图 8.15 所示。

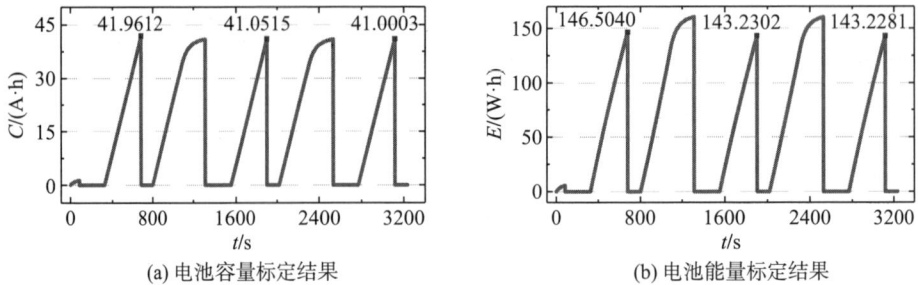

(a) 电池容量标定结果　　　　　　　　　　(b) 电池能量标定结果

图 8.15　228 次循环充放电后电池放电能力标定实验

　　为减小偶然误差，提高电池容量以及最大可用能量的测量结果，对电池进行三次完全充放电实验并通过取均值的方式获得最终的标定结果。图 8.15(a) 为锂电池容量标定结果，三次容量测试中电池放电电量分别为 41.9612A·h、41.0515A·h 和 41.0003A·h，对其取平均值可得电池当前容量为 41.3377A·h。图 8.15(b) 为锂电池能量标定结果，三次最大可用能量测试中电池放电能量分别约为 146.5040W·h、143.2302W·h 和 143.2281W·h，对其取平均值可得电池最大可用能量为 144.3208W·h。为验证最大可用能量对 SOE 估计结果的修正效果，在恒流工况下对算法进行验证，恒流工况下的 SOE 和最大可用能量估计结果如图 8.16 所示。

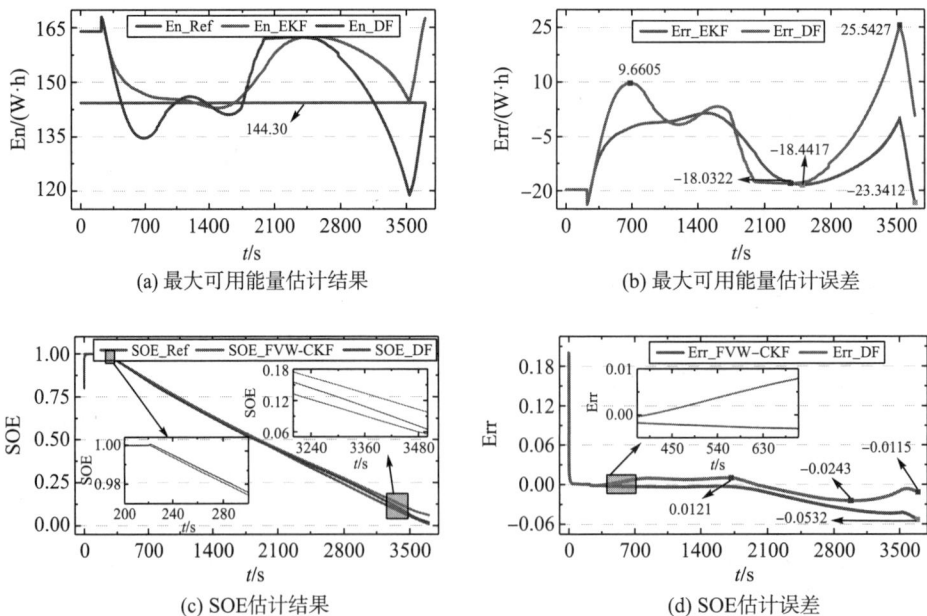

(a) 最大可用能量估计结果　　　　　　　　(b) 最大可用能量估计误差

(c) SOE估计结果　　　　　　　　　　　　(d) SOE估计误差

图 8.16　恒流放电工况锂电池 SOE 和最大可用能量联合估计结果对比

SOE_Ref 为参考值，En_EKF 和 En_DF 分别为修正前、修正后的最大可用能量估计值，SOE_FVW-CKF 和 SOE_DF 分别为修正前、修正后的 SOE 估计值，Err_FVW-CKF 和 Err_DF 分别为修正前、修正后的 SOE 估计误差由图 8.16(a)、(b)可以看出整体上电池最大可用能量估计结果的波动性较大,除放电开始与末期的特殊部分外,修正前后的估计结果最大误差值分别为-18.4417W·h 和-18.0322W·h。由图 8.16(c)、(d)可以看出,放电前期,未经修正的 SOE 估计效果略优于修正后的 SOE 估计结果,但随着电池放电的不断进行,误差不断增大,估计结果呈发散状态,且后期发散较严重,最大误差为-5.32%。经修正后,SOE 估计结果的发散状况明显改善,最大误差为-2.43%。整体上经过最大可用能量修正后的 SOE 估计结果更稳定,整体误差控制在 2.25%以内。

2. BBDST 工况联合估计实验验证

在锂电池的应用中,其工作环境复杂多变,受环境因素以及工况本身的影响,电池的充放电倍率、开路电压等处于变化的状态。为进一步验证最大可用能量对 SOE 估计的修正效果,在 BBDST 工况下对双层滤波进行进一步验证,BBDST 工况下基于双层滤波的锂电池最大可用能量以及 SOE 估计结果如图 8.17 所示。

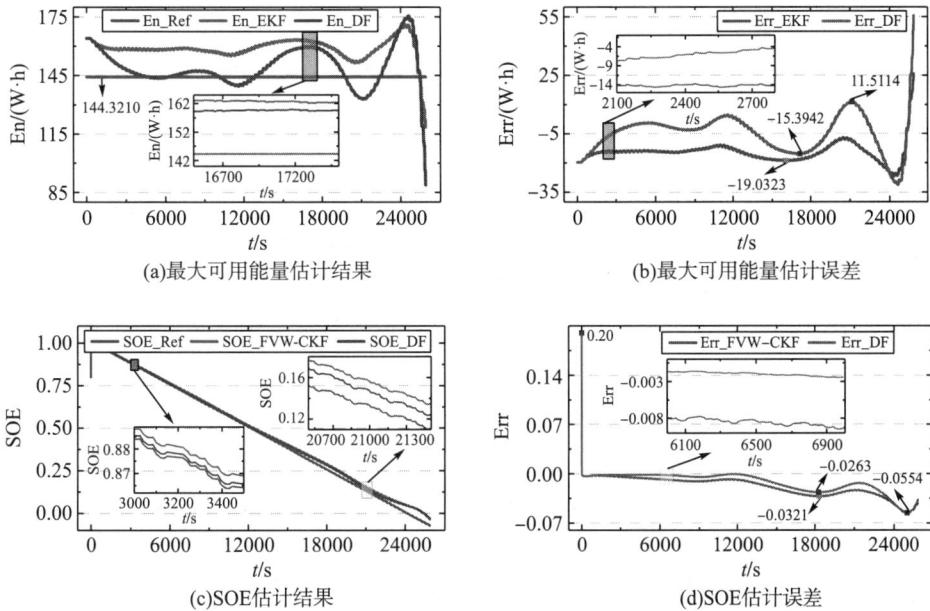

图 8.17　BBDST 工况锂电池 SOE 和最大可用能量联合估计结果对比

各图例代表的含义与图 8.16 一致

图 8.17(a)、(b)中,修正前锂电池最大可用能量在误差 15W·h 左右波动,且估计结果无法收敛至参考值。修正后,最大可用能量在 3000s 左右收敛至真实值,最大估计误差为-15.3942W·h,相较于修正前,双层滤波的优化效果明显,最大可用能量在一个较小的范围内波动,且整体误差较小。图 8.17(c)、(d)中,未优化前 SOE 估计结果表现出明显的发散现象,最大估计误差为-3.21%。经双层滤波优化后 SOE 估计改善效果明显,整体上 SOE_DF 更靠近参考值,最大估计误差为 2.63%,且发散现象得以明显改善。在复

杂工况下，通过双层滤波器算法实现最大可用能量对 SOE 的修正是合理的。

8.5 本 章 小 结

锂电池的安全问题关乎未来新能源技术的发展，是人们关注的重点问题。实时高精度的 SOE 估计是电池安全工作的前提，也是电动汽车、飞行器剩余行驶里程预测的依据。针对动力锂电池能量状态实时精确估计目标，本章改进了传统二阶 RC 模型开路电压的计算方式，并从收敛速度、估计精度和算法鲁棒性三个方面对传统 CKF 进行了优化。主要研究工作如下。

(1)搭建实验平台，设计开路电压测试实验，通过实验数据处理，分析温度对电池开路电压的影响；开展不同充放电倍率下的开路电压实验，研究充放电倍率对电池开路电压的影响；开展不同温度、不同倍率条件下的能量测试实验，研究温度和充放电倍率对电池能量特性的影响；为检验算法在不同条件下的 SOE 估计效果，在三种不同温度条件下开展了 HPPC、DST 和 BBDST 实验。

(2)基于电池工作特性分析结果，对传统二阶 RC 模型进行优化，将开路电压拟合为不同温度下的 OCV-SOE 函数，实现开路电压的动态调整。通过不同工况验证，对比分析实际应用中离线参数辨识和在线参数辨识的差异，综合考虑辨识精确度与计算成本的平衡，利用 FFRLS 法实现模型参数高精度辨识，为锂电池 SOE 估计研究奠定基础。

(3)针对动力锂电池 SOE 高精度估计目标，构建模糊自适应控制器，通过对卡尔曼增益动态调节，提高 CKF 的收敛速度；为提高 SOE 估计的精确度和算法的鲁棒性，构建双权重多新息 CKF，从时间和新息自身的大小两个维度对新息分别赋予权重，充分利用数据信息，实现 SOE 的高精确度估计，并提高算法的抗噪能力。充分考虑计算复杂度与计算精度的均衡，通过变窗口自适应调整策略对新息矩阵的大小进行动态调节；构造双层滤波，实现 SOE 和电池最大可用能量的联合估计，并实现两者的相互校正。FVW-CKF 用于实现 SOE 估计，EKF 用于完成锂电池最大可用能量估计，SOE 估计结果作为 EKF 的观测变量，完成最大可用能量估计的后验更新，最大可用能量估计结果用于修正下一时刻 SOE 估计的输入矩阵，最终实现最大可用能量不准确条件下 SOE 的精确估计。

(4)为验证本章所构造的 SOE 估计模型的有效性，通过 HPPC、DST、BBDST 三种工况在不同温度条件下对改进算法的 SOE 估计效果进行了验证，通过恒流放电工况和 BBDST 工况对所构建的双层滤波进行了验证，并通过不同评价指标对实验验证结果进行对比分析。

由实验验证结果可知，本章设计的 SOE 估计算法具有更好的收敛效果、更高的 SOE 估计精度，且算法泛化性能良好，鲁棒性更高，为动力锂电池的广泛应用奠定了基础。

第9章 基于萤火虫优化的 SOC 与 SOH 协同估计

9.1 电池动态迁移模型构建

电池老化是新能源汽车运行中影响车载动力锂电池正常使用的重要因素，电池老化这一不确定因素大大影响了电池建模精度。因此在本章中引入电池迁移建模，电池老化的影响被视为不确定的动态因素。首先建立初始 Thevenin 模型，通过离线参数辨识的方式获取各个参数与电池荷电状态间的函数关系式，再运用粒子滤波算法进行不断校正和更新以实现参数的动态调整，在每一个采样点都能找到一组函数关系式的最优参数，大幅提升电池模型精度，为后续 SOC 和 SOH 的协同估计奠定坚实的基础。

9.1.1 动态迁移建模

1. 离线初始模型建立

电池等效电路模型是一种用电路元件模拟电池内部化学反应过程的方法，可以描述电池的电性能和特性。通常，电池等效电路模型由电池电势、内阻、电容等元件组成。其中，电池电势是指电池正负极之间的电势差，它是电池能够产生电能的基础。在电池等效电路模型中，电池电势通常表示为一个固定的电势源，它的大小等于电池的标称电压。电池内部的化学反应会导致电池内部的电阻增加，从而影响电池的输出电流和电池的维持时间，在电池等效电路模型中，内阻通常表示为一个电阻元件，它与电池电势并联。电池内部的化学反应过程也会导致电池内部的电容变化，从而影响电池的瞬态响应和输出电流的稳定性。在电池等效电路模型中，电容通常表示为一个电容元件，它与电池电势串联。综上所述，电池等效电路模型通常由电池电势、内阻、电容等元件组成，它可以模拟电池内部化学反应过程，描述电池的电性能和特性。在实际应用中，可以使用电池等效电路模型来预测电池的输出电流、电压和维持时间等参数，从而评估电池的性能和寿命。常见等效电路模型有内阻模型、Thevenin 模型、二阶 RC 模型、PNGV 模型等。

Thevenin 模型是锂电池等效电路模型中被广泛使用的一种，和传统内阻模型相比，其改进之处在于添加了一个 RC 电路，用于表征锂电池工作情况下的极化效应。Thevenin 模型能更好地表征电池的动态响应，电池内阻 R_0 表示电池充放电瞬间电压响应的瞬时变化，RC 电路是一个由极化内阻 R_p 和极化电容 C_p 组成的回路，可以反映出充放电期间和结束后电池电压逐渐变化的现象。Thevenin 模型不仅结构简单，而且能够满足仿真要求。综合考虑模型精准度和计算量的问题，建立 Thevenin 模型为离线初始模型，如图 9.1 所示。

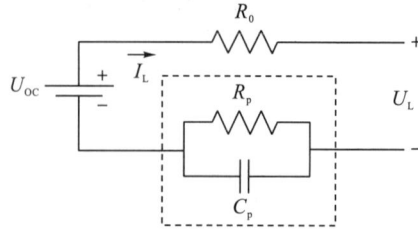

图 9.1　离线初始 Thevenin 模型

2. 模型参数辨识及关系曲线提取

动态迁移模型的建立需要获得初始电池模型参数与 SOC 之间的函数关系式，而不是在特定工况下每个采样点所对应的特定参数值。因此，迁移建模中在线参数识别并不适用。Thevenin 模型中所含参数 R_0、R_p 和 C_p 都可以通过对第 2 章中所得 HPPC 实验数据的处理与分析进行离线辨识。

在数据分析和处理过程中，从原始实验数据中提取有效数据段，通过对提取数据段的分析和曲线拟合的处理方法，得到内部参数与 SOC 之间的关系，完成等效模型的精确构建，以实现对锂电池工作特性的准确描述。首先，从原始数据中提取所有电压数据，以描述 HPPC 测试整个过程中电池端电压的变化，如图 9.2(a) 所示。对于初始 Thevenin 模型要辨识的参数 R_0、R_p 和 C_p，首先要提取 HPPC 测试中每个循环所对应的脉冲测试数据段，以 SOC = 0.7 为例，锂电池的电压响应曲线如图 9.2(b) 所示。

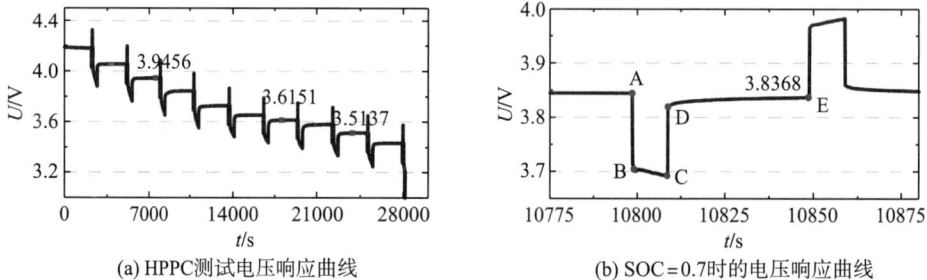

(a) HPPC测试电压响应曲线　　　　　　(b) SOC = 0.7时的电压响应曲线

图 9.2　HPPC 工况电压响应曲线

从图 9.2(a) 中可以看出，每次电池经过恒流放电，电池被搁置 1h 后，电压逐渐趋于稳定，这表明电池内部电化学反应和热效应已达到平衡。此时，测得的电池电压是其开路电压，因此可以在测量 SOC 为 0.1,0.2,…,1 时所对应的开路电压后进行曲线拟合，进而获得 OCV 和 SOC 的关系曲线。图 9.2(b) 反映了锂电池的瞬态特性和稳态特性，在脉冲放电开始时，电池电压发生突变而瞬间下降，在恒流放电期间电压缓慢下降。放电末期，电池电压立即回弹，而后缓慢回升，并在搁置期间逐渐趋于稳定。采用取点计算法和曲线拟合法对特定 SOC 下的脉冲测试数据进行离线参数辨识。

如图 9.2(b) 所示，可以用放电开始时发生突降的电压段来计算内阻 R_0，电压逐渐下降的稳态特性是由 RC 回路造成的。因此，可以通过提取 AB 段和 CD 段电压数据并进行计算获得 R_0 值，通过提取 BC 段和 DE 段电压数据并进行计算获得 R_p 和 C_p 值。R_0 的计算表达式为

$$R_0 = \frac{|\Delta U_{AB}| + |\Delta U_{CD}|}{2I} \tag{9.1}$$

如图 9.2(b) 所示，选择 BC 段的零状态响应曲线作为拟合曲线段。根据初始 Thevenin 模型的 KVL 关系式，电路表达式为

$$U_L = U_{OC} - IR_0 - IR_p(1 - e^{-\frac{\Delta T}{\tau}}) \tag{9.2}$$

对式 (9.2) 进行抽象化表达，并获得其参数化表达式为

$$y = a - b(1 - e^{-\frac{x}{c}}) \tag{9.3}$$

式中，y 为 U_L；x 为时间 t；a、b 和 c 分别为对应式 (9.2) 中 $U_{OC} - IR_0$、IR_p、τ 三个抽象化参数。将曲线拟合方法用于识别 SOC 为 0.1～1 时的每个阶段的电池参数，获得的 R_0、R_p 和 C_p 离线参数识别结果如表 9.1 所示。

表 9.1　离线参数辨识结果

SOC	R_0/Ω	R_p/Ω	$C_p/\mu F$
1.0	0.0028	0.0005752	14361.9611
0.9	0.0032	0.0006374	11909.3191
0.8	0.0028	0.0006786	11497.2001
0.7	0.0024	0.0007104	11392.1734
0.6	0.0032	0.0006286	11800.8272
0.5	0.0013	0.0004946	17270.5216
0.4	0.0022	0.0004876	17518.4578
0.3	0.0037	0.0005244	17080.4729
0.2	0.0034	0.0006010	15094.8419
0.1	0.0029	0.0008518	9839.1641

将 SOC 作为自变量，各个电池参数作为因变量，获得 R_0、R_p、C_p 和 SOC 之间关系的散点图，并通过最小二乘多项式拟合方法获得拟合曲线。描述三个电池参数与 SOC 间动态变化关系的函数表达式为

$$\begin{cases} R_0 = -0.02978x^6 + 0.09091x^5 - 0.105x^4 + 0.05578x^3 - 0.01196x^2 + 0.0001415x + 0.003219 \\ R_p = 0.06207x^6 - 0.189x^5 + 0.2216x^4 - 0.1317x^3 + 0.04575x^2 - 0.009677x + 0.001471 \\ C_p = -1.165 \times 10^7 x^6 + 3.262 \times 10^7 x^5 - 3.33 \times 10^7 x^4 + 1.529 \times 10^7 x^3 - 3.355 \times 10^6 x^2 + 4.429 \times 10^5 x \\ \qquad + 2617 \end{cases}$$

$$\tag{9.4}$$

3. 迁移因子引入及模型在线迁移

应用于新能源汽车的车载锂电池本身是一个高度非线性的复杂系统，内部化学反应复杂多变，不稳定性高，而且容易受到环境温度和老化的影响。尽管现有电池管理系统（BMS）具有电池组的温度控制功能，可以大幅降低环境温度的影响，但依然无法避免由于电池老化带来的极强的不确定性。

迁移电池模型的概念不同于传统的老化电池模型。在传统的建模过程中，电池老化通常并不是被当作一个动态变化的因素来进行考虑的。若要减小老化带来的影响，通常会在电池不同老化状态下进行多组实验，获得不同老化状态下的数据，分别进行离线或在线的参数辨识。该方式将耗费大量时长，且浪费大量计算资源。而在电池迁移建模过程中，将电池老化当作一个时变的动态因素来进行处理，通过将离线初始模型部分与在线迁移模型部分相结合，仅使用电池初始状态下的单个工况的实验数据和电池在后续工作中的在线数据即可完成动态迁移电池模型的建立。

为了建立能够准确描述不同老化状态的锂电池模型，本书建立了 Thevenin 模型作为初始模型，并在此基础上建立了动态迁移模型，如图 9.3 所示。

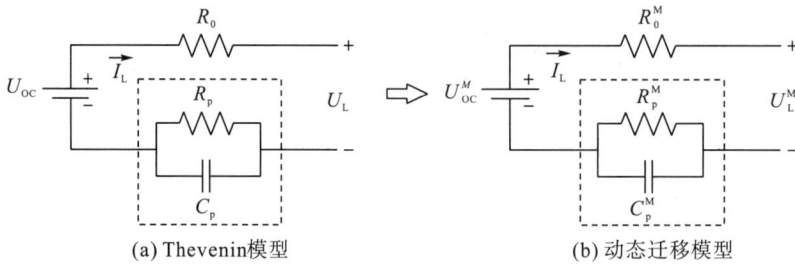

(a) Thevenin模型　　　　　　　　(b) 动态迁移模型

图 9.3　动态迁移电池建模

U_{OC} 表示开路电压；R_0 表示电池内部的欧姆内阻，由电池内部材料的电阻和材料之间的接触形成；R_p 表示极化内阻；C_p 表示极化电容；R_p 和 C_p 的并联电路描述了电池内部的极化过程；U_L 表示电池与外部电路连接后形成的闭路电压。图 (b) 中各符号中带有上标 M 表示其为模型中的参数和变量

在分析等效电路组成的基础上，根据基尔霍夫电压定律（KVL），得到基于 Thevenin 模型的 SOC 和 SOH 协同估计的状态空间方程和观测方程，如式 (9.5) 所示：

$$\begin{cases} \begin{bmatrix} SOC_{k+1} \\ U_{p,k+1} \end{bmatrix} = \begin{bmatrix} 1 & 0 \\ 0 & e^{-\Delta T/\tau} \end{bmatrix} \begin{bmatrix} SOC_k \\ U_{L,k+1} \end{bmatrix} + \begin{bmatrix} -\dfrac{\Delta T}{Q_k} \\ R_p\left(1-e^{-\Delta T/\tau}\right) \end{bmatrix} I_k + \begin{bmatrix} w_{1,k} \\ w_{2,k} \end{bmatrix} \\ Q_{k+1} = Q_k + r_k \\ U_{L,k+1} = U_{OC,k+1} - U_{p,k+1} - IR_0 + v_k \end{cases} \tag{9.5}$$

式中，$\begin{bmatrix} SOC_{k+1} \\ U_{p,k+1} \end{bmatrix}$ 被设为系统状态变量；ΔT 为采样时间，这里设为 0.1s，即每隔 0.1s 对电池端电压进行一次采样；τ 为时间常数，$\tau = R_p C_p$；$w_{1,k}$ 和 $w_{2,k}$ 分别为在 SOC 估计和极化电压估计中的过程噪声变量；r_k 为 SOH 估计中的过程噪声变量；v_k 为观测噪声变量；Q_k 为电池的当前实际容量，通常由容量标定实验求得；k 为当前时间点；$k+1$ 为下一个时间点。状态空间方程和观测方程的系数矩阵如式 (9.6) 所示：

$$
\begin{cases}
A_k^{\mathrm{SOC}} = \begin{bmatrix} 1 & 0 \\ 0 & \mathrm{e}^{-\Delta T/\tau} \end{bmatrix} \\[4mm]
B_k^{\mathrm{SOC}} = \begin{bmatrix} -\dfrac{\Delta t}{Q_k} \\ R_{\mathrm{p}}\left(1-\mathrm{e}^{-\Delta T/\tau}\right) \end{bmatrix} \\[4mm]
A_k^{Q} = 1 \\[2mm]
C_k^{\mathrm{SOC}} = \begin{bmatrix} \dfrac{\partial U_{\mathrm{OC}}}{\partial \mathrm{SOC}} & -1 \end{bmatrix} \\[4mm]
C_k^{Q} = -\dfrac{i\Delta T}{Q_k^2}
\end{cases}
\tag{9.6}
$$

电池的内阻和 OCV 值随着电池的不断老化而增大。为了实现初始电池模型在不同老化状态下的模型迁移，需要将初始电池模型的参数与 SOC 间的变化关系曲线进行每个采样点下的动态调整。由于迁移的初始模型关系曲线展示的是电池内部参数与电池 SOC 的函数关系，且在估计过程中获得的 SOC 是不准确的，因此不仅要对函数表达式的参数进行校正，还要对初始估计的非精确 SOC 进行校正，同步提升最终估计结果的准确性。在图 9.3 所示迁移模型的电路结构图中，上标 M 用于表示电池模型经迁移后的参数。尽管构成迁移模型的电路元件结构与 Thevenin 模型并无差别，但不同的是，迁移模型中待估计的量为由 SOC 与各个参数间关系曲线中所含的参数以及 SOC 值本身构成的在线迁移因子矩阵，其状态表达式为

$$
\begin{cases}
X = \left[x_1, x_2, x_3, \cdots, x_{10}\right] \\
\mathrm{SOC}_k^{\mathrm{M}} = x_1 \mathrm{SOC}_k + x_2 \\
U_{\mathrm{OC},k}^{\mathrm{M}} = x_3 f_{\mathrm{OCV}}\left(\mathrm{SOC}_k^{\mathrm{M}}\right) + x_7 \\
R_{0,k}^{\mathrm{M}} = x_4 f_{R_0}\left(\mathrm{SOC}_k^{\mathrm{M}}\right) + x_8 \\
R_{\mathrm{p},k}^{\mathrm{M}} = x_5 f_{R_{\mathrm{p}}}\left(\mathrm{SOC}_k^{\mathrm{M}}\right) + x_9 \\
C_{\mathrm{p},k}^{\mathrm{M}} = x_6 f_{C_{\mathrm{p}}}\left(\mathrm{SOC}_k^{\mathrm{M}}\right) + x_{10} \\
U_{\mathrm{L},k}^{\mathrm{M}} = U_{\mathrm{OC},k}^{M} - U_{\mathrm{p},k}^{\mathrm{M}} - I R_{0,k}^{\mathrm{M}} + v_k
\end{cases}
\tag{9.7}
$$

式中，X 为模型的在线迁移因子矩阵；$\mathrm{SOC}_k^{\mathrm{M}}$ 为校正后的 SOC 值；$U_{\mathrm{OC},k}^{\mathrm{M}}$、$R_{0,k}^{\mathrm{M}}$、$R_{\mathrm{p},k}^{\mathrm{M}}$、$C_{\mathrm{p},k}^{\mathrm{M}}$ 为 SOC 和电池模型参数之间的关系曲线经过迁移后的参数值；$U_{\mathrm{L},k}^{\mathrm{M}}$ 为根据迁移模型观测方程求取的端电压值。

9.1.2　基于偏差补偿策略的在线参数辨识

1. 递归最小二乘法

递归最小二乘 (RLS) 法是一种基于自适应滤波理论的迭代递归算法，该方法通过定期修正和更新系统参数，可应用于系统模型和参数受外界条件影响较大的情况，并能准确捕

捉系统的实时特性。对于待辨识系统模型，离散方程和相应的差分方程如式(9.8)所示：

$$\begin{cases} G(z) = \dfrac{y(z)}{u(z)} = \dfrac{b_1 z^{-1} + b_2 z^{-2} + \cdots + b_n z^{-n}}{1 + a_1 z^{-1} + a_2 z^{-2} + \cdots + a_n z^{-n}} \\ y(k) = -\displaystyle\sum_{i=1}^{n} a_i y(k-i) + \sum_{i=1}^{n} b_i u(k-i) + v(k) \end{cases} \tag{9.8}$$

式中，$G(z)$ 为系统的传递函数；$y(z)$ 为系统输出信号的 z 变换；$u(z)$ 为系统输入信号的 z 变换；a、b 为待估算参数；$y(k)$ 为系统输出的第 k 时刻观测值；$u(k)$ 为系统输入的第 k 时刻值；$v(k)$ 为平均值为 0 的随机噪声变量。

设 $h(k) = [-y(k-1)\cdots y(k-n) u(k-1)\cdots u(k-n)]$，$\theta = [a_1 a_2 \cdots a_n b_1 b_2 \cdots b_n]^{\mathrm{T}}$，$V_m = [v(1)\ v(2)\cdots v(3)]^{\mathrm{T}}$，其中 θ 是要识别的参数。式(9.8)中差分方程的测量值矩阵形式如式(9.9)所示：

$$Z_m = H_m \theta + V_m \tag{9.9}$$

对于上述方程，递归最小二乘法的思想是找到一个 θ 的估计值 $\hat{\theta}$，从而使测量值 Z_i 和通过估计获得的估计值 $\hat{Z}_i = H_i \hat{\theta}$ 之间的差的平方和最小，如式(9.10)所示：

$$J(\hat{\theta}) = (\hat{Z}_m - H_m\hat{\theta})^{\mathrm{T}}(Z_m - H_m\hat{\theta}) \tag{9.10}$$

根据极值定理，找到上述方程的最小值相当于找到其导数，然后求解，即 θ 的最小二乘估计为

$$\hat{\theta} = \left[H_m^{\mathrm{T}} H_m \right]^{-1} H_m^{\mathrm{T}} Z_m \tag{9.11}$$

RLS 法的思想是使用新的观测值来校正基于最新的估计结果得到的估计值，直至达到令人满意的精度。考虑到测量数据可能是在不同的条件下获得的，测量精度受到许多因素的影响，这些数据可能存在可信度问题。因此，使用加权方法处理每个测量值，得到最小二乘法的递归方程为

$$\begin{cases} \hat{\theta}_{m+1} = \hat{\theta}_m + K_{m+1}\left[z(m+1) - h(m+1)\hat{\theta}_m \right] \\ P_{m+1} = P_m - P_m h^{\mathrm{T}}(m+1)\left[W^{-1}(m+1) + h(m+1)P_m h^{\mathrm{T}}(m+1) \right]^{-1} h(m+1)P_m \\ K_{m+1} = P_m h^{\mathrm{T}}(m+1)\left[W^{-1}(m+1) + h(m+1)P_m h^{\mathrm{T}}(m+1) \right]^{-1} \end{cases} \tag{9.12}$$

式中，$W^{-1}(m+1)$ 为权重矩阵，它是一个对称正定矩阵，通常是对角矩阵；$P_m = [H_m^{\mathrm{T}} W_m H_m]^{-1}$；增益矩阵 $K_{m+1} = P_{m+1} h^{\mathrm{T}}(m+1)W(m+1)$。使用双线性变换法对 Thevenin 模型的数学表达式进行离散化，如式(9.13)所示：

$$U_{\mathrm{L},k} - U_{\mathrm{OC},k} = \left[U_{\mathrm{L},k-1} - U_{\mathrm{OC},k-1} I(k) I(k-1) \right]\left[a\ \ b\ \ c \right]^{\mathrm{T}} + e(k) = h^{\mathrm{T}}(k)\theta(k) + e(k) \tag{9.13}$$

式中，$\theta(k) = [a,\ b,\ c]^{\mathrm{T}}$ 为待辨识参数向量，当在线参数辨识完成后，通过参数分离可得到电池实际参数，如式(9.14)所示：

$$\begin{cases} R_0 = \dfrac{c-b}{1+a} \\ R_{\mathrm{p}} = \dfrac{2(c+ab)}{a^2-1} \\ C_{\mathrm{p}} = \dfrac{-T(1+a)^2}{4(c+ab)} \end{cases} \tag{9.14}$$

2. 偏差补偿-递归最小二乘法

由于电池测量数据中不可避免地会存在一些噪声信号，传统的 RLS 法无法高精度地识别电池模型参数，而电池模型参数的准确性直接影响电池 SOC 和 SOH 的协同估计精度。基于 RLS 法的固有缺陷，本章提出基于偏差补偿的递归最小二乘(bias compensation recursive least squares，BCRLS)法，引入了噪声方差估计，可对传统 RLS 法识别出的参数进行一定的补偿，实现电池模型参数的准确识别。

BCRLS 法的参数初始化如式(9.15)所示：

$$\begin{cases} \hat{\theta}_c(0) = \theta(0) = \varepsilon \\ J(0) = 0 \\ P(0) = \delta I_0 \end{cases} \tag{9.15}$$

式中，$\hat{\theta}_c(0)$ 为偏差补偿参数的初始值；$\theta(0)$ 为 RLS 法进行参数辨识的初始值；$J(0)$ 为误差协方差函数的初始值；$P(0)$ 为协方差矩阵的初始值；δ 通常是一个较大的正数；I_0 为一个单位矩阵。

等效电路模型的预测输出和估计误差如式(9.16)所示：

$$\begin{cases} \hat{y}(k) = \phi^T(k)\theta(k-1) \\ e(k) = y(k) - \hat{y}(k) \end{cases} \tag{9.16}$$

式中，$\varphi^T(k) = [-y(k-1) - y(k-2) \cdots -y(k-n_a) u(k-1) \cdots u(k-n_b)]$；$\theta(\cdot)$ 为待识别的参数向量。在每次迭代中，算法使用系统观测计算值和实际观测值之间的差值以及增益 K 来校正最终估计值。增益矩阵 K 的计算和电池的参数估计如式(9.17)所示：

$$\begin{cases} K(k) = P(k-1)\phi(k)\left[1 + \phi^T(k)P(k-1)\phi(k)\right]^{-1} \\ \theta(k) = \theta(k-1) + K(k)e(k) \end{cases} \tag{9.17}$$

误差标准函数 $J(k)$ 的计算和噪声方差 $\sigma^2(k)$ 的估计如式(9.18)所示：

$$\begin{cases} J(k) = J(k-1) + e^2(k)\left[1 + \phi^T(k)P(k-1)\phi(k)\right]^{-1} \\ \sigma^2(k) = \dfrac{J(k)}{k\left[1 + \theta_c(k-1)\theta(k-1)\right]} \end{cases} \tag{9.18}$$

偏差补偿后电池模型的协方差矩阵 $P(k)$ 和参数 $\theta_c(k)$ 的更新如式(9.19)所示：

$$\begin{cases} P(k) = \left[I - K(k)\phi^T(k)\right]P(k-1) \\ \theta_c(k) = \theta(k) + k\sigma^2(k)P(k)\theta_c(k-1) \end{cases} \tag{9.19}$$

在该部分中，BCRLS 法的提出可在一定程度上解决带有有色噪声的系统输入信息对系统产生干扰，进而导致传统 RLS 法的辨识结果产生偏差的问题，有效提升传统 RLS 法对锂电池模型参数辨识的精度，实现对电池内部动态运行状态更加精准的表征。

9.1.3 动态迁移模型验证

1. 在线模型与离线模型对比验证

为了验证本书提出的动态迁移模型与传统等效电路模型相比对建模精度的提升效果，通过 HPPC 工况数据对其进行模型精度验证。将电流 I 作为模型输入值，分别得到模型输出的端电压和相同输入电流下锂电池的实测端电压数据。实验验证结果如图 9.4 所示。

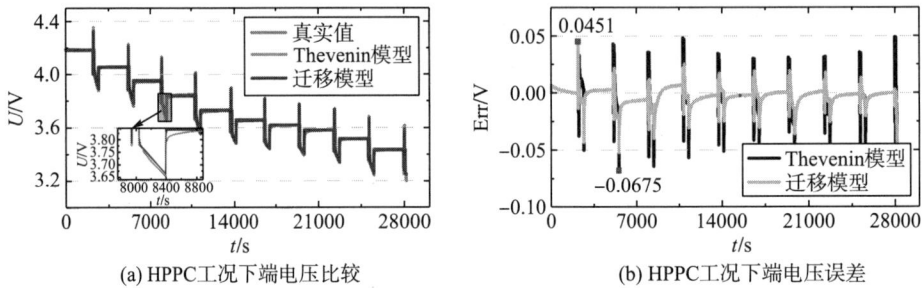

图 9.4 HPPC 工况下输出端电压比较

如图 9.4(b) 所示，在整个充放电过程中，迁移模型的输出电压误差明显小于 Thevenin 模型的输出电压误差。Thevenin 模型的最大输出误差高达−0.0675V，迁移模型的最大输出误差仅为 0.0451V。这证明迁移模型能够更准确地表征电池的动态特性，与传统模型相比有了很大的改进。迁移模型的应用为更好地实现锂电池的 SOC 和 SOH 协同估计奠定了坚实的基础。

2. 在线辨识与离线辨识对比验证

本章构建了电池迁移模型，迁移模型的驱动需要借助参数与 SOC 之间的函数关系式的构建，因此要依靠离线参数辨识而不是在线参数辨识来得到每个采样点对应的具体参数值。然而在一般情况下，在提取点、曲线拟合以及拟合多项式阶数选择的过程中往往存在着较大的偏差，离线参数辨识的精度往往低于在线参数辨识。但在本章中，离线参数辨识得到的 SOC 与参数间的函数表达式并非一成不变的，而是在粒子滤波算法驱动和迁移因子更新下不断自适应调整的。因此，通过 BCRLS 法在线参数辨识和粒子滤波驱动下的迁移模型离线参数辨识结果的对比与分析，来验证本章所提参数辨识方法的有效性。实验验证结果如图 9.5 所示。

如图 9.5(b) 所示，在整个充放电过程中，以粒子滤波驱动下的迁移模型离线参数辨识结果为模型输入参数的电压误差小于以 BCRLS 法在线参数辨识结果为模型输入参数的电压误差。BCRLS 法在线辨识算法的最大输出误差高达−0.0585V，而迁移模型的最大输出误差为 0.0451V。相比以 Thevenin 模型为基础的离线参数辨识，以迁移模型为基础的离线参数辨识的优势体现得虽然没有那么明显，但模型表征精度依然优于改进后的在线参数辨识算法。这表明迁移模型能够更准确地表征电池的动态特性，不仅与传统模型相比有了较大改进，还优于精度较高的在线算法。迁移模型的应用为提高锂电池的 SOC 和 SOH 协同估计精度奠定了坚实的基础。

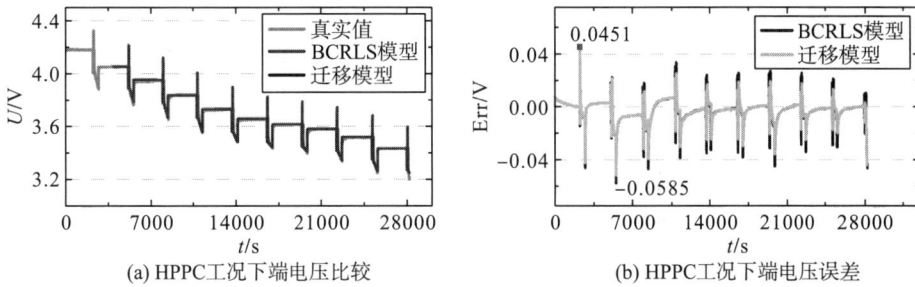

(a) HPPC工况下端电压比较　　　　　　(b) HPPC工况下端电压误差

图 9.5　HPPC 工况下输出端电压比较

9.2　基于萤火虫优化算法的 SOC 与 SOH 协同估计

现有大多算法都是针对电池 SOC 或 SOH 的单独估计，为提高参数估计精度、增加参数间的关联性，拟构建双层滤波。第一层滤波实现基于粒子滤波的 SOC 估计，第二层滤波实现基于卡尔曼滤波的 SOH 估计。通过二者的相互校正、二次反馈，提升协同估计精度。常规粒子滤波存在粒子重采样过程中计算量大、耗时长、重采样后粒子退化等问题，本章针对该缺陷引入种群智能优化的萤火虫算法改进粒子滤波中重采样过程，并引入混沌映射改进萤火虫算法易陷入局部最优的缺陷，更好地实现 SOC 粒子与 SOH 粒子的寻优过程，有效提高协同估算精度。

9.2.1　混沌萤火虫-粒子滤波

本章采用粒子滤波(PF)实现锂电池 SOC 的估计。针对传统粒子滤波算法中粒子退化和粒子多样性降低的缺陷，引入了种群智能优化的萤火虫算法。为了有效改善萤火虫算法对初始解的依赖性高、后期收敛速度慢、易陷入局部优化的缺陷，并进一步提高 SOC 和 SOH 协同估计的准确性，引入了混沌映射，形成混沌萤火虫(chaos firefly，CF)-粒子滤波(CF-PF)。

1. 基于粒子滤波的 SOC 估计模型

PF 是一种统计滤波方法，通过蒙特卡罗处理将贝叶斯估计的积分运算转化为求和运算，从而得到系统状态的最小均方差估计。其基本思想是通过采集随机样本，不断调整粒子的权重和位置，以修正先前的经验条件分布。首先，与 KF、EKF 和 UKF 等滤波方法相比，PF 不必对系统状态作任何先验假设，理论上可适用于任何能用状态空间模型描述的随机系统，而 KF 只适用于线性噪声的环境，改进后的 EKF 只适合于高斯噪声的环境。其次，EKF 等改进卡尔曼滤波在解决噪声问题的过程中，需要状态噪声与观测噪声的均值、方差等数据，其在算法的编程过程中通常是人为地设置和调整的，因为这些数据在实验环境和实际应用中都很难测得，而 PF 仅需要观测噪声的方差便可以进行估计。

在进行粒子滤波的迭代过程中，需要大量粒子参与 SOC 计算，粒子初始化过程中的随机性较高，会导致一些 SOC 粒子和真实 SOC 值产生较大偏差，进而会出现粒子权重不平衡的现象。即一些粒子的权重较高，一些粒子的权重较低，严重偏离真实值，这样的不平衡状态会严重影响算法的估计精度。也有一些粒子的权重非常小，在计算的过程中，很多不会对整体起到明显作用的小权重粒子也参与了计算，浪费了大量时间，同时增加了不少计算量。

通常来说，粒子的有效性和粒子退化的程度呈负相关关系，在一个有效粒子数高的系统里，其粒子退化往往较弱。可以根据不同的应用场景和算法要求，人为地设定一个合适的数值为有效粒子阈值。假设在算法运行的过程中实际有效粒子的数量低于有效粒子阈值，视为不能满足要求，就需要使用一些方法去抑制粒子退化。重采样是一种常用而有效的抑制粒子退化的方法，就是对系统后验概率密度的粒子近似地重新进行一次采样。在重采样的过程中，将权值很高的粒子进行复制，权值很低的粒子则不被选取，用复制下来的高权值的粒子生成一个新的粒子集，以此来达到减小粒子退化的目的。

PF 在进行动态参数的预测和跟踪方面相对于其他方法是比较优秀的，可以实现动态参数的准确跟踪。PF 对事件随机发生的概率没有太高的要求，这也是该算法的一个突出优点。目前，该算法已经实现了在很多领域中的广泛应用。PF 用于锂电池 SOC 估计的迭代计算过程如表 9.2 所示。

表 9.2 基于 PF 的锂电池 SOC 估计

步骤	内容	相关参数
(1) 初始化	采用先验概率 $P(x_0)$ 产生 N 个 SOC 初始粒子	①初始粒子：$\{SOC_0^i\}_{i=1}^N$ ②粒子权值：$\{q_0^i\}_{i=1}^N = 1/N$
(2) 粒子状态更新	根据系统更新方程，得到下一时刻先验概率样本，同时更新粒子权重	①下一时刻先验概率样本：$\{SOC_k^i\}_{i=1}^N$ ②粒子权重：$\omega_k^i = \omega_{k-1}^i p(U_{L(k)} \| SOC_k^i)$，$i = 1, 2, \cdots, N$
(3) 权值归一化	在系统得到新的观测值之后，通过状态方程产生新的粒子集，再通过观测方程获得观测值的预测值，然后计算观测值和每个粒子的预测值之间的误差，通过误差求得粒子的权重，将更新状态后的 N 个 SOC 粒子进行归一化权值	①粒子权重：ω_k^i ②归一化权值：$\omega_k^i = \omega_k^i / \sum_{i=1}^N \omega_k^i$
(4) 重采样	采用前面步骤中生成的新的随机样本分布，计算有效粒子数，判断粒子是否满足重采样条件，如果有效粒子数小于设定的有效粒子数阈值，则进行重采样得到新的粒子集	①有效粒子数：$N_{eff} = 1/\sum_{i=1}^N (\omega_k^i)^2$ ②判断条件：$N_{eff} \leqslant N_s$ ③重采样后新的粒子集中每个粒子的权值：$1/N$
(5) 预测下一时刻粒子状态	根据重采样后所得粒子集和粒子权重输出估计值	估计值：SOC_{k+1}^i
(6) 判断迭代是否结束	若未结束，执行 $k = k+1$，重复 (2)～(5)	

在 PF 的运行过程中，通常会提高重采样的频率以提升估算的精度，但如果重采样次数频繁到一定程度，会造成大量计算资源的消耗和计算时长的浪费，同样也会造成粒子贫化，即粒子多样性减少。

2. 萤火虫算法优化重采样过程

为了解决 PF 中重采样过程导致的粒子多样性降低问题，引入萤火虫算法。萤火虫算法是一种通过模拟自然界中真实的萤火虫之间根据亮度相互吸引的行为来靠近最亮个体的种群智能优化算法，将其原理应用在 SOC 和 SOH 的寻优过程中，实现粒子向最优值(即最接近真实状态值的粒子)的靠近，即达到状态粒子进一步逼近真实值的目的。

自然界中的萤火虫个体通过自身发出荧光的行为与周围个体进行交流，但萤火虫的荧光只在一定范围内可见。萤火虫算法的基本思想是，在给定搜索空间中随机初始化萤火虫种群，萤火虫的个体位置不同，荧光亮度也不同。高亮度萤火虫吸引低亮度萤火虫向它移动，在这个过程中会发生个体位置的更新。通过多次移动，几乎所有的萤火虫都集中在最亮的萤火虫个体周围，以实现寻优的过程。因此，亮度、吸引度和个体位置是算法的三大要素。

萤火虫 i 与萤火虫 j 的相对荧光亮度如式(9.20)所示：

$$I_{ij} = I_0 \times e^{-\gamma \times r_{ij}^2} \tag{9.20}$$

式中，I_0 为萤火虫 i 的最大荧光亮度；γ 为光强吸收系数，在本节中设置为 0.98；r_{ij} 为萤火虫 i 和 j 之间的空间距离，当该参数应用于 PF 中时，它被认为是 SOC 粒子 i 和 j 之间估计值的差值。其中，目标函数值越优，萤火虫自身的亮度就越高。该方法应用在 PF 实现锂电池 SOC 估计中，即粒子权重越高，其粒子亮度越高。

萤火虫 i 对 j 的相对吸引度如式(9.21)所示：

$$\beta_{ij} = \beta_0 \times e^{-\gamma \times r_{ij}^2} \tag{9.21}$$

式中，β_0 为光源处的吸引度($r = 0$)，即光源萤火虫的最大吸引度。被吸引的萤火虫 j 和全局最优萤火虫 i 的位置更新如式(9.22)所示：

$$\begin{cases} x_j = x_j + \beta_{ij} \times (x_j - x_i) + \alpha \times (\text{rand} - 0.5) \\ x_i = x_i + \alpha \times (\text{rand} - 0.5) \end{cases} \tag{9.22}$$

式中，x_i 和 x_j 为萤火虫 i 和 j 的空间位置，应用在 PF 实现锂电池 SOC 估计中时，它们表示粒子 i 和 j 在 PF 中的 SOC 值。步长因子 α 是[0,1]的常数，本书中设定其值为 0.05。rand 是[0,1]的随机因子，服从均匀分布。由于其他萤火虫无法吸引最亮的萤火虫个体，我们认为该个体在较小的区域范围内进行随机移动，根据式(9.22)中第二式来执行最亮萤火虫的位置更新。

3. 混沌映射遍历萤火虫寻优过程

混沌是一种复杂的非线性系统动力学行为，它利用混沌运动的特性来改进滤波算法的寻优性能。混沌思想的内在机制是通过混沌映射的方式将要优化的变量线性映射成一组混沌变量序列，然后根据混沌的遍历性和随机性来优化搜索过程。最后，将这组混沌变量序列中得到的最优解线性反向变换到原变量空间中。经过萤火虫算法完成粒子寻优后，PF 才开始进行粒子重采样，在这个过程中，萤火虫算法存在寻优速度慢、易陷入局部最优的固有缺陷。引入混沌映射，用混沌序列中产生的最优解更新萤火虫位置，可以使算法跳出局部最优。

常用的一维混沌映射函数有许多种，如表 9.3 所示。

表 9.3 常用一维混沌映射函数

混沌映射函数	函数表达式
Cubic 映射	$z_{n+1} = \rho z_n \left(1 - z_n^2\right)$
Logistic 映射	$z_{n+1} = \mu z_n \left(1 - z_n\right), z_0 \notin \left(0, 0.25, 0.5, 0.75, 1.0\right), \mu \in [0, 4]$
Tent 映射	$x_{n+1} = \begin{cases} 2x_n, 0 \leqslant x_n < 0.5 \\ 2(1 - x_n), 0.5 \leqslant x_n \leqslant 1 \end{cases}$
ICMIC 映射	$z_{k+1} = \sin(\alpha / z_k), \alpha \in (0, \infty)$
Chebyshev 映射	$z_{n+1} = \cos(\varphi \cos^{-1} z_n)$

Cubic 映射是最常见也是最简单的混沌映射之一，Cubic 混沌映射值在[0, 1]，分布不均匀，不能满足萤火虫算法的优化需求。在 Logistic 映射中，μ 的取值范围是[0, 4]，在大于 3.6 时会产生混沌现象，产生的$\{z_n\}$序列的范围在[0, 1]。Logistic 映射有空窗和分布不均匀的缺点，这里的空窗即混沌空间中的空白较大，也是分布不均匀的一种体现，这就会造成粒子的寻优速度慢、寻优效率低，因此不适用于对萤火虫算法的改进。ICMIC 映射是一种一维无限折叠迭代混沌映射，它对迭代初始值有较高的要求，即初始值为 0 或者不动点时才能产生混沌效应，因此无法用于萤火虫算法的优化。Chebyshev 映射是具备良好的非线性动力学特性的一维混沌映射，其控制参数$\varphi \in [2, 6]$时，该映射的李雅普诺夫(Lyapunov)指数为正数，表明在$\varphi \in [2, 6]$的区间范围内，Chebyshev 映射尽管可以在一定程度上表现出混沌特性，但其混沌空间的大小会受到制约，而且该映射方法对于所优化函数的选择是有限制的。

Tent 映射在数学理论中是指一种分段的线性映射，也是常用的混沌映射方式之一，其函数的图像形似一个帐篷。Tent 映射在其参数范围内表现出良好的二维混沌特性，混沌空间大小不受制约，且其分布函数较为均匀，具有较强的相关特性，其应用在粒子优化算法中，寻优速度快，寻优效率高。因此本书选择 Tent 映射来产生混沌序列，以优化萤火虫算法中寻找最优解的过程。

Tent 映射的数学表达式为

$$x_{n+1} = \begin{cases} 2x_n, 0 \leqslant x_n < 0.5 \\ 2(1 - x_n), 0.5 \leqslant x_n \leqslant 1 \end{cases} \tag{9.23}$$

首先，通过 Tent 映射随机生成具有均匀分布的初始种群，以保证粒子个体的随机性和多样性，这有利于提高算法的收敛速度。在一次迭代中，在萤火虫种群 $X_i (i = 1, 2, \cdots, N)$

中，根据个体荧光亮度(粒子权重)将所有萤火虫从大到小进行排序，取前 5%的较优个体，并获得这 5%的个体中最小值 X_{min} 和最大值 X_{max} 作为混沌搜索空间。从前 5%的个体中随机选择一只萤火虫，并将其空间位置(SOC 值)X_A 作为基本解。式(9.24)用于将 X_A 映射到(0, 1)。设混沌序列 Tent(m)初始值 Tent(1)为

$$\text{Tent}(1) = \frac{X_A - X_{min}}{X_{max} - X_{min}} \tag{9.24}$$

将式(9.24)代入式(9.23)的 Tent 混沌映射中，迭代生成混沌变量序列 Tent(m)(m=1, 2,…,ITER$_{max}$)，ITER$_{max}$ 是混沌搜索的最大迭代次数，本书中设置为 ITER$_{max}$ = 200。将生成的序列 Tent(m)反解至原始解空间，通过式(9.25)生成原始解空间中的新的解序列 $x(m)$。

$$x(m) = X_A + \frac{X_{max} - X_{min}}{2} \times 2[\text{Tent}(m) - 1] \tag{9.25}$$

依次计算新解序列 $x(m)$ 中每个萤火虫的荧光亮度(粒子权重)，以生成新的最优解 X_B，并将其与 X_A 的粒子权重进行比较，保留二者中的最优解，以使算法跳出局部最优。

9.2.2 迁移因子的动态更新及 SOC 估计

在构建动态迁移模型的基础上，需要对迁移矩阵中的迁移因子进行迭代更新，才能达到校正迁移模型参数、提升迁移模型表征精度的作用。以粒子滤波为基础实现迁移因子迭代更新过程，并将 CF-PF 用以改进优化，实现了锂电池 SOC 和各个电池参数之间关系表达式的动态更新，进而实现了对粒子滤波中 SOC 估计结果的校正。构建粒子滤波-卡尔曼滤波双层滤波以实现 SOC 和 SOH 协同估计。

1. 基于 CF-PF 的迁移因子更新

迁移因子矩阵是在线迁移过程中校正初始电池模型和 SOC 的重要参数矩阵。迁移因子的确定是一个非线性和非高斯过程，因此选择非线性非高斯 PF 在线确定偏移因子。结合式(9.7)所示的电池动态迁移模型的表达式，将迁移矩阵 $X=[x_1 \ x_2 \ x_3 \cdots x_{10}]$ 作为系统状态变量，将电池端电压作为系统观测值，将电池工作过程中的负载电流 I_k 和不准确的 SOC$_k$ 作为系统输入，建立系统的状态方程，如式(9.26)所示：

$$\begin{cases} X_k = \begin{bmatrix} x_{1,k-1} \\ x_{2,k-1} \\ \vdots \\ x_{10,k-1} \end{bmatrix} + \begin{bmatrix} v_1 \\ v_2 \\ \vdots \\ v_{10} \end{bmatrix}, \begin{array}{l} v_1 \sim N(0, \sigma_1^2) \\ v_2 \sim N(0, \sigma_2^2) \\ \vdots \\ v_{10} \sim N(0, \sigma_{10}^2) \end{array} \\ U_{L,k} = U_{OC,k} - U_{p,k} - IR_0 + \omega, \omega \sim N(0, \sigma_\omega^2) \end{cases} \tag{9.26}$$

在式(9.26)所示的系统状态方程中，第一式实际上是 CF-PF 的状态转移方程，用来描述 10 个迁移因子如何从当前时刻状态变化到下一时刻状态；第二式是系统的观测方程，即将估计 SOC 值作为该式的输入参数，据此求出端电压 U_L 值，该 U_L 值与实际测量的 U_L 值进行比较，以判断估计 SOC 值的质量。为了模拟实际应用，状态转移方程和观

测方程都给出了合理的噪声加值。由于系统内存在 10 个迁移因子，所以噪声加值用 $\sigma_1 \sim \sigma_{10}$ 进行表示；观测噪声加值只有一个，为了与上述 10 个噪声加值区别开来，用 σ_ω 进行表示。动态迁移模型的参数配置，即迁移矩阵 $X = [x_1\ x_2\ x_3 \cdots x_{10}]$ 的初始值和状态值的方差 σ_i^2 如表 9.4 所示。

表 9.4 动态迁移模型参数配置

i	1	2	3	4	5	6	7	8	9	10	ω
$v_{i,0}$	1	0	1	1	1	1	0	0	0	0	null
σ_i^2	0.00001	0.002	0.0001	0.0001	0.0001	0.0001	0.001	0.001	0.001	0.001	0.001

以 PF 为基础实现迁移因子迭代更新过程，并将 CF-PF 用以改进优化，实现了锂电池 SOC 和各个电池参数之间关系表达式的动态更新，进而实现了对粒子滤波中 SOC 估计结果的校正。

2. 基于迁移模型的 SOC 估计

在本书中，锂电池 SOC 的估计主要依赖于以粒子滤波为基础的改进优化算法，粒子滤波估算 SOC 的本质是通过初始化随机生成大量粒子，每一个生成的 SOC 粒子都根据状态转移方程推出下一时刻的估计值，再根据粒子估计值的优劣确定其权重，进而依靠权重得出下一时刻的最终估计值。然而在这个估计过程当中，状态转移方程和观测方程的参数是靠电池模型内部参数确定的，而电池模型内部参数的确定依靠通过离线辨识得到的与 SOC 之间的函数关系式，这些函数关系式是固定的，不随老化情况而改变。

将迁移因子的更新融入 PF 实现 SOC 的估计过程中，系统状态转移方程和观测方程中的 R_0、R_p、C_p、U_L 和 U_{OC} 被替换为迁移后的值，由 PF 得到的初始 SOC 估计值被认为是不精确的，因此也将其迁移化。

$$\begin{cases} \mathrm{SOC}_{k+1}^M = \mathrm{SOC}_k - \dfrac{\Delta T}{Q_k} I_k + w_{1,k} \\[2mm] U_{p,k+1} = e^{-\frac{\Delta T}{\tau}} U_{p,k} + R_p^M \left(1 - e^{-\frac{\Delta T}{\tau^M}}\right) I_k + w_{2,k} \\[2mm] U_{L,k+1}^M = U_{OC,k+1}^M - U_{p,k+1} - I R_{0,k}^M + v_k \end{cases} \tag{9.27}$$

式中，SOC_{k+1}^M 为校正后的 SOC 值；$U_{OC,k+1}^M$、$R_{0,k}^M$、R_p^M 为 SOC 和电池模型参数之间的关系曲线经过迁移后的参数值；$U_{L,k+1}^M$ 是根据迁移模型观测方程求取的端电压值；$\tau^M = R_p^M C_p^M$。迁移变化后的参数和 SOC 值一起被作为 PF 的更新变量，根据 SOC 粒子估计值的优劣确定其权重，进而依靠权重得出下一时刻的最终估计值。

在基于迁移模型的 SOC 估计过程中，将原先的系统状态变量 $[\mathrm{SOC}\ U_p]^T$ 拓展为迁移矩阵 $X = [x_1\ x_2\ x_3 \cdots x_{10}]$，每个电池内部参数在每个采样点都经过了自适应调节，适应了不同的电池老化情况，得到更精确的、更符合实际状况的 SOC 值。

9.2.3　基于 PF-EKF 的 SOC 与 SOH 协同估计

1. 构建双滤波相互校正机制

本节将 PF 与 EKF 相结合，实现了锂电池 SOC 和 SOH 的协同估计。在通过 CF-PF 得到当前时刻的 SOC 估计值之后，将该值作为当前时刻 SOH 估计滤波即第二层滤波的输入数据，以校正从式 (9.5) 中状态转移方程求得的先验估计容量值 Q。在获得当前时刻的容量 Q 之后，再将其作为 CF-PF 的输入数据，通过更新式 (9.6) 中状态转移方程的系数矩阵 B 来计算下一时刻的 SOC 估计值。在 SOC 的单独估计中，矩阵 B 中的 Q 是通过容量标定实验求得的当前实际容量，它不会随着迭代次数的增加而改变。而在协同估计中，Q 被反向更新和校正，以实现 SOC 和 SOH 两个状态量的相互影响和促进。双滤波协同估算条件下的状态空间方程和观测方程的系数矩阵如式 (9.28) 所示：

$$
\begin{cases}
\begin{bmatrix} \mathrm{SOC}_{k+1} \\ U_{\mathrm{p},k+1} \end{bmatrix} = \begin{bmatrix} 1 & 0 \\ 0 & \mathrm{e}^{-\Delta T/\tau} \end{bmatrix} \begin{bmatrix} \mathrm{SOC}_k \\ U_{\mathrm{L},k+1} \end{bmatrix} + \begin{bmatrix} -\dfrac{\Delta T}{Q_{k\_\mathrm{update}}} \\ R_{\mathrm{p}}(1-\mathrm{e}^{-\Delta T/\tau}) \end{bmatrix} I_k + \begin{bmatrix} w_{1,k} \\ w_{2,k} \end{bmatrix} \\
Q_{k+1} = Q_k + r_k \\
U_{\mathrm{L},k+1} = U_{\mathrm{OC},k+1} - U_{\mathrm{p},k+1} - IR_0 + v_k
\end{cases}
\tag{9.28}
$$

式中，Q_{k_update} 为 EKF 中求得的当前时刻估计容量值，而不再是一个定值。状态空间方程和观测方程的系数矩阵如式 (9.6) 所示。

通过粒子滤波-卡尔曼滤波进行 SOC 与 SOH 相互校正的机制如图 9.6 所示。

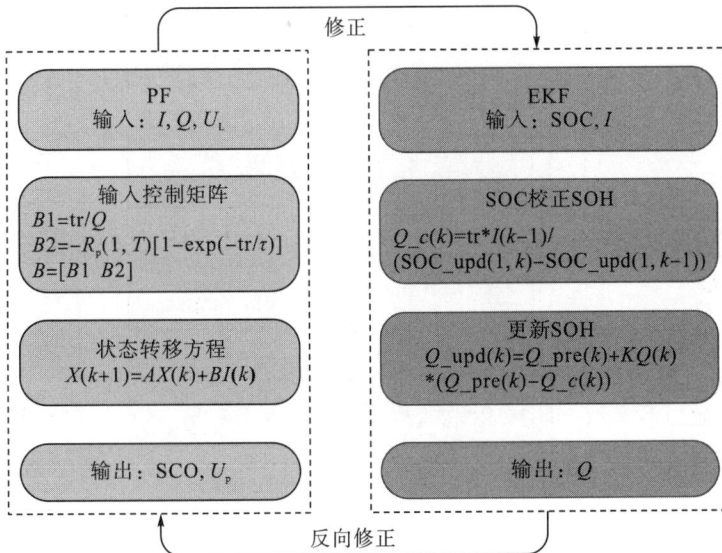

图 9.6　SOC 与 SOH 的相互校正

2. 构建完整 SOC/SOH 协同估计框架

在本书中，将整体 SOC/SOH 协同估计框架分为两大部分：离线初始模型的构建和模型的在线迁移。

在第一部分中，首先构建初始 Thevenin 模型，根据 HPPC 工况数据进行离线参数辨识，求得各个电池参数和 SOC 间的函数关系式与 SOC-OCV 曲线，即完成了离线初始模型的构建。

在第二部分中，引入种群智能优化的萤火虫算法以提高传统 PF 的寻优精度和寻优速度，改善重采样过程，又引入 Tent 映射以寻求更好的最优解，帮助萤火虫算法跳出局部最优。CF-PF 实现电池迁移模型中迁移因子的迭代更新，构建粒子滤波-卡尔曼滤波双滤波来实现锂电池 SOC 与 SOH 的协同估算与相互校正，算法的整体流程如图 9.7 所示。

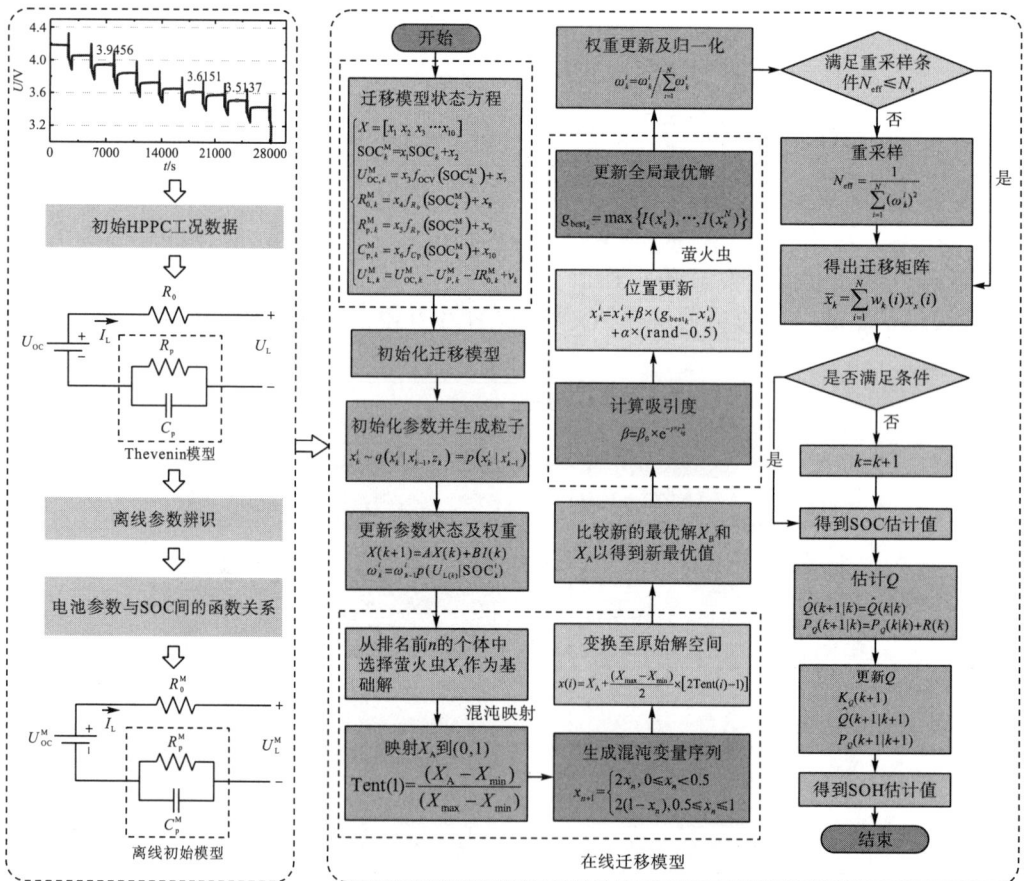

图 9.7　基于迁移模型和混沌萤火虫-粒子滤波算法实现 SOC 和 SOH 协同估算

9.3　SOC 与 SOH 协同估计实验验证分析

9.3.1　电池健康状态下协同估计验证

为了验证 CF-PF 对 SOC 与 SOH 的协同估计精度，分别采用较为简单的 HPPC 工况与较为复杂的 BBDST 工况在电池高健康状态(SOH = 99.11%)下展开动力锂电池测试以及实验验证，并通过实验数据对比不同算法下 SOC 与 SOH 的协同估计精度。

1. HPPC 工况下协同估计验证

在电池动态迁移模型应用的基础上，对 CF-PF 在 HPPC 工况下的 SOC 和 SOH 协同估计进行了实验验证。在锂电池 SOH 估计中，通过严格的容量校准实验获得了99.11%的参考值，即在电池满充满放电三次后，求取三次的平均放电容量为当前状态下的锂电池实际容量，通过 SOH 的计算公式获得当前电池健康状态值。由实验结果可知，当前锂电池处于高健康状态，所经历循环充放电次数较少。传统 PF、未引入混沌映射时的萤火虫-粒子滤波(F-PF)和改进后的 CF-PF 在 HPPC 工况下的协同估计结果如图 9.8 所示。

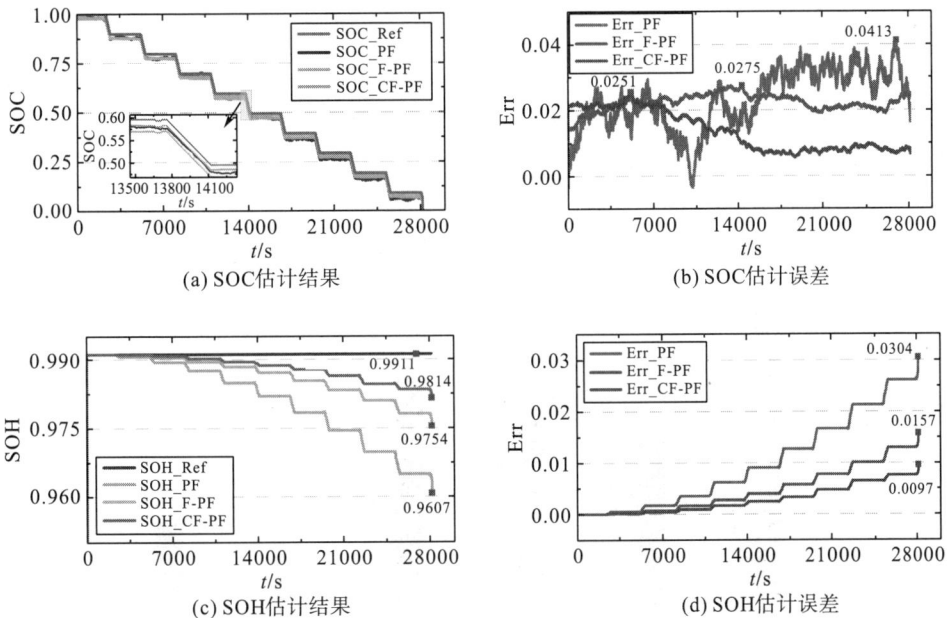

(a) SOC估计结果　　　　(b) SOC估计误差

(c) SOH估计结果　　　　(d) SOH估计误差

图 9.8　HPPC 工况下电池的 SOC 与 SOH 协同估计结果对比

如图 9.8(b)所示，传统 PF 对 SOC 的估计误差波动很大，具有极高的不稳定性，且放电后期误差发散严重，最大误差高达 4.13%。F-PF 的稳定性显著提高，后期误差稳定但有轻微发散现象，最大误差为 2.75%，这证明了引入的萤火虫算法有效提高了粒子寻优能力，大幅提高了整体的 SOC 估计精度。改进后的 CF-PF 的精度在总体上得到了很大的提高，并且算法在放电后期具有明显的收敛效果和较高的稳定性，最大 SOC 估计误差仅为 2.51%。这表示混沌映射在萤火虫算法的基础之上再次提高了 SOC 估计精度，并改善了萤火虫方法易陷入局部最优、易早熟和后期易发散的固有缺陷。

从图 9.8(c)、(d) 中可以看出，萤火虫算法和混沌映射在锂电池 SOH 估算中都展示出了明显的改进效果。传统 PF 的最大误差高达 3.04%，F-PF 的最大误差为 1.57%，而 CF-PF 的最大误差仅为 0.97%。CF-PF 有效地提高了 SOH 估计的收敛性和估计精度。通过 ME、MAE 和 RMSE 三个评价指标对三种算法进行比较，表 9.5 展示了 HPPC 测试工况下电池的 SOC 和 SOH 的协同估计结果对比。

表 9.5　HPPC 工况下电池的 SOC 与 SOH 协同估计结果对比(%)

误差项	PF	F-PF	CF-PF
ME(SOC)	4.13	2.75	2.51
MAE(SOC)	2.32	2.22	1.34
RMSE(SOC)	2.48	2.24	1.48
ME(SOH)	3.04	1.57	0.97
MAE(SOH)	0.99	0.47	0.28
RMSE(SOH)	1.32	0.63	0.38

图 9.9 展示了三种算法在 HPPC 测试工况下分别以 ME、MAE 和 RMSE 为评价指标的 SOC 和 SOH 的协同估计结果对比。

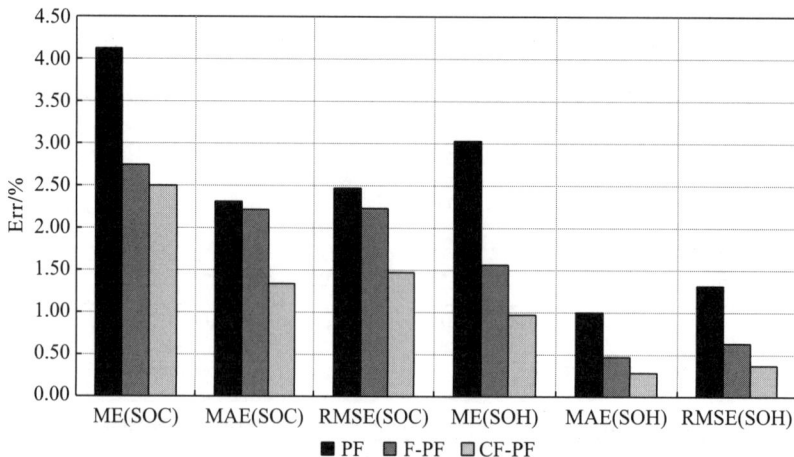

图 9.9　HPPC 工况下电池的 SOC 与 SOH 协同估计结果对比

从表 9.5 和图 9.9 的整体对比结果来看，CF-PF 在 SOC 和 SOH 估算中表现出了明显的改进效果，其 SOC 估计误差的 RMSE 为 1.48%，相比传统 PF 改进了 1 个百分点；其 SOH 估计误差的 RMSE 为 0.38%，相比传统 PF 改进了 0.94 个百分点。HPPC 工况下 CF-PF 在 SOC 和 SOH 协同估计中对于提高精度与稳定性的效果得到了验证。经对比，改进前，传统 PF 进行 SOC 和 SOH 协同估计的运行时长为 79.8519s；改进后，CF-PF 的运行时长为 83.0938s。这是由于加入了智能优化萤火虫算法，对 PF 重采样前进行了一次额外的优化，N 个 SOC 粒子分别进行了一次与最优值相比"荧光亮度"的计算，又分别进行了一次向最优值的移动。因此，与原始算法相比，这会导致改进算法复杂度略有提高，但能大幅提升状态估计精确度，在运行时间上的略微增长依然满足算法对于实时性要求的指标，整体上改进算法依然表现出优越的性能。

2. DST 工况下协同估计验证

为了进一步验证本书所提出算法对于提升 SOC 与 SOH 协同估计效果的有效性，将算法在 DST 工况下进行验证，判断算法是否有对较为复杂工况的自适应调节能力。传统 PF、未引入混沌映射时的 F-PF 和改进后的 CF-PF 在 DST 工况下的 SOC 与 SOH 协同估计结果如图 9.10 所示。

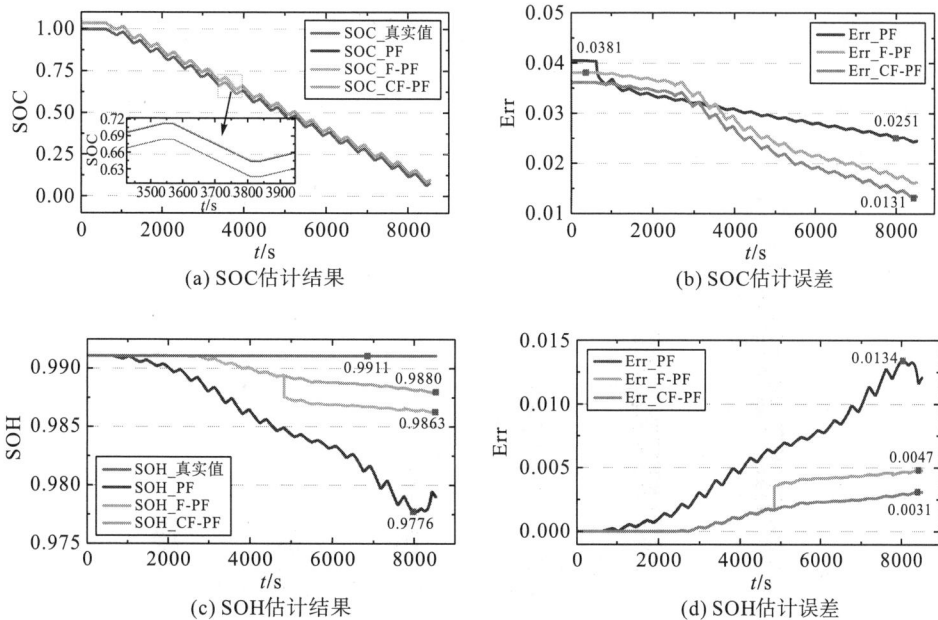

图 9.10　DST 工况下电池的 SOC 与 SOH 协同估计结果对比

如图 9.10(b) 所示，在放电初期阶段，CF-PF 的估计精度并不高，与其他两种算法相比，它没有表现出明显的优势。但是在放电中后期阶段，F-PF 的估计误差相比于传统 PF 在收敛性的表现上更优越，算法精度得到了大大提升。这说明通过在 PF 中引入萤火虫算法，有效改善了 SOC 粒子的寻优过程。而 CF-PF 的估计精度显著提高，且拥有较高的收敛性，能够较好地跟踪实际值，这说明了通过在 F-PF 中引入 Tent 映射，有效改进了 SOC 粒子的寻优效果。

如图 9.10(d) 所示，在放电末期，传统 PF 对电池 SOH 估计误差剧增，这与电池自身内部的强烈电化学反应有关，这表明 PF 完全没有校正后期误差剧增的能力。然而，在这种情况下，F-PF 和 CF-PF 仍然能保持良好的估计精度，F-PF 最大误差为 0.47%，放电后期呈现误差小幅度上升。CF-PF 最大误差仅为 0.31%，放电后期估算误差依然保持稳定。比较 SOC 与 SOH 的协同估计结果，验证了 CF-PF 的优越性。通过 ME、MAE 和 RMSE 三个评价指标对三种算法进行比较，表 9.6 展示了 DST 测试工况下 SOC 和 SOH 的协同估计结果对比。

表 9.6　DST 工况下 SOC 与 SOH 协同估计结果对比 (%)

误差项	PF	F-PF	CF-PF
ME(SOC)	4.05	3.81	3.61
MAE(SOC)	3.08	2.80	2.58
RMSE(SOC)	3.11	2.91	2.70
ME(SOH)	1.34	0.47	0.31
MAE(SOH)	0.54	0.21	0.13
RMSE(SOH)	0.69	0.28	0.17

图 9.11 展示了三种算法在 DST 测试工况下分别以 ME、MAE 和 RMSE 为评价指标的 SOC 和 SOH 的协同估计结果对比。

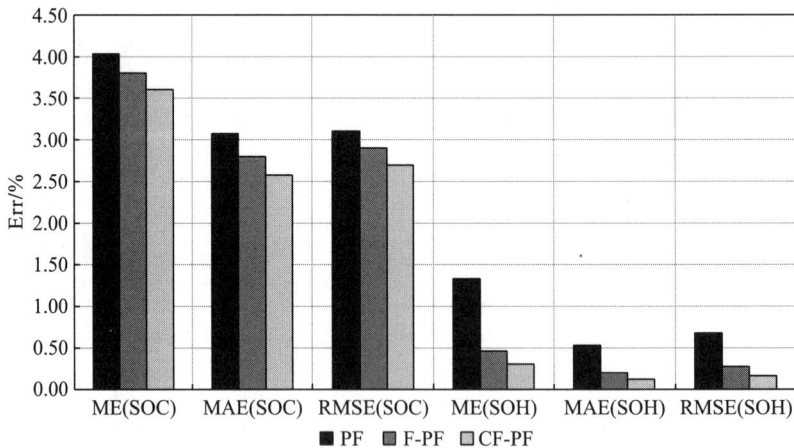

图 9.11　DST 工况下电池的 SOC 与 SOH 协同估计结果对比

从表 9.6 和图 9.11 的整体对比结果来看，CF-PF 在 DST 工况下的 SOC 和 SOH 估算中表现出了明显的改进效果，其 SOC 估计误差的 RMSE 为 2.70%，相比传统 PF 改进了 0.41 个百分点；其 SOH 估计误差的 RMSE 为 0.17%，相比传统 PF 改进了 0.52 个百分点。DST 工况下 CF-PF 在 SOC 和 SOH 协同估计中对于提高精度与稳定性的效果得到了验证。

3. BBDST 工况下协同估计验证

新能源电动汽车在实际运行中的工况是动态的、复杂的、多变的、无规律的。为了更好地模拟车载电池的实际运行效果，通过设置 BBDST 工况的充放电步骤，对三元锂电池进行了实验。BBDST 是从北京公交车的实际运行数据中采集的工况，不仅包括启动、制动和停车等基本工况，还包括加速、滑行和快速加速等操作。传统 PF、未引入混沌映射的 F-PF 和改进后的 CF-PF 在 BBDST 工况下的 SOC 与 SOH 协同估计结果如图 9.12 所示。

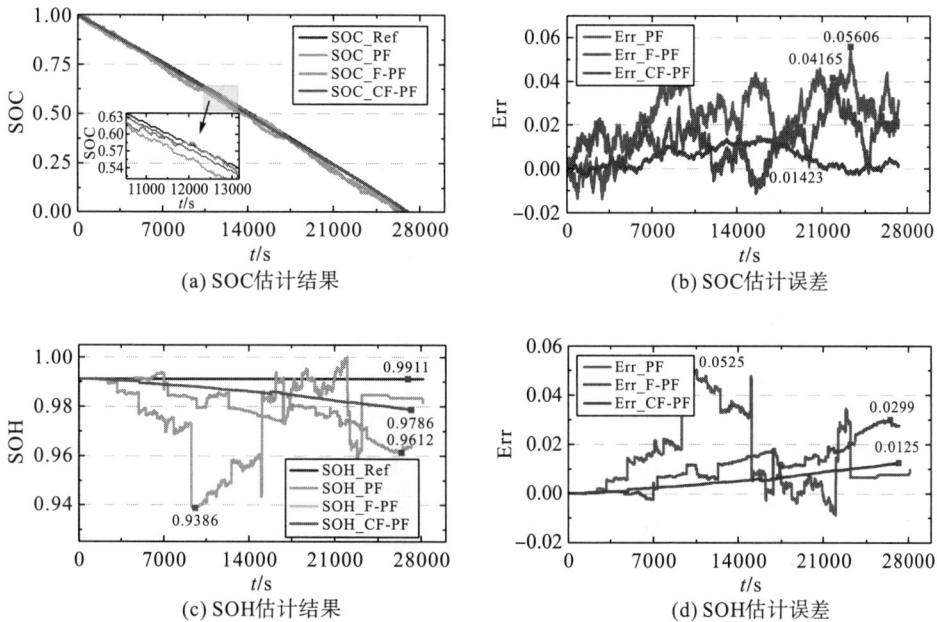

图 9.12　BBDST 工况下电池的 SOC 与 SOH 协同估计结果对比

从图 9.12(b) 中可以看出，传统 PF 的 SOC 估计误差波动很大，不稳定性高，最大误差高达 5.606%。F-PF 在一定程度上提高了总体估计精度，最大误差为 4.165%。随着混沌映射的引入，CF-PF 在 SOC 估计中的整体性能得到了很大的提升，即使在复杂多变的 BBDST 工况下，算法也能保持较高的稳定性。该算法可以在后期表现出收敛性，误差在 0 附近波动，最大误差仅为 1.423%。

从图 9.12(c)、(d) 中可以看出，传统 PF 的 SOH 估计的稳定性较差。在放电中期产生了较明显波动，最大误差高达 5.25%，在放电后期也表现出了较明显的不稳定性。相比传统 PF，F-PF 在整体稳定性和准确性上都有了明显的提高，但仍表现出较大的发散性，最大误差为 2.99%。改进后的 CF-PF 在整个 BBDST 工况下都表现出了良好的估计效果，误差曲线在整个放电期间都非常平稳，该算法具有较高的稳定性，最大误差仅为 1.25%。通过 ME、MAE 和 RMSE 三个评价指标对三种算法进行比较，表 9.7 展示了 BBDST 测试工况下电池的 SOC 和 SOH 的协同估计结果对比。

表 9.7   BBDST 工况下电池的 SOC 与 SOH 协同估计结果对比（%）

误差项	PF	F-PF	CF-PF
ME（SOC）	5.60	4.16	1.42
MAE（SOC）	2.48	1.31	0.52
RMSE（SOC）	2.76	1.54	0.67
ME（SOH）	5.25	2.99	1.25
MAE（SOH）	1.52	1.10	0.52
RMSE（SOH）	2.16	1.40	0.63

图 9.13 展示了三种算法在 BBDST 测试工况下分别以 ME、MAE 和 RMSE 为评价指标的 SOC 和 SOH 的协同估计结果对比。

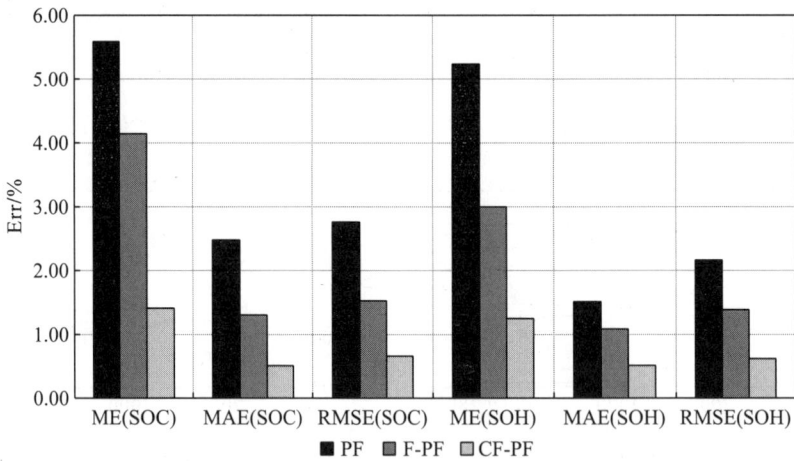

图 9.13   BBDST 工况下电池的 SOC 与 SOH 协同估计结果对比

从表 9.7 和图 9.13 所示的整体对比结果来看，CF-PF 在 SOC 和 SOH 估算中表现出了明显的改进效果，在 BBDST 工况下，其 SOC 估计误差的 RMSE 为 0.67%，相比传统 PF 改进了 2.09 个百分点；其 SOH 估计误差的 RMSE 为 0.63%，相比传统 PF 改进了 1.53 个百分点。BBDST 工况下 CF-PF 在 SOC 和 SOH 协同估计中对于提高精度与稳定性的效果得到了验证。

9.3.2   电池老化状态下协同估计验证

构建迁移模型是为了适应锂电池在实际使用中的不同老化状态，9.3.1 节所做的实验验证均是在电池 SOH 为 99.11% 的状态（即高健康状态）下进行的。为了验证本书所构建的动态迁移模型对于电池不同老化状态的自适应调节能力，以及在电池老化状态下所提算法的适应性，本节对老化状态即低 SOH 下电池工况测试数据进行 SOC 与 SOH 协同估计，并将高 SOH 下辨识得到的电池参数直接用于低 SOH 下的数据验证。

1. 轻度老化状态下协同估计验证

9.3.1 节实验验证均是在高健康状态的电池条件下进行的，为了验证模型和算法在严重老化时对电池状态的估计与校正能力，在对实验所用的额定容量为 45A·h 的三元锂电池进行 122 次循环充放电实验后，再对其进行容量标定实验，整个容量标定实验中的电池容量变化情况如图 9.14 所示。

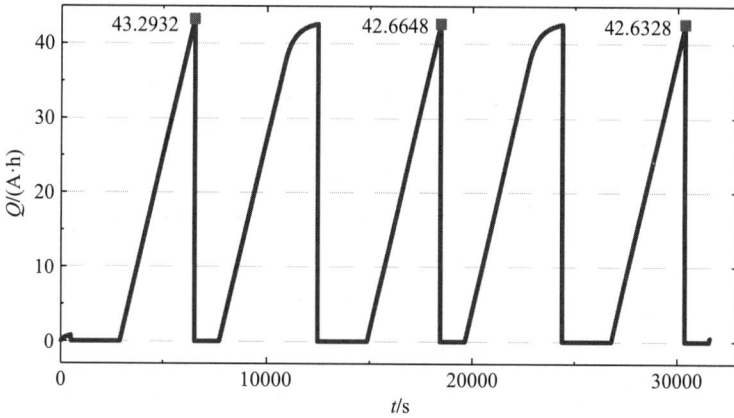

图 9.14　122 次循环充放电后电池容量标定实验

实验测得，在完全充放电的过程中，三次放电电量分别为 43.2932A·h、42.6648A·h 和 42.6328A·h，对其求平均值得到进行 122 次循环充放电实验后的锂电池当前容量为 42.8636A·h，进而可求得其当前时刻 SOH 为 95.25%。SOH 为 95.25% 的锂电池已经不再保持电池高峰性能，处于轻度老化状态。对当前状态电池进行了 BBDST 测试，该工况数据用于算法和模型验证，本次实验验证中所用 SOC-OCV 曲线以及 SOC 与电池各个参数间的关系表达式均为 9.3.1 节中健康状态下电池辨识得出，即将高 SOH 下辨识得到的电池参数直接用于低 SOH 下的数据验证，以此来验证电池动态迁移模型的自适应调节功能。传统 PF、未引入混沌映射的 F-PF 和改进后的 CF-PF 在 SOH 为 95.25% 时 BBDST 工况下的 SOC 与 SOH 协同估计结果如图 9.15 所示。

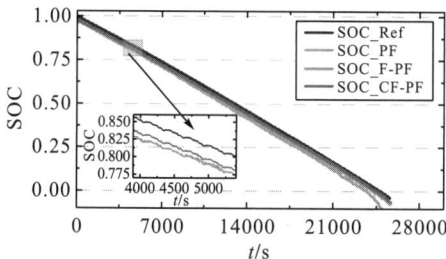

(a) SOC 估计结果　　　　　　　　(b) SOC 估计误差

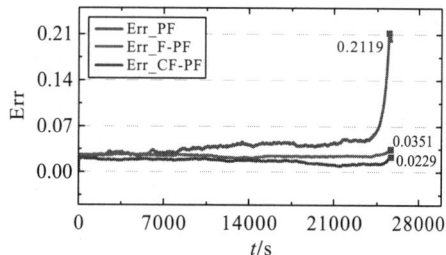

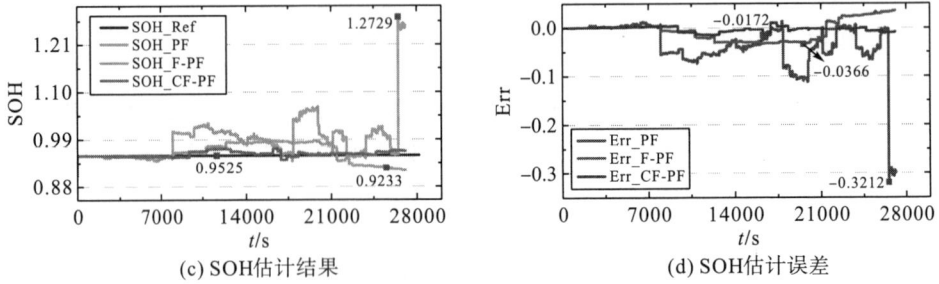

(c) SOH估计结果　　　　　　　　　　　　　(d) SOH估计误差

图9.15　BBDST工况下轻度老化电池的SOC与SOH协同估计结果对比

从图9.15(b)中可以看出，传统PF的SOC估计误差前期较为平稳，后期已达到不可控发散状态，最大误差高达21.19%，远远超出可接受的合理范围，这表明电池动态迁移模型和传统PF对轻度老化状态下锂电池SOC估计并不适用，欠缺误差校正能力。而F-PF和CF-PF对于SOC的估计结果在整个放电周期内始终保持较高的稳定性，后期轻微发散，但F-PF误差仅为3.51%，CF-PF误差仅为2.29%，完全在可接受的合理范围之内。

从图9.15(c)、(d)中可以看出，传统PF的SOH估计效果极不稳定，后期算法强烈发散，误差骤增至32.12%，此时的SOH估计已失去可信度。相比之下，F-PF的SOH估计效果在整体上有非常大的改善，最大误差为3.66%。而CF-PF在SOH估计上表现出了良好的效果，整体误差稳定且始终较好地跟踪真实值，后期无发散现象，最大误差仅为1.72%。通过ME、MAE和RMSE三个评价指标对三种算法进行了比较，表9.8展示了BBDST测试工况下轻度老化电池的SOC和SOH协同估计结果对比。

表9.8　BBDST工况下轻度老化电池(SOH = 95.25%)的SOC与SOH协同估计结果对比(%)

误差项	PF	F-PF	CF-PF
ME(SOC)	21.19	3.51	2.29
MAE(SOC)	2.98	1.97	1.23
RMSE(SOC)	3.23	1.98	1.24
ME(SOH)	32.12	2.99	1.25
MAE(SOH)	3.81	1.74	0.50
RMSE(SOH)	6.16	2.16	0.66

图9.16展示了三种算法在BBDST工况下轻度老化电池分别以ME、MAE和RMSE为评价指标的SOC和SOH的协同估计结果对比。

从表9.8和图9.16所示的整体对比结果来看，CF-PF在SOC和SOH估算中表现出了明显的改进效果，在BBDST工况且轻度老化(SOH = 95.25%)下，其SOC估计误差的RMSE为1.24%，相比传统PF改进了1.99个百分点；其SOH估计误差的RMSE为0.66%，相比传统PF改进了5.50个百分点。BBDST工况且轻度老化(SOH = 95.25%)的情况下CF-PF在SOC和SOH协同估计中对于提高精度与稳定性的效果得到了验证，且证明了动态迁移模型对于电池老化具有较强的自适应调节能力。

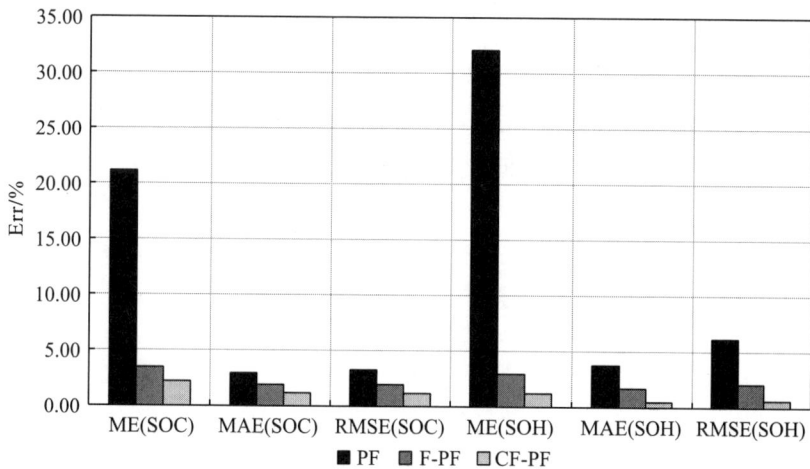

图 9.16　BBDST 工况下轻度老化电池(SOH = 95.25%)的 SOC 与 SOH 协同估计结果对比

2. 重度老化状态下协同估计验证

为了进一步验证电池迁移模型和算法在重度老化时对电池状态的估计与校正能力,在对实验所用的额定容量为 45A·h 的三元锂电池进行 278 次循环充放电实验后,再对其进行容量标定实验,整个容量标定实验中的电池容量变化情况如图 9.17 所示。

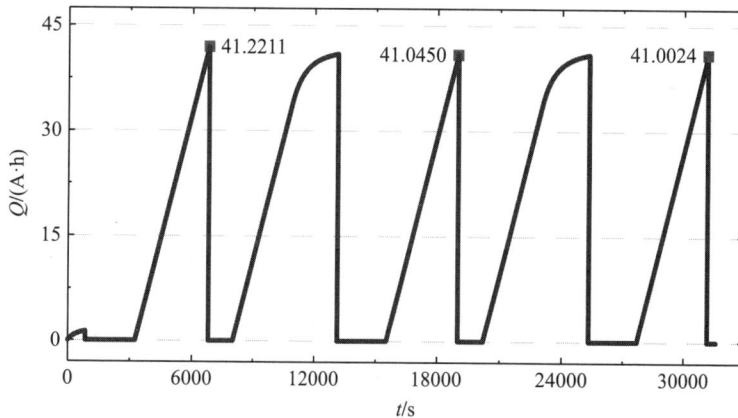

图 9.17　278 次循环充放电后电池容量标定实验

实验测得,在完全充放电的过程中,三次放电电量分别为 41.2211A·h、41.0450A·h 和 41.0024A·h,对其求平均值,得到进行 278 次循环充放电实验后的锂电池当前容量为 41.0895A·h,进而可求得其当前时刻 SOH 为 91.31%。SOH 为 91.31%的锂电池在实际的使用过程中的性能已经明显降低,主要表现为电池耐用性降低,需要频繁进行充电。电池 SOH 降至 80%时被认为达到失效阈值,已经无法正常使用,需要进行报废处理,因此 SOH 为 91.31%的锂电池处于重度老化状态。对当前状态电池进行了 BBDST 测试,该工况数据用于算法和模型验证，本次实验验证中所用 SOC-OCV 曲线以及 SOC 与电池各个参数间的关系表达式均为 9.3.1 节中健康状态下电池辨识得出，即将高 SOH 下辨识得到的电池参数直接用于低 SOH 下的数据验证，以此来验证电池动态迁移模型的自适应调节功能。传统 PF、未引入混沌映射算法的 F-PF 和改进后的 CF-PF 在 SOH 为 91.31%时 BBDST 工况下的 SOC 与 SOH 协同估计结果如图 9.18 所示。

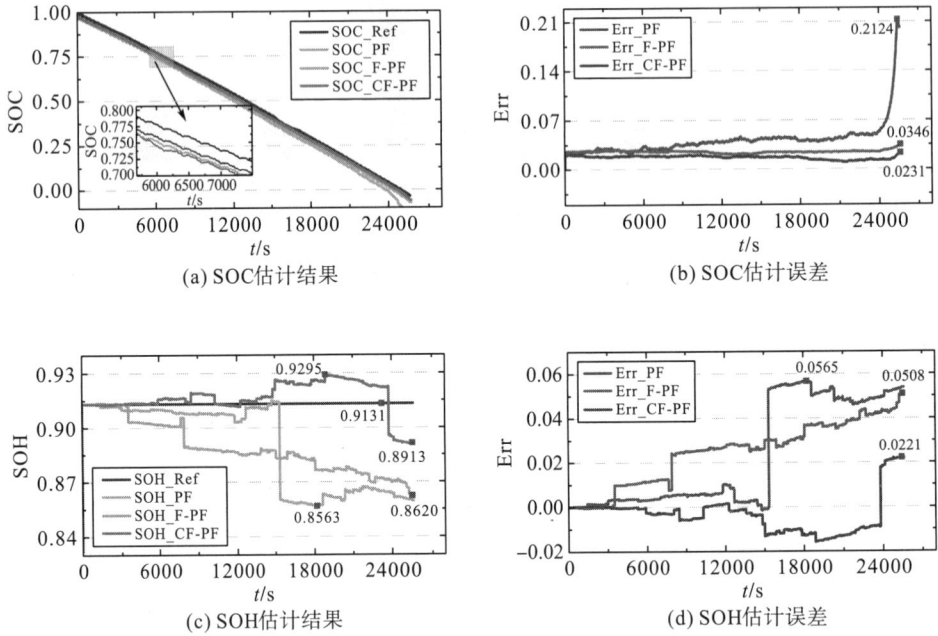

图 9.18　BBDST 工况下重度老化电池的 SOC 与 SOH 协同估计结果对比

从图 9.18(b)中可以看出，尽管这三种算法在放电初期表现出的稳定性都很高，但在放电末期阶段传统 PF 估计 SOC 的误差严重发散，误差出现骤增，高达 21.24%，已经不在可接受的合理范围内。F-PF 和 CF-PF 的估计误差在放电末期仍表现出较高的稳定性，相比之下，CF-PF 的总体精度相对较高，F-PF 的最大误差为 3.46%，CF-PF 的最大误差仅为 2.31%。

从图 9.18(c)、(d)中可以看出，传统 PF 在 SOH 估计中有非常大的误差，估计结果具有不可靠性。F-PF 的 SOH 估计效果相比 PF 有所改进，虽然最大误差高达 5.08%，但其整体精度已处在可接受的范围内。改进的 CF-PF 的 SOH 估计结果波动小，精度高，误差可控制在 2.21%以内。

尽管与高 SOH 状态相比，重度老化状态下的协同估计的总体效果相对较差，但 CF-PF 在提高 SOC 与 SOH 协同估计精度方面仍有非常明显的效果。通过 ME、MAE 和 RMSE 三个评价指标对三种算法进行比较，表 9.9 展示了 BBDST 测试工况下重度老化电池的 SOC 和 SOH 的协同估计结果对比。

表 9.9　BBDST 工况下重度老化电池(SOH = 91.31%)的 SOC 与 SOH 协同估计结果对比(%)

误差项	PF	F-PF	CF-PF
ME(SOC)	21.24	3.46	2.31
MAE(SOC)	5.76	3.08	2.09
RMSE(SOC)	6.03	3.13	2.18
ME(SOH)	5.65	5.08	2.21
MAE(SOH)	3.44	3.32	1.13
RMSE(SOH)	3.82	3.69	1.26

图 9.19 展示了三种算法在 BBDST 工况下重度老化电池分别以 ME、MAE 和 RMSE 为评价指标的 SOC 和 SOH 的协同估计结果对比。

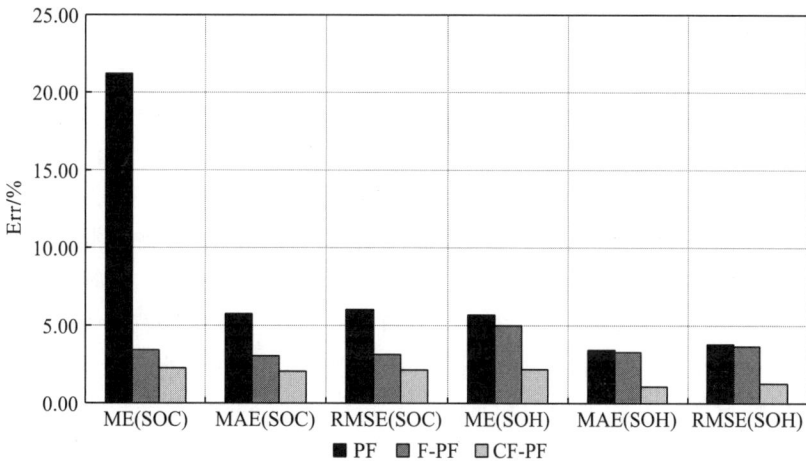

图 9.19　BBDST 工况下重度老化电池(SOH = 91.31%)的 SOC 与 SOH 协同估计结果对比

从表 9.9 和图 9.19 所示的整体对比结果来看，CF-PF 在 SOC 和 SOH 估算中表现出了明显的改进效果，在 BBDST 工况且电池重度老化(SOH = 91.31%)下，其 SOC 估计误差的 RMSE 为 2.18%，相比传统 PF 改进了 3.85 个百分点；其 SOH 估计误差的 RMSE 为 1.26%，相比传统 PF 改进了 2.56 个百分点。BBDST 工况且电池重度老化(SOH = 91.31%) 的情况下，CF-PF 在 SOC 和 SOH 协同估计中对于提高精度与稳定性的效果得到了验证，且证明了动态迁移模型对于电池严重老化的情况依然具有较强的自适应调节能力。

9.4　本 章 小 结

动力电池作为纯电动新能源汽车发展的技术瓶颈，其性能水平直接影响纯电动汽车整车的使用性能。SOC 和 SOH 作为电池管理系统必须准确评估的两个关键状态量，是均衡控制、充/放电策略调整以及故障诊断等功能有效实现的必要前提。实现动力电池 SOC 和 SOH 的精准评估，对于电池在全生命周期内整体性能的提升具有重要意义。因此，本章以三元锂电池为研究对象，开展了基于动态迁移模型和萤火虫优化算法的锂电池的 SOC 与 SOH 协同估计研究，主要完成了以下研究内容。

（1）制定与开展实验获得 HPPC、DST 和 BBDST 三种复杂工况下的电流、电压数据后，再通过分析、提取数据与曲线拟合得到开路电压与 SOC 之间的函数关系。对其充放电特性、容量衰减特性进行研究，分析放电倍率对 SOC 变化的影响、容量衰减对电池内部参数和 SOH 的影响，研究老化特性与 SOH 变化之间的关系。

（2）建立初始离线 Thevenin 模型后，通过离线参数辨识的方式获取各个参数与电池 SOC 间的函数关系式。将迁移因子加入函数关系式中以实现对各个参数的调整，迁移因子形成迁移矩阵，运用粒子滤波不断进行校正和更新迁移矩阵以实现电池参数的动态调整，进而实现所建模型根据不同电池老化情况的自适应调节。

（3）通过构建双层滤波，实现 SOC 与 SOH 的递进式相互循环校正。第一层粒子滤波实现 SOC 估计，将估算值作为第二层滤波的输入，实现 SOH 的递进估算。再将第二层卡尔曼滤波中得到的当前时刻 SOH 估计值作为下一次迭代循环的输入数据，进一步校正下一时刻 SOC 的估算值，形成闭环，直至迭代结束。再将萤火虫算法应用在 SOC 和 SOH 粒子的寻优过程中，实现粒子向最优值的靠近，即达到状态粒子进一步逼近真实值的目的。在此基础上加入混沌映射，通过混沌映射将变量线性映射为混沌变量，然后根据混沌的遍历性和随机性优化搜索过程。以此来实现 SOC 和 SOH 的高精度协同估算。

（4）为了验证本章所提动态迁移模型和种群优化萤火虫算法的有效性，通过三种复杂测试工况对 SOC 和 SOH 的协同估算进行了实验验证，并在电池健康、电池轻度老化和电池重度老化情况下分别验证模型和算法，与传统算法下的估算结果进行比较，进行了估算结果的详细分析。通过实验结果和比较分析验证了本章所提模型和方法的有效性。

电池健康状态下和电池老化状态下的实验验证结果表明，本章所提出的动态电池迁移模型和混沌萤火虫-粒子滤波能有效提升动力锂电池的 SOC 与 SOH 协同估计精度和估计稳定性，可为动力锂电池的有效管理与安全应用提供理论依据。

第 10 章　基于 H_∞ 滤波的锂电池 SOC 与 SOP 联合估计

10.1　PNGV 模型结合改进粒子群优化的最小二乘辨识策略

10.1.1　二阶 PNGV 模型建模

锂电池的 PNGV 模型包含两个电容和两个电阻。相比于二阶 RC 模型，此改进模型额外增加了一个电容器，考虑到在电池充放电过程中，电流逐渐积累会导致误差累积。PNGV 模型涵盖了电池极化效应和欧姆内阻的特性，因此具有较高的精度，电路结构复杂度适中，参数辨识计算量也不大。PNGV 模型还考虑了电池的开路电压，能够涵盖电池特性的极化和内阻，因此在模拟瞬态响应过程时精度更高。PNGV 模型的具体结构如图 10.1 所示。

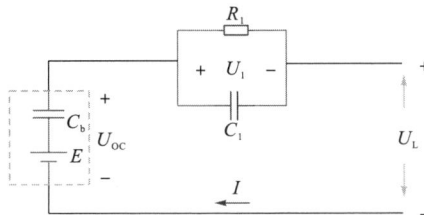

图 10.1　PNGV 模型

然而，PNGV 模型没有考虑到充电和放电时电流方向不同，导致欧姆内阻在两种状态下不相等的情况。为了更准确地描述三元锂电池在充放电过程中的动态特性，研究者进一步改进了 PNGV 模型，即 2RC-PNGV 模型，具体如图 10.2 所示。

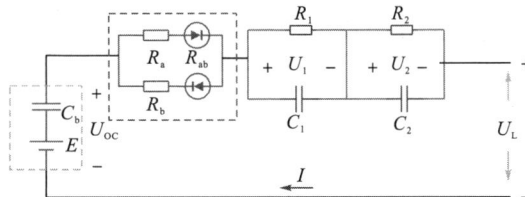

图 10.2　2RC-PNGV 模型

U_{oc} 为电池的开路电压；U_L 为电池的负载电压；E 为理想的电压源，它与 C_b 共同表征 U_{oc} 的变化；C_b 反映了由负载电流 I 的累积引起的开路电压变化；R_a、R_b 为欧姆内阻；R_1 为电池的极化内阻；C_1 为极化电容，反映了负载电流 I 引起的极化电压 U_1 的变化。R_1 与 C_1 并联组成了一个电路，用以描述电池的极化反应由于二极管的单向导电性,本章用放电状态的欧姆内阻 R_a 和充电状态的欧姆内阻 R_b 来取代原来的欧姆内阻 R_0。此外,使用双 RC 电路代替原本的单 RC 电路,其中 R_1 和 C_1 分别代表电池的极化内阻和电容,它们并联连接以模拟电池充放电的极化特性过程,该过程表征了电极对电池的快速反应。R_2 和 C_2 分别代表电化学极化内阻和电容,其反映了电极对电池的缓慢反应。通过 2RC-PNGV 模型,能够更好地描述三元锂电池充放电状态时的动态特性。

$$\begin{cases} U_L(t) = U_{OC}(t) - U_0(t) - U_1(t) - U_2(t) \\ I_L = C_1 \dfrac{dU_1}{dt} + \dfrac{U_1}{R_1} = C_2 \dfrac{dU_2}{dt} + \dfrac{U_2}{R_2} \\ U_{OC} = f[SOC(t)] \\ SOC(t) = SOC(t) - \eta \int_0^t \dfrac{i}{Q} dt \\ U_0 = R_0 I_L \end{cases} \tag{10.1}$$

式中,$U_L(t)$ 为 t 时刻电池的负载电压;I_L 为电池的负载电流。

通过模型电路方程与安时积分法得到的 SOC 估计方程式,可以得到锂电池的时域方程,如式(10.1)所示。利用上述模型方程,可推导出锂电池的状态空间方程,如式(10.2)所示:

$$\begin{cases} \begin{bmatrix} SOC(k+1) \\ U_1(k+1) \\ U_2(k+1) \end{bmatrix} = \begin{pmatrix} 1 & 0 & 0 \\ 0 & e^{\frac{-T}{\tau_1}} & 0 \\ 0 & 0 & e^{\frac{-T}{\tau_2}} \end{pmatrix} \begin{pmatrix} SOC(k) \\ U_1(k) \\ U_2(k) \end{pmatrix} + \begin{bmatrix} \dfrac{-\eta T}{Q_v} & R_1\left(1 - e^{\frac{-T}{\tau_1}}\right) & R_2\left(1 - e^{\frac{-T}{\tau_2}}\right) \end{bmatrix} I(k) + w(k) \\ U_L(k) = \begin{bmatrix} \dfrac{\partial U_{OC}}{\partial SOC} & -1 & -1 \end{bmatrix} \begin{bmatrix} SOC(k) & U_1(k) & U_2(k) \end{bmatrix}^T - R_0 I(k) + v(k) \end{cases} \tag{10.2}$$

式中,η 为电池的库仑效率;$v(k)$ 与 $w(k)$ 分别为系统的观测误差与状态误差;Q_v 为当前时刻电池的容量;τ_1、τ_2 分别为系统电化学反应与极化反应的时间常数,$\tau_1 = R_1 C_1$,$\tau_2 = R_2 C_2$。由分析可知,锂电池 SOC 估计是多参数影响的过程,而状态估算的精度取决于电池具体参数的准确性。

目前,关于等效电路模型与改进方法已经被大量学者所研究,并应用于电池的状态估算策略中。电池等效模型是进行多状态估算的第一步,也是估算的基础,等效模型的精度直接关系后续状态估算的有效性。

10.1.2 递归最小二乘法在线参数辨识

在线参数辨识法是一种重要的模型参数辨识方法,它通过对实时测量数据的处理来确定模型参数。与之相比,离线参数辨识法则需要进行特定的测试实验来确定模型参数,因此,离线参数辨识方法在静态条件下具有较高的辨识效果。但是,由于锂电池的关键参数在动态条件下(如不同复杂工况下)存在差异,这些参数时刻发生变化。因此,离线参数辨识方法在这些情况下存在实时性差的缺点,导致辨识出的关键参数精度较低且缺乏通用性。

一般而言，模型离线参数辨识方法可在静态条件下和不同温度条件下对参数进行辨识，并将所得到的参数绘制成表格形式以便于在实际应用时查找相应数据。相比于离线辨识法，模型在线参数辨识方法可以利用设备当前采集到的具体电池参数，通过参数辨识算法进行在线辨识。对比离线参数辨识方法存在的实时性差的缺点，在线参数辨识方法不仅更为及时，且更不易受到复杂环境因素的影响。

目前使用较多的在线参数辨识方法有两种：一种是将实时采集数据通过人工神经网络进行在线辨识，另一种则是最小二乘法及其衍生算法。但神经网络算法在电池模型参数辨识过程中，同样需要具体的模型参数数值对样本进行训练，且神经网络算法目前在电池状态的估算中涉及较多，所以相比之下，最小二乘法及其衍生算法的辨识方法更为常用。

在系统辨识领域中，递归最小二乘法被广泛应用。这种算法是由最小二乘法演化而来的。将电池系统离散化，其数学表达式为

$$A(z^{-1}) \cdot Y(k) = B(z^{-1}) \cdot U(k) + v(k) \tag{10.3}$$

式中，$Y(k)$ 为系统输出参数，即电池负载电压 U_L；$U(k)$ 为系统输入参数，即负载电流 I；$v(k)$ 为系统的观测噪声加值。

锂电池模型端电压 U_L 即输出参数 $Y(k)$ 的离散化方程为

$$\begin{aligned} Y(k) = &-a_0 Y(k-1) - a_2 Y(k-2) - \cdots - a_{n-1} Y(k-n) + b_0 U(k-1) + b_1 U(k-2) \\ &+ \cdots + b_{n-1} U(k-n) + v(k) \end{aligned} \tag{10.4}$$

式中，$a_0 \sim a_{n-1}$、$b_0 \sim b_{n-1}$ 均为离散系统的系数。

由最小二乘法可以得到式 (10.3) 中的电池系统的最小二乘形式，如式 (10.5) 所示：

$$\begin{cases} Y(k) = h(k)^{\mathrm{T}} \theta(k) + v(k) \\ h(k) = \left[-Y(k-1) \cdots -Y(k-n) U(k-1) \cdots U(k-n) \right]^{\mathrm{T}} \\ \theta(k) = \left[a_0 \cdots a_{n-1} \ b_0 \cdots b_{n-1} \right] \end{cases} \tag{10.5}$$

在式 (10.5) 中，离散系统的参数可以通过参数 $\theta(k)$ 来表示。

如果要识别模型参数，可通过多维化将多个时间点的数据通过系统输出参数 $Y(k)$ 进行扩展，计算如下：

$$\begin{cases} Y_N(k) = [Y(k) Y(k+1) \cdots Y(k+N)]^{\mathrm{T}} \\ h_N(k) = \begin{bmatrix} -Y(k-1) \cdots -Y(k-n) U(k-1) \cdots U(k-n) \\ -Y(k-1+1) \cdots -Y(k-n+1) U(k-1+1) \cdots U(k-n+1) \\ \vdots \\ -Y(k \mp N-1) \cdots -Y(k-n \mp N) U(k-1 \mp N) \cdots U(k-n \mp N) \end{bmatrix}^{\mathrm{T}} \end{cases} \tag{10.6}$$

式中，$Y_N(k)$ 为系统输出矩阵；$h_N(k)$ 为待辨识参数的矩阵。为了计算待辨识系统参数，采用最小二乘法估算，即通过使用一次最小二乘算法来实现。具体计算公式为

$$\theta = (h_N^{\mathrm{T}} h_N)^{-1} h_N^{\mathrm{T}} Y_N \tag{10.7}$$

利用式 (10.7) 能够识别包括多个采样时刻的锂电池的关键模型参数。另外，递归最小二乘法作为最小二乘法的改进型算法，能够实现在线参数辨识。使用实时的系统测量数据，可以实时地识别模型的参数。如果要对第 $N+1$ 个时刻的等效电路模型参数进行辨

识，待识别的参数可以表示为 $N+1$，对应的最小二乘估计公式为

$$\theta_{N+1} = (h_N^{\mathrm{T}} h_N)^{-1} h_{N+1}^{\mathrm{T}} Y_{N+1} \tag{10.8}$$

从式（10.8）中可以看出，矩阵 $Y_{N+1} = [Y_{N-1} \quad Y_N]$、$h_{N+1} = [h_{N-1} \quad h_N]$ 为需要进行识别的系统参数矩阵。如果令 $P_{N+1} = (h_{N+1}^{\mathrm{T}} \quad h_{N+1})^{-1}$，对 P_{N+1} 进行展开，可以得到

$$P_{N+1} = [P_N^{-1} + h(N+1)h(N+1)^{\mathrm{T}}]^{-1} \tag{10.9}$$

使用矩阵求逆的辅助定理，展开式（10.9），对计算公式进行代入，实现对系统模型参数在下一个时刻进行识别，并使用递归最小二乘法进行计算。通过推导得到的递归最小二乘法在线参数辨识算法如式（10.10）所示，可以在每个时刻对参数进行辨识，用于实现模型参数的在线更新。

$$\begin{cases} \theta_{N+1} = \theta_N + \gamma \cdot P_N h(N+1)[Y(N+1) - h^{\mathrm{T}}(N+1)\theta_N] \\ \gamma = [h^{\mathrm{T}}(N+1) P_N h(N+1) + 1]^{-1} \\ P_{N+1} = [I - \gamma \cdot P_N h(N+1) h^{\mathrm{T}}(N+1)] P_N \end{cases} \tag{10.10}$$

式中，I 为单位矩阵；P 为协方差矩阵；θ 为系统参数矩阵。递归最小二乘法实现框图如图 10.3 所示。

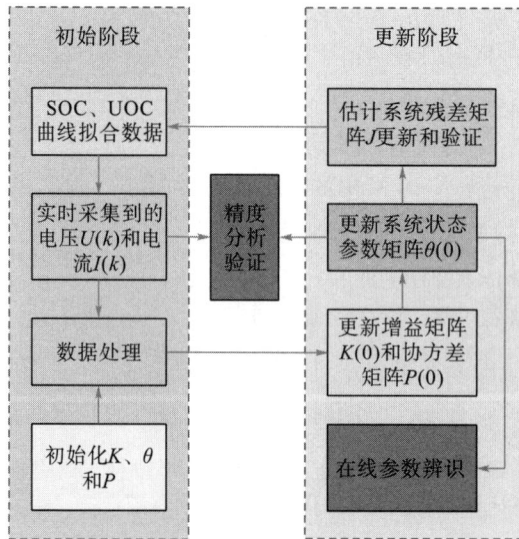

图 10.3 递归最小二乘法实现框图

算法主要由初始阶段和更新阶段组成，初始阶段进行预设参数与数据处理，再将相关矩阵进行更新，经过不断迭代实现参数的在线辨识。

10.1.3 基于 DPSO-FFRLS 法的参数辨识

对于递归最小二乘法在线参数辨识方法，在工程应用中可能会随着迭代次数的增加，辨识所产生的误差将逐渐积累，最终使数据精确度降低。因此，可以考虑在递归最

小二乘法中加入遗忘因子来降低过去数据在迭代中占取的权重值来提高辨识精度，遗忘因子递归最小二乘(FFRLS)法如式(10.11)所示。

$$\begin{cases} \theta_{N+1} = \theta_N + \gamma \cdot P_N h(N+1)[Y(N+1) - h^{\mathrm{T}}(N+1)\theta_N] \\ \gamma = [h^{\mathrm{T}}(N+1)P_N h(N+1) + \lambda]^{-1} \\ P_{N+1} = [I - \gamma \cdot P_N h(N+1)h^{\mathrm{T}}(N+1)P_N / \lambda] \end{cases} \tag{10.11}$$

式(10.11)中，遗忘因子 λ 起着降低过去数据影响的作用。由式(10.11)所示的算法方程可以对模型关键参数进行辨识。理论上递归最小二乘法与遗忘因子递归最小二乘法都可以实现对电池模型关键参数的辨识，但遗忘因子的引入，使得遗忘因子递归最小二乘法改善了递归最小二乘法中误差累积导致算法可能出现发散的现象，因此尽管遗忘因子递归最小二乘法所需要的计算量较大一些，但其在精度上相比递归最小二乘法更高，使得遗忘因子递归最小二乘法应用更为广泛。

使用遗忘因子递归最小二乘法进行参数辨识的前提是获取电池系统的离散系统方程，可通过拉氏变换对锂电池状态方程进行改写。系统的输入参数为负载电流 I，系统的输出参数为开路电压与负载电压之差。具体计算过程为

$$\begin{cases} U_a(s) = U_{\mathrm{OC}}(s) - U_{\mathrm{L}}(s) \\ U_a(s) = R_0 I(s) + \dfrac{R_1 I(s)}{1 + \tau_1 s} + \dfrac{R_2 I(s)}{1 + \tau_2 s} + v(s) \end{cases} \tag{10.12}$$

式(10.12)为电池系统的频域方程，由双线性变换对式(10.12)进行处理，转换得到电池模型的线性离散系统方程为

$$\begin{cases} y(k) = y_{\mathrm{OC}}(k) - y_{\mathrm{L}}(k) \\ y(k) = -ay(k-1) + bI(k) + cI(k-1) + n_1 v(k) + n_2 v(k-1) \end{cases} \tag{10.13}$$

式(10.13)中，在离散化后，等效模型负载电压用 $y_{\mathrm{L}}(k)$ 表示，等效模型的开路电压用 $y_{\mathrm{OC}}(k)$ 表示。对比式(10.12)与式(10.13)，可得到待辨识参数与未知参数之间的对应关系，如式(10.14)所示：

$$\begin{cases} a = \dfrac{-(\tau_1 + \tau_2)T - 2\tau_1\tau_2}{T^2 + (\tau_1 + \tau_2)T + \tau_1\tau_2} \\ b = \dfrac{\tau_1\tau_2}{T^2 + (\tau_1 + \tau_2)T + \tau_1\tau_2} \\ c = \dfrac{(R_0 + R_1 + R_2)T^2 + [R_1\tau_2 + R_2\tau_1 + R_0(\tau_1 + \tau_2)]T + R_0(\tau_1 + \tau_2)}{T^2 + (\tau_1 + \tau_2)T + \tau_1\tau_2} \end{cases} \tag{10.14}$$

由式(10.14)可获得式(10.15)所示的离散电池系统表达式：

$$\begin{cases} y(k) = x(k)^{\mathrm{T}} \cdot \theta(k) \\ x(k) = [y(k-1)I(k)I(k-1)v(k)v(k-1)]^{\mathrm{T}} \\ \theta(k) = [-a\,b\,c\,n_1 n_2] \end{cases} \tag{10.15}$$

式(10.15)中，电池模型的参数矩阵为 $\theta(k)$。将式(10.15)中的变量 $x(k)$ 和离散方程的

输出变量 $y(k)$ 代入遗忘因子最小二乘参数辨识算法以进行迭代计算，可完成对锂电池等效电路模型关键参数的辨识。遗忘因子最小二乘法的具体迭代公式为

$$\begin{cases} \theta(k) = \theta(k-1) + \gamma \cdot P(k-1)x(k)[y(k) - x^{\mathrm{T}}(k)\theta(k-1)] \\ \gamma = [x^{\mathrm{T}}(k)P(k-1)x(k) + \lambda]^{-1} \\ P(k) = [I - \gamma \cdot P(k-1)x(k)x^{\mathrm{T}}(k)]P(k-1) / \lambda \end{cases} \tag{10.16}$$

式 (10.16) 为遗忘因子递归最小二乘法的迭代步骤，在实际应用中只需将实验所获取的电池数据（电流、电压等）输入算法中，即可完成对等效电路模型关键参数的实时辨识。

然而，当 λ 为固定值时，收敛速度与抗噪声能力之间存在矛盾。λ 值越小，抗噪声能力越低，识别精度越低；而较大的 λ 值将导致较慢的收敛速度。因此，本书采用粒子群优化算法实时优化遗忘因子，在算法的每次迭代中找到最优 λ，动态调整 λ 的值，提高了遗忘因子递归最小二乘法的识别精度。在粒子群寻优算法中，粒子的位置和速度会根据式 (10.17) 进行更新。

$$\begin{cases} V_{id}^{k+1} = \omega V_{id}^{k} + c_1 r_1 \left(P_{id}^{k} - X_{id}^{k} \right) + c_2 r_2 \left(P_{gd}^{k} - X_{gd}^{k} \right) \\ X_{id}^{k+1} = X_{id}^{k} + V_{id}^{k} \end{cases} \tag{10.17}$$

式中，ω 为惯性常量；d 为向量的维数，$d = 1,2,\cdots,D$，D 为粒子群寻优算法中粒子的个数；$i = 1,2,\cdots,n$；k 为当前迭代次数；V_{id} 为粒子的速度；P_i 为粒子的个体极值；P_g 为群体的群体极值；使用非负常数加速度因子 c_1、c_2 来计算粒子的加速度；随机变量 r_1、r_2 均在 [0,1] 内。在本章中，将实际的负载电压和估计的负载电压作为适应度函数，如式 (10.18) 所示：

$$f = \left| U(k) - U_{\mathrm{OC}}(k) - \varphi^{\mathrm{T}}(k)\hat{\theta}(k-1) \right| \tag{10.18}$$

式中，$U(k)$ 为实际端子电压，是在时间 k 处的系统观测值。

10.1.4 惯性权重动态化处理

惯性权重 ω 是粒子群优化算法中用来反映粒子继承先前速度能力的参数。惯性权重的取值大小直接影响粒子群优化算法的搜索能力，即惯性权重取较大值时算法在全局搜索方面表现较好；反之在局部搜索方面表现更好。为了更好地平衡算法的全局和局部搜索能力，对惯性权重进行了改进，具体的改进方式如式 (10.19) 所示：

$$\omega(k) = \omega_a - (\omega_a - \omega_b)\left(\frac{k}{T_{\max}}\right)^2 \tag{10.19}$$

式中，在粒子群优化算法中，ω_a 为开始迭代时的惯性权重；ω_b 为迭代达到最大时的惯性权重；k 为当前迭代次数；$T_{\max}$ 为迭代达到最大时的次数。通常，当 ω_a 为 0.9、ω_b 为 0.4 时，粒子群寻优算法的寻优性能最好。随着迭代次数的增加，惯性权重会从 0.9 线性下降到 0.4，这样可以确保算法在整个迭代过程保持良好的寻优效果。粒子群优化算法的步骤如图 10.4 所示。

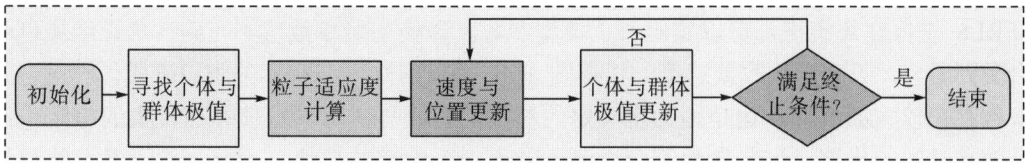

图 10.4　粒子群优化算法步骤图

图 10.4 中，为了计算粒子的适应度值，首先需要对粒子的位置和速度进行随机初始化。然后，按照式 (10.18) 中实际负载电压与模拟的负载电压之差对适应度函数进行计算。接下来，根据初始粒子的适应度值，确定个体极值和群体极值。通过式 (10.17) 对粒子的速度和位置进行更新。最后，根据新种群中粒子的适应度值，更新个体极值和群体极值。整个过程是基于粒子群寻优算法的基本原理和步骤进行的，以寻找每个迭代过程中遗忘因子的最优解。

由离散粒子群优化-遗忘因子递归最小二乘法(discrete particle swarm optimization-FFRLS，DPSO-FFRLS)与第 2 章电池特性测试实验中 HPPC 可以得到改进 PNGV 模型 (即 2RC-PNGV 模型)中充放电状态的浓差极化电阻电容和电化学极化电阻电容参数，如图 10.5 所示。

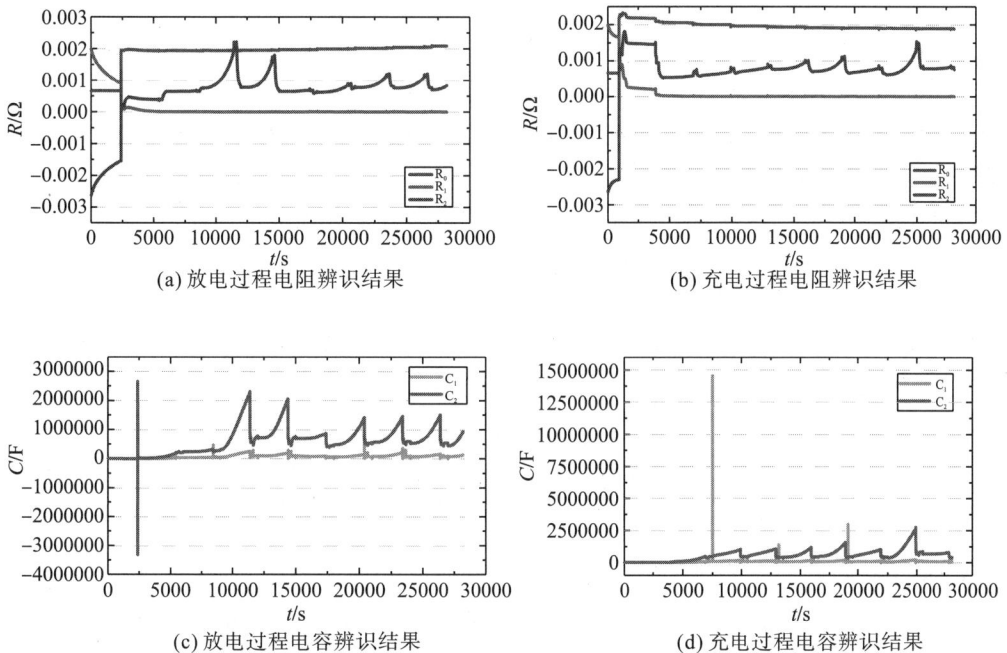

图 10.5　基于 DPSO-FFRLS 的参数辨识结果

图 10.5 展示了电池模型在放电和充电过程中的参数辨识情况。如果使用 DPSO-FFRLS 进行在线辨识，可以实时修正模型参数。即使初始参数值不正确，辨识结果也不会受到影响，只会影响收敛速度。根据图 10.5 可以得知，在初期的辨识阶段，被辨识的参数存在较大的波动。这是因为所确定的参数的初值与实际参数值存在较大的差距。但是随着时间的推移，这些参数都会逐渐收敛于一个稳定的数值。因此，关于参数的辨识存在一个逐渐稳定的过程。

10.2　SOC 与 SOP 估计策略设计

电池状态参数对于锂电池的性能至关重要，因此对其进行准确可靠的估算十分必要，这是保证电池管理系统安全有效运行的前提之一。影响锂电池状态估计的因素众多，比如实际工况复杂度、环境温度等，所以在进行锂电池状态估算时，对环境噪声和温度进行考虑不可避免也是十分必要的。本节将对目前常用的锂电池状态估算算法进行分析研究，并在此基础上进行算法的衍生改进，目的在于提高电池状态估算精度与抗噪性能。

10.2.1　基于 H_∞ 滤波的 SOC 估计

为确保电池系统的能源可靠稳定输出和安全使用，需要准确估计锂电池的荷电状态，这也有助于构建系统安全策略。但是传统算法无法同时考虑模型精度和系统噪声的修正，因此估算荷电状态存在困难。相较于其他滤波算法，H_∞ 滤波 (H-infinity filter, HIF) 是扩展卡尔曼滤波的衍生算法。H_∞ 滤波首先基于博弈论的理论构建一个与自然界进行博弈的代价函数，其核心思想是通过最小化代价函数来寻求最优估计。

1. 代价函数构建与 H_∞ 滤波算法实现

在 EKF 中，$w(k)$ 和 $v(k)$ 是高斯白噪声值，其均值都为 0，EKF 的离散系统模型如式(10.20)所示：

$$\begin{cases} x(k) = A(k-1) \cdot x(k-1) + B(k-1) \cdot I(k-1) + w(k-1) \\ y(k) = C(k) \cdot x(k) + D(k) \cdot u(k) + v(k) \\ z(k) = l(k) \cdot x(k) \end{cases} \tag{10.20}$$

式中，$u(k)$ 表示 k 时刻系统的输入方程；$y(k)$ 则是 k 时刻系统的输出方程；$x(k)$ 表示 k 时刻的系统状态变量；$z(k)$ 表示要估计的系统状态向量；矩阵 $l(k)$ 用于估计每个工作时间的状态值，此时 $l(k)$ 为单位矩阵，即 $z(k) = x(k)$；$A(k)$、$B(k)$、$C(k)$ 和 $D(k)$ 分别是状态转移矩阵、系统输入矩阵、系统输出矩阵和前馈矩阵。上述矩阵的具体取值如式(10.21)所示：

$$\begin{cases} A(k) = \begin{pmatrix} \mathrm{e}^{\frac{-T}{\tau_1}} & 0 & 0 \\ 0 & \mathrm{e}^{\frac{-T}{\tau_2}} & 0 \\ 0 & 0 & 1 \end{pmatrix} \\ B(k) = \left[R_1\left(1 - \mathrm{e}^{\frac{-T}{\tau_1}}\right) \quad R_2\left(1 - \mathrm{e}^{\frac{-T}{\tau_2}}\right) \quad \frac{-\eta T}{Q_n} \right]^{\mathrm{T}} \\ C(k) = \begin{pmatrix} -1 & -1 & \dfrac{\partial U_{\mathrm{OC}}}{\partial \mathrm{SOC}} \end{pmatrix} \\ D(k) = -R_0 \end{cases} \tag{10.21}$$

H_∞ 滤波是由 EKF 衍生而来的，首先需要构建式(10.22)中的 J 即代价函数，其是由博弈论的理论定义而来的。H_∞ 滤波基于博弈论思想定义如式(10.22)所示的代价函数 J，目的是找到合适的估计值 $\hat{x}(k)$ 使代价函数 J 最小化，以获得最优估计。自然界作为博弈对手，会找出合适的 $x(0)$、$w(k)$ 和 $v(k)$ 使代价函数 J 最大化，形成与自然博弈的过程。

$$J = -\frac{1}{\delta}\left\| x(0) - \hat{x}(0) \right\|_{P^{-1}(0)}^2 + \sum_{k=0}^{N}\left[\left\| x(k) - \hat{x}(k) \right\|_{S(k)}^2 - \frac{1}{\delta}\left(\left\| w(k) \right\|_{Q^{-1}(k)}^2 + \left\| w(k) \right\|_{R^{-1}(k)}^2 \right) \right] < 0 \tag{10.22}$$

式(10.22)中，δ 为设置的性能边界，H_∞ 算法的迭代步骤如式(10.23)~式(10.27)所示。

$$x(k) = A(k)x(k-1) + B(k)I(k) + \omega(k) \tag{10.23}$$

$$P(k) = A(k-1)P(k-1)A^{\mathrm{T}}(k-1) + Q(k-1) \tag{10.24}$$

$$K(k) = P(k)[I - \delta S(k)P(k) + C^{\mathrm{T}}(k)R^{-1}(k)C(k)P(k)]^{-1}C^{\mathrm{T}}(k)R^{-1}(k) \tag{10.25}$$

$$\hat{x}(k) = \hat{x}(k-1) + K(k)[y(k) - \hat{y}(k-1)] \tag{10.26}$$

$$P(k) = P(k-1)[I - \delta S(k)P(k-1) + C^{\mathrm{T}}(k)R^{-1}(k)C(k)P(k-1)]^{-1} \tag{10.27}$$

式(10.23)~式(10.27)中，$\hat{x}(k-1)$ 与 $P(k)$ 分别是阶数为三的状态矩阵和协方差矩阵；$K(k)$ 为滤波增益矩阵，作为条件因子，调整先前的状态；$S(k)$ 为三阶正定矩阵，根据先前的每个状态的重要程度来设定。

为确保估算过程可行，式(10.28)中的条件在每一次迭代运算中都需要被满足。

$$P(k) - \delta S(k) + C^{\mathrm{T}}(k)R^{-1}C(k) > 0 \tag{10.28}$$

如式(10.23)~式(10.27)所示内容即为 H_∞ 算法的迭代运算过程，作为 EKF 的衍生算法，H_∞ 滤波是一种鲁棒性的滤波算法，其能够在迭代过程中维持较好的鲁棒性，但 H_∞ 滤波算法的精度还需要进一步提升。

2. 基于 Sage-Husa 方法的噪声协方差矩阵自适应

Sage-Husa 自适应算法是一种基于 EKF 的改进算法，它采用噪声更新公式，用于实时校正系统噪声和观测噪声的统计特性，使得算法运行过程中噪声能够实时得到匹配更新，提升了算法的抗噪性能。为了进一步分析 Sage-Husa 自适应算法，根据式(10.24)、式(10.25)中的迭代方程，可以推导出 Sage-Husa 自适应滤波中的系统噪声和测量噪声的协方差矩阵更新，其计算公式为

$$\begin{cases} Q(k) = \left(1 - d_k\right)Q(k-1) + d_k[K(k)e(k)e^{\mathrm{T}}(k)K^{\mathrm{T}}(k) + P(k) - A(k)P(k-1)A^{\mathrm{T}}(k)] \\ R(k) = \left(1 - d_k\right)R(k-1) + d_k[e(k)e^{\mathrm{T}}(k) - C(k)P(k)C^{\mathrm{T}}(k)] \\ d(k) = \dfrac{1-\sigma}{1-\sigma^{k+1}} \end{cases} \tag{10.29}$$

在式 (10.29) 中，遗忘因子 σ 起着调整数据权重的作用，其取值范围为 $0.9 \sim 1$。故使用时变噪声统计估计器实时修正和估计噪声时，可以采用迭代滤波对观测信息进行调整。这种方法能有效地提高锂电池荷电状态的实时在线估计精度和速度，即使在复杂的多噪声运行情况下也是如此。

3. 基于噪声自适应 H_∞ 滤波的 SOC 估计算法实现

在理论研究中，EKF 与 H_∞ 滤波往往需要对状态空间方程中的噪声统计特性进行预设，但是在实际应用中，环境噪声的统计特性可能是有色的，这就使得传统 EKF 与 H_∞ 滤波在使用过程中可能出现结果误差偏大甚至发散的问题。同时，锂电池是一种高度非线性的系统，在使用过程中由于化学反应与能量转换，以及电池工况较高的复杂度，会增加算法的状态估算的难度。为了解决上述问题，本节设计了一种新的噪声自适应 H_∞ 滤波（adaptive H-infinity filter，AHIF），该算法基于 Sage-Husa 方法，通过自适应噪声协方差矩阵，将人为设置的定值噪声进行自适应，以达到提升 SOC 估计准确度的目的。基于锂电池系统的状态空间方程如式 (10.30) 所示：

$$\begin{cases} x(k+1) = \begin{bmatrix} \mathrm{e}^{\frac{-T}{\tau_1}} & 0 & 0 \\ 0 & \mathrm{e}^{\frac{-T}{\tau_2}} & 0 \\ 0 & 0 & 1 \end{bmatrix} x(k) + \begin{bmatrix} \dfrac{-\eta T}{Q_n} \\ R_1\left(1 - \mathrm{e}^{\frac{-T}{\tau_1}}\right) \\ R_2\left(1 - \mathrm{e}^{\frac{-T}{\tau_2}}\right) \end{bmatrix} i(k) + w(k) \\ y(k) = U_{\mathrm{OC}}(k) - R_0 i(k) + \begin{bmatrix} 0 & 1 & 1 \end{bmatrix} x(k) + v(k) \end{cases} \tag{10.30}$$

式 (10.30) 中，系统的状态矩阵为 $x(k) = [\mathrm{SOC}(k)\ U_{\mathrm{p1}}\ U_{\mathrm{p2}}]^{\mathrm{T}}$；控制变量 $u(k)$ 为充放电电流 $i(k)$；输出变量为 $y(k) = [U_{\mathrm{L}}(k)]$。对式 (10.30) 进行线性化处理，即通过泰勒展开并忽略高阶项，得到式 (10.31) 所示的近似线性化的方程。

$$\begin{cases} x(k+1) = Ax(k) + Bu(k) + w(k) \\ y(k) = Cx(k) + Du(k) + v(k) \end{cases} \tag{10.31}$$

针对电池状态空间模型中式 (10.31) 的状态矩阵 A、B、C、D，其值会根据系统结构而定。基于 Sage-Husa 自适应方法对噪声协方差矩阵 Q 和 R 进行自适应，使其能够在每一次迭代运算中自动更新。综合以上分析，噪声自适应 H_∞ 滤波的递归关系可以用式 (10.32) 表示。

$$\begin{cases} K(k) = P(k)[I - \delta S(k)P(k) + C^{\mathrm{T}}(k)R^{-1}(k)C(k)P(k)]^{-1}C^{\mathrm{T}}(k)R^{-1}(k) \\ x(k+1) = A(k)\hat{x}(k) + B(k)u(k) + K(k)[y(k) - \hat{y}(k)] \\ P(k+1) = A(k)P(k)[I - \delta S(k)P(k) + C^{\mathrm{T}}(k)R^{-1}(k)C(k)P(k)]^{-1}A^{\mathrm{T}}(k) + Q(k) \end{cases} \tag{10.32}$$

式 (10.32) 中，矩阵 A、B、C、D 是由电池系统本身所决定的。$S(k)$ 表示一个由每个状态的重要性决定的三阶正定矩阵。过程噪声与测量噪声的协方差矩阵 Q 和 R 是基于扩展卡尔曼滤波设计的。与传统扩展卡尔曼滤波中的协方差矩阵不同，式 (10.32) 中的 P 为特定矩阵，而噪声自适应 H_∞ 滤波算法中的误差协方差矩阵为 E，δ 为 H_∞ 滤波器的性能界限。

为了实现过程噪声值和测量噪声值的自适应更新，参照自适应 EKF 的原理设计了相应的对称正定矩阵 Q 和 R，分别表示系统状态噪声和观测噪声的协方差。矩阵 P 不再是状态估计误差的协方差，而是 H_∞ 滤波算法中的特殊矩阵，E 是状态估计的误差协方差矩阵，对称正定矩阵 S 是根据特定问题设计的权重矩阵，用于对状态量的各个分量赋予不同的权重。δ 表示 H_∞ 滤波器的性能边界，基于噪声自适应 H_∞ 滤波的 SOC 估计流程具体如图 10.6 所示。

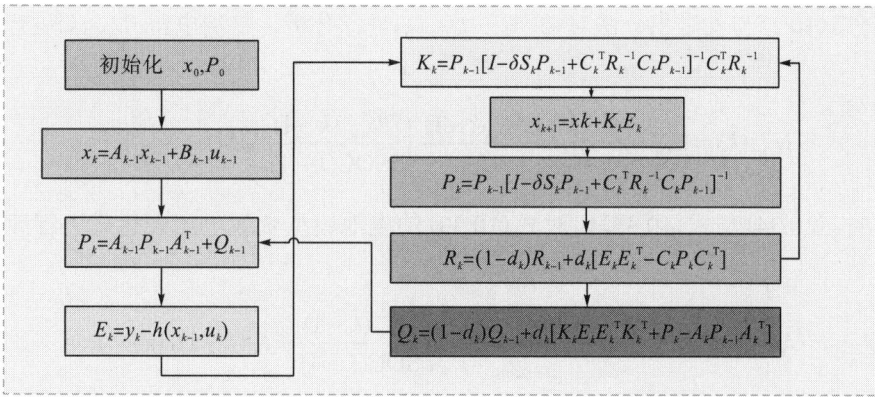

图 10.6 自适应 H_∞ 算法实现框图

基于自适应 H_∞ 滤波的 SOC 估计流程主要分为以下步骤。首先，对模型参数和相应矩阵进行初始化。接着，对状态变量 x 进行估计，完成特定矩阵 P 的迭代更新。然后，输入测量电压数据计算得到增益矩阵 K，基于增益矩阵 K 对状态变量进行修正，同时对 P 和 K 进行实时更新。最后，在自适应地更新正定矩阵 Q 和 R 的基础上完成 SOC 估计的过程。

10.2.2 基于多参数约束的 SOP 估算

本节将介绍一种锂电池 SOP 估算策略。锂电池 SOP 的估算会受到开路电压、电流与 SOC 的限制，而单一条件下的 SOP 估算不仅精确度不高，且易受环境因素的影响，故而单因素约束的 SOP 估算策略实用性不强且参考意义不大。因此，为了保证电池管理系统的安全高效运行，设计了一种考虑温度的基于多参数约束的锂电池 SOP 估算方法，通过设计复杂工况实验对算法有效性进行了验证。

1. 基于开路电压约束的峰值电流计算分析

电池系统的功率输出受到其电流输出能力的影响，而开路电压的限制又对电流有着影响作用，因此可通过开路电压约束来对功率状态进行估算。根据图 10.1 所描述的 PNGV 模型，可以计算出 k 时刻的电路模型开路电压为

$$U_t(k) = U_{OC}(k) - R_0(k)I(k) - U_p(k) \tag{10.33}$$

式中，$U_t(k)$ 为 k 时刻电池的负载电压；$U_{OC}(k)$ 为 k 时刻的电池模型端电压。电池等效电路模型的极化电压可以通过零状态响应和零输入响应的叠加来表示。因此，对于电池系统，其 k 时刻的极化电压为

$$U_p(k) = U_p(k-1)e^{\frac{-\Delta t}{C_p(k)R_p(k)}} + (1-e^{\frac{-\Delta t}{C_p(k)R_p(k)}})R_p(k)I(k) \tag{10.34}$$

结合式 (10.2) 与安时积分法对端电压 $U_{OC}(k)$ 进行分析，将端电压 $U_{OC}(k)$ 进行泰勒展开，即

$$U_{OC}(k) = U_{OC}(k-1)\left(-\frac{\eta\Delta tI(k-1)}{Q_n}\right)\frac{\partial U_{OC}(k-1)}{\partial \mathrm{SOC}(k-1)} + \Delta U_{OC}(k-1) \tag{10.35}$$

联立式 (10.34) 与式 (10.35)，对式 (10.33) 的电池模型负载电压表达式进行改写，可得

$$
\begin{aligned}
U_t(k) = & U_{OC}(k-1)\left(-\frac{\eta\Delta tI(k-1)}{Q_n}\right)\frac{\partial U_{OC}(k-1)}{\partial \mathrm{SOC}(k-1)} - R_0(k-1)I(k-1) \\
& -\left[U_p(k-1)e^{\frac{-\Delta t}{C_p(k)R_p(k)}} + \left(1-e^{\frac{-\Delta t}{C_p(k)R_p(k)}}\right)R_p(k-1)I(k-1)\right]
\end{aligned} \tag{10.36}
$$

将电流量和电压量进行参数分离，如式 (10.37) 所示：

$$
\begin{aligned}
U_t(k) = & U_{OC}(k-1) - U_p(k-1)e^{\frac{-\Delta t}{C_p(k)R_p(k)}} - I(k-1)\left(1-e^{\frac{-\Delta t}{C_p(k)R_p(k)}}\right)R_p(k-1) \\
& +\frac{\eta\Delta t}{Q_n}\frac{\partial U_{OC}(k-1)}{\partial \mathrm{SOC}(k-1)} + R_0(k-1)
\end{aligned} \tag{10.37}
$$

等效电路模型的电流方程可以通过分析电池电压和电流之间的相互影响关系来求出，式 (10.38) 表示的是在某一时刻模型电流的值。

$$I(k-1) = \frac{U_{OC}(k-1) - U_p(k-1)e^{\frac{-\Delta t}{C_p(k)R_p(k)}} - U_t(k)}{\left(1-e^{\frac{-\Delta t}{C_p(k)R_p(k)}}\right)R_p(k-1) + \frac{\eta\Delta t}{Q_n}\frac{\partial U_{OC}(k-1)}{\partial \mathrm{SOC}(k-1)} + R_0(k-1)} \tag{10.38}$$

为确保锂电池的安全使用，必须始终遵守端电压限制，即 $U_t^{\min} \ll U_t \ll U_t^{\max}$，$U_t^{\min}$

与 $U_t^{\max}$ 分别为下限与上限电压。因此，对基于端电压限制的峰值充电与放电电流进行具体表示，其表示方法为

$$
\begin{cases}
I_{U(k-1)}^{\mathrm{dis}} = \dfrac{U_{\mathrm{OC}}(k-1)-U_{\mathrm{p}}(k-1)\mathrm{e}^{\frac{-\Delta t}{C_{\mathrm{p}}(k)R_{\mathrm{p}}(k)}}-U_t^{\max}}{\left(1-\mathrm{e}^{\frac{-\Delta t}{C_{\mathrm{p}}(k)R_{\mathrm{p}}(k)}}\right)R_{\mathrm{p}}(k-1)+\dfrac{\eta\Delta t}{Q_n}\dfrac{\partial U_{\mathrm{OC}}(k-1)}{\partial \mathrm{SOC}(k-1)}+R_0(k-1)} \\[6mm]
I_{U(k-1)}^{\mathrm{chg}} = \dfrac{U_{\mathrm{OC}}(k-1)-U_{\mathrm{p}}(k-1)\mathrm{e}^{\frac{-\Delta t}{C_{\mathrm{p}}(k)R_{\mathrm{p}}(k)}}-U_t^{\min}}{\left(1-\mathrm{e}^{\frac{-\Delta t}{C_{\mathrm{p}}(k)R_{\mathrm{p}}(k)}}\right)R_{\mathrm{p}}(k-1)+\dfrac{\eta\Delta t}{Q_n}\dfrac{\partial U_{\mathrm{OC}}(k-1)}{\partial \mathrm{SOC}(k-1)}+R_0(k-1)}
\end{cases} \tag{10.39}
$$

式中，$I_{U(k-1)}^{\mathrm{dis}}$ 为在电池电压受到限制的情况下，电池依然能够达到的瞬时最大放电电流；$I_{U(k-1)}^{\mathrm{chg}}$ 为在电池电压受到限制的情况下，电池依然能够达到的瞬时最大充电电流；$U_{\mathrm{OC}}(k-1)$ 与 $U_{\mathrm{p}}(k-1)$ 分别为电池模型的端电压与极化电压；$U_t^{\min}$ 为放电结束时电池的截止电压，是与电池测量设定有关的参数，一般取值为 2.75V；$U_t^{\max}$ 表示电池充电时达到的截止电压，是与电池特性有关的参数，一般情况下取值为 4.2V。

在实际应用中，针对新能源汽车的使用特点，如加速、再生制动、快速充电等电能管理策略，仅考虑电池当前瞬时状态并不能真实反映其实际使用情况。因此，为更准确地描述电池在实际应用中的表现，假设电池系统在 $k \sim (k+L)$ 时刻内处于恒流充电或放电状态，可按照表 10.1 所示的电压限制下的电流获取过程进行描述。

表 10.1　基于连续时间与电压限制条件的电流分析

特性表征	公式	
观测端电压	$U_t(k+L)=U_{\mathrm{OC}}(k)-R_0(k)I(k)-U_{\mathrm{p}}(k)$	(10.40)
极化电压表征	$U_{\mathrm{p}}(k+L)=U_{\mathrm{p}}(k)\mathrm{e}^{\frac{-L\Delta t}{C_{\mathrm{p}}(k)R_{\mathrm{p}}(k)}}+\left(1-\mathrm{e}^{\frac{-L\Delta t}{C_{\mathrm{p}}(k)R_{\mathrm{p}}(k)}}\right)R_{\mathrm{p}}(k)I(k+L)$	(10.41)
泰勒展开	$U_{\mathrm{oc}}(k+L)=U_{\mathrm{OC}}(k)-\dfrac{\eta L\Delta t I(k+L)}{Q_n}\dfrac{\partial U_{\mathrm{OC}}(k)}{\partial \mathrm{SOC}(k)}$	(10.42)
端电压	$U_t(k+L)=U_{\mathrm{OC}}(k)-U_{\mathrm{p}}(k-1)\mathrm{e}^{\frac{-L\Delta t}{C_{\mathrm{p}}(k)R_{\mathrm{p}}(k)}}-I(k+L)\left(1-\mathrm{e}^{\frac{-L\Delta t}{C_{\mathrm{p}}(k)R_{\mathrm{p}}(k)}}\right)R_{\mathrm{p}}(k)+R_0(k)$	(10.43)
充放电流	$\begin{cases} I_{U(k+L)}^{\mathrm{dis}} = \dfrac{U_{\mathrm{OC}}(k)-U_{\mathrm{p}}(k)\mathrm{e}^{\frac{-L\Delta t}{C_{\mathrm{p}}(k)R_{\mathrm{p}}(k)}}-U_t^{\max}}{\left(1-\mathrm{e}^{\frac{-L\Delta t}{C_{\mathrm{p}}(k)R_{\mathrm{p}}(k)}}\right)R_{\mathrm{p}}(k)+\dfrac{\eta L\Delta t}{Q_n}\dfrac{\partial U_{\mathrm{OC}}(k)}{\partial \mathrm{SOC}(k)}+R_0(k)} \\[6mm] I_{U(k+L)}^{\mathrm{chg}} = \dfrac{U_{\mathrm{OC}}(k)-U_{\mathrm{p}}(k)\mathrm{e}^{\frac{-L\Delta t}{C_{\mathrm{p}}(k)R_{\mathrm{p}}(k)}}-U_t^{\min}}{\left(1-\mathrm{e}^{\frac{-L\Delta t}{C_{\mathrm{p}}(k)R_{\mathrm{p}}(k)}}\right)R_{\mathrm{p}}(k)+\dfrac{\eta L\Delta t}{Q_n}\dfrac{\partial U_{\mathrm{OC}}(k)}{\partial \mathrm{SOC}(k)}+R_0(k)} \end{cases}$	(10.44)

在表 10.1 中，$I_{U(k+L)}^{\text{dis}}$ 表示电池在电压限制下能够承受的最大持续放电电流；$I_{U(k+L)}^{\text{chg}}$ 则是电池在电压限制下能够承受的最大持续充电电流。电池功率状态的计算与峰值电流密不可分，因此锂电池基于开路电压限制的功率状态估算可通过以下步骤完成：先对等效电路模型进行分析，将充放电电流参数从各个变量中求解出来，再通过端电压以及截止电压的同时约束，计算出电路模型基于端电压约束的峰值电流。

2. 基于荷电状态约束的峰值电流计算分析

功率状态是表征锂电池瞬时输入或吸收功率能力的参量，功率状态的准确估计也是电池管理系统安全可靠的保障。电池处于充放电状态时，其 SOC 存在最小值、当前值和最大值的限制，即 $\text{SOC}^{\min} \ll \text{SOC}^{\text{t}} \ll \text{SOC}^{\max}$。因此，在某一时刻，电流的值可通过安时积分法由 SOC 进行表示，如式(10.45)所示：

$$\begin{cases} I_{\text{SOC}}^{\text{dis}}(k-1) = \dfrac{\text{SOC}(k) - \text{SOC}^{\min}}{\dfrac{\eta \Delta t}{Q_n}} \\[4mm] I_{\text{SOC}}^{\text{chg}}(k-1) = \dfrac{\text{SOC}(k) - \text{SOC}^{\max}}{\dfrac{\eta \Delta t}{Q_n}} \end{cases} \tag{10.45}$$

式中，η 为充放电效率；Q_n 表示电池的额定容量；$\text{SOC}^{\min}$ 与 $\text{SOC}^{\max}$ 分别表示当前时刻 SOC 的最小值与最大值。在电池的 SOC 限制下，其在瞬时放电状态下能够达到的最大电流为 $I_{\text{SOC}}^{\text{dis}}(k-1)$，在瞬时充电状态下能够达到的最大电流为 $I_{\text{SOC}}^{\text{chg}}(k-1)$。式(10.46)表示在连续时间内，基于 SOC 限制的持续充放电峰值电流。

$$\begin{cases} I_{\text{SOC}}^{\text{dis}}(k+L) = \dfrac{\text{SOC}(k) - \text{SOC}^{\min}}{\dfrac{\eta L \Delta t}{Q_n}} \\[4mm] I_{\text{SOC}}^{\text{chg}}(k+L) = \dfrac{\text{SOC}(k) - \text{SOC}^{\max}}{\dfrac{\eta L \Delta t}{Q_n}} \end{cases} \tag{10.46}$$

式(10.46)中，L 表示所持续的时间间隔；$I_{\text{SOC}}^{\text{dis}}(k+L)$ 表示电池在 SOC 限制条件下处于放电状态时，由当前时刻到 L 时刻可以达到的放电持续峰值电流；$I_{\text{SOC}}^{\text{chg}}(k+L)$ 表示电池在 SOC 限制条件下处于充电状态时，由当前时刻到 L 时刻可以达到的充电持续峰值电流。

因此，基于荷电状态约束的锂电池功率状态估算同样需要对当前时刻的荷电状态进行预估，并通过安时积分法估算出当前时刻的峰值电流。但依靠单因素 SOC 约束的功率状态估算的问题在于，当电池充电或放电一段时间后，需要估算这一时刻基于 SOC 约束的功率状态时，SOC 的初值难以确定。

3. 基于多约束条件下的功率状态计算分析

为了更准确地表征动力锂电池的性能，需要考虑其在不同环境下的表现。单一限制往往无法充分描述电池的性能，导致单体电池的功率表现与理论值存在较大差异。因此，需要使用多重限制条件来估算锂电池的功率状态，以充分表征其能量供应和储存能力，并提高估算的精度和可靠性。基于这些限制条件(包括电压限制、SOC 限制和上限截止电流)，可以得到多参数约束条件下电池 SOP 的峰值电流方程。具体而言，式(10.47)可以帮助我们更好地理解电池的性能表现。

$$\begin{cases} I_{\mathrm{m}}^{\mathrm{dis}}(k+L) = \min\left\{ I^{\mathrm{dis}}, I_U^{\mathrm{dis}}(k+L), I_{\mathrm{SOC}}^{\mathrm{dis}}(k+L) \right\} \\ I_{\mathrm{m}}^{\mathrm{chg}}(k+L) = \max\left\{ I^{\mathrm{chg}}, I_U^{\mathrm{chg}}(k+L), I_{\mathrm{SOC}}^{\mathrm{chg}}(k+L) \right\} \end{cases} \tag{10.47}$$

式中，I^{dis} 与 I^{chg} 分别为电池出厂时设定的放电截止电流和充电截止电流；$I_U^{\mathrm{dis}}(k+L)$ 与 $I_U^{\mathrm{chg}}(k+L)$ 分别为电压约束条件下的持续峰值放电电流和持续峰值充电电流；$I_{\mathrm{SOC}}^{\mathrm{dis}}(k+L)$ 与 $I_{\mathrm{SOC}}^{\mathrm{chg}}(k+L)$ 分别表示基于 SOC 约束条件下的持续峰值放电电流和持续峰值充电电流。基于以上三种条件下的约束，持续时间下基于多约束条件的功率状态估算如式(10.48)所示：

$$\begin{cases} P_{\mathrm{m}}^{\mathrm{dis}}(k+L) = U^{\min} I_{\mathrm{m}}^{\mathrm{dis}}(k+L) \\ P_{\mathrm{m}}^{\mathrm{chg}}(k+L) = U^{\max} I_{\mathrm{m}}^{\mathrm{chg}}(k+L) \end{cases} \tag{10.48}$$

式中，$P_{\mathrm{m}}^{\mathrm{dis}}(k+L)$ 与 $P_{\mathrm{m}}^{\mathrm{chg}}(k+L)$ 表示基于多约束条件下的放电与充电持续峰值功率状态。由其表达式可知，需使用电压与电流参量来对锂电池峰值功率状态进行表征。

因此，准确的电池等效建模、合理高效的参数辨识方法对电池系统峰值功率状态的精确估算起关键作用，从而更真实地反映电池实际使用情况。

4. 锂电池 SOC 与 SOP 联合估计方法分析

主要描述锂电池性能的参量为 SOC 和 SOP，两者之间有密切联系。SOP 的实时估算依赖于 SOC 的描述，而 SOP 变化同样会引起 SOC 的改变。由于 SOC 与 SOP 的估算很大程度上依赖于模型精度和参数辨识有效性，因此本章在使用 DPSO-FFRLS 法在线辨识方法的基础上，对电池 SOC 与 SOP 进行联合估算，保证了电池模型关键参数的精确性，同时也为状态估算打下了坚实基础。锂电池基于多约束条件下的 SOP 估算策略实现如图 10.7 所示。

图 10.7 中，首先将实验测得的电压、电流数据与 SOC-OCV 拟合曲线输入 DPSO-FFRLS 法在线辨识方法，结合等效电路模型可以快速且有效地辨识出所需的关键模型参数，将辨识得到的参数输入自适应 H_∞ 滤波算法中可以实现电池 SOC 的估算，再将以上数据进行整合，由多参数约束的电池 SOP 估算策略即可求得 SOP，实现锂电池 SOC 与 SOP 的联合估计。

在线参数辨识
$R_1 = (\tau_1 c + \tau_2 R_{ab} - d)/(\tau_1 - \tau_2),\ C_1 = \tau_1/R_1$
$R_2 = c - R_1 - R_{ab},\ C_2 = \tau_2/R_2$

电压电流限制
1.电池极化电压
2.电池端电压
3.一阶泰勒展开

持续电压约束
1.充电电压限制
2.放电电压限制

持续电流约束
1.充电电流限制
2.放电电流限制

SOP预估

1.充电SOC约束
2.放电SOC约束

等效模型构建

自适应H_∞滤波算法

离散系统方程
$\begin{cases} x_{k+1} = Ax_k + Bu_k + w_k \\ y_{k+1} = Cx_k + DU_k + v_k \end{cases}$

设置边界θ
$J < \dfrac{1}{\theta}$

参数矩阵
$A = \begin{bmatrix} e^{\frac{-T}{\tau_a}} & 0 & 0 \\ 0 & e^{\frac{-T}{\tau_b}} & 0 \\ 0 & 0 & 0 \end{bmatrix}$
$B = \begin{bmatrix} 1 - e^{\frac{-T}{\tau_a}} \cdot R_b \\ 1 - e^{\frac{-T}{\tau_b}} \\ -\frac{\eta T}{Q_n} \end{bmatrix}$
$C = \begin{bmatrix} -1 & -1 & \frac{\partial U_{oc}}{\partial SOC} \end{bmatrix}$　$D = [-R_0]$

代价函数
$$J = \frac{\sum_{K=0}^{N-1}\|x_k - X\|^2_{S_k}}{\|x_0 - X_0\|^2_{P_0^{-1}} + \sum_{K=0}^{N-1}\left(\|w_k\|^2_{Q_k^{-1}} + \|v_k\|^2_{R_k^{-1}}\right)}$$

Sage-Husa自适应方法
$Q_k = (1 - d_{k-1})Q_{k-1} + d_{k-1}\left(k_k \tilde{y}_k \tilde{y}^T K^T + P_k - AP_{k-1}A^T\right)$
$R_k = (1 - d_{k-1})R_{k-1} + d_{k-1}\left(\tilde{y}_k \tilde{y}^T - CR_{k-1}C^T\right)$
$\tilde{y}_k = U_{Lk} - C_k X_k - I_L R_0$

状态更新
$K_k = P_k\left[I - \theta \overline{S}P_k + C_k^T R_k^{-1} C_k P_k\right]^{-1} C_k^T R_k^{-1}$
$X_{k+1} = A\hat{x}_k + Bu_k K_k(y_k - \hat{y}_k)$
$P_{k+1} = AP_k\left[I - \theta \overline{S}P_k + C_k^T R_k^{-1} C_k P_k\right]^{-1} A^T + Q_k$

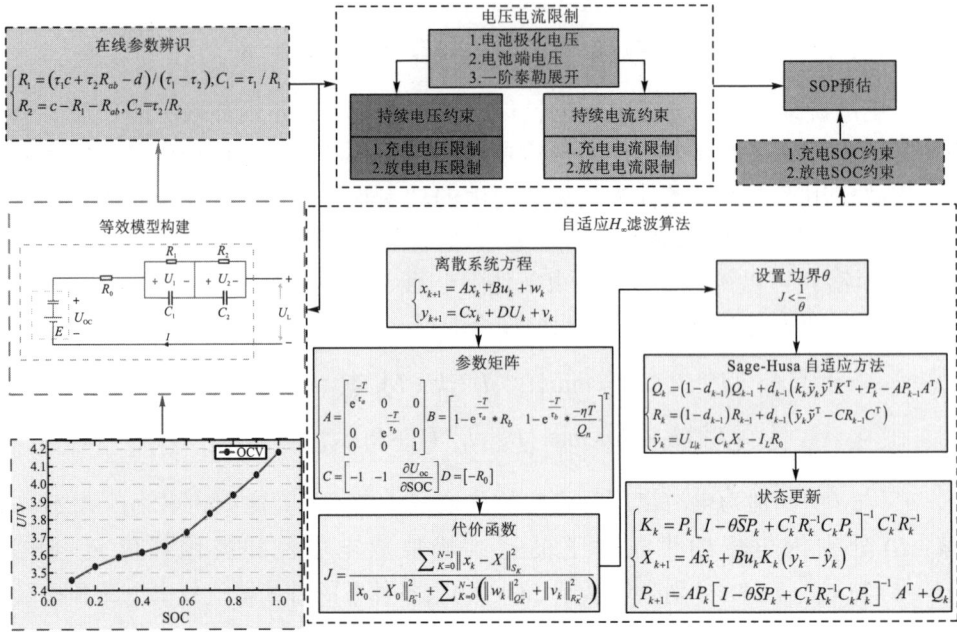

图 10.7　在线多约束参数条件下的功率状态估算框图

10.3　实验分析与验证

10.3.1　基于 DPSO-FFRLS 法的参数辨识结果分析

一般来说，离线参数辨识可以用于获取锂电池在简单工况下的关键模型参数。但在实际工程应用中，锂电池常常处于复杂多变的工作条件中，这意味着离线参数辨识将无法适用。因此，为了模拟锂电池的实际工作条件，本节将使用复杂工况实验对 DPSO-FFRLS 法的有效性进行验证，并与基于 FFRLS 法和基于 RLS 法的在线参数辨识方法进行对照分析，以验证所设计的 DPSO-FFRLS 法的优异性能。

1. SOC-OCV 曲线拟合

不管是参数辨识方法还是状态估算策略都离不开精确的 SOC-OCV 拟合曲线。通过 HPPC 测试获取实验数据，在 MATLAB 中使用曲线拟合工具对 SOC 与 OCV 进行五阶多项式拟合，拟合结果如式(10.49)所示：

$$U_{oc}(k) = 4.625SOC^5(k) - 14.9SOC^4(k) + 19.38SOC^3(k) - 10.77SOC^2(k) + 2.947SOC(k) + 3.251 \tag{10.49}$$

式中，$U_{oc}(k)$ 为 k 时刻的电路模型拟合电压；$SOC(k)$ 为 k 时刻的电池 SOC 值。将式(10.49)代入 DPSO-FFRLS 参数辨识算法中，作为输入数据。本章中 SOC-OCV 拟合曲线如图 10.8 所示。

第 10 章　基于 H_∞ 滤波的锂电池 SOC 与 SOP 联合估计　　　　　　　　　　　　　　233

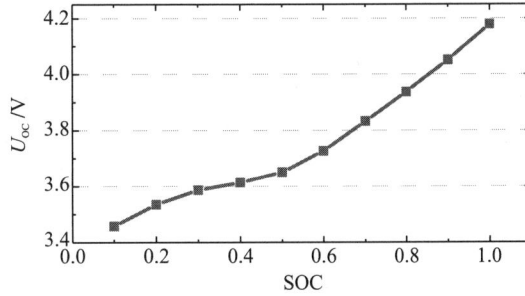

图 10.8　SOC-OCV 拟合曲线

SOC-OCV 的函数关系由 HPPC 测试数据获得，通过 MATLAB 进行多项式拟合后可得到 SOC 与 OCV 的关系。在多次比较拟合效果后发现，在保证拟合效果的前提下，五阶多项式避免了过度拟合和处理器的复杂性。综上所述，通过五阶多项式拟合对 SOC-OCV 曲线进行处理。

2. HPPC 工况下不同算法的电压验证分析

为了验证 DPSO-FFRLS 法的有效性，在 HPPC 工况下，采用对照分析的手段对其加以讨论，使用 RLS 法、FFRLS 法和 DPSO-FFRLS 法对模型电压进行模拟。基于 HPPC 工况的电路模型模拟电压与误差对比如图 10.9 所示。

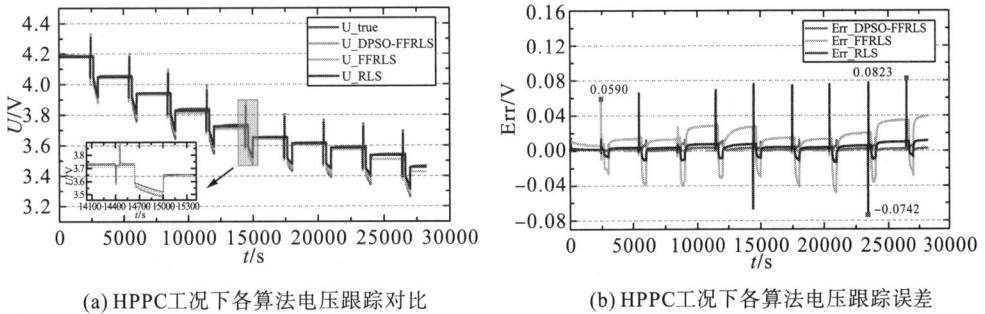

(a) HPPC 工况下各算法电压跟踪对比　　　　　　(b) HPPC 工况下各算法电压跟踪误差

图 10.9　电池 HPPC 工况下各算法的参数辨识结果对比

(a) 中，U_true 为实际电压，U_DPSO-FFRLS 为 DPSO-FFRLS 法得到的模拟电压，U_FFRLS 为 FFRLS 法对应的模拟电压，U_RLS 为 RLS 法对应的模拟电压；(b) 中，Err_DPSO-FFRLS、Err_FFRLS 和 Err_RLS 分别为 DPSO-FFRLS 法、FFRLS 法和 RLS 法得到的电压误差

在本节中，FFRLS 法使用的固定遗忘因子为 0.98，而 DPSO-FFRLS 法使用的遗忘因子则在 0.95～1 的范围内取值，通过 DPSO 算法在每次迭代中选择出最优遗忘因子。从图 10.9(b) 中可以观察到，DPSO-FFRLS 法的电压波动范围最小，最大电压误差不超过 0.02V。这表明改进算法在参数辨识效果和精度方面表现出色，可在后续的状态估计中使用。

3. DST 工况下不同算法的电压验证分析

电池的 SOC 估计受等效模型参数的影响非常大。同时，不同的复杂工况也会对参数辨识方法的可靠性提出挑战。为了检验 DPSO-FFRLS 法在更复杂工况下的有效性，本节采用了 DST 工况进行测试，并使用 RLS 法和 FFRLS 法进行对比分析。基于 DST 工况的电路模型模拟电压与误差对比如图 10.10 所示。

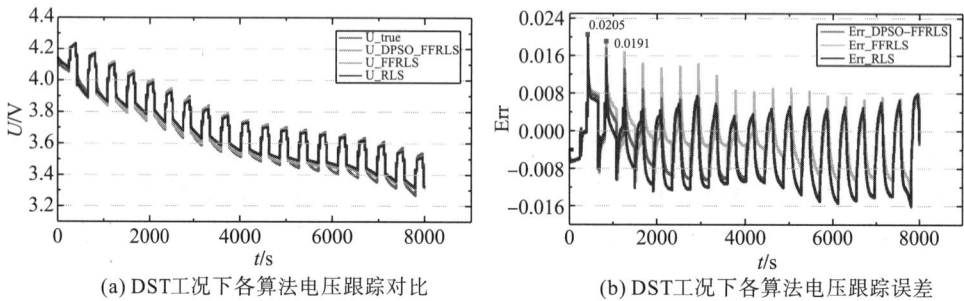

(a) DST 工况下各算法电压跟踪对比　　　(b) DST 工况下各算法电压跟踪误差

图 10.10　电池 DST 工况下各算法的参数辨识结果对比

DST 工况下，FFRLS 法和 DPSO-FFRLS 法中遗忘因子的值域与 HPPC 工况下的一致。从图 10.10(b) 可以看出，DPSO-FFRLS 法的电压波动范围最小，最大电压误差不超过 0.0191V。这证明改进算法效果较好，可以实现较高精度的参数辨识，并用于后续的状态估计。

10.3.2　SOC 评估策略验证分析

本节选择了三组测试工况，即 HPPC、DST 和 BBDST 对自适应 H_∞ 滤波算法进行了分析验证，以验证所构建的状态估算算法受不同复杂工况影响的稳定性与精确度。三组工况的条件分别为−5℃下的 HPPC 工况、5℃下的 DST 工况以及 15℃下的 BBDST 工况。

1. HPPC 工况下 SOC 估计验证

电池在实际使用过程中通常会处于间歇性的充放电状态。为了更好地模拟电池实际的工作状态，HPPC 工况的测试方法包括充电、放电和搁置步骤。在实验验证中，比较了基于固定遗忘因子的 FFRLS 法和 DPSO-FFRLS 法在 HPPC 工作状态下的估计效果。此外，还对 EKF、HIF 和 AHIF 的 SOC 估计结果进行了比较，结果如图 10.11 所示。

从图 10.11 中可以看出，在 HPPC 工况下，几乎整个估计过程中，DPSO-FFRLS 法的 SOC 估计误差小于基于固定遗忘因子的 FFRLS 法，这表明 DPSO-FFRLS 法的参数识别效果更好。从图 10.11(d) 可以看出，SOC 估计中后期三种算法的误差相对较大，这是由于放电结束时电池内部发生剧烈的化学反应。AHIF 算法的估计误差显著低于其他算法，最大绝对误差为 0.0192，并且可以更好地跟踪参考值。为了更直观地比较算法的

SOC 估计结果，研究人员计算出了估计结果的平均绝对误差(MAE)和均方根误差 (RMSE)，如表 10.2 所示。

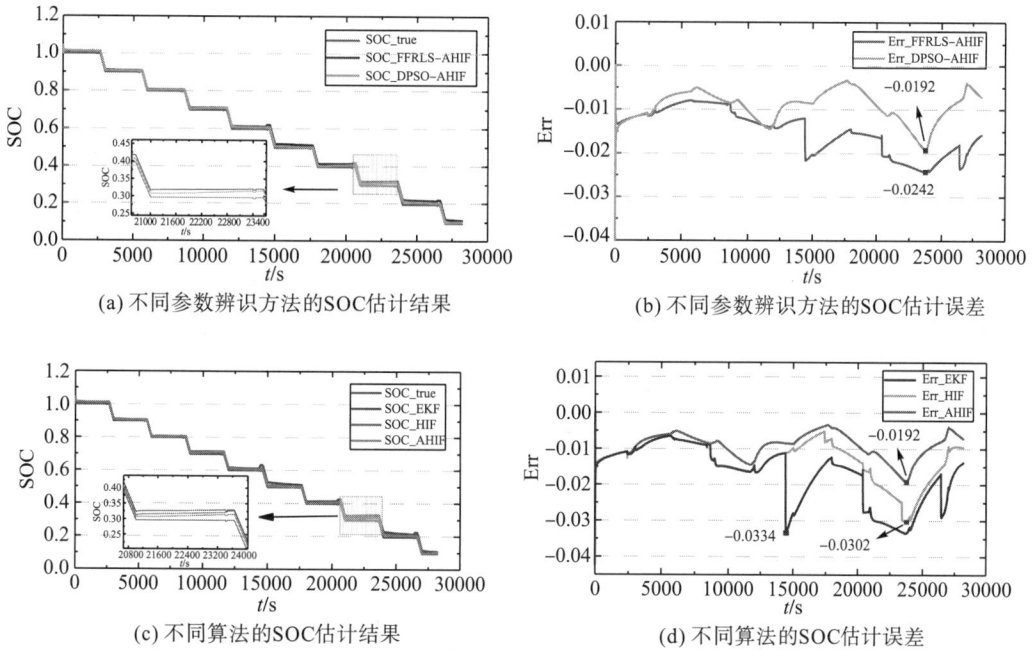

(a) 不同参数辨识方法的SOC估计结果

(b) 不同参数辨识方法的SOC估计误差

(c) 不同算法的SOC估计结果

(d) 不同算法的SOC估计误差

图 10.11 HPPC 工况下各算法的 SOC 估计结果与误差

SOC_true 为 SOC 参考值，SOC_FFRLS-AHIF、Err_FFRLS-AHIF 分别为基于固定遗忘因子的 FFRLS 法和 AHIF 的 SOC 估计值、误差，SOC_DPSO-AHIF、Err_DPSO-AHIF 分别为 DPSO-FFRLS 法与 AHIF 的 SOC 估计值、误差，SOC_EKF、SOC_HIF 和 SOC_AHIF 分别为 EKF、HIF 和 AHIF 的 SOC 估计结果，Err_EKF、Err_HIF 和 Err_AHIF 分别为 EKF、HIF 和 AHIF 的 SOC 估计误差

表 10.2 HPPC 工况下各种算法性能指标的比较(%)

算法	MAE	RMSE
DPSO-EKF	1.708	1.877
DPSO-HIF	1.315	1.428
FFRLS-AHIF	1.511	1.588
DPSO-AHIF	0.919	0.984

2. DST 工况下 SOC 估计验证

在实际应用中，电流也是复杂多变的，经常伴随着突然的切换和停止，这对电池的动态性能提出了严格的要求，也给算法的稳定性带来了挑战。为了在更复杂的条件下验证改进算法的 SOC 估计效果，本节通过 DST 工况对改进算法进行了仿真和验证。算法验证结果与误差如图 10.12 所示。

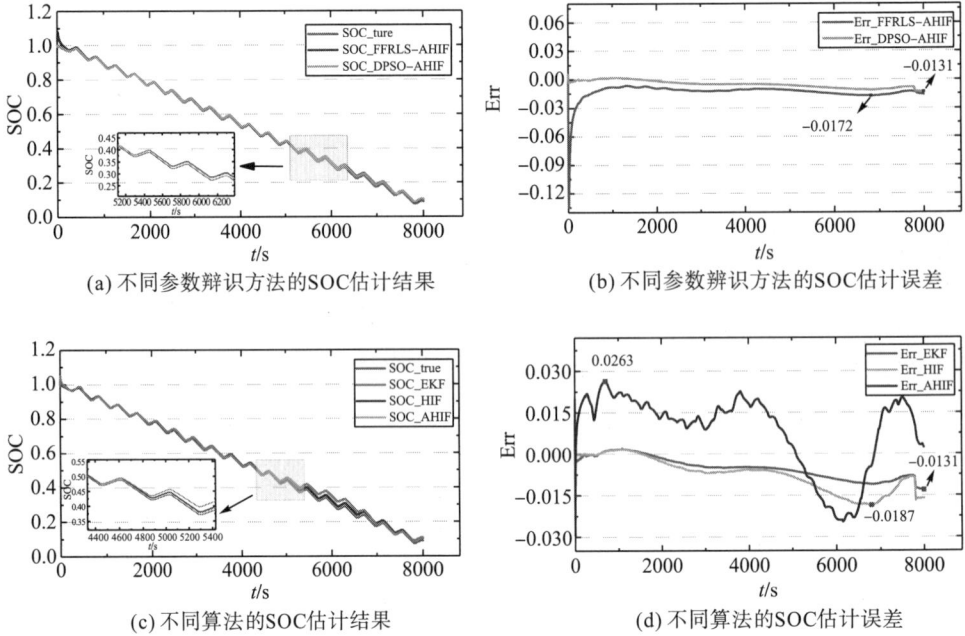

(a) 不同参数辨识方法的SOC估计结果

(b) 不同参数辨识方法的SOC估计误差

(c) 不同算法的SOC估计结果

(d) 不同算法的SOC估计误差

图 10.12　DST 工况下各算法的 SOC 估计结果与误差

从图 10.12(b)可以看出，在 DST 工况下，DPSO-FFRLS 法的收敛速度明显快于基于固定遗忘因子的 FFRLS 法，DPSO-FLRLS 法估计精度始终较高。结果表明，在更复杂的条件下，DPSO-FFRLS 法具有更好的参数识别效果和更快的收敛速度。从图 10.12(d)可以看出，在更复杂的条件下，HIF 和 AHIF 在估计早期几乎与实际 SOC 曲线重合，后期两种算法的最大估计误差也在 0.02 以内。

综上所述，HIF 在系统模型和外部干扰的不确定性下具有更好的估计效果，在放电后期发生剧烈化学反应的情况下，AHIF 的误差波动较小且更稳定。AHIF 的最大绝对估计误差为 0.0131，估计误差区间保持在 ±0.014 以内，这证明了 AHIF 在更复杂的工作条件下具有很强的估计稳定性。DST 工况下估算结果的 MAE 和 RMSE 如表 10.3 所示。

表 10.3　DST 工况下各种算法性能指标的比较(%)

算法	MAE	RMSE
DPSO-EKF	1.512	1.624
DPSO-HIF	0.777	0.963
FFRLS-AHIF	1.335	1.593
DPSO-AHIF	0.548	0.652

3. BBDST 工况下 SOC 估计验证

为了进一步验证改进算法在锂电池实际复杂工作条件下的估计性能，参考 BBDST 工况，对电池进行了相应的测试。BBDST 工况步骤包括启动、加速、滑行、制动、快速加速和停车步骤，这些步骤是通过北京公交车的真实数据采集获得的工况，通过对锂电池进行 BBDST 工况实验，可以模拟锂电池的实际工作状态。SOC 估计结果如图 10.13 所示。

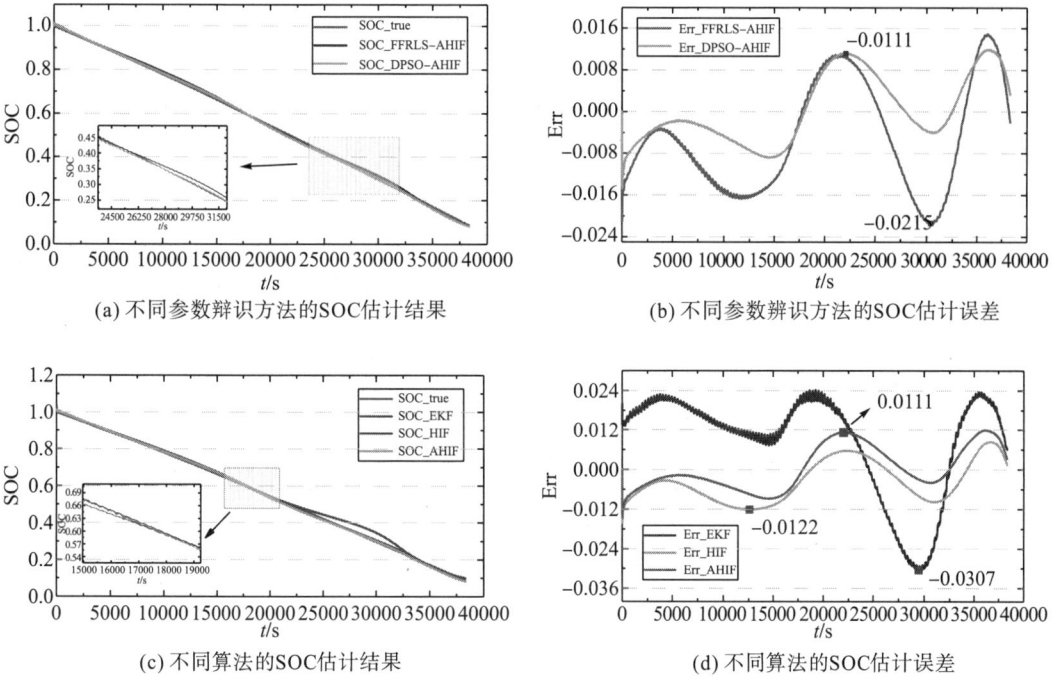

(a) 不同参数辩识方法的SOC估计结果

(b) 不同参数辩识方法的SOC估计误差

(c) 不同算法的SOC估计结果

(d) 不同算法的SOC估计误差

图 10.13　BBDST 工况下各算法的 SOC 估计结果与误差

从图 10.13 可以看出，在比 DST 工况更复杂的 BBDST 工况下，电流有更多的突然变化，在估算后期 EKF 的误差波动很大，而 HIF 和 AHIF 的整个 SOC 估计过程较稳定。在更稳定的状态下，两种算法的最大绝对估计误差分别为 0.0122 和 0.0111，这证明了 AHIF 仍然具有最高的精度。BBDST 工况下估算结果的 MAE 和 RMSE 如表 10.4 所示。

表 10.4　BBDST 工况下各种算法性能指标的比较(%)

算法	MAE	RMSE
DPSO-EKF	1.633	1.755
DPSO-HIF	0.635	0.716
FFRLS-AHIF	1.014	1.145
DPSO-AHIF	0.571	0.660

结合三种工作条件下几种算法的误差比较图与算法性能指标表，可以看出 DPSO-FFRLS 法能够更准确地识别电池参数，并且比具有固定遗忘因子的 FFRLS 法有更快的收敛速度。可以看出，EKF、HIF 和 AHIF 可以更准确地预测 SOC 值，但通过协方差

矩阵的改进，AHIF 具有更强的跟踪效果和更准确的估计能力，从误差比较图中可以看出，AHIF 也具有更好的稳定性。

10.3.3　SOP 评估策略验证分析

为了确定所建立的估算方法对动力锂电池功率状态估算的效果，本节将进行实验分析，验证基于多参数约束的功率状态估算策略。实验将在不同温度和锂电池测试工况下进行，以验证该估算方法的有效性。

1. DST 工况下 SOP 估算验证

为了分析工况以及低温对锂电池的影响，本节选择了-5℃下 DST 工况作为测试工况，并进行了 SOP 估算策略的分析。通过比较锂电池在低温 DST 测试工况下瞬时 SOP 的估计精度，验证所构建的多参数约束功率状态估算策略在复杂工况下对瞬时功率状态的估算性能。具体实验结果如图 10.14 所示。

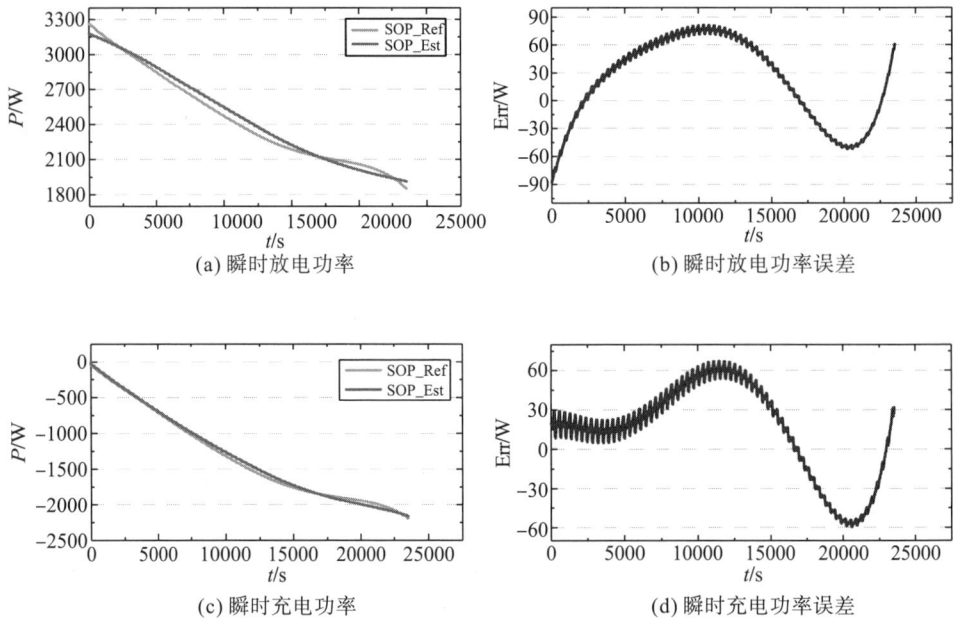

(a) 瞬时放电功率　　　　　　　　　　(b) 瞬时放电功率误差

(c) 瞬时充电功率　　　　　　　　　　(d) 瞬时充电功率误差

图 10.14　锂电池在-5℃下 DST 工况的 SOP 估算结果

(a)中，SOP_Ref 为 DST 工况下-5℃状态时的瞬时放电 SOP 参考值，SOP_Est 为相同条件下的 SOP 估算值；(c)中，SOP_Ref 为 DST 工况下-5℃状态时的瞬时充电 SOP 参考值，SOP_Est 为相同条件下的 SOP 估算值

由图 10.14(a)、(b)可看出，该多参数约束的 SOP 估算策略可以较好地跟踪 SOP 参考曲线，最大误差小于 90W。由图 10.14(c)、(d)可以看出，相比于放电过程，在 DST 工况下该 SOP 估算策略的瞬时充电功率误差较小，最大估计误差小于 70W。

2. BBDST 工况下 SOP 估算验证

–5℃下 BBDST 工况的瞬时 SOP 估算结果如图 10.15 所示。图 10.15(a)中，SOP_Ref 为 BBDST 工况下–5℃的瞬时放电 SOP 实际变化曲线，SOP_Est 为 BBDST 工况下–5℃ 的瞬时放电 SOP 估算曲线；图 10.15(c)中，SOP_Ref 为 BBDST 工况下–5℃的瞬时充电 SOP 实际变化曲线，SOP_Est 为 BBDST 工况下–5℃的瞬时充电 SOP 估算曲线。观察 图 10.15(a)、(c)可发现，多参数约束 SOP 估计算法对充电过程的 SOP 能较好估算，估 算功率误差低于 110W。结合图 10.15(b)、(d)可以得出结论，该策略对充电状态的估算 效果更为显著，功率误差更低，仅为 45W。

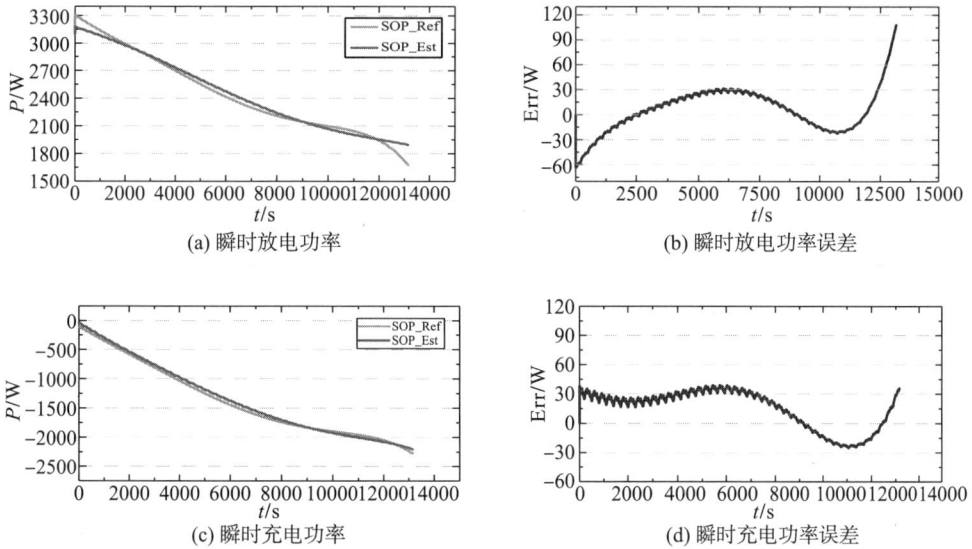

(a) 瞬时放电功率　　　　　　　　　　(b) 瞬时放电功率误差

(c) 瞬时充电功率　　　　　　　　　　(d) 瞬时充电功率误差

图 10.15　锂电池基于 BBDST 工况下–5℃的 SOP 估算结果

3. BBDST 工况下不同持续时间段的 SOP 验证分析

为了验证锂电池受持续时间的影响，选择不同温度的 DST 与 BBDST 工况对持续 时间的 SOP 估算进行分析，对多参数约束的 SOP 估算策略在持续时间为 1s、5s 和 15s 条件下的有效性进行验证。锂电池不同持续时间–5℃条件下的 SOP 估算结果如 图 10.16 所示。

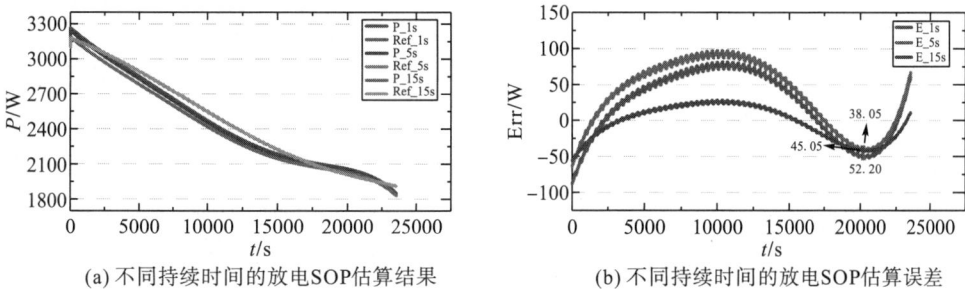

(a) 不同持续时间的放电SOP估算结果　　　　(b) 不同持续时间的放电SOP估算误差

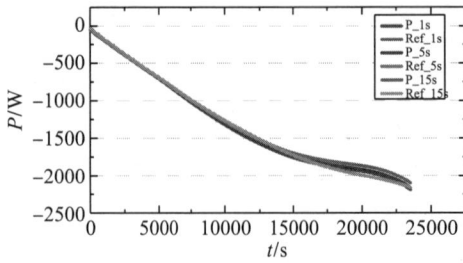

(c) 不同持续时间的充电SOP估算结果

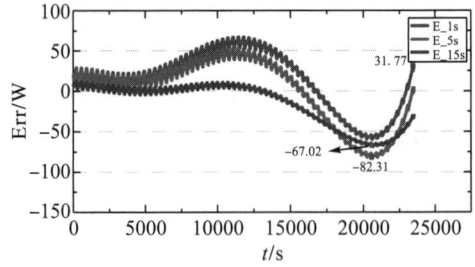

(d) 不同持续时间的充电SOP估算误差

图 10.16 −5℃条件下不同持续时间的 SOP 估算结果

图 10.16(b)、(d) 中 E_1s、E_5s、E_15s 分别为−5℃BBDST 工况下持续时间为 1s、5s 和 15s 时的放（充）电 SOP 参考值与估计值之间的误差。

图 10.16(a)、(c) 中，Ref_1s、Ref_5s、Ref_15s 分别为−5℃BBDST 工况下持续时间为 1s、5s 和 15s 时的放（充）电 SOP 参考值，P_1s、P_5s、P_15s 分别为−5℃BBDST 工况下持续时间为 1s、5s 和 15s 时的放（充）电 SOP 估计值。

由图 10.16(a)、(b) 可以发现，多参数约束 SOP 估计策略对放电过程的 SOP 估算效果较好，最大功率误差低于 55W；结合图 10.16(c)、(b) 可以看出，该策略对充电状态的估算效果更为显著，最大功率误差低于 85W。−5℃BBDST 工况下 SOP 估算的误差指标如表 10.5 所示。

表 10.5   −5℃BBDST 工况下 SOP 估算的误差指标   （单位：W）

持续时间	放电 SOP		充电 SOP	
	RMSE	MAE	RMSE	MAE
1s	50.1394	44.6032	38.5817	34.0842
5s	87.8049	75.1045	61.0852	40.6658
15s	59.3955	51.8135	39.7710	33.5617

为了验证多参数约束估算策略在 5℃下对 SOP 的估计效果，在 5℃BBDST 工况下对不同持续时间的多参数约束 SOP 估算策略进行验证，以验证所构建的多参数约束 SOP 估算策略对当前工况条件的 SOP 跟踪效果。三种不同持续时间的 SOP 估算结果与误差对比如图 10.17 所示。

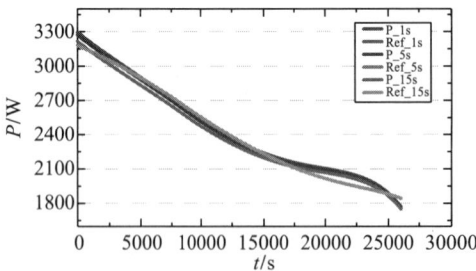

(a) 不同持续时间的放电SOP估算结果

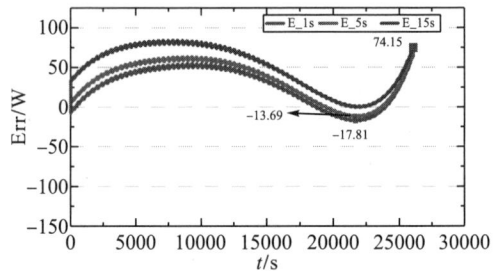

(b) 不同持续时间的放电SOP估算误差

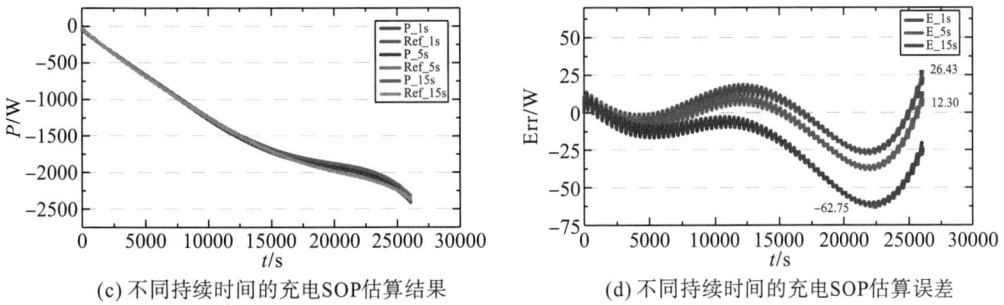

(c) 不同持续时间的充电 SOP 估算结果   (d) 不同持续时间的充电 SOP 估算误差

图 10.17 5℃ 条件下不同持续时间的 SOP 估算结果

图 10.17(a)、(c) 中，Ref_1s、Ref_5s、Ref_15s 分别为 5℃BBDST 工况下持续时间为 1s、5s 和 15s 的放(充)电 SOP 参考值，P_1s、P_5s、P_15s 分别为 5℃BBDST 工况下持续时间为 1s、5s 和 15s 的放(充)电 SOP 估计值。

图 10.17(b)、(d) 中 E_1s、E_5s、E_15s 分别为 5℃BBDST 工况下持续时间为 1s、5s 和 15s 的放(充)电 SOP 参考值与估计值之间的误差。

由图 10.17(a)、(b) 可以看出，BBDST 工况中，多参数约束的 SOP 估算策略在不同持续时间条件下，连续放电 SOP 的估算性能较好，最大功率误差低于 75W；由图 10.17(c)、(d) 可以看出，多参数约束的 SOP 估算策略对连续充电 SOP 的估算性能较好，最大功率误差低于 63W。且在充放电过程中，持续时间为 1s 和 5s 的 SOP 估算误差要优于持续时间为 15s 时的误差。由此，5℃BBDST 工况下不同持续时间的 SOP 估算策略的性能分析如表 10.6 所示。

表 10.6 5℃BBDST 工况下 SOP 估算的误差指标 （单位：W）

持续时间	放电 SOP		充电 SOP	
	RMSE	MAE	RMSE	MAE
1s	51.7489	40.1523	26.1640	21.2634
5s	46.4992	39.1467	33.3912	24.3682
15s	55.0606	49.4788	62.7828	48.2233

为了验证多参数约束估算策略在 15℃ 下对 SOP 的估计效果，在 BBDST 工况下对不同持续时间的多参数约束 SOP 估算策略进行验证，以验证多参数约束 SOP 估算策略对当前工况条件的 SOP 跟踪效果，同时设定了三种不同持续时间(1s、5s、15s)条件，验证 SOP 估算策略对于不同持续时间的 SOP 估算的有效性。具体 SOP 估算结果与误差对比如图 10.18 所示。

图 10.18(a)、(c) 中，Ref_1s、Ref_5s、Ref_15s 分别为 15℃BBDST 工况下持续时间为 1s、5s 和 15s 的放(充)电 SOP 参考值，P_1s、P_5s、P_15s 分别为 15℃BBDST 工况下持续时间为 1s、5s 和 15s 的放(充)电 SOP 估计值。

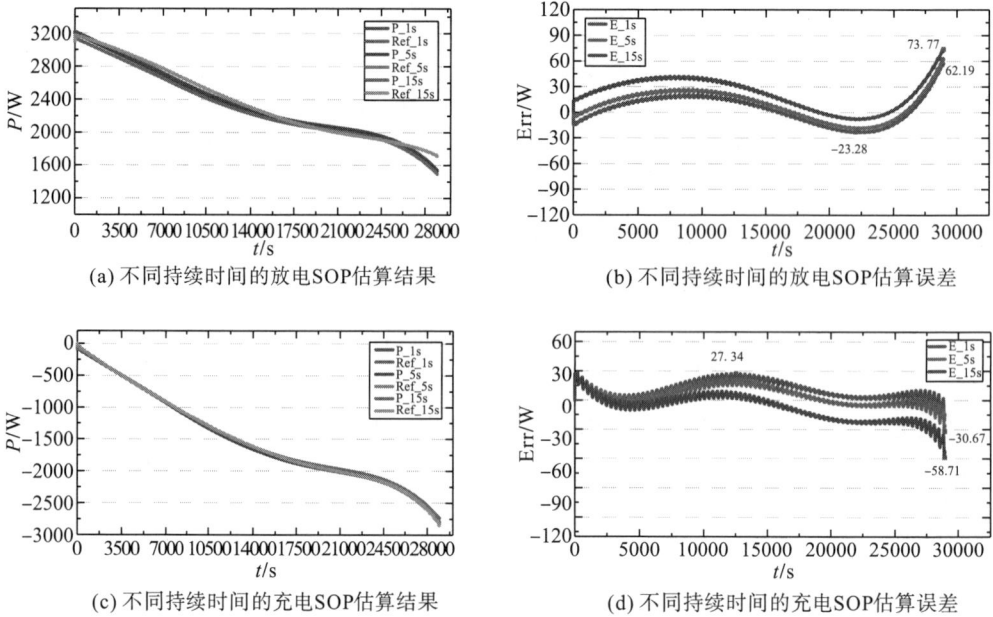

(a) 不同持续时间的放电SOP估算结果

(b) 不同持续时间的放电SOP估算误差

(c) 不同持续时间的充电SOP估算结果

(d) 不同持续时间的充电SOP估算误差

图 10.18　15℃条件下不同持续时间的 SOP 估算结果

图 10.18(b)、(d)中 E_1s、E_5s、E_15s 分别为 15℃BBDST 工况下持续时间为 1s、5s 和 15s 的放(充)电 SOP 参考值与估计值之间的误差。

由图 10.18(a)、(b)可以看出，BBDST 工况中，多参数约束的 SOP 估算策略在不同持续时间条件下，连续放电 SOP 的估算性能较好，最大功率误差低于 74W；由图 10.18(c)、(d)可以看出，多参数约束的 SOP 估算策略对连续放电 SOP 的估算性能较好，最大功率误差低于 59W。且在充放电过程中，持续时间为 1s 和 5s 的 SOP 估算误差同样要优于持续时间为 15s 时的误差。由此可以得到 15℃BBDST 工况下不同持续时间的 SOP 估算误差指标如表 10.7 所示。

表 10.7　15℃BBDST 工况下 SOP 估算的误差指标　　　　　　　　　　(单位：W)

持续时间	放电 SOP		充电 SOP	
	RMSE	MAE	RMSE	MAE
1s	71.2608	59.2391	21.0292	22.3811
5s	52.5344	42.6332	30.9221	23.9587
15s	84.9910	75.5304	27.4654	25.345

综上所述，基于多参数约束的锂电池 SOP 估算策略能够有效跟踪处于不同复杂工况和温度下的 SOP，且仿真结果均是在初始 SOC 为 0.8 时得到的，证明了基于多参数约束的 SOP 估算策略在保证 SOP 估计精度的同时，也能够快速跟踪 SOP 曲线。

10.4　本 章 小 结

在锂电池管理系统中，荷电状态与功率状态是至关重要的参量，荷电状态表征锂电池当前可使用的容量，准确的荷电状态估算可以为电池管理系统提供可靠参考，对提高电池管理系统使用的可靠性、延长锂电池使用寿命起关键作用。功率状态表征的是电池瞬时输出或吸收的功率值，锂电池在电动汽车中通常在起步、刹车和加速时为电动汽车提供能量，而准确的功率状态估计关系到整车运行的安全性与可靠性。本章对锂电池进行等效建模、特性实验，并构建了参数辨识方法与状态联合估算策略，主要从下几个方面对电池系统的状态估算进行优化改进。

(1) 传统遗忘因子最小二乘法在应用时，其中的定值遗忘因子使算法在收敛速度与抗噪声能力之间存在固有矛盾，在此基础上构建了一种离散粒子群优化-遗忘因子递归最小二乘法(DPSO-FFRLS)。

(2) 针对现有估算算法受噪声影响，且环境噪声与算法预设噪声不匹配时易出现结果发散的问题，设计了一种基于 Sage-Husa 自适应噪声协方差矩阵的 H_∞ 滤波算法以实现对 SOC 的高精度评估。

(3) 针对单因素约束的电池 SOP 估算方法有效性低的问题，结合前文所提的 DPSO-FFRLS 法在线参数辨识方法，结合电池截止电流、SOC 和端电压约束，构建了一种基于多参数约束的锂电池 SOP 估算策略，以实现对 SOP 的可靠估计。

参 考 文 献

[1] 叶瑞丽. 可再生能源电网储纳运行策略研究[D]. 哈尔滨: 哈尔滨工业大学, 2017.

[2] 陈达鹏. 基于灵活能量状态的储能参与电力市场的运营策略与报价机制研究[D]. 广州: 华南理工大学, 2020.

[3] 国家电网公司"电网新技术前景研究"项目咨询组, 王松岑, 来小康, 等. 大规模储能技术在电力系统中的应用前景分析[J]. 电力系统自动化, 2013, 37(1): 3-8, 30.

[4] 李先锋, 张洪章, 郑琼, 等. 能源革命中的电化学储能技术[J]. 中国科学院院刊, 2019, 34(4): 443-449.

[5] 张军, 张伟, 曹凌捷, 等. 国内储能市场发展现状及趋势分析[J]. 电力与能源, 2020, 41(6): 739-743.

[6] 李鸿鹏. 液流电池用钛基负极电解液的研究与应用[D]. 北京: 北京化工大学, 2016.

[7] 史正军, 李勇琦. MW级电池储能站在电网中的应用[J]. 科技风, 2010(19): 252-254.

[8] 李琦, 王放放, 杨鹏威, 等. 火电厂灵活性改造背景下储能技术应用现状与发展[J]. 综合智慧能源, 2023, 45(3): 66-73.

[9] 洪远远, 施伟锋. 基于飞轮储能技术的船舶区域配电系统冲击负荷供能策略[J]. 船舶工程, 2023, 45(1): 103-109.

[10] 薛易, 李天意, 龙腾飞, 等. 基于飞轮锂电池混合储能平抑风电功率策略[J]. 黑龙江电力, 2023, 45(2): 118-123.

[11] 王远路, 杨超. 平滑风功率波动的储能配置及控制算法综述[J]. 智能计算机与应用, 2023, 13(5): 107-113, 116.

[12] 孙晓霞, 桂中华, 张新敏, 等. 压缩空气储能与可再生能源耦合研究进展[J]. 中国电机工程学报, 2023, 43(23): 9224-9242.

[13] 黄健. 压缩空气蓄能—联合循环系统性能分析及优化[D]. 北京: 华北电力大学, 2014.

[14] 梅生伟, 张通, 张学林, 等. 非补燃压缩空气储能研究及工程实践: 以金坛国家示范项目为例[J]. 实验技术与管理, 2022, 39(5): 1-8, 14.

[15] 文贤馗, 张世海, 王锁斌. 压缩空气储能技术及示范工程综述[J]. 应用能源技术, 2018(3): 43-48.

[16] Magdy G, Bakeer A, Alhasheem M. Superconducting energy storage technology-based synthetic inertia system control to enhance frequency dynamic performance in microgrids with high renewable penetration[J]. Protection and Control of Modern Power Systems, 2021, 6(1): 36.

[17] 王守仁, 金新民. 应用于超导储能的双向DC/DC变换器的设计[J]. 现代电力, 2006, 23(1): 49-51.

[18] 王小磊. 现代有轨电车无架空线供电技术综述[J]. 城市公共交通, 2014(4): 35-39.

[19] 王神送. 镍钴层状双氢氧化物电极材料的设计及超级电容器储能特性研究[D]. 武汉: 湖北大学, 2022.

[20] 龚雪飞. 镍钴二元系赝电极材料的制备及其电化学性能的研究[D]. 杭州: 浙江大学, 2015.

[21] 孙朋. 硫属化合物纳米阵列电极制备及超电性能研究[D]. 大连: 大连理工大学, 2018.

[22] 杨杰, 王婷, 杜春雨, 等. 锂离子电池模型研究综述[J]. 储能科学与技术, 2019, 8(1): 58-64.

[23] 昝文达, 张睿, 丁飞. 锂离子电池电化学机理模型发展与应用[J]. 储能科学与技术, 2023, 12(7): 1-14.

[24] 陈清炀, 何映晖, 余官定, 等. 模型与数据双驱动的锂电池状态精准估计[J]. 储能科学与技术, 2023, 12(1): 209-217.

[25] 汪玉洁. 动力锂电池的建模、状态估计及管理策略研究[D]. 合肥: 中国科学技术大学, 2017.

[26] 刘自强. 复合相变材料与液冷耦合的动力电池热管理系统的研究[D]. 南昌: 南昌大学, 2022.

[27] 续远. 基于安时积分法与开路电压法估测电池SOC[J]. 新型工业化, 2022, 12(1): 123-124, 127.

[28] Ma Y, Li B S, Li G Y, et al. A nonlinear observer approach of SOC estimation based on hysteresis model for lithium-ion battery[J]. IEEE/CAA Journal of Automatica Sinica, 2017, 4(2): 195-204.

[29] Xi Z M, Wang R, Fu Y H, et al. Accurate and reliable state of charge estimation of lithium ion batteries using time-delayed recurrent neural networks through the identification of overexcited neurons[J]. Applied Energy, 2022, 305(1): 117962.

[30] Cui Z H, Wang L C, Li Q, et al. A comprehensive review on the state of charge estimation for lithium-ion battery based on neural network[J]. International Journal of Energy Research, 2022, 46(5): 5423-5440.

[31] Ren X Q, Liu S L, Yu X D, et al. A method for state-of-charge estimation of lithium-ion batteries based on PSO-LSTM[J]. Energy, 2021, 30(2): 221-234.

[32] Ye M, Guo H, Xiong R, et al. A double-scale and adaptive particle filter-based online parameter and state of charge estimation method for lithium-ion batteries[J]. Energy, 2018, 144: 789-799.

[33] Zazoum B. Lithium-ion battery state of charge prediction based on machine learning approach[J]. Energy Reports, 2023, 9: 1152-1158.

[34] 张梦龙, 宫兵, 何业梁. 基于多新息卡尔曼滤波算法的锂电池 SOC 估计[J]. 哈尔滨商业大学学报(自然科学版), 2021, 37(6): 717-723.

[35] 任碧莹, 孙佳, 孙向东, 等. 基于 KF-SRUKF 算法的锂离子电池荷电状态估计[J]. 电工电能新技术, 2022, 41(10): 1-10.

[36] 张凤珠. 基于平方根扩展卡尔曼滤波的锂电池状态估计研究[D]. 西安: 西安理工大学, 2020.

[37] Xiong R, Li L L, Li Z R, et al. An electrochemical model based degradation state identification method of Lithium-ion battery for all-climate electric vehicles application[J]. Applied Energy, 2018, 219: 264-275.

[38] 冯海林, 张翾. 基于新健康因子的锂电池健康状态估计和剩余寿命预测[J]. 南京大学学报(自然科学), 2021, 57(4): 660-670.

[39] Wei Z B, Zhao J Y, Xiong R, et al. Online estimation of power capacity with noise effect attenuation for lithium-ion battery[J]. IEEE Transactions on Industrial Electronics, 2019, 66(7): 5724-5735.

[40] Tian J P, Xiong R, Shen W X. State-of-health estimation based on differential temperature for lithium ion batteries[J]. IEEE Transactions on Power Electronics, 2020, 35(10): 10363-10373.

[41] 梁海峰, 袁芃, 高亚静. 基于 CNN-Bi-LSTM 网络的锂离子电池剩余使用寿命预测[J]. 电力自动化设备, 2021, 41(10): 213-219.

[42] Yang K, Chen Z W, He Z J, et al. Online estimation of state of health for the airborne Li-ion battery using adaptive DEKF-based fuzzy inference system[J]. Soft Computing, 2020, 24(24): 18661-18670.

[43] 刘熹, 李琳, 刘海龙. 动力型锂电池 SOC 与 SOH 协同估计[J]. 太赫兹科学与电子信息学报, 2020, 18(4): 750-755.

[44] 尹乐乐, 靳成杰, 康健强, 等. 基于 DP 模型的锂离子电池能量状态估算[J]. 电源技术, 2019, 43(10): 1619-1622.

[45] 申彩英, 左凯. 基于开路电压法的磷酸铁锂电池 SOC 估算研究[J]. 电源技术, 2019, 43(11): 1789-1791.

[46] 潘海鸿, 吕治强, 李君子, 等. 基于灰色扩展卡尔曼滤波的锂离子电池荷电状态估算[J]. 电工技术学报, 2017, 32(21): 1-8.

[47] 张家峰. 锂离子动力电池剩余可用能量预测方法研究[D]. 长沙: 湖南大学, 2019.

[48] Lai X, Huang Y F, Han X B, et al. A novel method for state of energy estimation of lithium-ion batteries using particle filter and extended Kalman filter[J]. Journal of Energy Storage, 2021, 43: 103269.

[49] 顾启蒙, 华旸, 潘宇巍, 等. 锂离子电池功率状态估计方法综述[J]. 电源技术, 2019, 43(9): 1563-1567.

[50] Shen X F, Sun B X, Qi H F, et al. Research on peak power test method for lithium ion battery[J]. Energy Procedia, 2018, 152: 550-555.

[51] Tang X P, Liu K L, Liu Q, et al. Comprehensive study and improvement of experimental methods for obtaining referenced battery state-of-power[J]. Journal of Power Sources, 2021, 512: 230462.

[52] 杨新波, 郑岳久, 高文凯, 等. 基于改进等效电路模型的高比能量储能锂电池系统功率状态估计[J]. 电网技术, 2021, 45(1): 57-66.

[53] 谢聪. 电池在线功率状态估算方法的研究[D]. 北京: 北方工业大学, 2019.

[54] 金鑫娜, 顾启蒙, 潘宇巍, 等. 锂离子动力电池 SOP 在线估计方法研究[J]. 电源技术, 2019, 43(9): 1448-1452.

[55] Ma J. Automated coding using machine learning and remapping the U.S. nonprofit sector: A guide and benchmark[J]. Nonprofit and Voluntary Sector Quarterly, 2021, 50(3): 662-687.

[56] 蔡雪, 张彩萍, 张琳静, 等. 基于等效电路模型的锂离子电池峰值功率估计的对比研究[J]. 机械工程学报, 2021, 57(14): 64-76.

[57] 柴建勇, 侯恩广, 李岳炀. 基于双卡尔曼滤波的梯次利用电池 SOP 估算研究[J]. 电源技术, 2021, 45(6): 732-735.

[58] 王语然. 基于递推核主元分析的锂电池功率估算方法研究[D]. 哈尔滨: 哈尔滨理工大学, 2019.

[59] 张文博. 电动汽车动力锂离子电池峰值功率研究[D]. 长沙: 湖南大学, 2019.

[60] Fleischer C, Waag W, Bai Z O, et al. Adaptive on-line state-of-available-power prediction of lithium-ion batteries[J]. Journal of Power Electronics, 2013, 13(4): 516-527.

[61] 郑方丹. 基于数据驱动的多时间尺度锂离子电池状态评估技术研究[D]. 北京: 北京交通大学, 2017.

[62] Gao D, Huang M H. Prediction of remaining useful life of lithium-ion battery based on multi-kernel support vector machine with particle swarm optimization[J]. Journal of Power Electronics, 2017, 17: 1288-1297.

[63] Huang B, Pan Z F, Su X Y, et al. Recycling of lithium-ion batteries: Recent advances and perspectives[J]. Journal of Power Sources, 2018, 399: 274-286.

[64] Lai X, Huang Y F, Gu H H, et al. Remaining discharge energy estimation for lithium-ion batteries based on future load prediction considering temperature and ageing effects[J]. Energy, 2022, 238: 121754.

[65] Yu M, Li H, Jiang W H, et al. Fault diagnosis and RUL prediction of nonlinear mechatronic system via adaptive genetic algorithm-particle filter[J]. IEEE Access, 2019, 7: 11140-11151.

[66] Raj A, Rodrigues M T F, Abraham D P. Rate-dependent aging resulting from fast charging of Li-ion cells[J]. Journal of the Electrochemical Society, 2020, 167(12): 1-8.

[67] Severson K A, Attia P M, Jin N, et al. Data-driven prediction of battery cycle life before capacity degradation[J]. Nature Energy, 2019, 4(5): 383-391.

[68] 孙猛猛. 基于数据驱动方法的锂离子电池健康状态估计[D]. 昆明: 昆明理工大学, 2018.

[69] Lai X, Jin C Y, Yi W, et al. Mechanism, modeling, detection, and prevention of the internal short circuit in lithium-ion batteries: Recent advances and perspectives[J]. Energy Storage Materials, 2021, 35: 470-499.

[70] 张青松, 赵启臣. 过充循环对锂离子电池老化及安全性影响[J]. 高电压技术, 2020, 46(10): 3390-3397.

[71] 龚禹生, 唐莎莎, 李理, 等. 基于 RTDS 的电池管理系统仿真测试平台搭建及应用[J]. 湖南电力, 2022, 42(2): 25-28.

[72] 周龙, 郑岳久, 来鑫, 等. 软包电池施压与测试实验教学平台开发[J]. 实验技术与管理, 2021, 38(5): 125-128.

[73] 瞿明生, 刘成, 林宏. 电池充放电测试仪充放电时间校准方法研究[J]. 计量与测试技术, 2021, 48(11): 59-61.

[74] 张瑞明. 锂离子电池高频特性测试平台的设计[D]. 北京: 北京交通大学, 2021.

[75] 王露, 王顺利, 陈蕾, 等. 动力锂电池等效模型与实验平台搭建方法研究[J]. 电源技术, 2019, 43(2): 315-319.

[76] Schipper F, Aurbach D. A brief review: Past, present and future of lithium ion batteries[J]. Russian Journal of Electrochemistry, 2016, 52(12): 1095-1121.

[77] Ohzuku T, Brodd R J. An overview of positive-electrode materials for advanced lithium-ion batteries[J]. Journal of Power Sources, 2007, 174(2): 449-456.

[78] Jiang Y C, Zhao H T, Yue L C, et al. Recent advances in lithium-based batteries using metal organic frameworks as electrode materials[J]. Electrochemistry Communications, 2021, 122: 106881.

[79] Liu H, Liu X X, Li W, et al. Porous carbon composites for next generation rechargeable lithium batteries[J]. Advanced Energy Materials, 2017, 7(24): 1700283.

[80] Kutbee A T, Ghoneim M T, Hussain M M. Flexible lithium-ion planer thin-film battery[C]//2015 IEEE 15th International Conference on Nanotechnology (IEEE-NANO). Rome, Italy. IEEE, 2015: 1426-1429.

[81] Cui S M, Lu Y, Song J P, et al. Study on Zn-PANi battery characteristics used for electric vehicles[J]. Advanced Materials Research, 2013: 1374-1378.

[82] Liu S J, Jiang J C, Wang Z G, et al. Research on applicability of lithium titanate battery for low-floor vehicles[M]//Proceedings of the 2013 International Conference on Electrical and Information Technologies for Rail Transportation (EITRT2013)-Volume II. Berlin, Heidelberg: Springer, 2014: 115-125.

[83] Yan N, Li X J, Zhong Y. Life decay characteristics identification method of retired power batteries based on inverse power law model of accelerated life test[J]. Energy Reports, 2022, 8: 950-956.

[84] Zhang L X, Kang Q B, Liang C C. Study on computer output characteristic of CSI based on battery material[C]//Jin D, Lin S. Advances in Computer Science, Intelligent System and Environment. Berlin, Heidelberg: Springer, 2011: 207-211.

[85] Lu R G, Wang T S, Feng F, et al. SOC estimation based on the model of Ni-MH battery dynamic hysteresis characteristic[C]//25th World Battery, Hybrid and Fuel Cell Electric Vehicle Symposium and Exhibition Conference, 2010: 244-249.

[86] Li R H, Ji Y Q, Fu Y Y, et al. Design and implementation of a parametric battery emulator based on a power converter[J]. IET Electric Power Applications, 2022, 16(11): 1300-1316.

[87] Khan K, Jafari M, Gauchia L. Comparison of Li-ion battery equivalent circuit modelling using impedance analyzer and Bayesian networks[J]. IET Electrical Systems in Transportation, 2018, 8(3): 197-204.

[88] Tao Z H, Yang J L, Zhang X L, et al. Characteristics numerical research on power battery impact strength of new energy vehicle[J]. International Journal of Computational Methods, 2019, 16(8): 1950042.

[89] Liu S Z, Chen J J, Zhang C, et al. Experimental study on lithium-ion cell characteristics at different discharge rates[J]. Journal of Energy Storage, 2022, 45: 103418.

[90] Wang Y Q, Dan D, Zhang Y J, et al. A novel heat dissipation structure based on flat heat pipe for battery thermal management system[J]. International Journal of Energy Research, 2022, 46(11): 15961-15980.

[91] Peng P, Wang Y W, Jiang F M. Numerical study of PCM thermal behavior of a novel PCM-heat pipe combined system for Li-ion battery thermal management[J]. Applied Thermal Engineering, 2022, 209: 118293.

[92] Barcellona S, Colnago S, Dotelli G, et al. Aging effect on the variation of Li-ion battery resistance as function of temperature and state of charge[J]. Journal of Energy Storage, 2022, 50: 104658.

[93] Li S Q, Zhao P F, Gu C H, et al. Aging mitigation for battery energy storage system in electric vehicles[J]. IEEE Transactions on Smart Grid, 2023, 14(3): 2152-2163.

[94] Fu Y M, Xu J, Shi M J, et al. A fast impedance calculation-based battery state-of-health estimation method[J]. IEEE Transactions on Industrial Electronics, 2022, 69(7): 7019-7028.

[95] 姚雷, 王震坡. 锂离子电池极化电压特性分析[J]. 北京理工大学学报, 2014, 34(9): 912-916, 922.

[96] 姜久春, 马泽宇, 李雪, 等. 基于开路电压特性的动力电池健康状态诊断与估计[J]. 北京交通大学学报, 2016, 40(4): 92-98.

[97] 佘立阳, 罗马吉, 郭亚洲, 等. 三元材料锂离子电池极化电压特性研究[J]. 电源技术, 2019, 43(1): 48-51.

[98] 刘秋降. 基于极化电压特性锂电池优化充电研究[D]. 北京: 北京交通大学, 2014.

[99] 顾锦华, 龙浩, 王皓宁, 等. 光伏太阳能电池的电流-电压特性曲线研究[J]. 绿色科技, 2020, 22(16): 181-182.

[100] 郭自清, 熊庆, 梁博航, 等. 基于桥接电容电流特性的锂离子电池组一致性检测方法[J]. 高电压技术, 2022, 48(5): 1933-1942.

[101] 贾增昂, 凌志斌, 李旭光. 正弦脉动电流充放电下的锂离子电池发热特性[J]. 储能科学与技术, 2021, 10(6): 2260-2268.

[102] 刘炜, 刘宇, 刘坤. 纯电动小客车用锂动力电池温度特性实验研究[J]. 交通节能与环保, 2019, 15(1): 5-7, 19.

[103] 郭阳东, 李玉芳, 张文浩, 等. 典型工况下动力电池温度特性研究[J]. 电源技术, 2018, 42(8): 1143-1147.

[104] 任杰, 李建祥, 于航, 等. 锂离子电池温度特性的研究[J]. 电源技术, 2016, 40(10): 1929-1930, 2013.

[105] 张绍虹, 王晓佳, 李杰. 基于 Thevenin 模型的锂离子电池温度特性研究[J]. 中国科技论文, 2018, 13(23): 2718-2722.

[106] 林春景, 李斌, 常国峰, 等. 不同温度下磷酸铁锂电池内阻特性实验研究[J]. 电源技术, 2015, 39(1): 22-25.

[107] 韦海燕, 钟腾云, 潘海鸿, 等. 基于改进 HPPC 锂离子电池内阻测试方法研究[J]. 电源技术, 2019, 43(8): 1309-1311, 1339.

[108] 鲁文凡, 吕帅帅, 李志扬, 等. 电动汽车用磷酸铁锂动力电池内阻特性研究[J]. 化工新型材料, 2018, 46(1): 175-177.

[109] 刘伟. 锂离子动力电池直流内阻测试及其应用研究[D]. 秦皇岛: 燕山大学, 2016.

[110] 胡悦丽. 锂离子电池低温性能影响因素的分析与研究[D]. 长沙: 湖南大学, 2013.

[111] 卢佳翔. 电动汽车动力电池能量状态估算方法研究[D]. 淄博: 山东理工大学, 2015.

[112] 谢奕展, 程夕明. 锂离子电池状态估计机器学习方法综述[J]. 汽车工程, 2021, 43(11): 1720-1729.

[113] 张庆年. 前馈神经网络的特性分析与应用[J]. 武汉交通科技大学学报, 1999, 23(4): 372-375.

[114] 任永昌. 基于 SK-PSO-RBF 的纯电动汽车动力电池 SOC 及剩余里程的预测研究[D]. 赣州: 江西理工大学, 2018.

[115] 陆思源, 陆志海, 王水花, 等. 极限学习机综述[J]. 测控技术, 2018, 37(10): 3-9.

[116] 刘晓舟. 基于支持向量机在线训练算法的研究[J]. 科技风, 2019(1): 224.

[117] 朱亚运, 田佳强, 徐瑞龙, 等. 基于递归神经网络和粒子滤波的锂电池 SOC 估计[C]//第二十届中国系统仿真技术及其应用学术年会(20th CCSSTA 2019), 2019: 509-513.

[118] 方楠, 谢国权, 阮小建, 等. 长短期记忆神经网络(LSTM)模型在低能见度预报中的应用[J]. 气象与环境学报, 2022, 38(5): 34-41.

[119] 陈继斌, 李雯雯, 孙彦玺, 等. 基于卷积-双向长短期记忆网络的电池 SOC 预测[J]. 电源技术, 2022, 46(5): 532-535.

[120] 李百华, 郭灿彬. 电动汽车锂电池工作特性等效电路比较研究[J]. 机电工程技术, 2016, 45(12): 72-74, 126.

[121] 吴慕遥. 磷酸铁锂动力电池等效电路模型在线建模和状态估计[D]. 合肥: 中国科学技术大学, 2022.

[122] 李龙, 燕旭朦, 张钰声, 等. 小样本锂电池数据 SOC 估算方法[J]. 西安交通大学学报, 2023, 11: 1-9.

[123] 袁宏亮, 刘莉, 吕桃林, 等. 基于改进模型的锂离子电池 SOC 估计[J]. 电池, 2021, 51(5): 445-449.

[124] 崔鹰飞, 陈则王. 基于单粒子模型的锂离子电池荷电状态估计[J]. 机械制造与自动化, 2018, 47(4): 188-192.

[125] 夏黎黎. 动力锂离子电池能量状态与峰值功率自适应协同预估研究[D]. 绵阳: 西南科技大学, 2022.

[126] 郑宇生. 锂离子电池电-热耦合模型及低温预热控制研究[D]. 重庆: 重庆大学, 2021.

[127] 黄欢. 电动汽车锂离子电池热电耦合模型及温度控制研究[D]. 重庆: 重庆理工大学, 2021.

[128] 刘雨辰. 基于电热耦合模型的锂离子电池 SOC 估算与低温预热研究[D]. 南京: 南京航空航天大学, 2021.

[129] 李文华, 范文奕, 杜乐, 等. 锂电池电化学阻抗谱的多项式等效电路模型[J]. 电源技术, 2020, 44(1): 38-41.

[130] 黄亮, 李建远. 基于单粒子模型与偏微分方程的锂离子电池建模与故障监测[J]. 物理学报, 2015, 64(10): 346-351.

[131] 王萍, 张吉昂, 程泽. 基于 FFRLS-UKF 的锂离子电池内核温度估计方法[J]. 电源技术, 2021, 45(11): 1458-1462.

[132] 宋士刚, 李小平. 电动汽车锂离子电池释热机理及电热耦合模型[J]. 电源技术, 2016, 40(2): 280-282, 297.

[133] 梁海强, 何洪文, 代康伟, 等. 融合经验老化模型和机理模型的电动汽车锂离子电池寿命预测方法研究[J]. 汽车工程, 2023, 45(5): 825-835, 844.

[134] 李仕拓, 相里康, 李国飞. 数据驱动的动力电池健康状态评估方法研究[C]//第二十三届中国系统仿真技术及其应用学术年会会议论文集. 中国会议, 2022: 245-251.

[135] 邓昊, 杨林, 邓忠伟, 等. 基于电化学机理模型的锂离子电池参数辨识及 SOC 估计[J]. 上海理工大学学报, 2018, 40(6): 557-565.

[136] 郑君. 基于改进单粒子模型的锂离子电池参数获取与老化分析[D]. 哈尔滨: 哈尔滨工业大学, 2015.

[137] 梅文昕. 锂离子电池电化学-力-热耦合建模及安全应用[D]. 合肥: 中国科学技术大学, 2022.

[138] 田佳强. 储能锂电池系统健康评估与故障诊断研究[D]. 合肥: 中国科学技术大学, 2021.

[139] 徐文华. 航空锂离子电池等效建模与健康状态评估研究[D]. 绵阳: 西南科技大学, 2022.

[140] 卢林. 动力电池 SOC 估算等效电路模型研究论述[J]. 汽车实用技术, 2021, 46(14): 160-162.

[141] 郭向伟, 高岩, 司阳, 等. 动力电池等效电路模型研究[J]. 传感器与微系统, 2022, 41(1): 62-64, 68.

[142] 汪贵芳, 王顺利, 于春梅. 结合 Thevenin 和 PNGV 模型的电池等效电路建模改进[J]. 自动化仪表, 2021, 42(2): 45-49, 55.

[143] 祝庆伟, 俞小莉, 吴启超, 等. 高能量密度锂离子电池老化半经验模型[J]. 储能科学与技术, 2022, 11(7): 2324-2331.

[144] 杨洋, 陈家俊. 基于群智能算法优化 BP 神经网络的应用研究综述[J]. 电脑知识与技术, 2020, 16(35): 7-10, 14.

[145] 付浪, 杜明星, 刘斌, 等. 基于开路电压法与卡尔曼滤波法相结合的锂离子电池 SOC 估算[J]. 天津理工大学学报, 2015, 31(6): 9-13.

[146] 何培杰, 王琪, 高田, 等. 动力电池荷电状态优化方法研究[J]. 国外电子测量技术, 2019, 38(7): 37-42.

[147] 孙豪豪, 潘庭龙, 吴定会. 基于自适应电池模型的 SOC 加权在线估计[J]. 系统仿真学报, 2017, 29(8): 1677-1684.

[148] 高振楠, 翟荣刚, 杨威, 等. 基于安时积分法的改进电池 SOC 算法研究[J]. 菏泽学院学报, 2021, 43(5): 39-44.

[149] 杨伟东, 董浩, 万峰. 安时积分和扩展卡尔曼滤波的荷电状态估算[J]. 河北工业大学学报, 2022, 51(1): 15-20.

[150] Ding Z, Deng T, Li Z, et al. SOC estimation of lithium-ion battery based on ampere hour integral and unscented kalman filter[J]. China Mechanical Engineering, 2020, 31(15): 1823-1830.

[151] 黎冲, 王成辉, 王高, 等. 锂电池 SOC 估计的实现方法分析与性能对比[J]. 储能科学与技术, 2022, 11(10): 3328-3344.

[152] 侯锦福, 张桦育. 电力推进船舶的锂电池应用[J]. 机电设备, 2021, 38(3): 38-45.

[153] 娄婷婷, 郭翔, 孙丙香, 等. 混合动力轿车用锂离子电池峰值功率预测模型研究[J]. 国网技术学院学报, 2018, 21(5): 19-23.

[154] Lei G P, Luo X Y, Cai L, et al. Research on smart EFK algorithm for electric vehicle battery packs management system[J]. Journal of Intelligent & Fuzzy Systems, 2020, 38(1): 257-262.

[155] Havangi R. Adaptive robust unscented Kalman filter with recursive least square for state of charge estimation of batteries[J]. Electrical Engineering, 2022, 104(2): 1001-1017.

[156] Zhang F J, Ye W D, Lei G P, et al. Estimation of lithium battery state of charge by fusion algorithm of forgetting factor multi-innovation least squares and extended Kalman filter[J]. Sensors and Materials, 2022, 34(4): 1471-1485.

[157] Zhuang S Q, Gao Y, Chen A D, et al. Research on estimation of state of charge of Li-ion battery based on cubature Kalman filter[J]. Journal of the Electrochemical Society, 2022, 169(10): 100521.

[158] Al-Gabalawy M, Hosny N S, Dawson J A, et al. State of charge estimation of a Li-ion battery based on extended Kalman filtering and sensor bias[J]. International Journal of Energy Research, 2021, 45(5): 6708-6726.

[159] Beelen H, Bergveld H J, Donkers M C F. Joint estimation of battery parameters and state of charge using an extended Kalman filter: A single-parameter tuning approach[J]. IEEE Transactions on Control Systems Technology, 2021, 29(3): 1087-1101.

[160] Ge C A, Zheng Y P, Yu Y. State of charge estimation of lithium-ion battery based on improved forgetting factor recursive least squares-extended Kalman filter joint algorithm[J]. Journal of Energy Storage, 2022, 55: 1-11.

[161] Li J B, Ye M, Gao K P, et al. State estimation of lithium polymer battery based on Kalman filter[J]. Ionics, 2021, 27(9): 3909-3918.

[162] Li M, Zhang Y J, Hu Z L, et al. A battery SOC estimation method based on AFFRLS-EKF[J]. Sensors, 2021, 21(17): 5698.

[163] Zhu C Y, Wang S L, Yu C M, et al. An improved proportional control forgetting factor recursive least square-Monte Carlo adaptive extended Kalman filtering algorithm for high-precision state-of-charge estimation of lithium-ion batteries[J]. Journal of Solid State Electrochemistry, 2023, 27(9): 2277-2287.

[164] Xu J Y, Wang D Q. A dual-rate sampled multiple innovation adaptive extended Kalman filter algorithm for state of charge estimation[J]. International Journal of Energy Research, 2022, 46(13): 18796-18808.

[165] Takyi-Aninakwa P, Wang S L, Zhang H Y, et al. A strong tracking adaptive fading-extended Kalman filter for the state of charge estimation of lithium-ion batteries[J]. International Journal of Energy Research, 2022, 46(12): 16427-16444.

[166] Asl R M, Hagh Y S, Simani S, et al. Adaptive square-root unscented Kalman filter: An experimental study of hydraulic actuator state estimation[J]. Mechanical Systems and Signal Processing, 2019, 132: 670-691.

[167] Fusco D, Porpora F, Di Monaco M, et al. High performance battery SoC estimation method based on an adaptive square-root unscented Kalman filter[C]//2022 International Symposium on Power Electronics, Electrical Drives, Automation and Motion (SPEEDAM). Sorrento, Italy. IEEE, 2022: 424-429.

[168] Gholizade-Narm H, Charkhgard M. Lithium-ion battery state of charge estimation based on square-root unscented Kalman filter[J]. IET Power Electronics, 2013, 6(9): 1833-1841.

[169] Van der Merwe R, Wan E A. The square-root unscented Kalman filter for state and parameter-estimation[C]//2001 IEEE International Conference on Acoustics, Speech, and Signal Processing. Proceedings (Cat. No. 01CH37221). Salt Lake City, UT, USA. IEEE, 2001: 3461-3464.

[170] Wang X F, Sun Q, Chen L, et al. Mixture maximum correntropy criterion unscented Kalman filter for robust SOC estimation[C]//2022 IEEE 5th International Conference on Electronic Information and Communication Technology (ICEICT). Hefei, China. IEEE, 2022: 670-676.

[171] Wang X X, Xu C, Duan S H, et al. Error-ellipse-resampling-based particle filtering algorithm for target tracking[J]. IEEE Sensors Journal, 2020, 20(10): 5389-5397.

[172] Lei M D, Wu B, Yang W Y, et al. Double extended Kalman filter algorithm based on weighted multi-innovation and weighted maximum correlation entropy criterion for co-estimation of battery SOC and capacity[J]. ACS Omega, 2023, 8(17): 15564-15585.

[173] He L, Hu M K, Wei Y J, et al. State of charge estimation by finite difference extended Kalman filter with HPPC parameters identification[J]. Science China Technological Sciences, 2020, 63(3): 410-421.

[174] Jiang C, Wang S L, Wu B, et al. A novel adaptive extended Kalman filtering and electrochemical-circuit combined modeling method for the online ternary battery state-of-charge estimation[J]. International Journal of Electrochemical Science, 2020, 15(10): 9720-9733.

[175] Locorotondo E, Lutzemberger G, Pugi L. State-of-charge estimation based on model-adaptive Kalman filters[J]. Proceedings of the Institution of Mechanical Engineers, Part I: Journal of Systems and Control Engineering, 2021, 235(7): 1272-1286.

[176] Xia Z Y, Abu Qahouq J A. Lithium-ion battery ageing behavior pattern characterization and state-of-health estimation using data-driven method[J]. IEEE Access, 2021, 9: 98287-98304.

[177] Chen L, Ding Y H, Wang H M, et al. Online estimating state of health of lithium-ion batteries using hierarchical extreme learning machine[J]. IEEE Transactions on Transportation Electrification, 2022, 8(1): 965-975.

[178] 张轩闻. 基于深度神经网络的短期用电量预测研究[D]. 沈阳: 沈阳工程学院, 2020.

[179] 王新悦. 锂离子电池健康状态估计与剩余寿命预测研究[D]. 阜新: 辽宁工程技术大学, 2022.

[180] 王梅鑫. 电动汽车锂离子电池荷电状态与健康状态估算研究[D]. 徐州: 中国矿业大学, 2022.

[181] 李欢. 基于"互联网+"与无线通信的锂电池状态参数在线监控研究[D]. 绵阳: 西南科技大学, 2022.

[182] 贾历. 基于神经网络的电量分析与预测[D]. 绵阳: 西南科技大学, 2021.

[183] 张泽旭. 神经网络控制与 MATLAB 仿真[M]. 哈尔滨: 哈尔滨工业大学出版社.

[184] 曹新宇. 动力电池荷电状态的非线性自回归估计研究[D]. 青岛: 青岛大学, 2022.

[185] 吴琼, 徐锐良, 杨晴霞, 等. 基于 PCA 和 GA-BP 神经网络的锂电池容量估算方法[J]. 电子测量技术, 2022, 45(6): 66-71.

[186] 刘晋霞, 王莉, 刘宗锋. 四驱电动轮汽车模糊逻辑控制的再生制动系统[J]. 机械设计与制造, 2021(12): 164-168.

[187] 张宇, 邓杰, 吴铁洲, 等. 基于模糊控制的锂离子电池组两级均衡方法[J]. 电子测量技术, 2023, 46(1): 9-16.

[188] 张袁伟, 欧阳, 王鹏, 等. 燃料电池公交车动力系统参数匹配及策略研究[J]. 内燃机与配件, 2021(11): 31-35.

[189] 李根. 基于 MATLAB 的模糊逻辑控制系统设计[J]. 机电信息, 2020(6): 72-73.

[190] 胡自豪. 新能源汽车功率型辅助储能装置对整车经济性影响分析[D]. 淄博: 山东理工大学, 2022.

[191] 刘勇智, 詹群, 盛增津, 等. 最小二乘支持向量机在航空蓄电池剩余容量预测中的应用[J]. 蓄电池, 2013, 50(3): 118-120, 144.

[192] 娄洁, 戴龙泉, 王勇. 基于 PSO-SVM 的电动汽车电池 SOC 估算方法[J]. 电源技术, 2015, 39(3): 521-522, 532.

[193] 朱浩, 高利琴, 钱承. 动力电池 SOC 估算的模糊最小二乘支持向量机法[J]. 电源技术, 2013, 37(5): 797-799.

[194] 李昌, 罗国阳. 结合支持向量机的卡尔曼预测算法在 VRLA 蓄电池状态监测中的应用[J]. 电工技术学报, 2011, 26(11): 168-174.

[195] 盛瀚民, 肖建, 贾俊波, 等. 最小二乘支持向量机荷电状态估计方法[J]. 太阳能学报, 2015, 36(6): 1453-1458.

[196] 葛建军. 基于稀疏采样数据驱动的电动公交车电池 SOC 预测方法研究[D]. 合肥: 合肥工业大学, 2019.

[197] 潘少伟, 王朝阳, 张允, 等. 基于长短期记忆神经网络补全测井曲线和混合优化 XGBoost 的岩性识别[J]. 中国石油大学学报(自然科学版), 2022, 46(3): 62-71.

[198] 钟一鸣. 磁通反向永磁力矩电机的设计与优化[D]. 广州: 华南理工大学, 2020.

[199] Luo W L, Lyu C, Wang L X, et al. An approximate solution for electrolyte concentration distribution in physics-based lithium-ion cell models[J]. Microelectronics Reliability, 2013, 53(6): 797-804.

[200] Luo W L, Lyu C, Wang L X, et al. A new extension of physics-based single particle model for higher charge–discharge rates[J]. Journal of Power Sources, 2013, 241: 295-310.

[201] Qin T C, Zeng S K, Guo J B. Robust prognostics for state of health estimation of lithium-ion batteries based on an improved PSO–SVR model[J]. Microelectronics Reliability, 2015, 55(9/10): 1280-1284.

[202] Pastor-Fernández C, Uddin K, Chouchelamane G H, et al. A comparison between electrochemical impedance spectroscopy and incremental capacity-differential voltage as Li-ion diagnostic techniques to identify and quantify the effects of degradation modes within battery management systems[J]. Journal of Power Sources, 2017, 360: 301-318.

[203] Anseán D, García V M, González M, et al. Lithium-ion battery degradation indicators via incremental capacity analysis[J]. IEEE Transactions on Industry Applications, 2019, 55(3): 2992-3002.

[204] Lewerenz M, Marongiu A, Warnecke A, et al. Differential voltage analysis as a tool for analyzing inhomogeneous aging: a case study for LiFePO$_4$|Graphite cylindrical cells[J]. Journal of Power Sources, 2017, 368: 57-67.

[205] Safari M, Delacourt C. Modeling of a commercial graphite/LiFePO$_4$ cell[J]. Journal of the Electrochemical Society, 2011, 158(5): A562.

[206] 王冰键. 锂离子动力电池电化学降阶建模与 SOC 估计研究[D]. 镇江: 江苏大学, 2018.

[207] Shen S, Sadoughi M, Chen X Y, et al. A deep learning method for online capacity estimation of lithium-ion batteries[J]. Journal of Energy Storage, 2019, 25(10): 100817-100825.

[208] Li X Y, Wang Z P, Zhang L, et al. State-of-health estimation for Li-ion batteries by combing the incremental capacity analysis method with grey relational analysis[J]. Journal of Power Sources, 2019, 410/411: 106-114.

[209] Berecibar M, Garmendia M, Gandiaga I, et al. State of health estimation algorithm of LiFePO$_4$ battery packs based on differential voltage curves for battery management system application[J]. Energy, 2016, 103: 784-796.

[210] Li K Q, Wang Y J, Chen Z H. A comparative study of battery state-of-health estimation based on empirical mode decomposition and neural network[J]. Journal of Energy Storage, 2022, 54: 105333-105348.

[211] Yao J C, Han T. Data-driven lithium-ion batteries capacity estimation based on deep transfer learning using partial segment of charging/discharging data[J]. Energy, 2023, 24(2): 127033-127042.

[212] Chen Z, Zhao H Q, Zhang Y J, et al. State of health estimation for lithium-ion batteries based on temperature prediction and gated recurrent unit neural network[J]. Journal of Power Sources, 2022, 521: 230892.

[213] 杨潇, 王顺利, 徐文华, 等. 基于 LM-RLS 和渐消因子 EKF 算法的锂电池 SOC 估计[J]. 控制工程, 2023, 30(5): 849-855.

[214] Walker E, Rayman S, White R E. Comparison of a particle filter and other state estimation methods for prognostics of lithium-ion batteries[J]. Journal of Power Sources, 2015, 287: 1-12.

[215] 李晨鸥. 非持续性激励条件下锂电池等效电路模型的递推最小二乘辨识方法[D]. 武汉: 华中科技大学, 2020.

[216] 郑恩希. 几种不适定问题的正则化方法及其数值实现[D]. 长春: 吉林大学, 2009.

[217] Wei C, Benosman M, Kim T. Online parameter identification for state of power prediction of lithium-ion batteries in electric vehicles using extremum seeking[J]. International Journal of Control, Automation and Systems, 2019, 17(11): 2906-2916.

[218] 张刘铸. 锂离子电池组的 SOC 预测与充放电均衡[D]. 长沙: 长沙理工大学, 2018.

[219] 李强. 基于 AEKF 的纯电动汽车动力电池 SOC 估计算法研究[D]. 沈阳: 东北大学, 2019.

[220] 翁朝阳. 混合动力 RTG 锂电池均衡充放电控制策略研究[D]. 南京: 南京理工大学, 2019.